工业和信息化普通高等教育“十三五”规划教材立项项目
21 世纪高等学校规划教材

高等数学

（下册）

孙艳波 ◎ 主编
蔡高玉 孙蕾 赵化娇 ◎ 副主编

人 民 邮 电 出 版 社
北 京

图书在版编目（CIP）数据

高等数学. 下册 / 孙艳波主编. -- 北京 : 人民邮电出版社, 2021.3（2023.1重印）
21世纪高等学校规划教材
ISBN 978-7-115-55621-9

Ⅰ. ①高… Ⅱ. ①孙… Ⅲ. ①高等数学－高等学校－教材 Ⅳ. ①O13

中国版本图书馆CIP数据核字(2020)第252439号

内 容 提 要

本书立足于民办高等院校的办学特点，着重培养学生的应用能力，是编者在总结多年的教学经验，探索民办高等院校、独立学院数学教学发展动向，分析当前高等数学教学发展趋势的基础上编写而成的．本书遵循重视基本概念、培养基本能力、力求贴近实际应用的原则，着重讲解高等数学的基本思想和基本方法，力求做到体系结构严谨，内容难度适中、通俗易懂．

本套书分上下两册．本书为下册，包括空间解析几何与向量代数、多元函数微分学、重积分、曲线积分与曲面积分、无穷级数共 5 章内容．书中例题、习题较多．除每节配有习题外，每章章末还有适量的复习题，分为 A 类、B 类，其中 A 类为基础题，B 类为提高题．

本书可作为民办高等院校、独立学院工科专业的教材，也可供其他高等院校工科专业的学生使用．

◆ 主　　编　孙艳波
副 主 编　蔡高玉　孙　蕾　赵花娇
责任编辑　李　召
责任印制　王　郁　马振武

◆ 人民邮电出版社出版发行　北京市丰台区成寿寺路 11 号
邮编　100164　电子邮件　315@ptpress.com.cn
网址　https://www.ptpress.com.cn
固安县铭成印刷有限公司印刷

◆ 开本：787×1092　1/16
印张：16　　　　2021 年 3 月第 1 版
字数：348 千字　　　　2023 年 1 月河北第 5 次印刷

定价：59.80 元

读者服务热线：(010)81055256　印装质量热线：(010)81055316
反盗版热线：(010)81055315
广告经营许可证：京东市监广登字 20170147 号

前 言 Preface

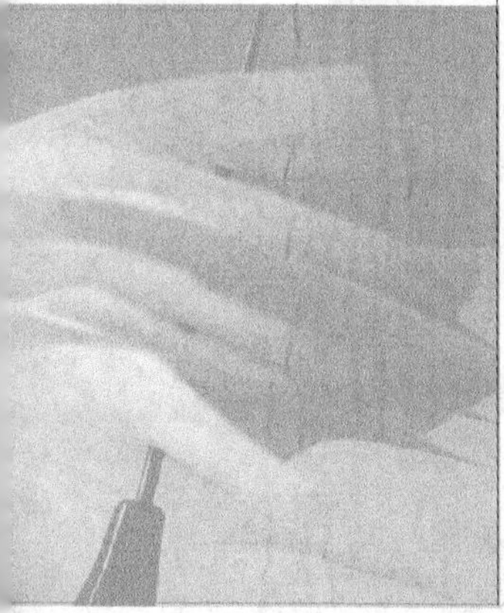

高等数学是高等院校的一门重要的基础课程，为学生提供各专业学习所需的数学知识，同时培养学生的实践能力与创新能力. 当前，民办高等院校、独立学院逐步提升办学质量，逐步形成自己的办学特色. 正是在这种形势下，我们在总结多年本科教学经验、探索此类院校数学教学发展方向、分析同类教材发展趋势的基础上，编写了这本适合民办高等院校、独立学院工科类本科生使用的高等数学教材.

本书内容系统，遵循培养基本能力、贴近实际应用的原则，并充分考虑了高等数学课程教学时数减少的趋势. 本书具有以下特色.

(1)注重基本概念的应用. 本书详细介绍了数学中的基本概念，并将相关内容与专业紧密联系，利于学生今后的专业学习，反映时代要求，在教学理念上不过分强调严谨论证，对一些定理没有给出严格的证明，只要求学生会应用定理.

(2)语言简练流畅，可读性强. 对高等数学的一些定义、定理，本书尽量用易懂的语言或示意图加以描述，通俗直观.

(3)习题丰富，适合不同学习层次. 本书不仅提供了大量的例题，而且设计了很多习题，以帮助学生检测学习效果和巩固相关知识.

(4)内容难度适中，易于学习. 考虑到多数学生的数学基础，本书对高等数学中一些难度较大且超出基础要求的知识进行了适度的删减，个别超出基础要求的内容用 * 号标出.

本套书分为上下两册，本书为下册，由孙艳波担任主编，蔡高玉、孙蕾、赵化娇担任副主编.

编者在编写教材时参阅了不少文献，学校各级领导及同事为本书的出版也做了不少具体工作，谨此表示衷心感谢.

由于编者水平有限，书中不足之处在所难免，恳请同行和广大读者批评指正.

编 者

2020 年 10 月

目录 Contents

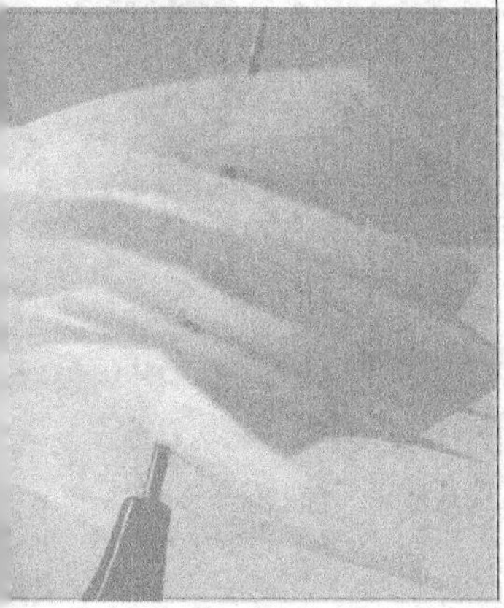

第 9 章 多元函数微分学 / 52

第 10 章 重积分 / 110

第 11 章 曲线积分与曲面积分 / 145

第 12 章 无穷级数 / 178

空间解析几何与向量代数 第8章

空间解析几何的基本思想是用代数的方法来研究几何，从而把空间推理演绎扩展到计算的数量层面. 其基本方法是建立空间直角坐标系，使空间的点与三维向量对应，再用向量和它的运算来描绘空间的结构.

本章主要介绍空间直线、空间平面、空间曲线、空间曲面及其方程. 首先引入向量的概念以及向量的线性运算，在此基础上建立空间直角坐标系；然后利用坐标讨论向量的运算，并介绍空间解析几何的有关内容. 读者通过对空间解析几何及向量代数的学习，可以为多元函数微积分及大学物理的学习奠定基础.

§8.1 向量及其线性运算

8.1.1 空间直角坐标系

在空间中取三条两两相互垂直的数轴组成一个空间直角坐标系，从而在向量的基础上建立空间中的点(几何基本元素)与有序数组的一一对应关系，这个一一对应属于静态的一一对应. 另一方面，动点的轨迹形成空间中的一条曲线(几何元素)，这条曲线与含有向量的方程(代数元素)产生了动态的一一对应. 由此可引入向量的代数方法，从而建立代数方法与几何的直观联系.

近代数学的创始人笛卡尔引进了直角坐标系，创建了解析几何. 在平面解析几何中，我们建立了平面直角坐标系，并通过平面直角坐标系，将平面中的点与有序数组(即点的坐标(x,y))对应起来. 同样，为了将空间中的点与有序数组(x,y,z)对应起来，我们建立空间直角坐标系.

1. 坐标系的建立

过空间中一定点O，作三条两两垂直的数轴，依次记为x轴(横轴)、y轴(纵轴)、z轴(竖轴)，统称为**坐标轴**. 坐标轴的正向按右手规则确定：以右手握住z轴，当右手的四个手指从x轴正向以$\frac{\pi}{2}$角度转向y轴正向时，大拇指的指向就是z轴的正向. 各轴上规定长度单位后，则构成一个空间直角坐标系$O-xyz$，点O称为**坐标原点**(见图8-1).

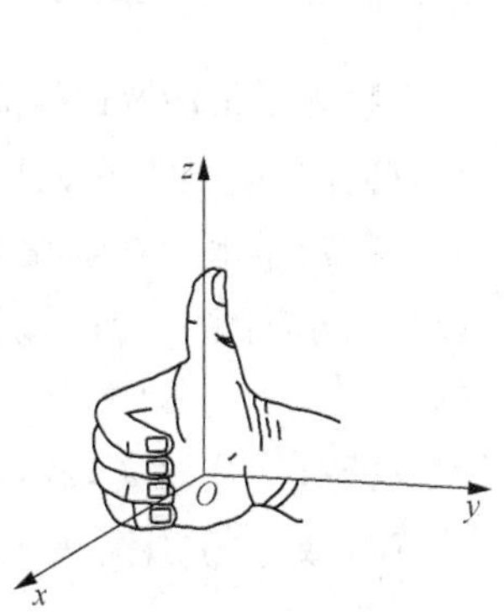

图8-1

三条坐标轴中的每两条所确定的平面称为**坐标面**. x轴及y

轴所确定的坐标面称为 xOy 面，同样还有 yOz 面及 zOx 面. 三个坐标面把空间分成八个部分，每一部分叫作一个**卦限**，共八个卦限. 其中，$x>0,y>0,z>0$ 部分为第 Ⅰ 卦限，第 Ⅱ、Ⅲ、Ⅳ 卦限在 xOy 面的上方，按逆时针方向确定；第 Ⅴ、Ⅵ、Ⅶ、Ⅷ 卦限在 xOy 面的下方，由第 Ⅰ 卦限正下方的第 Ⅴ 卦限起，按逆时针方向确定(见图 8-2).

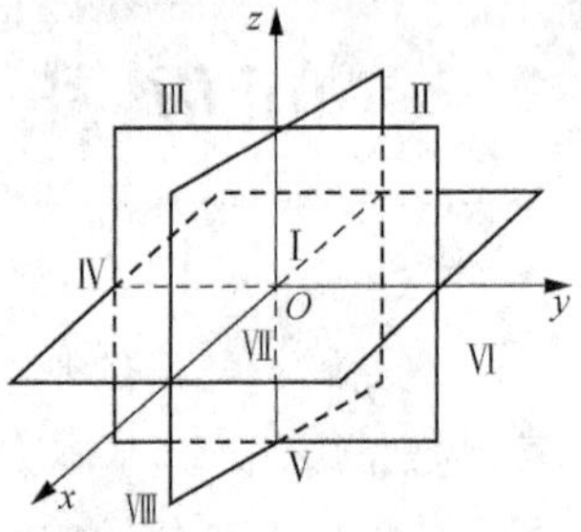

图 8-2

2. 空间点的直角坐标

设 M 为空间中任意一点，过点 M 作垂直于 xOy 面的直线，交 xOy 面于点 N，再过点 N 在 xOy 面上分别作垂直于 x 轴、y 轴的直线，分别交 x 轴于点 P，交 y 轴于点 Q，连接 ON，过点 M 作直线平行于 ON，必交 z 轴于一点，记作 R(见图8-3). 设 P、Q、R 三点分别在 x 轴、y 轴、z 轴上，坐标分别为 x、y、z. 这样，空间中的点 M 就唯一确定了有序数组 x,y,z. 反之，若给定一有序数组 x,y,z，就可以在空间中确定唯一的点 M. 这样就建立了空间中的点 M 和有序数组 x,y,z 之间的一一对应关系. 有序数组 x,y,z 称为点 M 的**坐标**，x、y、z 依次称为点 M 的**横坐标**、**纵坐标**、**竖坐标**，记作 $M(x,y,z)$.

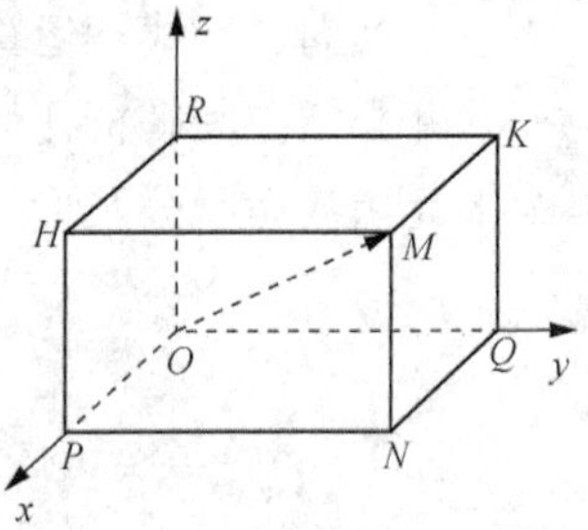

图 8-3

坐标面和坐标轴上的点，其坐标各有一定的特征. 例如，x 轴上的点，其纵坐标 $y=0$，竖坐标 $z=0$，于是，其坐标为 $(x,0,0)$；同理，y 轴上的点的坐标为 $(0,y,0)$；z 轴上的点的坐标为 $(0,0,z)$. xOy 面上的点的坐标为 $(x,y,0)$；yOz 面上的点的坐标为 $(0,y,z)$；zOx 面上的点的坐标为 $(x,0,z)$. 坐标原点的坐标为 $(0,0,0)$.

设 $M_1(x_1,y_1,z_1)$ 和 $M_2(x_2,y_2,z_2)$ 为空间直角坐标系 $O-xyz$ 中任意两点，求点 M_1 与点 M_2 的距离需使用空间中两点的距离公式

$$d=\sqrt{(x_1-x_2)^2+(y_1-y_2)^2+(z_1-z_2)^2}.$$

8.1.2 向量的概念

物理学常涉及这样的量：速度、加速度力、力、力矩、位移等. 它们不仅有大小，而且有方向. 这种既有大小又有方向的量称为**向量**(或**矢量**).

在数学上，往往用空间中的一条有方向的线段即有向线段来表示向量. 有向线段的长度表示向量的大小，有向线段的方向表示向量的方向. 如图 8-4 所示，以 M_1 为起点、M_2 为终点的有向线段所表示的向量记作 $\overrightarrow{M_1M_2}$. 有时也用一个黑斜体字母或上方加箭头的字母来表示向量，如 $\boldsymbol{a}$、$\boldsymbol{i}$、$\boldsymbol{v}$、$\boldsymbol{F}$ 或 $\vec{a}$、$\vec{i}$、$\vec{v}$、$\vec{F}$.

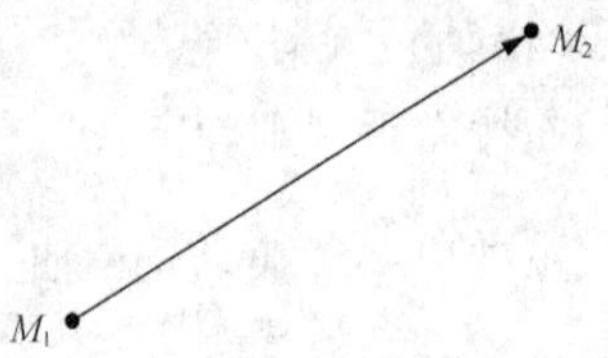

图 8-4

注意 向量的大小和方向是组成向量的不可分割的部分，也是向量与数量的根本区别所在. 因此，在讨论向量运算时，必须将向量的大小和方向统一起来考虑.

向量中几个常用的概念如下.

(1) 向量的大小叫作向量的**模**.

(2) 模等于1的向量叫作**单位向量**，记作 $\boldsymbol{a}^{\circ}$ 或 $\vec{a}^{\circ}$.

(3) 模等于0的向量叫作**零向量**，记作 $\mathbf{0}$ 或 $\vec{0}$. 零向量的起点和终点重合，它的方向可以看作是任意的.

(4) 与起点无关的向量叫作**自由向量**，即只考虑向量的大小和方向，而不论它的起点在什么地方.

(5) 如果两个向量 $\boldsymbol{a}$ 和 $\boldsymbol{b}$ 模相等，且方向相同，则称 $\boldsymbol{a}$ 和 $\boldsymbol{b}$ **相等**，记作 $\boldsymbol{a}=\boldsymbol{b}$.

(6) 如果两个非零向量 $\boldsymbol{a}$ 与 $\boldsymbol{b}$ 的方向相同或者相反，则称这两个向量**平行**，记作 $\boldsymbol{a}\parallel\boldsymbol{b}$.

(7) 设 $\boldsymbol{a}$ 为一向量，与 $\boldsymbol{a}$ 的模相等而方向相反的向量叫作 $\boldsymbol{a}$ 的**负向量**，记作 $-\boldsymbol{a}$.

8.1.3 向量的线性运算

向量加减及数乘向量统称为向量的**线性运算**.

1. 向量的加减法

定义1 设有两个向量 $\boldsymbol{a}$ 与 $\boldsymbol{b}$，任取一点 A，作 $\overrightarrow{AB}=\boldsymbol{a}$，再以 B 为起点，作 $\overrightarrow{BC}=\boldsymbol{b}$，连接 AC（见图8-5），则向量 $\overrightarrow{AC}=\boldsymbol{c}$ 称为 $\boldsymbol{a}$ 与 $\boldsymbol{b}$ 的和，记作 $\boldsymbol{a}+\boldsymbol{b}$，即

$$\boldsymbol{c}=\boldsymbol{a}+\boldsymbol{b}.$$

上述作出两向量之和的方法称为向量相加的**三角形法则**.

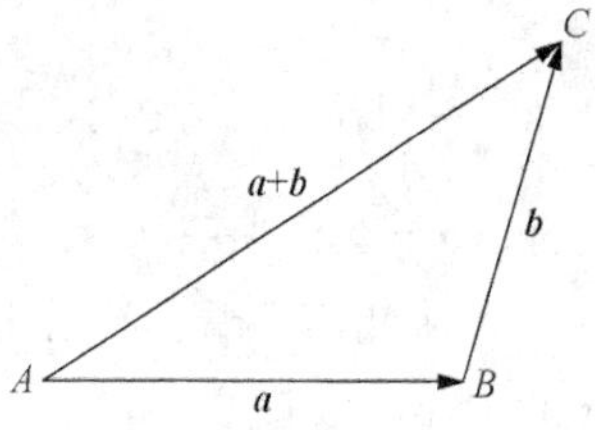

图8-5

与之类似，我们也有向量相加的**平行四边形法则**：当向量 $\boldsymbol{a}$ 与向量 $\boldsymbol{b}$ 不平行时，任取一点 A，作 $\overrightarrow{AB}=\boldsymbol{a}$，$\overrightarrow{AD}=\boldsymbol{b}$，以 AB、AD 为边作一平行四边形 $ABCD$，连接对角线 AC（见图8-6），显然向量 $\overrightarrow{AC}=\boldsymbol{a}+\boldsymbol{b}$.

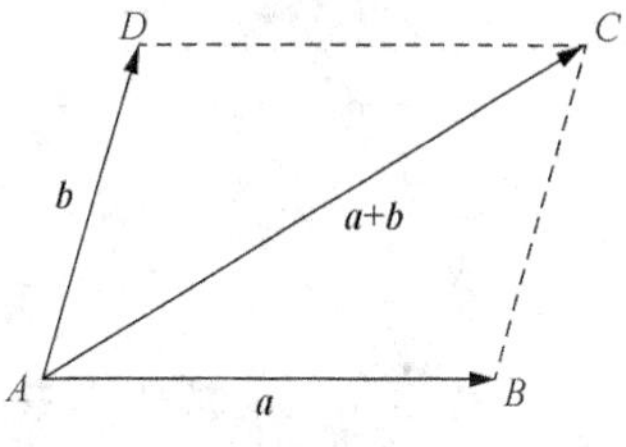

图8-6

向量的加法满足下列运算规律.

(1) $\boldsymbol{a}+\mathbf{0}=\boldsymbol{a}$.

(2) $\boldsymbol{a}+(-\boldsymbol{a})=\mathbf{0}$.

(3) 交换律：$\boldsymbol{a}+\boldsymbol{b}=\boldsymbol{b}+\boldsymbol{a}$.

(4) 结合律：$(\boldsymbol{a}+\boldsymbol{b})+\boldsymbol{c}=\boldsymbol{a}+(\boldsymbol{b}+\boldsymbol{c})$.

由向量加法的交换律与结合律，得 $n(n\geqslant 3)$ 个向量相加的法则如下：以前一向量的终点作为后一向量的起点，相继作向量 $\boldsymbol{a}_1,\boldsymbol{a}_2,\cdots,\boldsymbol{a}_n$；再以第一向量的起点为起点，最后一向量的终点为终点作一向量，这个向量即为所求的和. 如图8-7所示，有

$$\boldsymbol{s}=\boldsymbol{a}_1+\boldsymbol{a}_2+\boldsymbol{a}_3+\boldsymbol{a}_4+\boldsymbol{a}_5.$$

我们规定两个向量 $\boldsymbol{b}$ 与 $\boldsymbol{a}$ 的差

$$\boldsymbol{b}-\boldsymbol{a}=\boldsymbol{b}+(-\boldsymbol{a}).$$

即向量 $\boldsymbol{b}$ 与向量 $-\boldsymbol{a}$ 的和就是向量 $\boldsymbol{b}$ 与向量 $\boldsymbol{a}$ 的差 $\boldsymbol{b}-\boldsymbol{a}$(见图8-8).

特别指出，当 $\boldsymbol{a}=\boldsymbol{b}$ 时，有 $\boldsymbol{a}-\boldsymbol{a}=\boldsymbol{a}+(-\boldsymbol{a})=\boldsymbol{0}$.

显然，任给向量 $\overrightarrow{AB}$ 及点 O，有

$$\overrightarrow{AB}=\overrightarrow{AO}+\overrightarrow{OB}=\overrightarrow{OB}-\overrightarrow{OA}.$$

因此，若把向量 $\boldsymbol{a}$ 与向量 $\boldsymbol{b}$ 移到同一起点 O，则从 $\boldsymbol{a}$ 的终点 A 向 $\boldsymbol{b}$ 的终点 B 所引的向量 $\overrightarrow{AB}$ 便是 $\boldsymbol{b}$ 与 $\boldsymbol{a}$ 的差 $\boldsymbol{b}-\boldsymbol{a}$(见图 8-9).

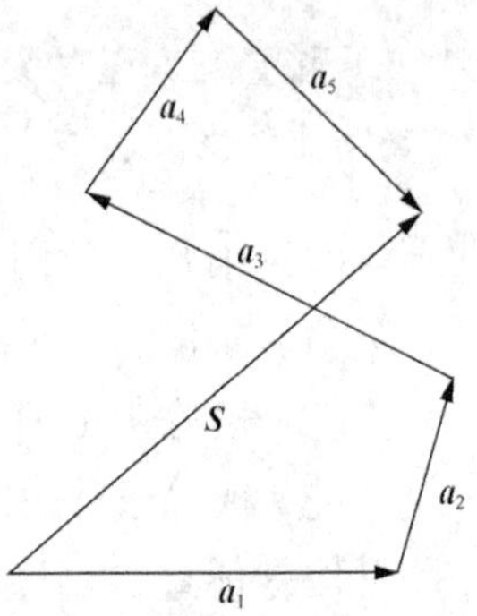

图 8-7

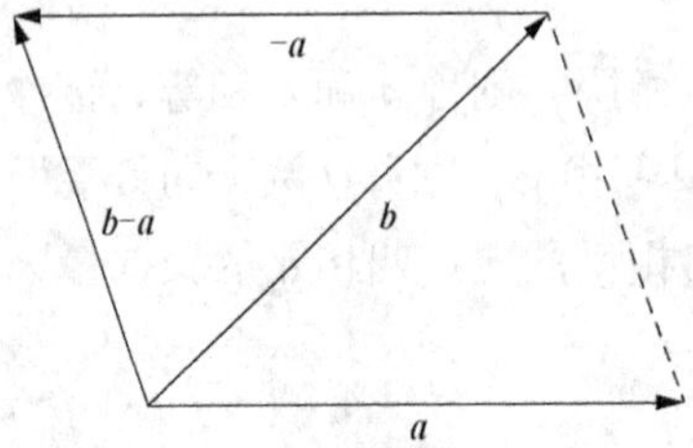

图 8-8

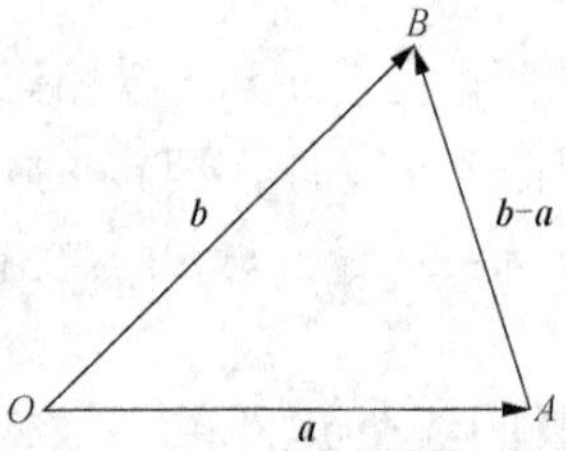

图 8-9

2. 数与向量的乘法

定义 2 实数 λ 与向量 $\boldsymbol{a}$ 的乘积是一个向量，记作 $\lambda\boldsymbol{a}$，$\lambda\boldsymbol{a}$ 的模是 $\boldsymbol{a}$ 的模的 $|\lambda|$ 倍，即

$$|\lambda\boldsymbol{a}|=|\lambda||\boldsymbol{a}|.$$

当 $\lambda>0$ 时，$\lambda\boldsymbol{a}$ 与 $\boldsymbol{a}$ 的方向相同；当 $\lambda<0$ 时，$\lambda\boldsymbol{a}$ 与 $\boldsymbol{a}$ 的方向相反；当 $\lambda=0$ 时，$|\lambda\boldsymbol{a}|=0$，即 $\lambda\boldsymbol{a}=\boldsymbol{0}$.

从几何上看，当 $\lambda>0$ 时，$\lambda\boldsymbol{a}$ 的大小是 $\boldsymbol{a}$ 的大小的 λ 倍，方向不变；当 $\lambda<0$ 时，$\lambda\boldsymbol{a}$ 的大小是 $\boldsymbol{a}$ 的大小的 $|\lambda|$ 倍，方向相反(见图 8-10).

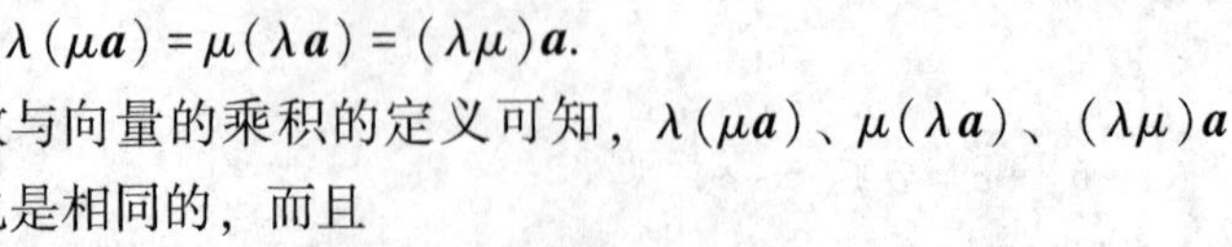

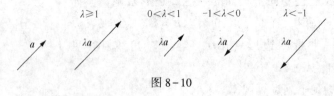

图 8-10

数与向量的乘积满足下列运算规律.

(1) 结合律：$\lambda(\mu\boldsymbol{a})=\mu(\lambda\boldsymbol{a})=(\lambda\mu)\boldsymbol{a}$.

事实上，由数与向量的乘积的定义可知，$\lambda(\mu\boldsymbol{a})$、$\mu(\lambda\boldsymbol{a})$、$(\lambda\mu)\boldsymbol{a}$ 是相互平行的向量，它们的方向也是相同的，而且

$$|\lambda(\mu\boldsymbol{a})|=|\mu(\lambda\boldsymbol{a})|=|(\lambda\mu)\boldsymbol{a}|=|\lambda\mu||\boldsymbol{a}|,$$

所以

$$\lambda(\mu\boldsymbol{a})=\mu(\lambda\boldsymbol{a})=(\lambda\mu)\boldsymbol{a}.$$

(2) 分配律：$(\lambda+\mu)\boldsymbol{a}=\lambda\boldsymbol{a}+\mu\boldsymbol{a}$，$\lambda(\boldsymbol{a}+\boldsymbol{b})=\lambda\boldsymbol{a}+\lambda\boldsymbol{b}$.

这个规律同样可以通过数与向量的乘积的定义来证明.

例 8-1 在平行四边形 $ABCD$ 中，设 $\overrightarrow{AB}=\boldsymbol{a}$，$\overrightarrow{AD}=\boldsymbol{b}$，试用 $\boldsymbol{a}$ 和 $\boldsymbol{b}$ 表示向量 $\overrightarrow{MA}$、$\overrightarrow{MB}$、$\overrightarrow{MC}$ 和 $\overrightarrow{MD}$，这里 M 是平行四边形对角线的交点（见图 8-11）.

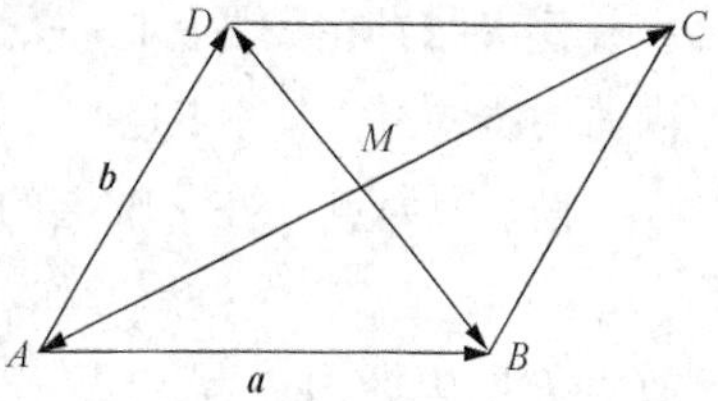

图 8-11

解 由于平行四边形的对角线互相平分，所以

$$\boldsymbol{a}+\boldsymbol{b}=\overrightarrow{AC}=2\overrightarrow{AM}，即 -(\boldsymbol{a}+\boldsymbol{b})=2\overrightarrow{MA},$$

故 $$\overrightarrow{MA}=-\frac{1}{2}(\boldsymbol{a}+\boldsymbol{b}),\ \overrightarrow{MC}=-\overrightarrow{MA}=\frac{1}{2}(\boldsymbol{a}+\boldsymbol{b}).$$

又 $\boldsymbol{b}-\boldsymbol{a}=\overrightarrow{BD}=2\overrightarrow{MD}$，故

$$\overrightarrow{MD}=\frac{1}{2}(\boldsymbol{b}-\boldsymbol{a}),\ \overrightarrow{MB}=-\overrightarrow{MD}=-\frac{1}{2}(\boldsymbol{b}-\boldsymbol{a})=\frac{1}{2}(\boldsymbol{a}-\boldsymbol{b}).$$

由数与向量的乘积的定义，有

$$\boldsymbol{a}=|\boldsymbol{a}|\boldsymbol{a}^{\circ},\ \boldsymbol{a}^{\circ}=\frac{\boldsymbol{a}}{|\boldsymbol{a}|}\quad（见图 8-12）.$$

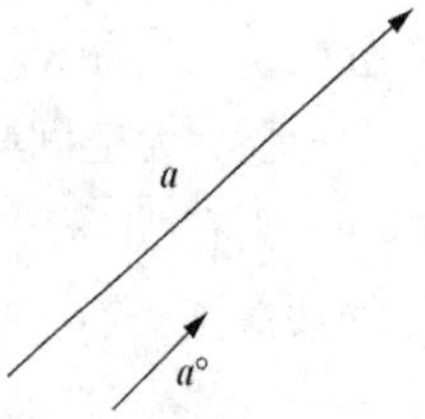

图 8-12

这表示一个非零向量除以它的模的结果是一个与原向量同方向的单位向量，这一过程又称为将向量**单位化**.

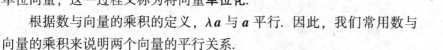

根据数与向量的乘积的定义，$\lambda\boldsymbol{a}$ 与 $\boldsymbol{a}$ 平行. 因此，我们常用数与向量的乘积来说明两个向量的平行关系.

定理 设向量 $\boldsymbol{a}\neq\boldsymbol{0}$，那么，向量 $\boldsymbol{b}$ 平行于向量 $\boldsymbol{a}$ 的充分必要条件是：存在唯一的实数 λ，使 $\boldsymbol{b}=\lambda\boldsymbol{a}$.

证 条件的充分性是显然的，下面证明条件的必要性.

设 $\boldsymbol{b}\parallel\boldsymbol{a}$，取 $\lambda=\pm\dfrac{|\boldsymbol{b}|}{|\boldsymbol{a}|}$，当 $\boldsymbol{b}$ 与 $\boldsymbol{a}$ 同向时 λ 取正值，当 $\boldsymbol{b}$ 与 $\boldsymbol{a}$ 反向时 λ 取负值，即有 $\boldsymbol{b}=\lambda\boldsymbol{a}$. 这是因为此时 $\boldsymbol{b}$ 与 $\lambda\boldsymbol{a}$ 同向，且

$$|\lambda\boldsymbol{a}|=|\lambda||\boldsymbol{a}|=\frac{|\boldsymbol{b}|}{|\boldsymbol{a}|}|\boldsymbol{a}|=|\boldsymbol{b}|.$$

再证数 λ 的唯一性. 设存在 λ，μ，使 $\boldsymbol{b}=\lambda\boldsymbol{a}$，$\boldsymbol{b}=\mu\boldsymbol{a}$，两式相减，便得 $(\lambda-\mu)\boldsymbol{a}=\boldsymbol{0}$，即 $|\lambda-\mu||\boldsymbol{a}|=0$. 因为 $\boldsymbol{a}\neq\boldsymbol{0}$，则 $|\boldsymbol{a}|\neq 0$，故 $|\lambda-\mu|=0$，即 $\lambda=\mu$.

定理 1 是建立数轴的理论依据. 我们知道，给定一个点、一个方向及长度单位，就确定了一条数轴. 一个单位向量既确定了方向，又确定了长度单位，因此，给定一个点及一个单位向量就确定了一条数轴.

设点 O 及单位向量 $\boldsymbol{i}$ 确定了数轴 Ox，如图 8-13 所示，则轴上任一点 P 对应一个向量 $\overrightarrow{OP}$，由于 $\overrightarrow{OP}\parallel\boldsymbol{i}$，根据定理1，必存在唯一的实数 x，使 $\overrightarrow{OP}=x\boldsymbol{i}$，其中 x 称为数轴上有向线段 $\overrightarrow{OP}$ 的值，这样，向量 $\overrightarrow{OP}$ 就与实数 x 一一对应了. 于是

$$点 P\leftrightarrow 向量\overrightarrow{OP}=x\boldsymbol{i}\leftrightarrow 实数 x,$$

即数轴上的点 P 与实数 x 一一对应. 我们定义实数 x 为数轴上点 P 的**坐标**.

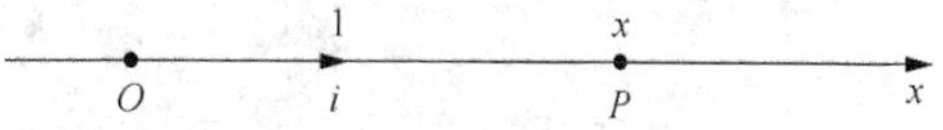

图 8-13

例 8-2 在x轴上取一点O作为坐标原点. 设A，B是x轴上两点，点A的坐标为5，且向量$\overrightarrow{AB}=-3\boldsymbol{i}$，其中$\boldsymbol{i}$是与$x$轴同方向的单位向量，求点$B$的坐标.

解 因为点A在x轴上的坐标为5，所以$\overrightarrow{OA}=5\boldsymbol{i}$，又$\overrightarrow{AB}=-3\boldsymbol{i}$，于是

$$\overrightarrow{OB}=\overrightarrow{OA}+\overrightarrow{AB}=5\boldsymbol{i}-3\boldsymbol{i}=2\boldsymbol{i},$$

故点B的坐标为2.

8.1.4 向量的代数运算

1. 向量的坐标表示

通过建立空间直角坐标系，我们可以实现空间中的向量与有序数组之间的对应关系，继而引入向量的坐标表示，将向量的几何运算转化为代数运算.

设$\boldsymbol{r}$为空间中一向量，将向量$\boldsymbol{r}$平行移动，使其起点与坐标原点重合，终点为$M(x,y,z)$，则有$\overrightarrow{OM}=\boldsymbol{r}$. 以$OM$为对角线、三条坐标轴为棱作长方体，如图8-3所示，根据向量的加法法则，有

$$\boldsymbol{r}=\overrightarrow{OM}=\overrightarrow{OP}+\overrightarrow{PN}+\overrightarrow{NM}=\overrightarrow{OP}+\overrightarrow{OQ}+\overrightarrow{OR},$$

以$\boldsymbol{i},\boldsymbol{j},\boldsymbol{k}$分别表示沿$x,y,z$轴正向的单位向量，则有

$$\overrightarrow{OP}=x\boldsymbol{i},\ \overrightarrow{OQ}=y\boldsymbol{j},\ \overrightarrow{OR}=z\boldsymbol{k},$$

从而

$$\boldsymbol{r}=\overrightarrow{OM}=x\boldsymbol{i}+y\boldsymbol{j}+z\boldsymbol{k}.$$

上式称为向量$\boldsymbol{r}$的**坐标分解式**. $x\boldsymbol{i}$、$y\boldsymbol{j}$、$z\boldsymbol{k}$分别称为向量$\boldsymbol{r}$沿x,y,z轴方向的**分向量**.

显然，给定向量$\boldsymbol{r}$，就确定了点M及$\overrightarrow{OP}$、$\overrightarrow{OQ}$、$\overrightarrow{OR}$三个分向量，进而确定了x、y、z三个有序数；反之，给定三个有序数x、y、z，也就确定了向量$\boldsymbol{r}$与点M. 于是，点M、向量$\boldsymbol{r}$与三个有序数x、y、z之间存在一一对应关系

$$\text{点 } M\leftrightarrow \text{向量 } \boldsymbol{r}=\overrightarrow{OM}=x\boldsymbol{i}+y\boldsymbol{j}+z\boldsymbol{k}\leftrightarrow(x,y,z).$$

据此，我们称有序数x、y、z为向量$\boldsymbol{r}$的坐标，记作$\boldsymbol{r}=\{x,y,z\}$. 向量$\boldsymbol{r}=\overrightarrow{OM}$称为点$M$关于坐标原点$O$的**向径**. 显然，一个点与该点的向径有相同的坐标.

上面的讨论表明，起点为$M_1(x_1,y_1,z_1)$而终点为$M_2(x_2,y_2,z_2)$的向量

$$\overrightarrow{M_1M_2}=\{x_2-x_1,y_2-y_1,z_2-z_1\}.$$

2. 向量线性运算的坐标表示

利用向量的坐标，就可以将前面的线性运算转化为代数运算.

设
$$\boldsymbol{a}=\{a_x,a_y,a_z\},\ \boldsymbol{b}=\{b_x,b_y,b_z\},$$

即
$$\boldsymbol{a}=a_x\boldsymbol{i}+a_y\boldsymbol{j}+a_z\boldsymbol{k},\ \boldsymbol{b}=b_x\boldsymbol{i}+b_y\boldsymbol{j}+b_z\boldsymbol{k}.$$

利用向量加法的交换律与结合律，以及数与向量乘法的结合律与分配律，有

$$\boldsymbol{a}+\boldsymbol{b}=(a_x+b_x)\boldsymbol{i}+(a_y+b_y)\boldsymbol{j}+(a_z+b_z)\boldsymbol{k},$$

$$\boldsymbol{a}-\boldsymbol{b}=(a_x-b_x)\boldsymbol{i}+(a_y-b_y)\boldsymbol{j}+(a_z-b_z)\boldsymbol{k},$$

$$\lambda\boldsymbol{a}=(\lambda a_x)\boldsymbol{i}+(\lambda a_y)\boldsymbol{j}+(\lambda a_z)\boldsymbol{k}(\lambda \text{ 为实数}).$$

即
$$\boldsymbol{a}+\boldsymbol{b}=\{a_x+b_x,a_y+b_y,a_z+b_z\},$$
$$\boldsymbol{a}-\boldsymbol{b}=\{a_x-b_x,a_y-b_y,a_z-b_z\},$$
$$\lambda\boldsymbol{a}=\{\lambda a_x,\lambda a_y,\lambda a_z\}.$$

由此可见，对向量进行加、减及数乘运算，只需对向量的各个坐标分别进行相应的数量运算即可.

根据定理1的结论，当向量$\boldsymbol{a}\neq\boldsymbol{0}$，向量$\boldsymbol{b}\parallel\boldsymbol{a}\Leftrightarrow$存在唯一的实数$\lambda$，使$\boldsymbol{b}=\lambda\boldsymbol{a}$，其坐标表达式为
$$\{b_x,b_y,b_z\}=\{\lambda a_x,\lambda a_y,\lambda a_z\},$$
即向量$\boldsymbol{b}$与$\boldsymbol{a}$的对应坐标成比例：
$$\frac{b_x}{a_x}=\frac{b_y}{a_y}=\frac{b_z}{a_z}.$$

例8-3 设$\boldsymbol{a}=\{5,7,2\}$，$\boldsymbol{b}=\{3,0,4\}$，$\boldsymbol{c}=\{-6,1,-1\}$，求$3\boldsymbol{a}-2\boldsymbol{b}+\boldsymbol{c}$及$5\boldsymbol{a}+6\boldsymbol{b}+\boldsymbol{c}$.

解 因为$\boldsymbol{a}=\{5,7,2\}$，$\boldsymbol{b}=\{3,0,4\}$，$\boldsymbol{c}=\{-6,1,-1\}$，所以
$$3\boldsymbol{a}-2\boldsymbol{b}+\boldsymbol{c}=3\{5,7,2\}-2\{3,0,4\}+\{-6,1,-1\}=\{3,22,-3\},$$
$$5\boldsymbol{a}+6\boldsymbol{b}+\boldsymbol{c}=5\{5,7,2\}+6\{3,0,4\}+\{-6,1,-1\}=\{37,36,33\}.$$

例8-4 已知两点$A(x_1,y_1,z_1)$，$B(x_2,y_2,z_2)$以及实数$\lambda(\lambda\neq-1)$，试在有向线段$\overrightarrow{AB}$上求一点$M(x,y,z)$，使$\overrightarrow{AM}=\lambda\overrightarrow{MB}$.

解 如图8-14所示，由于
$$\overrightarrow{AM}=\overrightarrow{OM}-\overrightarrow{OA},\ \overrightarrow{MB}=\overrightarrow{OB}-\overrightarrow{OM},$$
根据题意，有$\overrightarrow{OM}-\overrightarrow{OA}=\lambda(\overrightarrow{OB}-\overrightarrow{OM})$，即
$$\overrightarrow{OM}=\frac{1}{1+\lambda}(\overrightarrow{OA}+\lambda\overrightarrow{OB})$$
$$=\frac{1}{1+\lambda}[\{x_1,y_1,z_1\}+\lambda\{x_2,y_2,z_2\}]$$
$$=\left\{\frac{x_1+\lambda x_2}{1+\lambda},\frac{y_1+\lambda y_2}{1+\lambda},\frac{z_1+\lambda z_2}{1+\lambda}\right\},$$

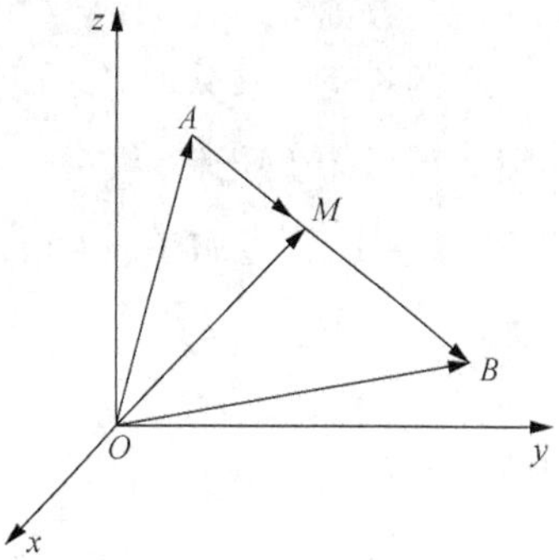

图8-14

于是，所求点为$M\left(\frac{x_1+\lambda x_2}{1+\lambda},\frac{y_1+\lambda y_2}{1+\lambda},\frac{z_1+\lambda z_2}{1+\lambda}\right)$.

例8-4中的点M称为有向线段$\overrightarrow{AB}$的**定比分点**. 特别指出，当$\lambda=1$时，点M为有向线段$\overrightarrow{AB}$的中点，其坐标为$M\left(\frac{x_1+x_2}{2},\frac{y_1+y_2}{2},\frac{z_1+z_2}{2}\right)$.

注意 通过例8-4，我们应注意，点M与向量$\overrightarrow{OM}$有相同的坐标，因此，求点M的坐标，就是求$\overrightarrow{OM}$的坐标.

8.1.5 向量的模、 方向余弦、 投影

1. 向量的模与空间中两点间的距离公式

设向量 $\boldsymbol{r}=\{x,y,z\}$，作 $\overrightarrow{OM}=\boldsymbol{r}$，如图 8-3 所示，有

$$\boldsymbol{r}=\overrightarrow{OM}=\overrightarrow{OP}+\overrightarrow{OQ}+\overrightarrow{OR},$$

按勾股定理可得

$$|\boldsymbol{r}|=|\overrightarrow{OM}|=\sqrt{|\overrightarrow{OP}|^2+|\overrightarrow{OQ}|^2+|\overrightarrow{OR}|^2}.$$

由 $\overrightarrow{OP}=x\boldsymbol{i}$，$\overrightarrow{OQ}=y\boldsymbol{j}$，$\overrightarrow{OR}=z\boldsymbol{k}$，有

$$|\overrightarrow{OP}|=|x|,\quad |\overrightarrow{OQ}|=|y|,\quad |\overrightarrow{OR}|=|z|,$$

于是，向量 $\boldsymbol{r}$ 的模

$$|\boldsymbol{r}|=|\overrightarrow{OM}|=\sqrt{x^2+y^2+z^2}.$$

设 $M_1(x_1,y_1,z_1)$、$M_2(x_2,y_2,z_2)$ 为空间直角坐标系 $O\text{-}xyz$ 中任意两点，则点 M_1 与点 M_2 的距离 $|M_1M_2|$ 就是向量 $\overrightarrow{M_1M_2}$ 的模 $|\overrightarrow{M_1M_2}|$. 由

$$\overrightarrow{M_1M_2}=\{x_2,y_2,z_2\}-\{x_1,y_1,z_1\}=\{x_1-x_2,y_1-y_2,z_1-z_2\}$$

得空间中两点的距离公式

$$|M_1M_2|=|\overrightarrow{M_1M_2}|=\sqrt{(x_1-x_2)^2+(y_1-y_2)^2+(z_1-z_2)^2}.$$

例 8-5 设点 M 在 x 轴上，它到点 $M_1(0,\sqrt{2},3)$ 的距离为到点 $M_2(0,1,-1)$ 的距离的两倍，求点 M 的坐标.

解 因为点 M 在 x 轴上，故可设点 M 的坐标为 $(x,0,0)$，依题意有

$$|MM_1|=2|MM_2|,$$

又

$$|MM_1|=\sqrt{x^2+(\sqrt{2})^2+3^2}=\sqrt{x^2+11},$$

$$|MM_2|=\sqrt{x^2+(-1)^2+1^2}=\sqrt{x^2+2},$$

则有

$$\sqrt{x^2+11}=2\sqrt{x^2+2},$$

从而解得 $x=\pm1$，所求点为 $(1,0,0)$ 或 $(-1,0,0)$.

例 8-6 已知两点 $A(4,0,5)$ 和 $B(7,2,3)$，求与向量 $\overrightarrow{AB}$ 平行的单位向量 $\boldsymbol{c}$.

解 所求向量与 $\overrightarrow{AB}$ 平行，则有两种情况：与 $\overrightarrow{AB}$ 同向；与 $\overrightarrow{AB}$ 反向. 因此所求向量有两个. 因为

$$\overrightarrow{AB}=\{7-4,2-0,3-5\}=\{3,2,-2\},$$

所以

$$|\overrightarrow{AB}|=\sqrt{3^2+2^2+(-2)^2}=\sqrt{17},$$

故所求单位向量为

$$c=\pm\frac{\overrightarrow{AB}}{|\overrightarrow{AB}|}=\pm\frac{1}{\sqrt{17}}\{3,2,-2\}.$$

2. 方向角与方向余弦

先引入两个向量夹角的概念.

设有两个非零向量 $\boldsymbol{a}$ 和 $\boldsymbol{b}$，任取空间一点 O，作 $\overrightarrow{OA}=\boldsymbol{a}$，$\overrightarrow{OB}=\boldsymbol{b}$，则称 $\angle AOB$(设 $\varphi=\angle AOB$，$0\leqslant\varphi\leqslant\pi$) 为向量 $\boldsymbol{a}$ 与 $\boldsymbol{b}$ 的**夹角**(见图 8-15)，记作 $(\widehat{\boldsymbol{a},\boldsymbol{b}})$ 或 $(\widehat{\boldsymbol{b},\boldsymbol{a}})$.

为了表示向量 $\boldsymbol{r}$ 的方向，我们把向量 $\boldsymbol{r}$ 与 x 轴、y 轴、z 轴正向的夹角分别记为 α、β、γ，将它们称为向量 $\boldsymbol{r}$ 的**方向角**(见图8-16). 同样，我们称 $\cos\alpha$、$\cos\beta$、$\cos\gamma$ 为向量 $\boldsymbol{r}$ 的**方向余弦**.

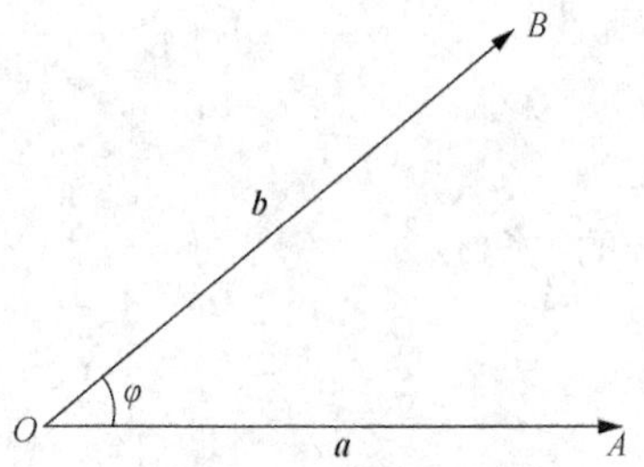

图 8-15

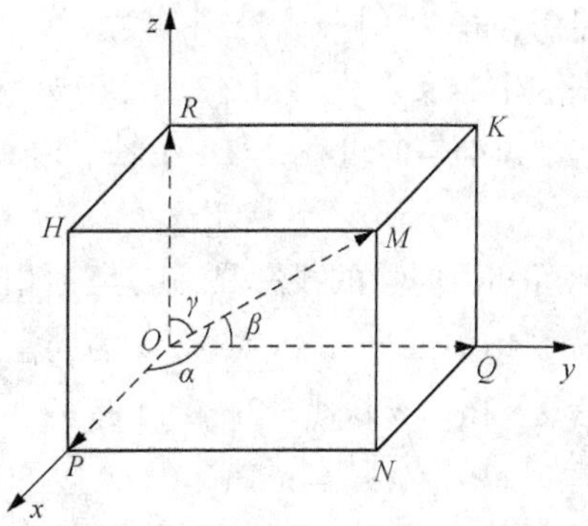

图 8-16

设向量 $\boldsymbol{r}=\{x,y,z\}$，在直角三角形 $\triangle OPM$、$\triangle OQM$、$\triangle ORM$ 中，有

$$\cos\alpha=\frac{x}{|\boldsymbol{r}|}=\frac{x}{\sqrt{x^2+y^2+z^2}},$$

$$\cos\beta=\frac{y}{|\boldsymbol{r}|}=\frac{y}{\sqrt{x^2+y^2+z^2}},$$

$$\cos\gamma=\frac{z}{|\boldsymbol{r}|}=\frac{z}{\sqrt{x^2+y^2+z^2}}.$$

易见，$\cos\alpha$、$\cos\beta$、$\cos\gamma$ 满足如下关系式

$$\cos^2\alpha+\cos^2\beta+\cos^2\gamma=1.$$

这说明方向余弦 $\cos\alpha$、$\cos\beta$、$\cos\gamma$(或方向角 α、β、γ) 不是相互独立的.

由 $\boldsymbol{r}=\{x,y,z\}$，有

$$\{\cos\alpha,\cos\beta,\cos\gamma\}=\frac{1}{|\boldsymbol{r}|}\{x,y,z\}=\frac{\boldsymbol{r}}{|\boldsymbol{r}|}=\boldsymbol{r}^{\circ},$$

即向量 $\{\cos\alpha,\cos\beta,\cos\gamma\}$ 是一个与非零向量 $\boldsymbol{r}$ 同方向的单位向量.

例 8-7 已知两点$M_1(2,2,\sqrt{2})$和$M_2(1,3,0)$，计算向量$\overrightarrow{M_1M_2}$的模、方向余弦和方向角.

解 因为$\overrightarrow{M_1M_2}=\{1-2,3-2,0-\sqrt{2}\}=\{-1,1,-\sqrt{2}\}$，所以

$$|\overrightarrow{M_1M_2}|=\sqrt{(-1)^2+1^2+(\sqrt{2})^2}=\sqrt{4}=2,$$

$$\cos\alpha=-\frac{1}{2},\ \cos\beta=\frac{1}{2},\ \cos\gamma=-\frac{\sqrt{2}}{2},$$

$$\alpha=\frac{2\pi}{3},\ \beta=\frac{\pi}{3},\ \gamma=\frac{3\pi}{4}.$$

3. 向量在轴上的投影

设点O及单位向量$\boldsymbol{e}$确定了u轴(见图8-17)，任意给定向量$\boldsymbol{r}$，作$\overrightarrow{OM}=\boldsymbol{r}$，再过点$M$作与$u$轴垂直的平面交$u$轴于点$M'$(点$M'$称为**点$M$在$u$轴上的投影**)，则向量$\overrightarrow{OM'}$称为向量$\boldsymbol{r}$在$u$轴上的分向量. 设$\overrightarrow{OM'}=\lambda\boldsymbol{e}$，则数$\lambda$称为**向量$\boldsymbol{r}$在$u$轴上的投影**，记为$\mathrm{Prj}_u\boldsymbol{r}$或$\boldsymbol{r}_u$.

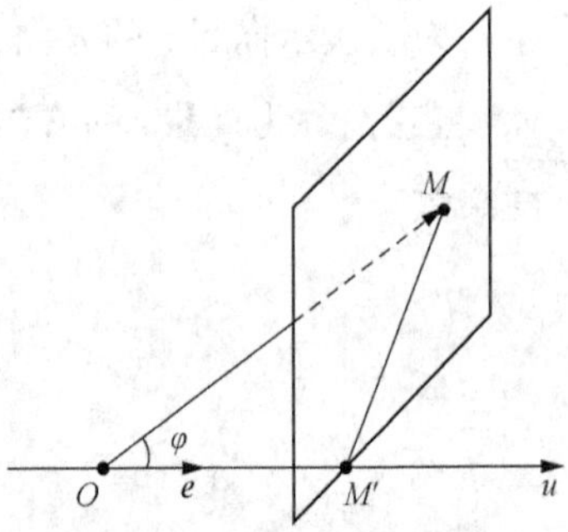

图 8-17

根据这个定义，向量$\boldsymbol{a}$在直角坐标系$O-xyz$中的坐标a_x、a_y、a_z分别是向量在x轴、y轴、z轴上的投影，即

$$a_x=\mathrm{Prj}_x\boldsymbol{a},\ a_y=\mathrm{Prj}_y\boldsymbol{a},\ a_z=\mathrm{Prj}_z\boldsymbol{a}.$$

由此可知，向量的投影具有与坐标相同的性质.

性质 1 $\mathrm{Prj}_u\boldsymbol{a}=|\boldsymbol{a}|\cos\varphi$ (φ为向量$\boldsymbol{a}$与u轴的夹角).

性质 2 $\mathrm{Prj}_u(\boldsymbol{a}+\boldsymbol{b})=\mathrm{Prj}_u\boldsymbol{a}+\mathrm{Prj}_u\boldsymbol{b}$.

性质 3 $\mathrm{Prj}_u(\lambda\boldsymbol{a})=\lambda\,\mathrm{Prj}_u\boldsymbol{a}$ (λ为实数).

例 8-8 设立方体的一条对角线为OM，一条棱为OA，且$|\overrightarrow{OA}|=a$，求$\overrightarrow{OA}$在$\overrightarrow{OM}$方向上的投影$\mathrm{Prj}_{\overrightarrow{OM}}\overrightarrow{OA}$.

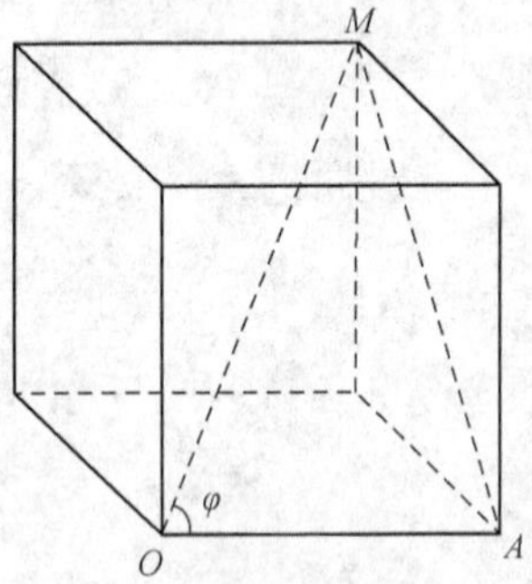

图 8-18

解 如图 8-18 所示，因为$|\overrightarrow{OA}|=a$，所以$|\overrightarrow{OM}|=\sqrt{3}a$，记$\angle MOA=\varphi$，有

$$\cos\varphi=\frac{|\overrightarrow{OA}|}{|\overrightarrow{OM}|}=\frac{1}{\sqrt{3}},$$

于是

$$\mathrm{Prj}_{\overrightarrow{OM}}\overrightarrow{OA}=|\overrightarrow{OA}|\cos\varphi=\frac{a}{\sqrt{3}}.$$

习题 8.1

1. 在空间直角坐标系中，指出下列各点所在的卦限.

$A(-2,2,3)$；　$B(6,-2,4)$；　$C(1,5,-3)$；　$D(-3,-2,-4)$；

$E(-4,-3,2)$；　$F(2,-3,-1)$；　$G(-3,3,-5)$；　$H(1,2,3)$.

2. 写出坐标面上和坐标轴上的点的坐标的特征，并指出下列各点的位置.

$A(-2,0,3)$；　$B(0,-2,4)$；　$C(0,0,-3)$；　$D(0,2,0)$.

3. 求点 $M(a,b,c)$ 关于(1) 各坐标面、(2) 各坐标轴、(3) 坐标原点的对称点的坐标.

4. 求点 $M(4,-3,5)$ 到各坐标面、各坐标轴及坐标原点的距离.

5. 填空题.

(1) 要使 $|\boldsymbol{a}+\boldsymbol{b}|=|\boldsymbol{a}-\boldsymbol{b}|$ 成立，向量 $\boldsymbol{a}$、$\boldsymbol{b}$ 应满足________.

(2) 要使 $|\boldsymbol{a}+\boldsymbol{b}|=|\boldsymbol{a}|+|\boldsymbol{b}|$ 成立，向量 $\boldsymbol{a}$、$\boldsymbol{b}$ 应满足________.

6. 设 $\boldsymbol{u}=\boldsymbol{a}-\boldsymbol{b}+2\boldsymbol{c}$，$\boldsymbol{v}=-\boldsymbol{a}+3\boldsymbol{b}-\boldsymbol{c}$. 试用 $\boldsymbol{a}$、$\boldsymbol{b}$、$\boldsymbol{c}$ 表示向量 $2\boldsymbol{u}-3\boldsymbol{v}$.

7. 化简 $\boldsymbol{a}-\boldsymbol{b}+5\left(-\dfrac{2}{3}\boldsymbol{b}+\dfrac{\boldsymbol{b}-3\boldsymbol{a}}{5}\right)$.

8. 如果平面上一个四边形的对角线互相平分，试用向量证明它是平行四边形.

9. 把 $\triangle ABC$ 的边 BC 五等分，设分点依次为 D_1、D_2、D_3、D_4，再把各分点与点 A 连接，试以 $\overrightarrow{AB}=\boldsymbol{a}$，$\overrightarrow{BC}=\boldsymbol{b}$ 表示向量 $\overrightarrow{D_1A}$、$\overrightarrow{D_2A}$、$\overrightarrow{D_3A}$ 和 $\overrightarrow{D_4A}$.

10. 证明空间四边形相邻各边中点的连线构成平行四边形.

11. 证明以三点 $A(4,1,9)$、$B(10,-1,6)$、$C(2,4,3)$ 为顶点的三角形是等腰直角三角形.

12. 设 P，Q 两点的向径分别为 $\boldsymbol{r}_1$、$\boldsymbol{r}_2$，点 R 在线段 PQ 上，且 $\dfrac{|PR|}{|RQ|}=\dfrac{m}{n}$，证明点 R 的向径 $\boldsymbol{r}=\dfrac{n\boldsymbol{r}_1+m\boldsymbol{r}_2}{m+n}$.

13. 已知两点 $M_1(0,1,2)$、$M_2(1,-1,0)$，试用坐标式表示向量 $\overrightarrow{M_1M_2}$ 及 $-2\overrightarrow{M_1M_2}$.

14. 求平行于向量 $\boldsymbol{a}=\{3,2,-6\}$ 的单位向量.

15. 已知两点 $M_1(4,\sqrt{2},1)$、$M_2(3,0,2)$，求向量 $\overrightarrow{M_1M_2}$ 的模、方向余弦和方向角.

16. 已知向量 $\boldsymbol{a}$ 的模为 3，其方向角 $\alpha=\gamma=60°$，$\beta=45°$，求向量 $\boldsymbol{a}$.

17. 设向量 $\boldsymbol{a}$ 的方向余弦分别满足

(1) $\cos\alpha=0$；　(2) $\cos\beta=1$；　(3) $\cos\alpha=\cos\beta=0$.

问这些向量与坐标轴或坐标面的关系如何.

18. 已知向量 $\boldsymbol{r}$ 的模为 4，$\boldsymbol{r}$ 与轴 u 的夹角为 $60°$，求 $\mathrm{Prj}_u\boldsymbol{r}$.

19. 一向量的终点为 $M(2,-1,2)$，它在 x 轴、y 轴、z 轴上的投影分别为 2、-2、2，求该向量的起点 A 的坐标.

20. 求与向量 $\boldsymbol{a}=\{16,-15,12\}$ 平行、方向相反，且长度为 50 的向量 $\boldsymbol{b}$.

21. 设 $\boldsymbol{u}=3\boldsymbol{i}+5\boldsymbol{j}+8\boldsymbol{k}$，$\boldsymbol{v}=2\boldsymbol{i}-4\boldsymbol{j}-7\boldsymbol{k}$，$\boldsymbol{w}=5\boldsymbol{i}+\boldsymbol{j}-4\boldsymbol{k}$，求向量 $\boldsymbol{a}=4\boldsymbol{u}+3\boldsymbol{v}-\boldsymbol{w}$ 在 x 轴上的投影及在 y 轴上的分向量.

§8.2 数量积、向量积、混合积

8.2.1 两向量的数量积

在物理学中，常力 $\boldsymbol{F}$ 作用在一个物体上，使其产生位移 $\boldsymbol{s}$，则力 $\boldsymbol{F}$ 所做的功为

$$W=|\boldsymbol{F}||\boldsymbol{s}|\cos\theta,$$

其中 θ 为 $\boldsymbol{F}$ 与 $\boldsymbol{s}$ 的夹角(见图 8-19).

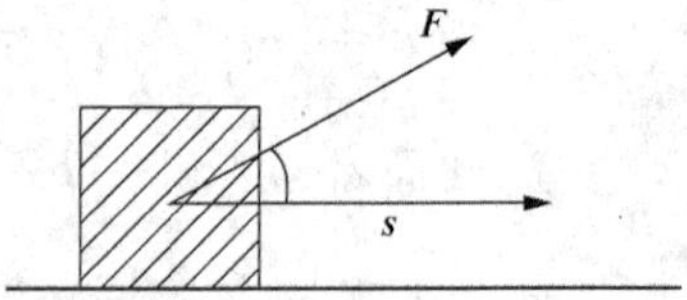

图 8-19

从这个问题可以看出，我们有时要对两个向量 $\boldsymbol{a}$ 和 $\boldsymbol{b}$ 做上述运算，运算的结果是一个数. 在物理学和力学的其他问题中，也常常会遇到此类情况. 为此，在数学中，我们把这种运算抽象成两个向量的数量积的概念.

定义 1 设有向量 $\boldsymbol{a}$、$\boldsymbol{b}$，它们的夹角为 θ，则乘积 $|\boldsymbol{a}||\boldsymbol{b}|\cos\theta$ 称为向量 $\boldsymbol{a}$ 与 $\boldsymbol{b}$ 的**数量积**(或称为**内积**、**点积**)，记为 $\boldsymbol{a}\cdot\boldsymbol{b}$，即

$$\boldsymbol{a}\cdot\boldsymbol{b}=|\boldsymbol{a}||\boldsymbol{b}|\cos\theta.$$

根据这个定义，上述问题中常力 $\boldsymbol{F}$ 所做的功 W 就是力 $\boldsymbol{F}$ 与位移 $\boldsymbol{s}$ 的数量积，即 $W=\boldsymbol{F}\cdot\boldsymbol{s}$.

根据数量积的定义，可以推得：

(1) $\boldsymbol{a}\cdot\boldsymbol{b}=|\boldsymbol{b}|\mathrm{Prj}_{\boldsymbol{b}}\boldsymbol{a}=|\boldsymbol{a}|\mathrm{Prj}_{\boldsymbol{a}}\boldsymbol{b}$;

(2) $\boldsymbol{a}\cdot\boldsymbol{a}=|\boldsymbol{a}|^2$;

(3) 设 $\boldsymbol{a}$、$\boldsymbol{b}$ 为两个非零向量，则 $\boldsymbol{a}\perp\boldsymbol{b}$ 的充分必要条件是 $\boldsymbol{a}\cdot\boldsymbol{b}=0$.

证 如果 $\boldsymbol{a}\cdot\boldsymbol{b}=0$，由 $|\boldsymbol{a}|\neq0$，$|\boldsymbol{b}|\neq0$，则有 $\cos\theta=0$，从而 $\theta=\dfrac{\pi}{2}$，即 $\boldsymbol{a}\perp\boldsymbol{b}$；反之，如果 $\boldsymbol{a}\perp\boldsymbol{b}$，则有 $\theta=\dfrac{\pi}{2}$，即 $\cos\theta=0$，于是 $\boldsymbol{a}\cdot\boldsymbol{b}=|\boldsymbol{a}||\boldsymbol{b}|\cos\theta=0$.

数量积满足下列运算规律.

(1) 交换律：$\boldsymbol{a}\cdot\boldsymbol{b}=\boldsymbol{b}\cdot\boldsymbol{a}$.

(2) 分配律：$(\boldsymbol{a}+\boldsymbol{b})\cdot\boldsymbol{c}=\boldsymbol{a}\cdot\boldsymbol{c}+\boldsymbol{b}\cdot\boldsymbol{c}$.

(3) 结合律：$\lambda(\boldsymbol{a}\cdot\boldsymbol{b})=(\lambda\boldsymbol{a})\cdot\boldsymbol{b}=\boldsymbol{a}\cdot(\lambda\boldsymbol{b})$ （λ 为实数).

上述运算规律利用数量积的定义即可证明.

下面我们来推导两个向量数量积的坐标表达式.

设 $\boldsymbol{a}=a_x\boldsymbol{i}+a_y\boldsymbol{j}+a_z\boldsymbol{k}$，$\boldsymbol{b}=b_x\boldsymbol{i}+b_y\boldsymbol{j}+b_z\boldsymbol{k}$，按数量积的运算规律可得

$$\begin{aligned}\boldsymbol{a}\cdot\boldsymbol{b}&=(a_x\boldsymbol{i}+a_y\boldsymbol{j}+a_z\boldsymbol{k})\cdot(b_x\boldsymbol{i}+b_y\boldsymbol{j}+b_z\boldsymbol{k})\\&=a_xb_x\boldsymbol{i}\cdot\boldsymbol{i}+a_xb_y\boldsymbol{i}\cdot\boldsymbol{j}+a_xb_z\boldsymbol{i}\cdot\boldsymbol{k}+a_yb_x\boldsymbol{j}\cdot\boldsymbol{i}+a_yb_y\boldsymbol{j}\cdot\boldsymbol{j}+a_yb_z\boldsymbol{j}\cdot\boldsymbol{k}\\&\quad+a_zb_x\boldsymbol{k}\cdot\boldsymbol{i}+a_zb_y\boldsymbol{k}\cdot\boldsymbol{j}+a_zb_z\boldsymbol{k}\cdot\boldsymbol{k},\end{aligned}$$

因为 $\boldsymbol{i}$、$\boldsymbol{j}$、$\boldsymbol{k}$ 是两两垂直的单位向量，所以有

$$\boldsymbol{i}\cdot\boldsymbol{j}=\boldsymbol{j}\cdot\boldsymbol{k}=\boldsymbol{k}\cdot\boldsymbol{i}=0,\ \boldsymbol{j}\cdot\boldsymbol{i}=\boldsymbol{k}\cdot\boldsymbol{j}=\boldsymbol{i}\cdot\boldsymbol{k}=0,$$

$$\boldsymbol{i}\cdot\boldsymbol{i}=\boldsymbol{j}\cdot\boldsymbol{j}=\boldsymbol{k}\cdot\boldsymbol{k}=1,$$

从而得到数量积的坐标表达式

$$\boldsymbol{a}\cdot\boldsymbol{b}=a_xb_x+a_yb_y+a_zb_z.$$

由此进一步得到 $\boldsymbol{a}\perp\boldsymbol{b}$ 的充分必要条件

$$a_xb_x+a_yb_y+a_zb_z=0.$$

由于 $\boldsymbol{a}\cdot\boldsymbol{b}=|\boldsymbol{a}||\boldsymbol{b}|\cos\theta$，所以当 $\boldsymbol{a}$、$\boldsymbol{b}$ 为两非零向量时，可得两向量夹角余弦的坐标表达式

$$\cos\theta=\cos(\widehat{\boldsymbol{a},\boldsymbol{b}})=\frac{\boldsymbol{a}\cdot\boldsymbol{b}}{|\boldsymbol{a}||\boldsymbol{b}|}=\frac{a_xb_x+a_yb_y+a_zb_z}{\sqrt{a_x^2+a_y^2+a_z^2}\sqrt{b_x^2+b_y^2+b_z^2}}.$$

例 8-9 设 $|\boldsymbol{a}|=3$，$|\boldsymbol{b}|=5$，且两向量的夹角为 $\theta=\frac{\pi}{3}$，试求 $(\boldsymbol{a}-2\boldsymbol{b})\cdot(3\boldsymbol{a}+2\boldsymbol{b})$.

解 因为 $|\boldsymbol{a}|=3$，$|\boldsymbol{b}|=5$，且两向量的夹角为 $\theta=\frac{\pi}{3}$，所以

$$\boldsymbol{a}\cdot\boldsymbol{a}=|\boldsymbol{a}|^2=9,\ \boldsymbol{b}\cdot\boldsymbol{b}=|\boldsymbol{b}|^2=25,\ \boldsymbol{a}\cdot\boldsymbol{b}=|\boldsymbol{a}||\boldsymbol{b}|\cos\theta=\frac{15}{2},$$

则

$$\begin{aligned}(\boldsymbol{a}-2\boldsymbol{b})\cdot(3\boldsymbol{a}+2\boldsymbol{b})&=3\boldsymbol{a}\cdot\boldsymbol{a}+2\boldsymbol{a}\cdot\boldsymbol{b}-6\boldsymbol{b}\cdot\boldsymbol{a}-4\boldsymbol{b}\cdot\boldsymbol{b}\\&=3\boldsymbol{a}\cdot\boldsymbol{a}-4\boldsymbol{a}\cdot\boldsymbol{b}-4\boldsymbol{b}\cdot\boldsymbol{b}\\&=-103.\end{aligned}$$

例 8-10 已知 $\boldsymbol{a}=\{1,1,-4\}$，$\boldsymbol{b}=\{1,-2,2\}$，求：

(1) $\boldsymbol{a}\cdot\boldsymbol{b}$；　(2) $\boldsymbol{a}$ 与 $\boldsymbol{b}$ 的夹角 θ；　(3) $\boldsymbol{a}$ 在 $\boldsymbol{b}$ 上的投影.

解 (1) $\boldsymbol{a}\cdot\boldsymbol{b}=1\cdot1+1\cdot(-2)+(-4)\cdot2=-9$.

(2) 因为 $|\boldsymbol{a}|=\sqrt{18}=3\sqrt{2}$，$|\boldsymbol{b}|=\sqrt{9}=3$，则 $\cos\theta=\frac{\boldsymbol{a}\cdot\boldsymbol{b}}{|\boldsymbol{a}||\boldsymbol{b}|}=-\frac{1}{\sqrt{2}}$，所以 $\theta=\frac{3\pi}{4}$.

(3) 因为 $\boldsymbol{a}\cdot\boldsymbol{b}=|\boldsymbol{b}|\mathrm{Prj}_b\boldsymbol{a}$，所以 $\mathrm{Prj}_b\boldsymbol{a}=\frac{\boldsymbol{a}\cdot\boldsymbol{b}}{|\boldsymbol{b}|}=-3$.

例 8-11 设液体流过平面 S 上面积为 A 的一个区域，液体在该区域上各点处的流速均为(常向量) $\boldsymbol{v}$. 设 $\boldsymbol{n}$ 为垂直于 S 的单位向量(见图 8-20)，计算单位时间内经过该区域流向 $\boldsymbol{n}$ 所指一侧的液体的质量 P(液体的密度为 ρ).

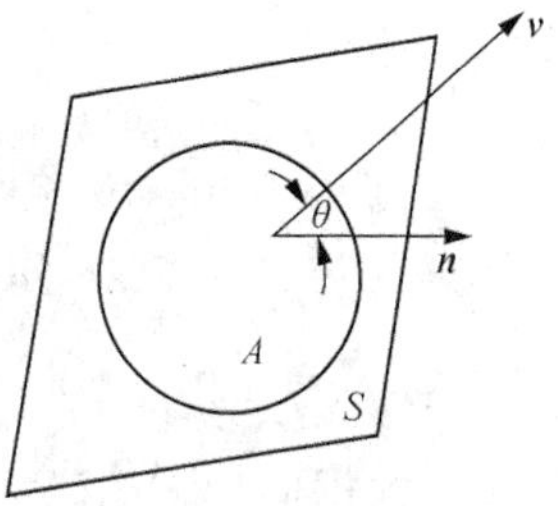

图 8-20

解 单位时间内流过该区域的液体组成一个底面积为 A，斜高为 $|\boldsymbol{v}|$ 的斜柱体(见图 8-21). 柱体的斜高与底面的垂线的夹角就是 $\boldsymbol{v}$ 与 $\boldsymbol{n}$ 的夹角 θ，所以该柱体的高为 $|\boldsymbol{v}|\cos\theta$，体积为

$$V=A|\boldsymbol{v}|\cos\theta=A\boldsymbol{v}\cdot\boldsymbol{n}.$$

因此，单位时间内经过该区域流向 $\boldsymbol{n}$ 所指一侧的液体的质量

$$P=\rho V=\rho A\boldsymbol{v}\cdot\boldsymbol{n}.$$

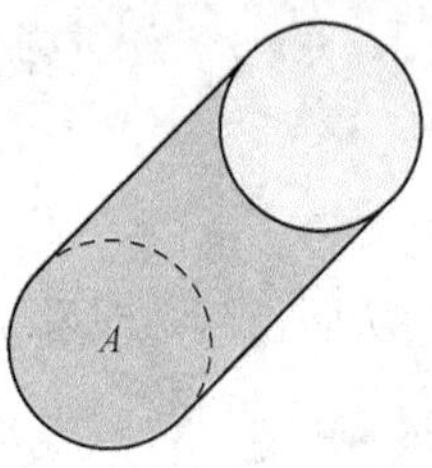

图 8-21

8.2.2 两向量的向量积

同两向量的数量积一样，两向量的向量积的概念也是从力学及物理学中抽象出来的. 例如，在研究物体的转动问题时，不但要考虑此物体所受的力，还要分析这些力所产生的力矩. 下面就举一个简单的例子来说明表达力矩的方法.

设 O 为一根杠杆 L 的支点，有一力 $\boldsymbol{F}$ 作用于该杠杆上点 P 处，力 $\boldsymbol{F}$ 与 $\overrightarrow{OP}$ 的夹角为 θ(见图 8-22). 由力学规定，力 $\boldsymbol{F}$ 对支点 O 的力矩是一向量 $\boldsymbol{M}$，它的模为

$$|\boldsymbol{M}|=|OQ||\boldsymbol{F}|=|\overrightarrow{OP}||\boldsymbol{F}|\sin\theta,$$

而 $\boldsymbol{M}$ 垂直于 $\overrightarrow{OP}$ 与 $\boldsymbol{F}$ 所确定的平面，其方向符合右手规则，即当右手的四个手指从 $\overrightarrow{OP}$ 的正向以不超过 π 的角度转向 $\boldsymbol{F}$ 的正向时，大拇指的指向就是 $\boldsymbol{M}$ 的方向(见图 8-23). 由此，在数学中，我们根据这种运算抽象出两向量的向量积的概念.

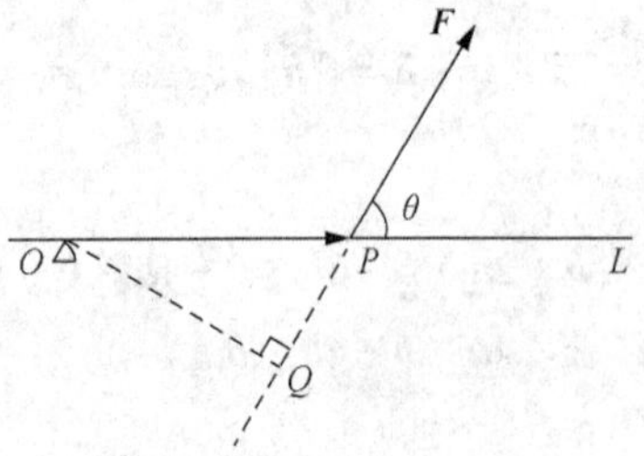

图 8-22

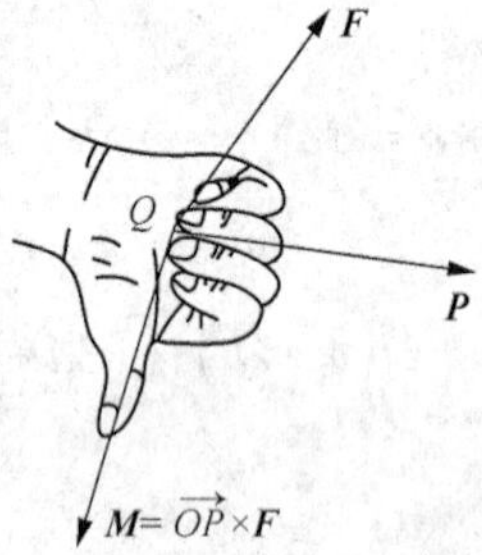

图 8-23

定义 2 设向量 $\boldsymbol{c}$ 由两个向量 $\boldsymbol{a}$ 与 $\boldsymbol{b}$ 按下列方式定出：

(1) $\boldsymbol{c}$ 既垂直于 $\boldsymbol{a}$ 又垂直于 $\boldsymbol{b}$，$\boldsymbol{c}$ 的方向按右手规则从 $\boldsymbol{a}$ 转向 $\boldsymbol{b}$ 来确定(见图 8-24)；

(2) $\boldsymbol{c}$ 的模 $|\boldsymbol{c}|=|\boldsymbol{a}||\boldsymbol{b}|\sin\theta$(其中 θ 为 $\boldsymbol{a}$ 与 $\boldsymbol{b}$ 的夹角).

则称向量 $\boldsymbol{c}$ 为向量 $\boldsymbol{a}$ 与向量 $\boldsymbol{b}$ 的**向量积**(或称**外积**、**叉积**)，记为 $\boldsymbol{a}\times\boldsymbol{b}$，即

$$\boldsymbol{c}=\boldsymbol{a}\times\boldsymbol{b}.$$

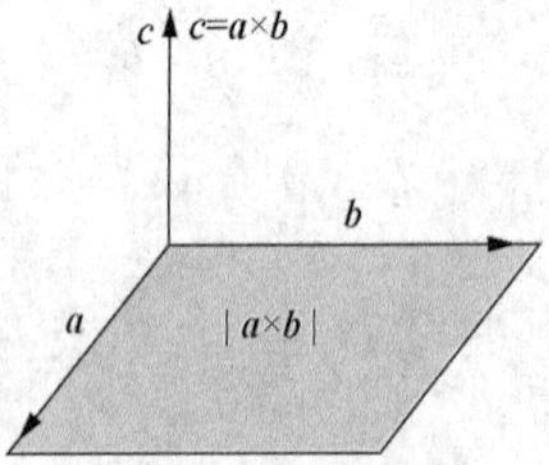

图 8-24

注意 由向量积的定义可知，$\boldsymbol{c}=\boldsymbol{a}\times\boldsymbol{b}$ 的模在数值上等于以 $\boldsymbol{a}$、$\boldsymbol{b}$ 为邻边的平行四边形的面积(见图 8-24)，即

$$|\boldsymbol{a}\times\boldsymbol{b}|=|\boldsymbol{a}||\boldsymbol{b}|\sin\theta.$$

根据向量积的定义，可以推得：

(1) $\boldsymbol{a}\times\boldsymbol{a}=\boldsymbol{0}$;

(2) 设 $\boldsymbol{a}$、$\boldsymbol{b}$ 为两个非零向量，则 $\boldsymbol{a}\parallel\boldsymbol{b}$ 的充分必要条件是 $\boldsymbol{a}\times\boldsymbol{b}=\boldsymbol{0}$.

证 如果 $\boldsymbol{a}\times\boldsymbol{b}=\boldsymbol{0}$，由 $|\boldsymbol{a}|\neq 0$，$|\boldsymbol{b}|\neq 0$，则有 $\sin\theta=0$，从而 $\theta=0$，即 $\boldsymbol{a}\parallel\boldsymbol{b}$；反之，如果 $\boldsymbol{a}\parallel\boldsymbol{b}$，则有 $\theta=0$ 或 $\theta=\pi$，从而 $\sin\theta=0$，于是 $|\boldsymbol{a}\times\boldsymbol{b}|=|\boldsymbol{a}||\boldsymbol{b}|\sin\theta=0$，即 $\boldsymbol{a}\times\boldsymbol{b}=\boldsymbol{0}$.

向量积满足下列运算规律.

(1) $\boldsymbol{a}\times\boldsymbol{b}=-(\boldsymbol{b}\times\boldsymbol{a})$.

这是因为，按右手规则从 $\boldsymbol{a}$ 转向 $\boldsymbol{b}$ 定出的方向恰好与按右手规则从 $\boldsymbol{b}$ 转向 $\boldsymbol{a}$ 定出的方向相反. 它表明交换律对向量积不成立.

(2) 分配律：$(\boldsymbol{a}+\boldsymbol{b})\times\boldsymbol{c}=\boldsymbol{a}\times\boldsymbol{c}+\boldsymbol{b}\times\boldsymbol{c}$.

(3) 结合律：$\lambda(\boldsymbol{a}\times\boldsymbol{b})=(\lambda\boldsymbol{a})\times\boldsymbol{b}=\boldsymbol{a}\times(\lambda\boldsymbol{b})$ （λ 为实数）.

利用向量积的定义可以证明上述运算规律.

下面我们来推导两个向量的向量积的坐标表达式.

设 $\boldsymbol{a}=a_x\boldsymbol{i}+a_y\boldsymbol{j}+a_z\boldsymbol{k}$，$\boldsymbol{b}=b_x\boldsymbol{i}+b_y\boldsymbol{j}+b_z\boldsymbol{k}$，按向量积的运算规律可得

$$\begin{aligned}\boldsymbol{a}\times\boldsymbol{b}&=(a_x\boldsymbol{i}+a_y\boldsymbol{j}+a_z\boldsymbol{k})\times(b_x\boldsymbol{i}+b_y\boldsymbol{j}+b_z\boldsymbol{k})\\&=a_xb_x\boldsymbol{i}\times\boldsymbol{i}+a_xb_y\boldsymbol{i}\times\boldsymbol{j}+a_xb_z\boldsymbol{i}\times\boldsymbol{k}+a_yb_x\boldsymbol{j}\times\boldsymbol{i}+a_yb_y\boldsymbol{j}\times\boldsymbol{j}+a_yb_z\boldsymbol{j}\times\boldsymbol{k}\\&\quad+a_zb_x\boldsymbol{k}\times\boldsymbol{i}+a_zb_y\boldsymbol{k}\times\boldsymbol{j}+a_zb_z\boldsymbol{k}\times\boldsymbol{k},\end{aligned}$$

因为 $\boldsymbol{i}$、$\boldsymbol{j}$、$\boldsymbol{k}$ 是两两垂直的单位向量，所以有

$$\boldsymbol{i}\times\boldsymbol{i}=\boldsymbol{j}\times\boldsymbol{j}=\boldsymbol{k}\times\boldsymbol{k}=\boldsymbol{0},$$

$$\boldsymbol{i}\times\boldsymbol{j}=\boldsymbol{k},\ \boldsymbol{j}\times\boldsymbol{k}=\boldsymbol{i},\ \boldsymbol{k}\times\boldsymbol{i}=\boldsymbol{j},$$

$$\boldsymbol{j}\times\boldsymbol{i}=-\boldsymbol{k},\ \boldsymbol{k}\times\boldsymbol{j}=-\boldsymbol{i},\ \boldsymbol{i}\times\boldsymbol{k}=-\boldsymbol{j}.$$

从而得到向量积的坐标表达式

$$\boldsymbol{a}\times\boldsymbol{b}=(a_yb_z-a_zb_y)\boldsymbol{i}+(a_zb_x-a_xb_z)\boldsymbol{j}+(a_xb_y-a_yb_x)\boldsymbol{k}.$$

即

$$\boldsymbol{a}\times\boldsymbol{b}=\{a_yb_z-a_zb_y,\ a_zb_x-a_xb_z,\ a_xb_y-a_yb_x\}.$$

为了便于记忆，利用三阶行列式可将上式表示成

$$\boldsymbol{a}\times\boldsymbol{b}=\begin{vmatrix}\boldsymbol{i}&\boldsymbol{j}&\boldsymbol{k}\\a_x&a_y&a_z\\b_x&b_y&b_z\end{vmatrix}.$$

由此进一步得到 $\boldsymbol{a}\parallel\boldsymbol{b}$ 的充分必要条件

$$\frac{b_x}{a_x}=\frac{b_y}{a_y}=\frac{b_z}{a_z},$$

其中 b_x、b_y、b_z 不能同时为 0.

例 8-12 已知三角形 ABC 的顶点分别是 $A(1,2,3)$、$B(3,4,5)$ 和 $C(2,4,7)$，求三角形 ABC 的面积.

解 根据向量积的定义，三角形 ABC 的面积为

$$S_{\triangle ABC}=\frac{1}{2}|\overrightarrow{AB}||\overrightarrow{AC}|\sin\angle A=\frac{1}{2}|\overrightarrow{AB}\times\overrightarrow{AC}|,$$

由于 $\overrightarrow{AB}=\{2,2,2\}$，$\overrightarrow{AC}=\{1,2,4\}$，所以

$$\overrightarrow{AB}\times\overrightarrow{AC}=\begin{vmatrix} \boldsymbol{i} & \boldsymbol{j} & \boldsymbol{k} \\ 2 & 2 & 2 \\ 1 & 2 & 4 \end{vmatrix}=4\boldsymbol{i}-6\boldsymbol{j}+2\boldsymbol{k},$$

即$\overrightarrow{AB}\times\overrightarrow{AC}=\{4,-6,2\}$. 于是

$$S_{\triangle ABC}=\frac{1}{2}|\overrightarrow{AB}\times\overrightarrow{AC}|=\frac{1}{2}\sqrt{4^2+(-6)^2+2^2}=\sqrt{14}.$$

例 8-13 向量 $\boldsymbol{a}=\{3,-2,4\}$，向量 $\boldsymbol{b}=\{1,1,-2\}$，求与 $\boldsymbol{a}$、$\boldsymbol{b}$ 都垂直的单位向量.

解 因为

$$\boldsymbol{a}\times\boldsymbol{b}=\{a_yb_z-a_zb_y,a_zb_x-a_xb_z,a_xb_y-a_yb_x\}=\{0,10,5\},$$

所以与 $\boldsymbol{a}$、$\boldsymbol{b}$ 都垂直的向量为 $\boldsymbol{c}=\pm\{0,10,5\}$，又 $|\boldsymbol{c}|=\sqrt{10^2+5^2}=5\sqrt{5}$，

故所求单位向量为

$$\boldsymbol{c}^\circ=\frac{\boldsymbol{c}}{|\boldsymbol{c}|}=\pm\left\{0,\frac{2}{\sqrt{5}},\frac{1}{\sqrt{5}}\right\}.$$

例 8-14 设刚体以等角速度 ω 绕 l 轴旋转，计算刚体上一点 M 的线速度.

解 刚体绕 l 轴旋转时，我们可以用在 l 轴上的一个向量 $\boldsymbol{\omega}$ 表示其角速度. $\boldsymbol{\omega}$ 的大小等于角速度的大小，$\boldsymbol{\omega}$ 的方向由右手规则定出，即以右手握住 l 轴. 当右手的四个手指的方向与刚体的旋转方向一致时，大拇指的指向就是 $\boldsymbol{\omega}$ 的方向. 如图 8-25 所示，设点 M 到旋转轴 l 的距离为 a，在 l 轴上任取一点 O 作向量 $\boldsymbol{r}=\overrightarrow{OM}$，并以 θ 表示 $\boldsymbol{\omega}$ 与 $\boldsymbol{r}$ 的夹角，则

$$a=|\boldsymbol{r}|\sin\theta.$$

设点 M 的线速度为 $\boldsymbol{v}$，那么由物理学上线速度与角速度间的关系可知，$\boldsymbol{v}$ 的大小为

$$|\boldsymbol{v}|=|\boldsymbol{\omega}|a=|\boldsymbol{\omega}||\boldsymbol{r}|\sin\theta.$$

$\boldsymbol{v}$ 的方向垂直于通过点 M 与 l 轴的平面，即 $\boldsymbol{v}$ 同时垂直于 $\boldsymbol{\omega}$ 与 $\boldsymbol{r}$，且 $\boldsymbol{v}$ 的方向要使 $\boldsymbol{\omega}$、$\boldsymbol{r}$、$\boldsymbol{v}$ 符合右手规则，因此有

$$\boldsymbol{v}=\boldsymbol{\omega}\times\boldsymbol{r}.$$

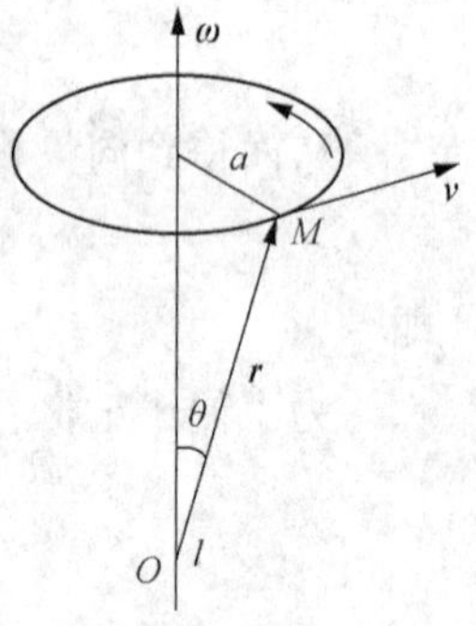

图 8-25

8.2.3 向量的混合积

定义 3 设有三个向量 $\boldsymbol{a}$、$\boldsymbol{b}$、$\boldsymbol{c}$，则$(\boldsymbol{a}\times\boldsymbol{b})\cdot\boldsymbol{c}$ 称为 $\boldsymbol{a}$、$\boldsymbol{b}$、$\boldsymbol{c}$ 的**混合积**.

下面我们来推导向量混合积的坐标表达式.

设 $\boldsymbol{a}=\{a_x,a_y,a_z\}$，$\boldsymbol{b}=\{b_x,b_y,b_z\}$，$\boldsymbol{c}=\{c_x,c_y,c_z\}$，因为

$$\boldsymbol{a}\times\boldsymbol{b}=\begin{vmatrix} \boldsymbol{i} & \boldsymbol{j} & \boldsymbol{k} \\ a_x & a_y & a_z \\ b_x & b_y & b_z \end{vmatrix}=\begin{vmatrix} a_y & a_z \\ b_y & b_z \end{vmatrix}\boldsymbol{i}+\begin{vmatrix} a_z & a_x \\ b_z & b_x \end{vmatrix}\boldsymbol{j}+\begin{vmatrix} a_x & a_y \\ b_x & b_y \end{vmatrix}\boldsymbol{k},$$

所以

$$(\boldsymbol{a}\times\boldsymbol{b})\cdot\boldsymbol{c}=c_x\begin{vmatrix}a_y & a_z\\ b_y & b_z\end{vmatrix}+c_y\begin{vmatrix}a_z & a_x\\ b_z & b_x\end{vmatrix}+c_z\begin{vmatrix}a_x & a_y\\ b_x & b_y\end{vmatrix}=\begin{vmatrix}a_x & a_y & a_z\\ b_x & b_y & b_z\\ c_x & c_y & c_z\end{vmatrix}.$$

根据向量混合积的定义，可以推出

$$(\boldsymbol{a}\times\boldsymbol{b})\cdot\boldsymbol{c}=(\boldsymbol{b}\times\boldsymbol{c})\cdot\boldsymbol{a}=(\boldsymbol{c}\times\boldsymbol{a})\cdot\boldsymbol{b}.$$

下面，我们来讨论向量混合积的几何意义.

以向量 $\boldsymbol{a}$、向量 $\boldsymbol{b}$、向量 $\boldsymbol{c}$ 为棱做一个平行六面体，并记此六面体的高为 h，底面积为 A，再记 $\boldsymbol{a}\times\boldsymbol{b}=\boldsymbol{d}$，向量 $\boldsymbol{c}$ 与 $\boldsymbol{d}$ 的夹角为 θ.

当 $\boldsymbol{d}$ 与 $\boldsymbol{c}$ 指向底面的同侧$(0<\theta<\frac{\pi}{2})$ 时，如图 8-26(a) 所示，

$$h=|\boldsymbol{c}|\cos\theta;$$

当 $\boldsymbol{d}$ 与 $\boldsymbol{c}$ 指向底面的异侧$(\frac{\pi}{2}<\theta<\pi)$ 时，如图 8-26(b) 所示，

$$h=|\boldsymbol{c}|\cos(\pi-\theta)=-|\boldsymbol{c}|\cos\theta.$$

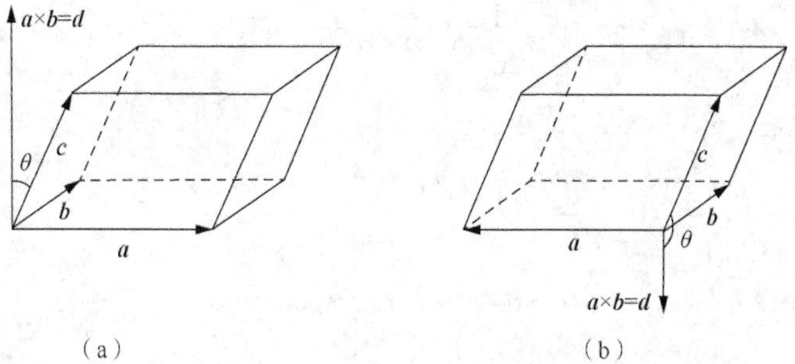

图 8-26

综合以上两种情况，得到 $h=|\boldsymbol{c}||\cos\theta|$，而底面积 $A=|\boldsymbol{a}\times\boldsymbol{b}|$. 这样，平行六面体的体积则为

$$V=A\cdot h=|\boldsymbol{a}\times\boldsymbol{b}||\boldsymbol{c}||\cos\theta|=|(\boldsymbol{a}\times\boldsymbol{b})\cdot\boldsymbol{c}|.$$

也就是说，向量的混合积$(\boldsymbol{a}\times\boldsymbol{b})\cdot\boldsymbol{c}$ 是这样的一个数，它的绝对值表示以向量 $\boldsymbol{a}$、向量 $\boldsymbol{b}$、向量 $\boldsymbol{c}$ 为棱的平行六面体的体积(见图 8-27).

根据向量混合积的几何意义，可推出以下结论.

(1) 三向量 $\boldsymbol{a}$、$\boldsymbol{b}$、$\boldsymbol{c}$ 共面的充分必要条件是

$$(\boldsymbol{a}\times\boldsymbol{b})\cdot\boldsymbol{c}=0.$$

(2) 空间四点 $M_i(x_i,y_i,z_i)(i=1,2,3,4)$ 共面的充分必要条件是

$$(\overrightarrow{M_1M_2}\times\overrightarrow{M_1M_3})\cdot\overrightarrow{M_1M_4}=\begin{vmatrix}x_2-x_1 & y_2-y_1 & z_2-z_1\\ x_3-x_1 & y_3-y_1 & z_3-z_1\\ x_4-x_1 & y_4-y_1 & z_4-z_1\end{vmatrix}=0.$$

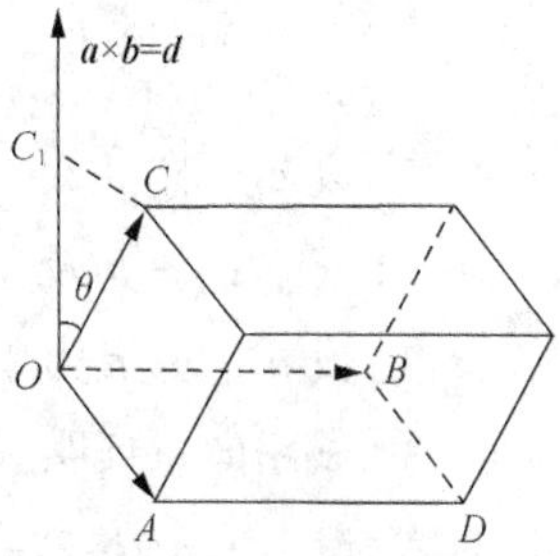

图 8-27

例 8-15 设 $\boldsymbol{a}=\{2,-3,1\}$，$\boldsymbol{b}=\{1,-1,3\}$，$\boldsymbol{c}=\{1,-2,0\}$，求：

(1) $(\boldsymbol{a}\cdot\boldsymbol{b})\boldsymbol{c}-(\boldsymbol{a}\cdot\boldsymbol{c})\boldsymbol{b}$；　(2) $(\boldsymbol{a}+\boldsymbol{b})\times(\boldsymbol{b}+\boldsymbol{c})$；　(3) $(\boldsymbol{a}\times\boldsymbol{b})\cdot\boldsymbol{c}$.

解 (1) 因为 $\boldsymbol{a}\cdot\boldsymbol{b}=8$，$\boldsymbol{a}\cdot\boldsymbol{c}=8$，所以

$$(\boldsymbol{a}\cdot\boldsymbol{b})\boldsymbol{c}-(\boldsymbol{a}\cdot\boldsymbol{c})\boldsymbol{b}=8\boldsymbol{c}-8\boldsymbol{b}=\{8,-16,0\}-\{8,-8,24\}=\{0,-8,-24\}.$$

(2) 因为 $\boldsymbol{a}+\boldsymbol{b}=\{3,-4,4\}$，$\boldsymbol{b}+\boldsymbol{c}=\{2,-3,3\}$，所以

$$(\boldsymbol{a}+\boldsymbol{b})\times(\boldsymbol{b}+\boldsymbol{c})=\{3,-4,4\}\times\{2,-3,3\}=\{0,-1,-1\}.$$

(3) $$(\boldsymbol{a}\times\boldsymbol{b})\cdot\boldsymbol{c}=\begin{vmatrix}2&-3&1\\1&-1&3\\1&-2&0\end{vmatrix}=2.$$

例 8-16 已知空间内不在同一平面上的四点

$$A(x_1,y_1,z_1),\ B(x_2,y_2,z_2),\ C(x_3,y_3,z_3),\ D(x_4,y_4,z_4),$$

求以这四点为顶点的四面体的体积.

解 由立体几何知，四面体的体积等于以向量$\overrightarrow{AB}$、向量$\overrightarrow{AC}$、向量$\overrightarrow{AD}$为棱的平行六面体的体积的六分之一，即

$$V=\frac{1}{6}\left|(\overrightarrow{AB}\times\overrightarrow{AC})\cdot\overrightarrow{AD}\right|.$$

因为

$$\overrightarrow{AB}=\{x_2-x_1,y_2-y_1,z_2-z_1\},$$
$$\overrightarrow{AC}=\{x_3-x_1,y_3-y_1,z_3-z_1\},$$
$$\overrightarrow{AD}=\{x_4-x_1,y_4-y_1,z_4-z_1\},$$

所以

$$V=\pm\frac{1}{6}\begin{vmatrix}x_2-x_1&y_2-y_1&z_2-z_1\\x_3-x_1&y_3-y_1&z_3-z_1\\x_4-x_1&y_4-y_1&z_4-z_1\end{vmatrix}$$（其中正负号的选取必须和行列式的符号一致).

习题 8.2

1. 设 $\boldsymbol{a}=\{3,-1,-2\}$，$\boldsymbol{b}=\{1,2,-1\}$，$\boldsymbol{c}=\{-2,1,3\}$，求：

(1) $(-2\boldsymbol{a})\cdot\boldsymbol{b}$ 及 $\boldsymbol{a}\times(2\boldsymbol{b})$；　(2) $\boldsymbol{a}$、$\boldsymbol{b}$ 的夹角的余弦；　(3) $(\boldsymbol{a}\times\boldsymbol{b})\cdot\boldsymbol{c}$.

2. 设 $\boldsymbol{a}$、$\boldsymbol{b}$、$\boldsymbol{c}$ 为单位向量，且满足 $\boldsymbol{a}+\boldsymbol{b}+\boldsymbol{c}=\boldsymbol{0}$，求 $\boldsymbol{a}\cdot\boldsymbol{b}+\boldsymbol{b}\cdot\boldsymbol{c}+\boldsymbol{c}\cdot\boldsymbol{a}$.

3. 试用向量证明三角形的余弦定理.

4. 设力 $\boldsymbol{F}=2\boldsymbol{i}-3\boldsymbol{j}+5\boldsymbol{k}$ 作用在一质点上，质点由 $M_1(1,1,2)$ 沿直线移动到 $M_2(3,4,5)$，求此力所做的功(设力的单位为 N，位移的单位为 m).

5. 求向量 $\boldsymbol{a}=\{4,-3,4\}$ 在向量 $\boldsymbol{b}=\{2,2,1\}$ 上的投影.

6. 设 $\boldsymbol{a}+3\boldsymbol{b}$ 与 $7\boldsymbol{a}-5\boldsymbol{b}$ 垂直，$\boldsymbol{a}-4\boldsymbol{b}$ 与 $7\boldsymbol{a}-2\boldsymbol{b}$ 垂直，求 $\boldsymbol{a}$ 与 $\boldsymbol{b}$ 之间的夹角.

7. 已知 $M_1(1,-1,2)$、$M_2(3,3,1)$ 和 $M_3(3,1,3)$，求与$\overrightarrow{M_1M_2}$、$\overrightarrow{M_2M_3}$ 同时垂直的单位向量.

8. 设 $\boldsymbol{a}=\{3,5,-2\}$，$\boldsymbol{b}=\{2,1,4\}$，问 λ 与 μ 有怎样的关系能使 $\lambda\boldsymbol{a}+\mu\boldsymbol{b}$ 与 z 轴垂直?

9. 在杠杆上支点 O 的一侧与点 O 的距离为 x_1 的点 P_1 处，有一与$\overrightarrow{OP_1}$成角 θ_1 的力 $\boldsymbol{F}_1$ 作用着，在点 O 的另一侧与点 O 的距离为 x_2 的点 P_2 处，有一与$\overrightarrow{OP_2}$成角 θ_2 的力 $\boldsymbol{F}_2$ 作用着，如图8-28所示，问：θ_1、θ_2、x_1、x_2、$|\boldsymbol{F}_1|$、$|\boldsymbol{F}_2|$符合怎样的条件才能使杠杆保持平衡?

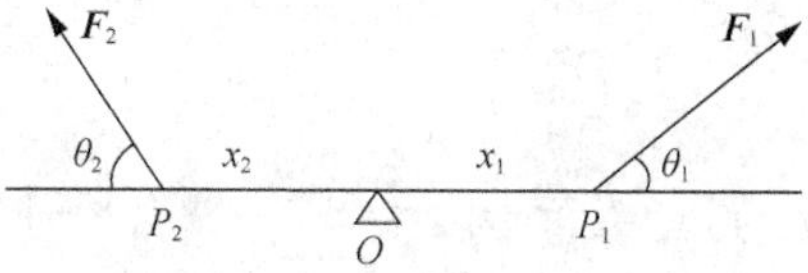

图 8-28

10. 直线 L 通过点 $A(-2,1,3)$ 和点 $B(0,-1,2)$，求点 $C(10,5,10)$ 到直线 L 的距离.

11. 设 $\boldsymbol{m}=2\boldsymbol{a}+\boldsymbol{b}$，$\boldsymbol{n}=k\boldsymbol{a}+\boldsymbol{b}$，其中$|\boldsymbol{a}|=1$，$|\boldsymbol{b}|=2$，且 $\boldsymbol{a}\perp\boldsymbol{b}$.

(1)k 为何值时，$\boldsymbol{m}\perp\boldsymbol{n}$?

(2)k 为何值时，以 $\boldsymbol{m}$ 与 $\boldsymbol{n}$ 为邻边的平行四边形的面积为 6?

12. 设 $\boldsymbol{a}$、$\boldsymbol{b}$、$\boldsymbol{c}$ 均为非零向量，其中任意两个向量不共线，但 $\boldsymbol{a}+\boldsymbol{b}$ 与 $\boldsymbol{c}$ 共线，$\boldsymbol{b}+\boldsymbol{c}$ 与 $\boldsymbol{a}$ 共线，试证 $\boldsymbol{a}+\boldsymbol{b}+\boldsymbol{c}=\boldsymbol{0}$.

13. 已知$(\boldsymbol{a}\times\boldsymbol{b})\cdot\boldsymbol{c}=2$，计算$[(\boldsymbol{a}+\boldsymbol{b})\times(\boldsymbol{b}+\boldsymbol{c})]\cdot(\boldsymbol{c}+\boldsymbol{a})$.

14. 试证向量 $\boldsymbol{a}=-\boldsymbol{i}+3\boldsymbol{j}+2\boldsymbol{k}$、$\boldsymbol{b}=2\boldsymbol{i}-3\boldsymbol{j}-4\boldsymbol{k}$、$\boldsymbol{c}=-3\boldsymbol{i}+12\boldsymbol{j}+6\boldsymbol{k}$ 在同一平面上，并沿 $\boldsymbol{a}$ 和 $\boldsymbol{b}$ 分解 $\boldsymbol{c}$.

15. 已知 $\boldsymbol{a}=\{a_x,a_y,a_z\}$，$\boldsymbol{b}=\{b_x,b_y,b_z\}$，$\boldsymbol{c}=\{c_x,c_y,c_z\}$，试利用行列式的性质证明 $(\boldsymbol{a}\times\boldsymbol{b})\cdot\boldsymbol{c}=(\boldsymbol{b}\times\boldsymbol{c})\cdot\boldsymbol{a}=(\boldsymbol{c}\times\boldsymbol{a})\cdot\boldsymbol{b}$.

16. 试用向量证明不等式

$$\sqrt{a_1^2+a_2^2+a_3^2}\sqrt{b_1^2+b_2^2+b_3^2}\geqslant|a_1b_1+a_2b_2+a_3b_3|,$$

其中 a_1、a_2、a_3、b_1、b_2、b_3 为任意实数，并指出等号成立的条件.

§ 8.3 平面及其方程

平面是空间中最简单且最重要的曲面. 本节我们将以向量为工具，在空间直角坐标系中建立其方程，并进一步讨论平面的一些基本性质.

8.3.1 平面的点法式方程

通过某一定点的平面有无穷多个，但若再限定平面与一已知非零向量垂直，则这个平面就可以完全确定. 下面我们就从这个角度来建立平面的点法式方程.

如果一个非零向量垂直于一平面，则称此向量为该平面的**法线向量**，简称**法向量**. 容易知道，平面上的任一向量均与该平面的法向量垂直.

设平面Π过点 $M_0(x_0,y_0,z_0)$，且以 $\boldsymbol{n}=\{A,B,C\}$ 为法向量，下面我们来建立这个平面的方程.

如图 8-29 所示，在平面Π上任取一点 $M(x,y,z)$，则有 $\overrightarrow{M_0M}\perp\boldsymbol{n}$，即 $\overrightarrow{M_0M}\cdot\boldsymbol{n}=0$. 因为

$$\overrightarrow{M_0M}=\{x-x_0,y-y_0,z-z_0\},$$

所以

$$A(x-x_0)+B(y-y_0)+C(z-z_0)=0. \qquad (8-1)$$

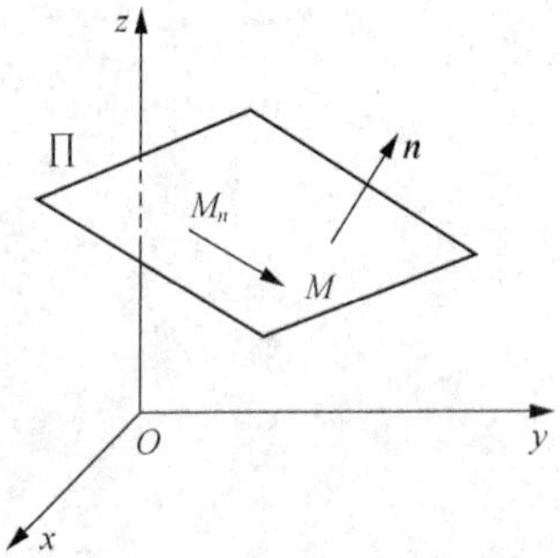

图 8-29

由点 M 的任意性可知，平面Π上的任一点都满足方程(8-1). 反之，不在该平面上的点的坐标都不满足方程(8-1)，因为这样的点与点 M_0 所构成的向量 $\overrightarrow{M_0M}$ 与法向量 $\boldsymbol{n}$ 不垂直. 因此，方程(8-1) 就是平面Π的方程，称为**平面的点法式方程**，而平面Π就是方程(8-1) 的图形.

例 8-17 求过点 $M(2,4,-3)$ 且以 $\boldsymbol{n}=\{2,-3,5\}$ 为法向量的平面的方程.

解 根据平面的点法式方程(8-1)，得所求平面的方程为

$$2(x-2)-3(y-4)+5(z+3)=0,$$

即

$$2x-3y+5z+23=0.$$

例 8-18 求过点 $A(2,-1,4)$、$B(-1,3,-2)$、$C(0,2,3)$ 的平面方程.

解 先求出该平面的法向量 $\boldsymbol{n}$. 由于法向量 $\boldsymbol{n}$ 与向量 $\overrightarrow{AB}$、$\overrightarrow{AC}$ 都垂直，而

$$\overrightarrow{AB}=\{-3,4,-6\},\ \overrightarrow{AC}=\{-2,3,-1\},$$

故可取它们的向量积为 $\boldsymbol{n}$，即

$$\boldsymbol{n}=\overrightarrow{AB}\times\overrightarrow{AC}=\begin{vmatrix}\boldsymbol{i} & \boldsymbol{j} & \boldsymbol{k}\\ -3 & 4 & -6\\ -2 & 3 & -1\end{vmatrix}=\{14,9,-1\},$$

根据平面的点法式方程(8-1)，得所求平面方程为 $14(x-2)+9(y+1)-(z-4)=0$，即 $14x+9x-z-15=0$.

8.3.2 平面的一般方程

平面的点法式方程是关于 x、y、z 的三元一次方程，而任一平面都可以用它上面的一

点及它的法向量来确定，因此任一平面都可以用三元一次方程来表示.

反之，设有三元一次方程

$$Ax+By+Cz+D=0, \tag{8-2}$$

任取满足该方程的一组数 x_0,y_0,z_0，则有

$$Ax_0+By_0+Cz_0+D=0,$$

将上述两式相减，得

$$A(x-x_0)+B(y-y_0)+C(z-z_0)=0. \tag{8-3}$$

易见，方程(8-3) 就是过点 $M_0(x_0,y_0,z_0)$ 且以 $\boldsymbol{n}=\{A,B,C\}$ 为法向量的平面方程.

因方程(8-3) 与方程(8-2) 是同解方程，所以，任一三元一次方程(8-2) 的图形总是一个平面. 方程(8-2) 称为**平面的一般方程**，其中 x、y、z 的系数就是该平面的一个法向量 $\boldsymbol{n}$ 的坐标，即 $\boldsymbol{n}=\{A,B,C\}$.

平面的一般方程的几种特殊情形如下。

(1) 若 $D=0$，则方程为 $Ax+By+Cz=0$，该平面通过坐标原点.

(2) 若 $C=0$，则方程为 $Ax+By+D=0$，法向量为 $\boldsymbol{n}=\{A,B,0\}$，垂直于 z 轴，该方程表示一个平行于 z 轴的平面.

同理，方程 $Ax+Cz+D=0$ 和 $By+Cz+D=0$ 分别表示一个平行于 y 轴和 x 轴的平面.

(3) 若 $B=C=0$，则方程为 $Ax+D=0$，法向量 $\boldsymbol{n}=\{A,0,0\}$ 同时垂直于 y 轴和 z 轴，方程表示一个平行于 yOz 面的平面或垂直于 x 轴的平面.

同理，方程 $By+D=0$ 和 $Cz+D=0$ 分别表示一个平行于 zOx 面和 xOy 面的平面.

注意 在平面解析几何中，二元一次方程表示一条直线；在空间解析几何中，二元一次方程表示一个平面. 例如，$x+y=1$ 在平面解析几何中表示一条直线，而在空间解析几何中表示一个平面.

例 8-19 求通过 x 轴和点(4,-3,-1) 的平面方程.

解 设所求平面的一般方程为

$$Ax+By+Cz+D=0,$$

因为所求平面通过 x 轴，则一定平行于 x 轴，所以 $A=0$，又平面通过坐标原点，所以 $D=0$，从而方程为

$$By+Cz=0,$$

又因平面过点(4,-3,-1)，因此有$-3B-C=0$，即 $C=-3B$. 将 $C=-3B$ 代入方程 $By+Cz=0$，再除以 $B(B\neq 0)$，得所求平面方程为

$$y-3z=0.$$

例 8-20 设平面过坐标原点及点(6,-3,2)，且与平面 $4x-y+2z=8$ 互相垂直，求此平面的方程.

解 设所求平面的方程为

$$Ax+By+Cz+D=0,$$

由平面过坐标原点可知 $D=0$，又平面过点(6,-3,2)，即有

$$6A-3B+2C=0. \qquad ①$$

因为平面与平面 $4x-y+2z=8$ 互相垂直，则 $\{A,B,C\}\perp\{4,-1,2\}$，所以 $\{A,B,C\}\cdot\{4,-1,2\}=0$，即

$$4A-B+2C=0. \qquad ②$$

联立方程 ① 和方程 ②，解得

$$A=B=-\frac{2}{3}C,$$

故所求平面方程为

$$2x+2y-3z=0.$$

8.3.3 平面的截距式方程

设一平面的一般方程为

$$Ax+By+Cz+D=0,$$

若该平面与 x 轴、y 轴、z 轴分别交于 $P(a,0,0)$、$Q(0,b,0)$、$R(0,0,c)$ 三点(见图 8-30)，其中 $a\neq 0$，$b\neq 0$，$c\neq 0$，则这三点均满足平面方程，即有

$$aA+D=0,\ bB+D=0,\ cC+D=0,$$

解得

$$A=-\frac{D}{a},\ B=-\frac{D}{b},\ C=-\frac{D}{c},$$

代入所设平面方程，得

$$\frac{x}{a}+\frac{y}{b}+\frac{z}{c}=1.$$

这个方程称为**平面的截距式方程**，其中 a、b、c 分别称为平面在 x 轴、y 轴、z 轴上的**截距**.

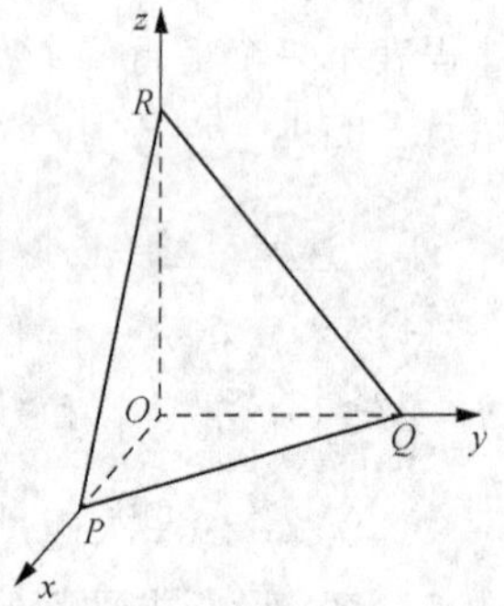

图 8-30

例 8-21 求平行于平面 $6x+y+6z+5=0$ 且与三个坐标面所围成的四面体体积为 1 的平面方程.

解 设所求平面方程为

$$\frac{x}{a}+\frac{y}{b}+\frac{z}{c}=1,$$

该平面与三个坐标面所围成的四面体体积 V 为 1，故

$$V=\frac{1}{3}\cdot\frac{1}{2}abc=1,$$

又因所求平面与平面 $6x+y+6z+5=0$ 平行，所以 $\dfrac{\frac{1}{a}}{6}=\dfrac{\frac{1}{b}}{1}=\dfrac{\frac{1}{c}}{6}$，即 $6a=b=6c$.

令 $6a=b=6c=t$，则 $a=\frac{t}{6}$，$b=t$，$c=\frac{t}{6}$，将其代入体积式，得 $\frac{1}{6}\cdot\frac{t}{6}\cdot t\cdot\frac{t}{6}=1$，即

$t=6$，从而 $a=1$，$b=6$，$c=1$. 于是，所求平面方程为

$$\frac{x}{1}+\frac{y}{6}+\frac{z}{1}=1,$$

即

$$6x+y+6z=6.$$

8.3.4 两平面的夹角

两平面法向量之间的夹角(通常取锐角)称为**两平面的夹角**.

设有两个平面 Π_1 和 Π_2.

Π_1：$A_1x+B_1y+C_1z+D_1=0$，$\boldsymbol{n}_1=\{A_1,B_1,C_1\}$.

Π_2：$A_2x+B_2y+C_2z+D_2=0$，$\boldsymbol{n}_2=\{A_2,B_2,C_2\}$.

则平面 Π_1 和 Π_2 的夹角 θ 应是$(\widehat{\boldsymbol{n}_1,\boldsymbol{n}_2})$ 和 $\pi-(\widehat{\boldsymbol{n}_1,\boldsymbol{n}_2})$ 两者中的锐角(见图 8-31)，因此

$$\cos\theta=|\cos(\widehat{\boldsymbol{n}_1,\boldsymbol{n}_2})|.$$

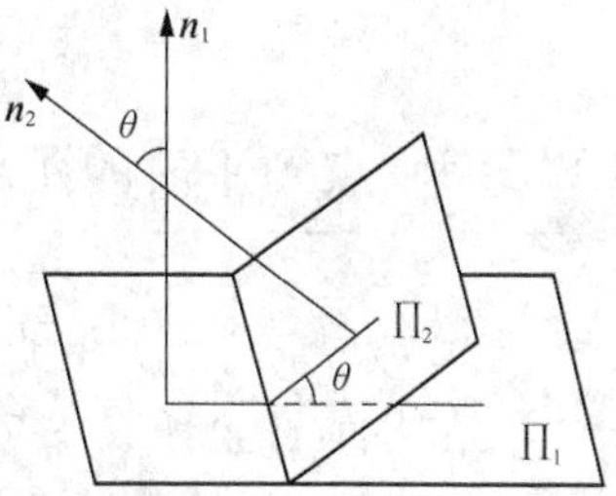

图 8-31

按照两向量夹角的余弦公式，有

$$\cos\theta=\frac{|A_1A_2+B_1B_2+C_1C_2|}{\sqrt{A_1^2+B_1^2+C_1^2}\cdot\sqrt{A_2^2+B_2^2+C_2^2}}.$$

从两向量垂直和平行的充要条件，即可推出如下结论.

(1) $\Pi_1\perp\Pi_2$ 的充要条件是 $A_1A_2+B_1B_2+C_1C_2=0$.

(2) $\Pi_1 /\!/ \Pi_2$ 的充要条件是 $\frac{A_1}{A_2}=\frac{B_1}{B_2}=\frac{C_1}{C_2}$.

(3) Π_1 与 Π_2 重合的充要条件是 $\frac{A_1}{A_2}=\frac{B_1}{B_2}=\frac{C_1}{C_2}=\frac{D_1}{D_2}$.

例 8-22 研究以下各组中两平面的位置关系.

(1) Π_1：$x-y+2z-6=0$. Π_2：$2x+y+z-5=0$.

(2) Π_1：$2x-y+z-1=0$. Π_2：$-4x+2y-2z-1=0$.

解 (1) 两平面的法向量分别为 $\boldsymbol{n}_1=\{1,-1,2\}$，$\boldsymbol{n}_2=\{2,1,1\}$，因为

$$\cos\theta=\frac{|1\times2+(-1)\times1+2\times1|}{\sqrt{1^2+(-1)^2+2^2}\cdot\sqrt{2^2+1^2+1^2}}=\frac{3}{6}=\frac{1}{2},$$

所以，这两个平面相交，且夹角为 $\frac{\pi}{3}$.

(2) 两平面的法向量分别为 $\boldsymbol{n}_1=\{2,-1,1\}$，$\boldsymbol{n}_2=\{-4,2,-2\}$，因为

$$\frac{2}{-4}=\frac{-1}{2}=\frac{1}{-2}\neq\frac{-1}{-1},$$

所以，这两个平面平行但不重合.

例 8-23 一平面通过两点 $M_1(3,-2,9)$ 和 $M_2(-6,0,-4)$，且与平面 $2x-y+4z-8=0$ 垂直，求这个平面的方程.

解 设所求平面的方程为

$$Ax+By+Cz+D=0,$$

由于点 $M_1(3,-2,9)$ 和点 $M_2(-6,0,-4)$ 在同一平面上，故

$$3A-2B+9C+D=0,\ -6A-4C+D=0.$$

又因所求平面与平面 $2x-y+4z-8=0$ 垂直，由两平面垂直的条件，有

$$2A-B+4C=0.$$

联立上面三个方程，解得

$$A=\frac{D}{2},\ B=-D,\ C=-\frac{D}{2}.$$

代入所设方程，约去因子 $\frac{D}{2}$，得所求平面方程为

$$x-2y-z+2=0.$$

8.3.5 点到平面的距离

设 $P_0(x_0,y_0,z_0)$ 是平面 $\Pi(Ax+By+Cz+D=0)$ 外的一点，求点 P_0 到平面 Π 的距离.

在平面 Π 上任取一点 $P_1(x_1,y_1,z_1)$，作向量 $\overrightarrow{P_1P_0}$，易见点 P_0 到平面 Π 的距离 d 等于 $\overrightarrow{P_1P_0}$ 在平面 Π 的法向量 $\boldsymbol{n}$ 上的投影的绝对值，如图 8-32 所示，即

$$d=|\mathrm{Prj}_n\,\overrightarrow{P_1P_0}|.$$

设 $\boldsymbol{n}^\circ$ 为与 $\boldsymbol{n}$ 同方向的单位向量，则有

$$\mathrm{Prj}_n\,\overrightarrow{P_1P_0}=\overrightarrow{P_1P_0}\cdot\boldsymbol{n}^\circ,$$

故

$$d=|\mathrm{Prj}_n\,\overrightarrow{P_1P_0}|=\frac{|\overrightarrow{P_1P_0}\cdot\boldsymbol{n}|}{|\boldsymbol{n}|}$$

$$=\frac{|A(x_0-x_1)+B(y_0-y_1)+C(z_0-z_1)|}{\sqrt{A^2+B^2+C^2}}$$

$$=\frac{|Ax_0+By_0+Cz_0-(Ax_1+By_1+Cz_1)|}{\sqrt{A^2+B^2+C^2}}.$$

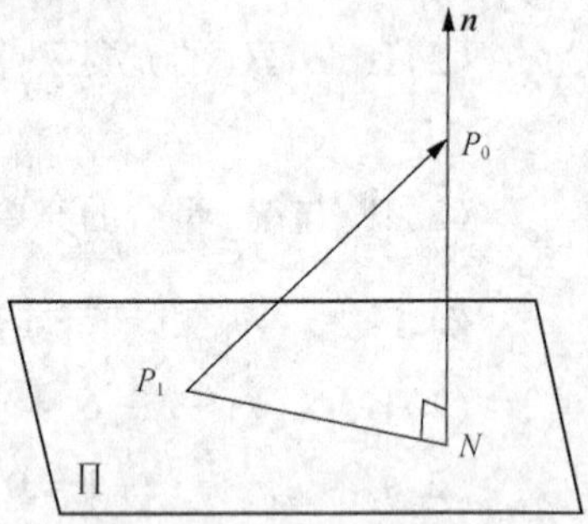

图 8-32

由于点 $P_1(x_1,y_1,z_1)$ 在平面 Π 上，故 $Ax_1+By_1+Cz_1=-D$，这样我们就得到**点到平面的距离公式**

$$d=\frac{|Ax_0+By_0+Cz_0+D|}{\sqrt{A^2+B^2+C^2}}.$$

例 8-24 求两平行平面 $\Pi_1(x+y+z-2=0)$ 和 $\Pi_2(2x-2y+z-3=0)$ 之间的距离 d.

解 可在平面 Π_1 上任取一点，该点到平面 Π_2 的距离即为这两个平行平面之间的距离. 为此，在平面 Π_1 上取点$(1,1,0)$，则

$$d=\frac{|2\times1-2\times1+1\times0-3|}{\sqrt{2^2+(-2)^2+1^2}}=\frac{3}{\sqrt{9}}=1.$$

习题 8.3

1. 求过点(1,0,-1)且与平面 $3x-6y+9z-12=0$ 平行的平面方程.

2. 求过点 $P_0(2,9,-6)$ 且与连接坐标原点及点 P_0 的线段 OP_0 垂直的平面方程.

3. 求过 $A(1,1,2)$、$B(3,2,3)$、$C(2,0,3)$ 三点的平面方程.

4. 平面过坐标原点 O，且垂直于平面 $\Pi_1(x+2y+3z-2=0)$ 和平面 $\Pi_2(6x-y+5z+2=0)$，求此平面的方程.

5. 指出下列各平面的特殊位置.

(1) $x=1$；　(2) $3y-2=0$；　(3) $2x-3y-6=0$；

(4) $x-\sqrt{5}y=0$；　(5) $y+z=2$；　(6) $x-6z=0$；

(7) $3x+2y-z=0$.

6. 求平面 $x-y+z+6=0$ 与各坐标面夹角的余弦.

7. 一平面过点(1,0,-1)且平行于向量 $\boldsymbol{a}=\{2,1,1\}$ 和向量 $\boldsymbol{b}=\{1,-1,6\}$，求该平面的方程.

8. 确定 k 的值，使平面 $x+ky-2z=9$ 分别满足下列条件.

(1) 经过点(5,-4,-6)；　(2) 与 $2x+4y+3z=3$ 垂直；

(3) 与 $3x-7y-6z-1=0$ 平行；　(4) 与 $2x-3y+z=0$ 的夹角为 $\frac{\pi}{4}$；

(5) 与坐标原点的距离等于 3；　(6) 在 y 轴上的截距为-3.

9. 求点(1,2,1)到平面 $x+2y+2z-10=0$ 的距离.

10. 求平行于平面 $x+y+z=160$ 且与球面 $x^2+y^2+z^2=4$ 相切的平面方程.

§8.4 空间直线及其方程

8.4.1 空间直线的一般方程

如同空间曲线可看作两曲面的交线，空间直线可看作两个相交平面的交线.

设两个相交平面 Π_1、Π_2 的方程分别为

$$A_1x+B_1y+C_1z+D_1=0,$$
$$A_2x+B_2y+C_2z+D_2=0.$$

记它们的交线为直线 L(见图 8-33)，则 L 上任一点的坐标应同时满足这两个平面的方程，即应满足方程组

$$\begin{cases}A_1x+B_1y+C_1z+D_1=0\\A_2x+B_2y+C_2z+D_2=0\end{cases}. \tag{8-4}$$

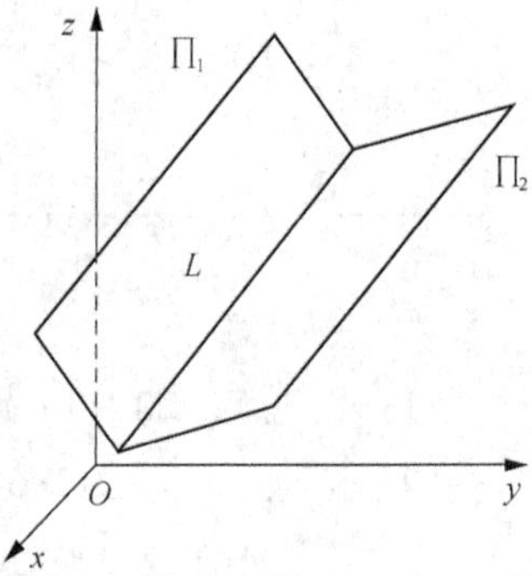

图 8-33

反之，如果一个点不在直线 L 上，则它不可能同时在平面 Π_1 和平面 Π_2 上，它的坐标也就不可能满足方程组(8-4). 因此，直线 L 可以用方程组(8-4)来表示. 方程组(8-4)称为**空间直线的一般方程**.

因为通过空间直线 L 的平面有无穷多个，所以在这无穷多个平面中任选两个，把它们的方程联立起来，所得的方程组就表示空间直线 L.

8.4.2 空间直线的对称式方程与参数方程

如果一非零向量平行于一条已知直线，这个向量就称为这条直线的**方向向量**. 由于过空间一点可作且只能作一条直线平行于已知直线，所以空间直线的位置可由其上一点及它的方向向量完全确定.

设直线 L 通过点 $M_0(x_0,y_0,z_0)$，且与一非零向量 $\boldsymbol{s}=\{m,n,p\}$ 平行，下面我们来求这条直线的方程.

如图 8-34 所示，在直线 L 上任取一点 $M(x,y,z)$，则有 $\overrightarrow{M_0M}\parallel\boldsymbol{s}$，因为

$$\overrightarrow{M_0M}=\{x-x_0,y-y_0,z-z_0\},$$

所以

$$\frac{x-x_0}{m}=\frac{y-y_0}{n}=\frac{z-z_0}{p}. \tag{8-5}$$

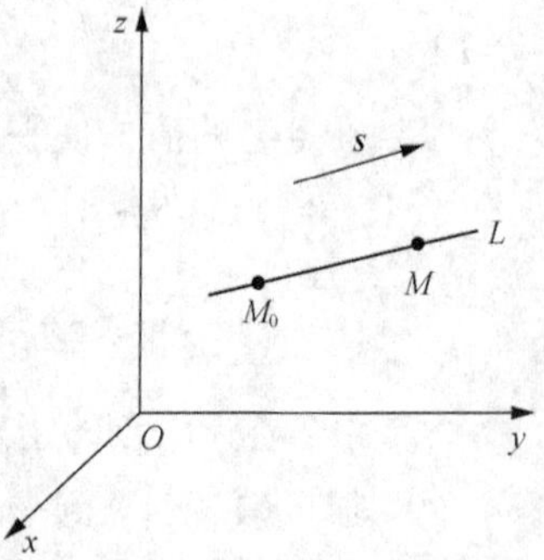

图 8-34

由点 M 的任意性可知，直线 L 上的任一点都满足方程(8-5)；反之，如果点 M 不在直线 L 上，$\overrightarrow{M_0M}$ 就不可能与 $\boldsymbol{s}$ 平行，则 M 的坐标就不满足方程(8-5). 所以方程(8-5)就是直线 L 的方程. 由于方程(8-5)在形式上对称，所以称它为直线 L 的**对称式方程**.

由于向量 $\boldsymbol{s}$ 确定了直线的方向，因此称 $\boldsymbol{s}$ 为直线 L 的**方向向量**. 向量 $\boldsymbol{s}$ 的坐标 m,n,p 称为直线的一组**方向数**. 方向向量 $\boldsymbol{s}$ 的余弦称为直线的**方向余弦**.

因为向量 $\boldsymbol{s}$ 是非零向量，它的方向数 m,n,p 不会同时为 0，但可能有其中一个或两个为 0 的情形. 例如，当 $\boldsymbol{s}$ 垂直于 x 轴时，它在 x 轴上的投影 $m=0$，此时为了保持方程的对称形式，我们仍将其写成

$$\frac{x-x_0}{0}=\frac{y-y_0}{n}=\frac{z-z_0}{p}.$$

但这时上式应理解为

$$\begin{cases}x-x_0=0\\ \dfrac{y-y_0}{n}=\dfrac{z-z_0}{p}\end{cases}.$$

当 m,n,p 中有两个为0时，例如，$m=n=0$，方程(8-5)应理解为

$$\begin{cases}x-x_0=0\\ y-y_0=0\end{cases}.$$

由直线的对称式方程容易导出直线的参数方程. 设

$$\frac{x-x_0}{m}=\frac{y-y_0}{n}=\frac{z-z_0}{p}=t,$$

则

$$\begin{cases}x=x_0+mt\\ y=y_0+nt\\ z=z_0+pt\end{cases},$$

这个方程组就是直线的**参数方程**.

例 8-25 设一直线过点 $A(1,-3,6)$，且与 y 轴垂直相交，求其方程.

解 因为直线和 y 轴相交，故其交点为 $B(0,-3,0)$，取方向向量 $\boldsymbol{s}=\overrightarrow{BA}=\{1,0,6\}$，得所求直线方程为

$$\frac{x-1}{1}=\frac{y+3}{0}=\frac{z-6}{6}.$$

例 8-26 用对称式方程及参数方程表示直线

$$\begin{cases}x+y+z+1=0\\ 2x-y+3z+4=0\end{cases}.$$

解 先在直线上找出一点 (x_0,y_0,z_0). 例如，取 $x_0=1$，代入题设方程组得

$$\begin{cases}y_0+z_0+2=0\\ y_0-3z_0-6=0\end{cases},$$

解得 $y_0=0$，$z_0=-2$，即得到了题设直线上的一点 $(1,0,-2)$. 因为所求直线是上述两平面的交线，所以所求直线与两平面的法向量都垂直，取

$$\boldsymbol{s}=\boldsymbol{n}_1\times\boldsymbol{n}_2=\begin{vmatrix}\boldsymbol{i}&\boldsymbol{j}&\boldsymbol{k}\\ 1&1&1\\ 2&-1&3\end{vmatrix}=\{4,-1,-3\},$$

故题设直线的对称式方程为

$$\frac{x-1}{4}=\frac{y-0}{-1}=\frac{z+2}{-3}.$$

令$\frac{x-1}{4}=\frac{y-0}{-1}=\frac{z+2}{-3}=t$，得题设直线的参数方程为

$$\begin{cases}x=1+4t\\y=-t\\z=-2-3t\end{cases}.$$

一般而言，如果直线过两已知点 $M_1(x_1,y_1,z_1)$ 和 $M_2(x_2,y_2,z_2)$，则直线的一个方向向量为

$$\boldsymbol{s}=\overrightarrow{M_1M_2}=\{x_2-x_1,y_2-y_1,z_2-z_1\},$$

由对称式方程，得所求直线方程为

$$\frac{x-x_1}{x_2-x_1}=\frac{y-y_1}{y_2-y_1}=\frac{z-z_1}{z_2-z_1},$$

这个方程称为直线的**两点式方程**.

由此，我们可以得出三点 $M_1(x_1,y_1,z_1)$、$M_2(x_2,y_2,z_2)$、$M_3(x_3,y_3,z_3)$ 共线的充要条件是

$$\frac{x_3-x_1}{x_2-x_1}=\frac{y_3-y_1}{y_2-y_1}=\frac{z_3-z_1}{z_2-z_1}.$$

8.4.3 两直线的夹角

两直线的方向向量之间的夹角(通常取锐角) 称为**两直线的夹角**.

设有两条直线 L_1 和 L_2.

L_1：$\frac{x-x_1}{m_1}=\frac{y-y_1}{n_1}=\frac{z-z_1}{p_1}$，$\boldsymbol{s}_1=\{m_1,n_1,p_1\}$.

L_2：$\frac{x-x_2}{m_2}=\frac{y-y_2}{n_2}=\frac{z-z_2}{p_2}$，$\boldsymbol{s}_2=\{m_2,n_2,p_2\}$.

则直线 L_1 与直线 L_2 的夹角 φ 应是$(\boldsymbol{s}_1\hat{,}\boldsymbol{s}_2)$ 和 $\pi-(\boldsymbol{s}_1\hat{,}\boldsymbol{s}_2)$ 两者中的锐角. 因此，$\cos\varphi=|\cos(\boldsymbol{s}_1\hat{,}\boldsymbol{s}_2)|$.

仿照关于平面夹角的讨论，可以得到以下结论.

(1)$\cos\varphi=\frac{|m_1m_2+n_1n_2+p_1p_2|}{\sqrt{m_1^2+n_1^2+p_1^2}\cdot\sqrt{m_2^2+n_2^2+p_2^2}}$.

(2)$L_1\perp L_2$ 的充要条件是 $m_1m_2+n_1n_2+p_1p_2=0$.

(3)$L_1 /\!/ L_2$ 的充要条件是$\frac{m_1}{m_2}=\frac{n_1}{n_2}=\frac{p_1}{p_2}$.

例 8-27 求直线 $L_1\left(\dfrac{x-1}{1}=\dfrac{y}{-4}=\dfrac{z+3}{1}\right)$ 和直线 $L_2\left(\dfrac{x}{2}=\dfrac{y+2}{-2}=\dfrac{z}{-1}\right)$ 的夹角.

解 直线 L_1 和直线 L_2 的方向向量分别为 $\boldsymbol{s}_1=\{1,-4,1\}$，$\boldsymbol{s}_2=\{2,-2,-1\}$. 设直线 L_1 和直线 L_2 的夹角为 φ，则有

$$\cos\varphi=\frac{|1\times 2+(-4)\times(-2)+1\times(-1)|}{\sqrt{1^2+(-4)^2+1^2}\cdot\sqrt{2^2+(-2)^2+(-1)^2}}=\frac{\sqrt{2}}{2},$$

所以直线 L_1 和直线 L_2 的夹角为 $\varphi=\dfrac{\pi}{4}$.

例 8-28 求过点 $(-3,2,5)$ 且与两平面 $x-4z=3$ 和 $2x-y-5z=1$ 的交线平行的直线方程.

解 设所求直线的方向向量为 $\boldsymbol{s}=\{m,n,p\}$，$\boldsymbol{n}_1$ 和 $\boldsymbol{n}_2$ 分别为平面 $x-4z=3$ 和平面 $2x-y-5z=1$ 的法向量，由题意知

$$\boldsymbol{s}\perp\boldsymbol{n}_1,\ \boldsymbol{s}\perp\boldsymbol{n}_2,$$

取

$$\boldsymbol{s}=\boldsymbol{n}_1\times\boldsymbol{n}_2=\begin{vmatrix}\boldsymbol{i} & \boldsymbol{j} & \boldsymbol{k}\\ 1 & 0 & -4\\ 2 & -1 & -5\end{vmatrix}=\{-4,-3,-1\},$$

则所求直线的方程为

$$\frac{x+3}{4}=\frac{y-2}{3}=\frac{z-5}{1}.$$

8.4.4 直线与平面的夹角

当直线与平面不垂直时，直线和它在平面上的投影直线的夹角 $\varphi\left(0\leqslant\varphi<\dfrac{\pi}{2}\right)$ 称为**直线与平面的夹角**(见图 8-35). 当直线与平面垂直时，规定直线与平面的夹角为$\dfrac{\pi}{2}$.

设直线的方向向量为 $\boldsymbol{s}=\{m,n,p\}$，平面的法向量为 $\boldsymbol{n}=\{A,B,C\}$，直线与平面的夹角为 φ，则

$$\varphi=\left|\frac{\pi}{2}-(\widehat{\boldsymbol{s},\boldsymbol{n}})\right|,$$

故可得到下列结论.

(1) $\sin\varphi=|\cos(\widehat{\boldsymbol{s},\boldsymbol{n}})|=\dfrac{|Am+Bn+Cp|}{\sqrt{A^2+B^2+C^2}\cdot\sqrt{m^2+n^2+p^2}}$.

(2) $L\perp\Pi$ 的充要条件是 $\dfrac{A}{m}=\dfrac{B}{n}=\dfrac{C}{p}$.

(3) $L\,/\!/\,\Pi$ 的充要条件是 $Am+Bn+Cp=0$.

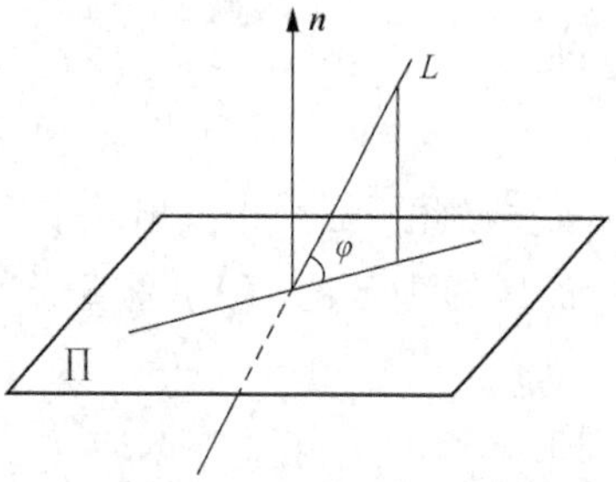

图 8-35

例 8-29 设直线 L 的方程为 $\frac{x-1}{2}=\frac{y}{-2}=\frac{z+1}{0}$，平面 Π 的方程为 $x-y+\sqrt{2}z=3$，求直线 L 与平面 Π 的夹角 φ.

解 因为直线 L 的方向向量为 $\boldsymbol{s}=\{2,-2,0\}$，平面 Π 的法向量为 $\boldsymbol{n}=\{1,-1,\sqrt{2}\}$，所以

$$\sin\varphi=\frac{\left|1\times2+(-1)\times(-2)+\sqrt{2}\times0\right|}{\sqrt{1^2+(-1)^2+(\sqrt{2})^2}\cdot\sqrt{2^2+(-2)^2+0^2}}=\frac{4}{4\sqrt{2}}=\frac{\sqrt{2}}{2},$$

故所求夹角为 $\varphi=\arcsin\frac{\sqrt{2}}{2}=\frac{\pi}{4}$.

8.4.5 平面束

通过空间一直线可作无穷多个平面，通过同一直线的所有平面构成一个**平面束**(见图 8-36).

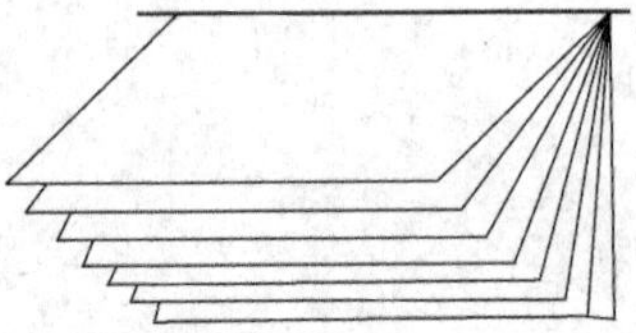

图 8-36

设空间直线 L 的一般方程为

$$\begin{cases}A_1x+B_1y+C_1z+D_1=0\\A_2x+B_2y+C_2z+D_2=0\end{cases},$$

则方程

$$(A_1x+B_1y+C_1z+D_1)+\lambda(A_2x+B_2y+C_2z+D_2)=0$$

称为过直线 L 的**平面束方程**，其中 λ 为参数.

注意 上述平面束包括了除平面 $A_1x+B_1y+C_1z+D_1=0$ 之外的过直线 L 的所有平面.

例 8-30 直线 L 的一般方程为 $\begin{cases}x+2y-z-6=0\\x-2y+z=0\end{cases}$，过直线 L 作平面 Π，使平面 Π 垂直于平面 $\Pi_1(x+2y+z=0)$，求平面 Π 的方程.

解 设过直线 L 的平面束 $\Pi(\lambda)$ 的方程为

$$(x+2y-z-6)+\lambda(x-2y+z)=0,$$

即

$$(1+\lambda)x+2(1-\lambda)y+(\lambda-1)z-6=0.$$

现要在此平面束中找出一个平面 Π，使它垂直于平面 Π_1. 因平面 Π 垂直于平面 Π_1，故平面 Π 的法向量 $\boldsymbol{n}(\lambda)$ 垂直于平面 Π_1 的法向量 $\boldsymbol{n}_1=\{1,2,1\}$，于是

$$\boldsymbol{n}(\lambda)\cdot\boldsymbol{n}_1=0,$$

即

$$1\cdot(1+\lambda)+4(1-\lambda)+(\lambda-1)=0,$$

解得 $\lambda=2$，故所求平面方程为

$$3x-2y+z-6=0.$$

容易验证，平面 $x-2y+z=0$ 不是所求平面.

习题 8.4

1. 求过点(3,6,-9) 且平行于直线$\frac{x-3}{1}=\frac{y}{6}=\frac{z-2}{0}$的直线方程.

2. 求过两点 $A(3,6,9)$ 和 $B(2,8,6)$ 的直线方程.

3. 用对称式方程及参数方程表示直线$\begin{cases}2x-y-3z+2=0\\x+2y-z-6=0\end{cases}$.

4. 证明两直线$\begin{cases}2y+z=0\\3y-4z=0\end{cases}$与$\begin{cases}5y-2z=8\\4y+z=4\end{cases}$平行.

5. 求过点(1,2,1) 且与两直线$\begin{cases}x+2y-z+1=0\\x-y+z-1=0\end{cases}$和$\begin{cases}2x-y+z=0\\x-y+z=0\end{cases}$都平行的平面方程.

6. 求过点(0,0,1) 且与两平面 $x+y=1$ 和 $y-z=2$ 平行的直线方程.

7. 求过点(2,1,3) 且与直线$\frac{x+1}{3}=\frac{y-1}{2}=\frac{z}{-1}$垂直相交的直线方程.

8. 求直线$\begin{cases}x+y+3z=0\\x-y-z=0\end{cases}$与平面 $x-y-z+1=0$ 的夹角.

9. 试确定下列各组直线和平面的关系.

(1) $\frac{x+3}{-2}=\frac{y+4}{-7}=\frac{z}{3}$ 和 $4x-2y-2z=3$;

(2) $\frac{x}{3}=\frac{y}{-2}=\frac{z}{7}$ 和 $3x-2y+7z=8$;

(3) $\frac{x-2}{3}=\frac{y+2}{1}=\frac{z-3}{-4}$ 和 $x+y+z=3$.

10. 求点(-1,2,0) 在平面 $x+2y-z+1=0$ 上的投影.

11. 设 M_0 是直线 L 外一点，M 是直线 L 上一点，且直线的方向向量为 $\boldsymbol{s}$，试证点 M_0 到直线 L 的距离 $d=\frac{|\overrightarrow{M_0M}\times\boldsymbol{s}|}{|\boldsymbol{s}|}$.

12. 求直线 $L\left(\begin{cases}x+y-z-1=0\\x-y+z+1=0\end{cases}\right)$ 在平面 $\Pi(x+y+z=0)$ 上的投影直线的方程.

§8.5 二次曲面

球面、圆锥面、圆柱面是常见的二次曲面. 在恰当的坐标系下，可以建立曲面方程，将空间曲面用三元方程 $F(x,y,z)=0$ 来表示. 与平面解析几何中规定的二次曲线类似，我们把三元一次方程所表示的曲面称为**一次曲面**，即平面，把三元二次方程所表示的曲面称为**二次曲面**.

8.5.1 曲面方程

在日常生活中，我们经常会遇到各种曲面，如反光镜的镜面、管道的外表面及球面等. 与在平面解析几何中把平面曲线看作动点的轨迹类似，在空间解析几何中，任何曲面都可看作具有某种性质的动点的轨迹.

定义1 在空间直角坐标系中，假设曲面 S 与三元方程 $F(x,y,z)=0$ 有下述关系：

(1) 曲面 S 上任一点的坐标都满足方程 $F(x,y,z)=0$；

(2) 不在曲面 S 上的点的坐标都不满足该方程.

则方程 $F(x,y,z)=0$ 称为**曲面 S 的方程**，而曲面 S 称为方程 $F(x,y,z)=0$ 的图形(见图 8-37).

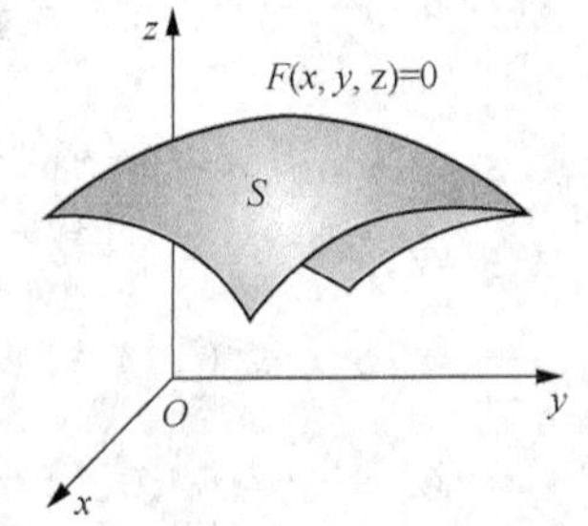

图 8-37

下面来讨论几个常见的曲面方程.

例 8-31 求球心在点 $M_0(x_0,y_0,z_0)$、半径为 R 的球面的方程.

解 设 $M(x,y,z)$ 是球面上任一点(见图 8-38)，根据题意，有

$$|MM_0|=R,$$

即
$$\sqrt{(x-x_0)^2+(y-y_0)^2+(z-z_0)^2}=R,$$

所以
$$(x-x_0)^2+(y-y_0)^2+(z-z_0)^2=R^2.$$

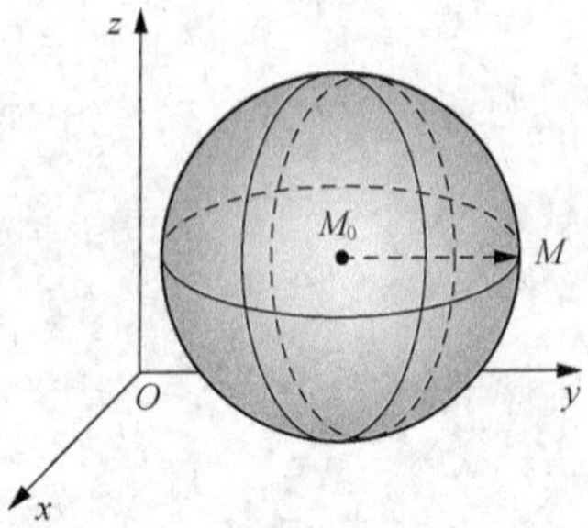

图 8-38

特别指出，当球心在坐标原点时，球面的方程为

$$x^2+y^2+z^2=R^2.$$

例 8-32 求与定点 $A(2,3,1)$ 和 $B(4,5,6)$ 等距离的点的全体所构成的曲面的方程.

解 设 $M(x,y,z)$ 是曲面上任一点，根据题意，有

$$|MA|=|MB|,$$

即

$$\sqrt{(x-2)^2+(y-3)^2+(z-1)^2}=\sqrt{(x-4)^2+(y-5)^2+(z-6)^2},$$

故所求曲面的方程为

$$4x+4y+10z-63=0.$$

例 8-33 方程 $x^2+y^2+z^2-2x+4y-4z-7=0$ 表示怎样的曲面？

解 对原方程配方，得

$$(x-1)^2+(y+2)^2+(z-2)^2=16,$$

所以，原方程表示球心在点 $M_0(1,-2,2)$、半径 $R=4$ 的球面.

我们已经知道，作为点的几何轨迹的曲面可以用它的点的坐标间的方程来表示. 反之，变量 x、y 和 z 间的方程通常表示一个曲面. 因此在空间解析几何中，关于曲面的研究，主要涉及以下两个基本问题.

(1) 已知一曲面作为点的几何轨迹时，建立该曲面的方程.

(2) 已知坐标 x、y 和 z 间的一个方程时，确定该方程所表示的曲面的形状.

围绕问题(1)，我们将讨论旋转曲面；围绕问题(2)，我们将讨论柱面和二次曲面.

8.5.2 旋转曲面

定义 2 一条平面曲线绕其平面上的一条定直线旋转一周所成的曲面称为**旋转曲面**，这条平面曲线和这条定直线分别称为该旋转曲面的**母线**和**轴**.

这里我们只讨论旋转轴为坐标轴的旋转曲面.

设坐标面 yOz 上有一已知曲线 C，其方程为 $f(y,z)=0$，这条曲线绕 z 轴旋转一周，就形成了一个以 z 轴为轴的旋转曲面(见图 8-39). 下面来推导这个旋转曲面的方程.

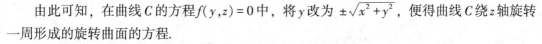

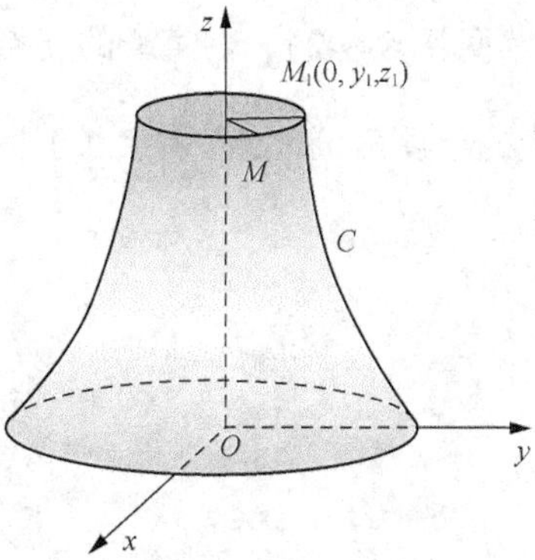

图 8-39

设 $M_1(0,y_1,z_1)$ 为曲线 C 上的一点，则有

$$f(y_1,z_1)=0, \tag{8-6}$$

且易知点 M_1 到 z 轴的距离为 $|y_1|$. 设曲线 C 绕 z 轴旋转时，点 M_1 随着曲线转到点 $M(x,y,z)$. 这时 $z=z_1$ 保持不变，且点 M 与点 M_1 到 z 轴的距离也不变，即有

$$\sqrt{x^2+y^2}=|y_1|,\ z=z_1.$$

将其代入式(8-6)，得到所求旋转曲面的方程

$$f(\pm\sqrt{x^2+y^2},\ z)=0.$$

由此可知，在曲线 C 的方程 $f(y,z)=0$ 中，将 y 改为 $\pm\sqrt{x^2+y^2}$，便得曲线 C 绕 z 轴旋转一周形成的旋转曲面的方程.

同理，曲线 C 绕 y 轴旋转一周形成的旋转曲面的方程为

$$f(y,\ \pm\sqrt{x^2+z^2})=0.$$

坐标面 xOy 上的曲线绕 x 轴或 y 轴旋转，坐标面 zOx 上的曲线绕 x 轴或 z 轴旋转，都可以用类似的方法讨论.

例如，将坐标面 zOx 上的曲线 $\frac{x^2}{a^2}-\frac{z^2}{c^2}=1$ 绕 z 轴旋转一周，所生成的旋转曲面的方程为

$\frac{(\pm\sqrt{x^2+y^2})^2}{a^2}-\frac{z^2}{c^2}=1$，即 $\frac{x^2+y^2}{a^2}-\frac{z^2}{c^2}=1$，这个旋转曲面称为**旋转单叶双曲面**(见图 8-40).

而该曲线绕 x 轴旋转一周所生成的旋转曲面的方程为 $\frac{x^2}{a^2}-\frac{(\pm\sqrt{y^2+z^2})^2}{c^2}=1$，即 $\frac{x^2}{a^2}-\frac{y^2+z^2}{c^2}=1$，这个旋转曲面称为**旋转双叶双曲面**(见图 8-41).

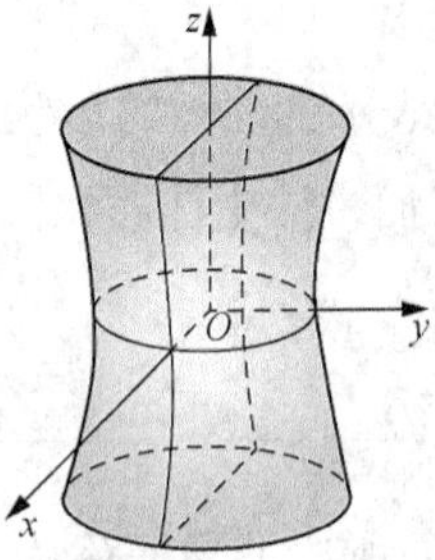

图 8-40

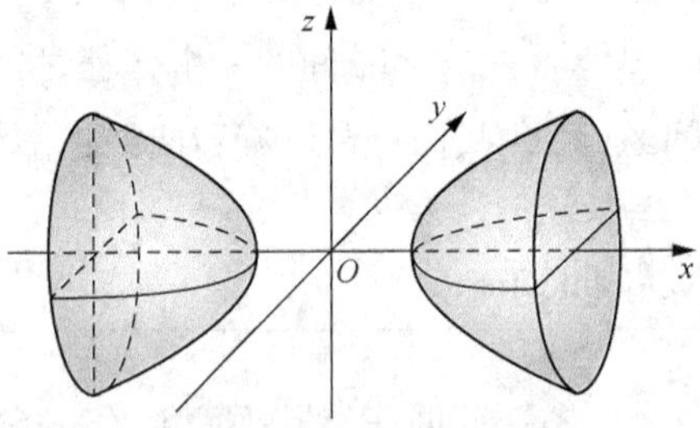

图 8-41

例 8-34 直线 L 绕另一条与 L 相交的定直线旋转一周，所得的旋转曲面称为**圆锥面**(见图 8-42)，两直线的交点称为圆锥面的**顶点**，两直线的夹角 $\alpha(0<\alpha<\frac{\pi}{2})$ 称为圆锥面的**半顶角**. 试建立顶点在坐标原点、旋转轴为 z 轴、半顶角为 α 的圆锥面方程.

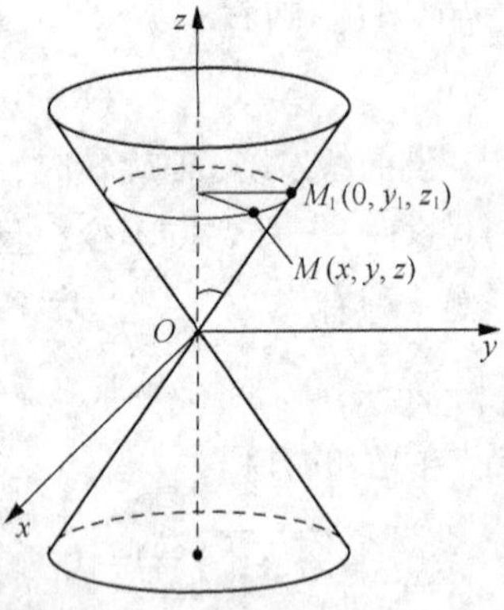

图 8-42

解 在 yOz 面上，与 z 轴相交于坐标原点，且与 z 轴的夹角为 α 的直线方程为

$$z = y\cot\alpha,$$

因此，此直线绕 z 轴旋转所生成的圆锥面方程为

$$z=\pm\sqrt{x^2+y^2}\cot\alpha \quad 或 \quad z^2=a^2(x^2+y^2),$$

其中 $a=\cot\alpha$.

8.5.3 柱面

我们先分析一个具体的例子.

例 8-35 方程 $x^2+y^2=R^2$ 在空间中表示怎样的曲面？

解 易知，方程 $x^2+y^2=R^2$ 在 xOy 面上表示圆心在坐标原点 O、半径为 R 的圆. 在空间直角坐标系中，方程不含竖坐标 z，因此对于空间中的点，不论其竖坐标 z 怎样，只要它的横坐标 x 和纵坐标 y 能满足这个方程，它就在这个曲面上. 这就是说，凡是经过 xOy 面内圆 $x^2+y^2=R^2$ 上的点 $M(x,y,0)$，且平行于 z 轴的直线 l 都在这个曲面上. 因此，这个曲面可以看作是由平行于 z 轴的直线 l 沿 xOy 面上的圆 $x^2+y^2=R^2$ 移动而形成的，此曲面称为**圆柱面**(见图 8-43)，xOy 面上的圆 $x^2+y^2=R^2$ 称为它的准线，平行于 z 轴的直线 l 称为它的母线.

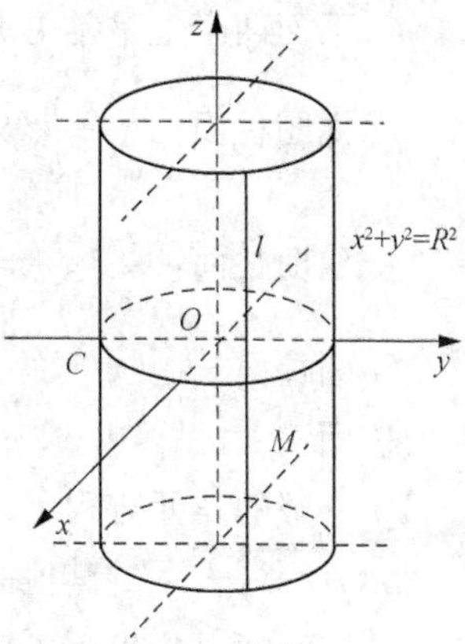

图 8-43

定义 3 平行于定直线并沿定曲线 C 移动的直线 L 所形成的轨迹称为**柱面**，这条定曲线 C 称为柱面的**准线**，动直线 L 称为柱面的**母线**.

由例 8-35 可知，在空间直角坐标系中，不含 z 的方程 $x^2+y^2=R^2$ 表示母线平行于 z 轴、准线为 xOy 面上的圆 $x^2+y^2=R^2$ 的柱面，该柱面称为**圆柱面**.

一般来说，在空间解析几何中，不含 z 而仅含 x、y 的方程 $F(x,y)=0$ 表示母线平行于 z 轴的柱面，其准线为 xOy 面上的曲线 $F(x,y)=0$(见图 8-44).

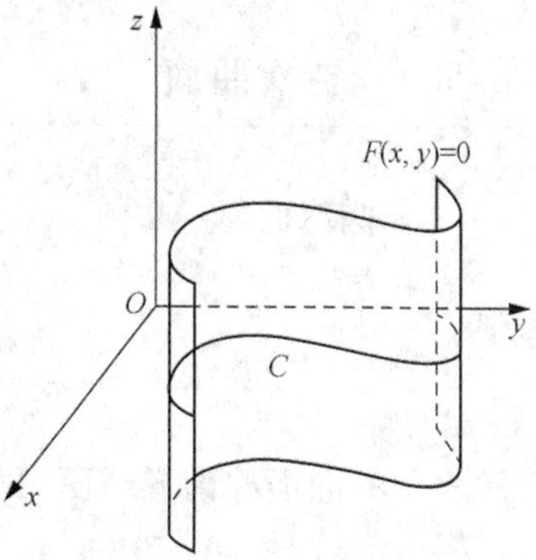

图 8-44

同理，不含 y 而仅含 x、z 的方程 $G(x,z)=0$ 表示母线平行于 y 轴的柱面，其准线为 xOz 面上的曲线 $G(x,z)=0$；不含 x 而仅含 y、z 的方程 $H(y,z)=0$ 表示母线平行于 x 轴的柱面，其准线为 yOz 面上的曲线 $H(y,z)=0$.

例如，方程 $y=1-z$ 表示母线平行于 x 轴、准线为 yOz 面上的直线 $y=1-z$ 的柱面，这个柱面是一个平面(见图 8-45).

方程 $y^2=2x$ 表示母线平行于 z 轴、准线为 xOy 面上的抛物线 $y^2=2x$ 的柱面，这个柱面称为**抛物柱面**(见图 8-46).

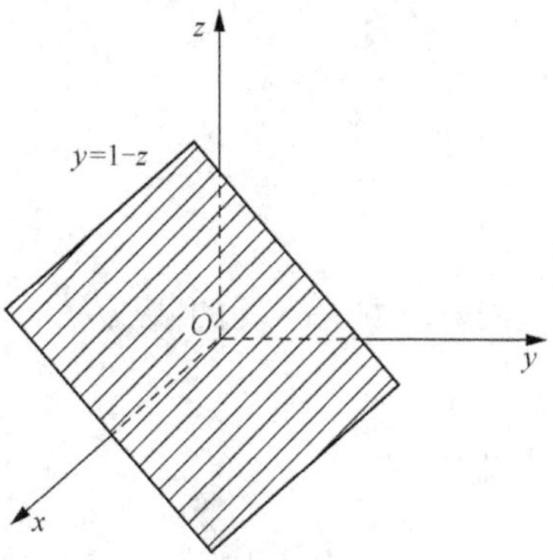

图 8-45

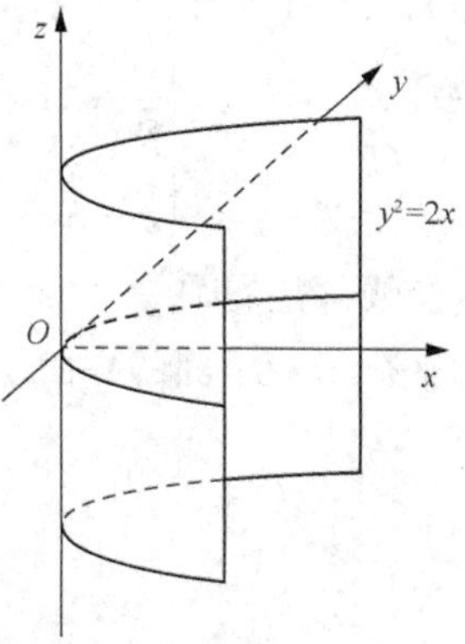

图 8-46

下面两个也是常见的母线平行于 z 轴的柱面.

椭圆柱面：$\dfrac{x^2}{a^2}+\dfrac{y^2}{b^2}=1$.

双曲柱面：$\dfrac{x^2}{a^2}-\dfrac{y^2}{b^2}=1$.

圆柱面、抛物柱面、椭圆柱面和双曲柱面的方程都是二次的，因此这些柱面统称为**二次柱面**.

一般的三元方程 $F(x,y,z)=0$ 所表示的曲面的形状难以用描点法得到，那么怎样了解三元方程所表示的其他曲面的形状呢？

在空间直角坐标系中，我们采用一系列平行于坐标面的平面去截割曲面，从而得到平面与曲面的一系列交线(即**截痕**)，再通过综合分析这些截痕的形状和性质来认识曲面形状的全貌. 这种研究曲面的方法称为平面截割法，简称为**截痕法**.

8.5.4 二次曲面

1. 椭球面

由方程

$$\frac{x^2}{a^2}+\frac{y^2}{b^2}+\frac{z^2}{c^2}=1 \tag{8-7}$$

所表示的曲面称为**椭球面**(见图 8-47).

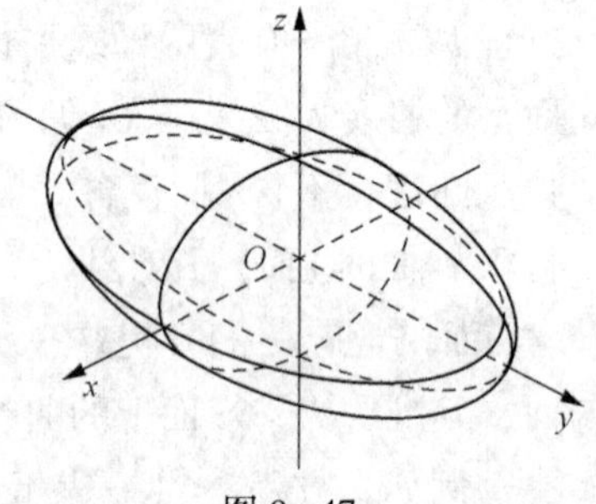

图 8-47

由方程(8-7) 可知

$$\frac{x^2}{a^2}\leqslant 1,\ \frac{y^2}{b^2}\leqslant 1,\ \frac{z^2}{c^2}\leqslant 1,$$

即 $$|x|\leqslant a,\ |y|\leqslant b,\ |z|\leqslant c.$$

这说明方程(8-7) 表示的椭球面被完全包含在一个以坐标原点为中心的长方体内. a，b，c 称为**椭球面的半轴**.

椭球面与三个坐标面的交线分别为

$$\begin{cases}\dfrac{y^2}{b^2}+\dfrac{z^2}{c^2}=1\\ x=0\end{cases},\quad \begin{cases}\dfrac{x^2}{a^2}+\dfrac{z^2}{c^2}=1\\ y=0\end{cases},\quad \begin{cases}\dfrac{x^2}{a^2}+\dfrac{y^2}{b^2}=1\\ z=0\end{cases},$$

易见这些交线都是椭圆.

再用平行于 xOy 面的平面 $z=h(|h|\leqslant c)$ 去截割椭球面，得到的截痕为

$$\begin{cases}\dfrac{x^2}{a^2}+\dfrac{y^2}{b^2}=1-\dfrac{h^2}{c^2},\\ z=h\end{cases}$$

这是平面 $z=h$ 上的椭圆

$$\frac{x^2}{a^2\left(1-\frac{h^2}{c^2}\right)}+\frac{y^2}{b^2\left(1-\frac{h^2}{c^2}\right)}=1,$$

它的中心在 z 轴上，两个半轴分别为 $a\cdot\sqrt{1-\frac{h^2}{c^2}}$ 和 $b\cdot\sqrt{1-\frac{h^2}{c^2}}$.

当 $|h|$ 由 0 逐渐增大到 c 时，椭圆由大到小，最后当 $|h|$ 到达 c 时，椭圆缩成一点.

同理，用平行于 xOz 面的平面 $y=h(|h|\leqslant b)$ 和平行于 yOz 面的平面 $x=h(|h|\leqslant a)$ 去截割曲面，可以得到类似的结果.

综合上述讨论，我们基本上认识了椭球面的形状(见图 8-47).

特别指出，当 $a=b=c$ 时，方程(8-7) 变成

$$x^2+y^2+z^2=a^2,$$

这个方程表示一个球心在坐标原点、半径为 a 的球面.

如果有两个半轴相等，例如，$a=b\neq c$，方程变成

$$\frac{x^2+y^2}{a^2}+\frac{z^2}{c^2}=1,$$

这个方程表示一个由 xOz 面上的椭圆 $\frac{x^2}{a^2}+\frac{z^2}{c^2}=1$ 绕 z 轴旋转而成的旋转曲面，称为**旋转椭球面**. 与一般的椭球面不同的是，用平面 $z=h(|h|\leqslant c)$ 去截割它时，所得的截痕是圆心在 z 轴上的圆

$$\begin{cases}x^2+y^2=a^2\left(1-\frac{h^2}{c^2}\right),\\ z=h\end{cases}$$

其半径为 $a\cdot\sqrt{1-\frac{h^2}{c^2}}$.

2. 椭圆抛物面

由方程

$$z=\frac{x^2}{2p}+\frac{y^2}{2q}\quad(p\text{ 与 }q\text{ 同为正或同为负})\tag{8-8}$$

所表示的曲面称为**椭圆抛物面**.

首先，以 $p>0$，$q>0$ 的情形为例进行讨论. 因为 $z\geqslant0$，所以曲面位于 xOy 面的上方，如图 8-48 所示.

用平行于 xOy 面的平面 $z=h(h\geqslant0)$ 去截割曲面，得到截痕

$$\begin{cases}\frac{x^2}{2p}+\frac{y^2}{2q}=h\\ z=h\end{cases}.$$

当 $h=0$ 时，截痕为坐标原点 $O(0,0,0)$；当 $h>0$ 时，截痕为

$$\begin{cases}\dfrac{x^2}{2ph}+\dfrac{y^2}{2qh}=1,\\ z=h\end{cases}$$

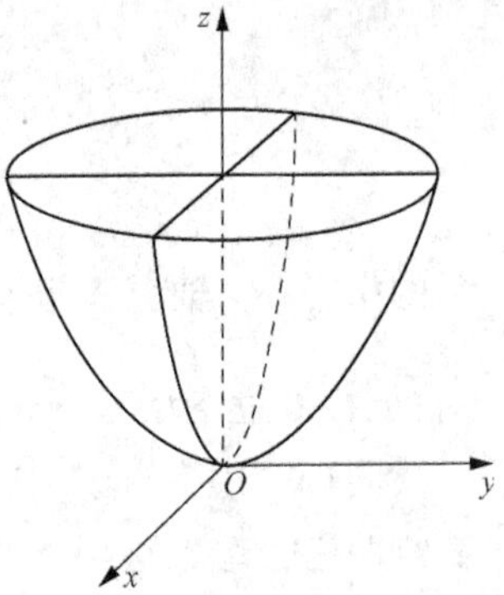

图 8-48

这是平面 $z=h$ 上的一个椭圆，其中心在 z 轴上，两个半轴分别为$\sqrt{2ph}$ 和$\sqrt{2qh}$. 易见，随着 h 从 0 逐渐增大，椭圆的两个半轴也随之增大，椭圆也在增大.

用平行于 xOz 面的平面 $y=h$ 去截割曲面，得到截痕

$$\begin{cases}x^2=2p\left(z-\dfrac{h^2}{2q}\right),\\ y=h\end{cases}$$

这是平面 $y=h$ 上的一条抛物线，它的轴平行于 z 轴，顶点为$\left(0,h,\dfrac{h^2}{2q}\right)$.

与之类似，用平行于 yOz 面的平面 $x=h$ 去截割曲面，截痕也是一条抛物线.

综合上述讨论，我们基本上认识了椭圆抛物面的形状(见图 8-48).

特别指出，当 $p=q$ 时，方程(8-8) 变成

$$z=\frac{x^2+y^2}{2p},$$

这个方程表示一个由 yOz 面上的抛物线 $z=\dfrac{y^2}{2p}$ 绕 z 轴旋转而成的旋转曲面，称为**旋转抛物面**. 用平面 $z=h(h\geqslant 0)$ 去截割它时，所得的截痕是圆心在 z 轴上的圆

$$\begin{cases}x^2+y^2=2ph,\\ z=h\end{cases}$$

其半径为$\sqrt{2ph}$.

当 $p<0$，$q<0$ 时，可用同样方式讨论.

3. 双曲抛物面

由方程

$$-\frac{x^2}{2p}+\frac{y^2}{2q}=z \quad (p\text{ 与 }q\text{ 同为正或同为负}) \tag{8-9}$$

所表示的曲面称为**双曲抛物面**.

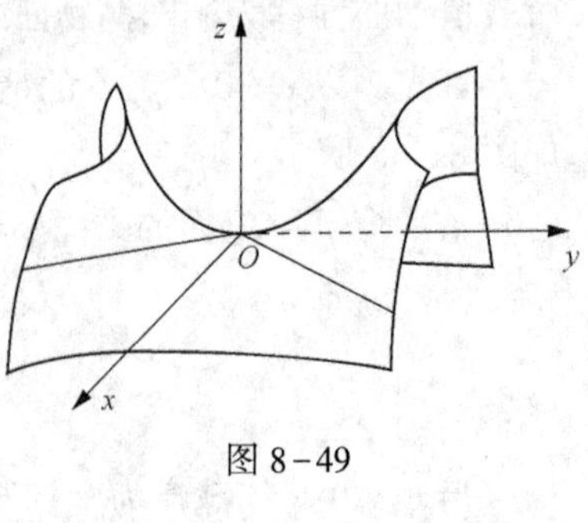

图 8-49

同样可用截痕法对它进行讨论. 当 $p>0$，$q>0$ 时，可得曲线的形状(见图 8-49). 由方程(8-9) 可知，双曲抛物面关于 zOx 面 、yOz 面及 z 轴对称，且通过坐标原点.

用坐标面 $z=0$ 去截割曲面，截痕为 xOy 面上两条在坐标原点相交的直线.

用坐标面 $y=0$ 和 $x=0$ 去截割曲面，截痕分别为

$$\begin{cases}x^2=-2pz\\y=0\end{cases},\quad\begin{cases}y^2=2qz\\x=0\end{cases}.$$

它们分别是 zOx 面和 yOz 面上的抛物线，顶点都在坐标原点，对称轴都为 z 轴，但两抛物线的开口方向不同.

用平面 $z=h(h\neq 0)$ 去截割曲面，得到截痕

$$\begin{cases}-\dfrac{x^2}{2ph}+\dfrac{y^2}{2qh}=1\\z=h\end{cases},$$

这是平面 $z=h$ 上的双曲线. 当 $h<0$，$p>0$，$q>0$ 时，双曲线的实轴平行于 x 轴，虚轴平行于 y 轴；当 $h>0$，$p>0$，$q>0$ 时，双曲线的实轴平行于 y 轴，虚轴平行于 x 轴.

用平面 $y=h$ 去截割曲面，得到截痕

$$\begin{cases}x^2=-2p\left(z-\dfrac{h^2}{2q}\right)\\y=h\end{cases},$$

这是平面 $y=h$ 上的抛物线. 与之类似，用平面 $x=h$ 去截割曲面，截痕也是抛物线.

综合上面的讨论结果可知，双曲抛物面的形状如图8-49所示. 因其形状像马鞍，所以又称它为**马鞍面**.

4. 单叶双曲面

由方程

$$\frac{x^2}{a^2}+\frac{y^2}{b^2}-\frac{z^2}{c^2}=1\quad(a>0,b>0,c>0)$$

所表示的曲面称为**单叶双曲面**.

单叶双曲面与三个坐标面的交线分别为

$$\begin{cases}\dfrac{y^2}{b^2}-\dfrac{z^2}{c^2}=1\\x=0\end{cases},\quad\begin{cases}\dfrac{x^2}{a^2}-\dfrac{z^2}{c^2}=1\\y=0\end{cases},\quad\begin{cases}\dfrac{x^2}{a^2}+\dfrac{y^2}{b^2}=1\\z=0\end{cases},$$

它们分别是 yOz 面和 zOx 面上的双曲线与 xOy 面上的椭圆.

用平面 $z=h$ 去截割曲面，得到截痕

$$\begin{cases}\dfrac{x^2}{a^2}+\dfrac{y^2}{b^2}=1+\dfrac{h^2}{c^2}\\z=h\end{cases},$$

这是平面 $z=h$ 上的椭圆

$$\frac{x^2}{a^2\left(1+\dfrac{h^2}{c^2}\right)}+\frac{y^2}{b^2\left(1+\dfrac{h^2}{c^2}\right)}=1,$$

它的中心在 z 轴上，两个半轴分别为

$$a\cdot\sqrt{1+\frac{h^2}{c^2}} \text{ 和 } b\cdot\sqrt{1+\frac{h^2}{c^2}}.$$

当 $h=0$ 时，截得的椭圆最小，随着 $|h|$ 的增大，椭圆也在增大.

用平面 $y=h$ 去截割曲面，得到截痕

$$\begin{cases}\frac{x^2}{a^2}-\frac{z^2}{c^2}=1-\frac{h^2}{b^2},\\ y=h\end{cases}$$

当 $|h|<b$ 时，它是平面 $y=h$ 上的双曲线，其实轴平行于 x 轴，虚轴平行于 z 轴，实半轴为 $a\cdot\sqrt{1-\frac{h^2}{b^2}}$，虚半轴为 $c\cdot\sqrt{1-\frac{h^2}{b^2}}$；当 $|h|>b$ 时，它仍是平面 $y=h$ 上的双曲线，但其实轴平行于 z 轴，虚轴平行于 x 轴，实半轴为 $c\cdot\sqrt{\frac{h^2}{b^2}-1}$，虚半轴为 $a\cdot\sqrt{\frac{h^2}{b^2}-1}$.

当 $h=\pm b$ 时，截痕是一对相交直线

$$\begin{cases}\frac{x}{a}-\frac{z}{c}=0\\ y=h\end{cases} \text{和} \begin{cases}\frac{x}{a}+\frac{z}{c}=0\\ y=h\end{cases}.$$

同理，用平面 $x=h$ 去截割曲面，截痕的情况与 $y=h$ 时类似.

综合上面的讨论结果，单叶双曲面的图形如图 8-50 所示.

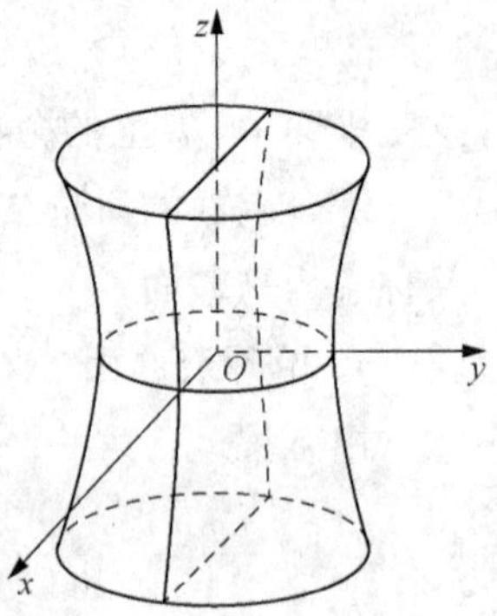

图 8-50

5. 双叶双曲面

由方程

$$\frac{x^2}{a^2}+\frac{y^2}{b^2}-\frac{z^2}{c^2}=-1 \quad (a>0,b>0,c>0) \qquad (8-10)$$

所表示的曲面称为**双叶双曲面**.

双叶双曲面与 xOy 面不相交，而与 yOz 面和 zOx 面的交线分别为

$$\begin{cases}\frac{z^2}{c^2}-\frac{y^2}{b^2}=1\\ x=0\end{cases},\quad \begin{cases}\frac{z^2}{c^2}-\frac{x^2}{a^2}=1\\ y=0\end{cases},$$

它们分别是 yOz 面和 zOx 面上的双曲线，实轴为 z 轴.

用平面 $z=h$ 去截割曲面，得到截痕

$$\begin{cases}\frac{x^2}{a^2}+\frac{y^2}{b^2}=\frac{h^2}{c^2}-1,\\ z=h\end{cases}$$

当 $|h|<c$ 时，无截痕，即双叶双曲面与平面 $z=h$ 不相交；当 $|h|>c$ 时，截痕为平面 $z=h$ 上的椭圆，半轴分别为 $a\cdot\sqrt{\frac{h^2}{c^2}-1}$ 和 $b\cdot\sqrt{\frac{h^2}{c^2}-1}$，$|h|$ 越大，椭圆越大.

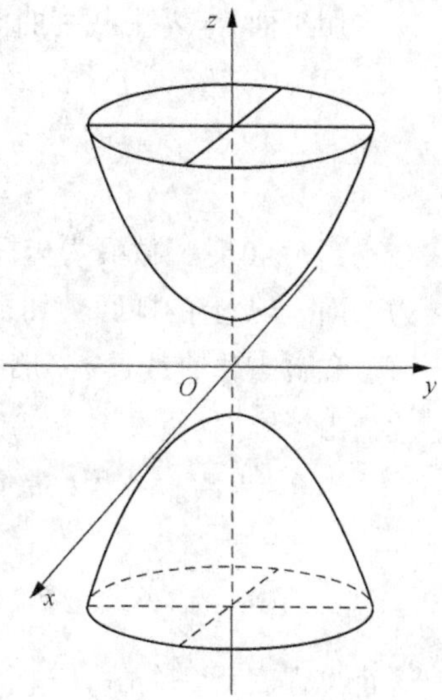

图 8-51

当 $h=\pm c$ 时，截痕为点 $(0,0,c)$ 或点 $(0,0,-c)$，即双叶双曲面与平面 $z=h$ 相切.

用平面 $y=h$ 及平面 $x=h$ 去截割曲面，所得截痕分别为平面 $y=h$ 和平面 $x=h$ 上的双曲线，即

$$\begin{cases}\dfrac{z^2}{c^2}-\dfrac{x^2}{a^2}=1+\dfrac{h^2}{b^2}, \\ y=h\end{cases}\quad \begin{cases}\dfrac{z^2}{c^2}-\dfrac{y^2}{b^2}=1+\dfrac{h^2}{a^2}. \\ x=h\end{cases}$$

综上可知，双叶双曲面的图形如图 8-51 所示.

若 $a=b$，方程(8-10) 变成

$$\frac{x^2+y^2}{a^2}-\frac{z^2}{c^2}=-1,$$

这个方程表示一个由 xOz 面上的双曲线 $\frac{x^2}{a^2}-\frac{z^2}{c^2}=-1$ 绕 z 轴旋转而成的旋转曲面，称为**旋转双叶双曲面**.

方程 $\frac{x^2}{a^2}-\frac{y^2}{b^2}+\frac{z^2}{c^2}=-1$ 与 $-\frac{x^2}{a^2}+\frac{y^2}{b^2}+\frac{z^2}{c^2}=-1$ 所表示的图形也是双叶双曲面，也可做类似的讨论.

6. 二次锥面

由方程

$$\frac{x^2}{a^2}+\frac{y^2}{b^2}-\frac{z^2}{c^2}=0 \quad (a>0,b>0,c>0) \tag{8-11}$$

所表示的曲面称为**二次锥面**.

二次锥面有如下特点：如果点 $M_0(x_0,y_0,z_0)$（不是坐标原点）落在曲面上，则过点 M_0 和坐标原点 O 的直线整个落在曲面上.

事实上，若点 M_0 在这个曲面上，我们写出过 $O(0,0,0)$ 和 $M_0(x_0,y_0,z_0)$ 的直线方程

$$\frac{x-0}{x_0-0}=\frac{y-0}{y_0-0}=\frac{z-0}{z_0-0},$$

即

$$\frac{x}{x_0}=\frac{y}{y_0}=\frac{z}{z_0},$$

其参数方程为

$$x=x_0t,\ y=y_0t,\ z=z_0t.$$

将其代入方程(8-11)，可见对任何实数 t，都有

$$\frac{(x_0t)^2}{a^2}+\frac{(y_0t)^2}{b^2}-\frac{(z_0t)^2}{c^2}=t^2\left(\frac{x_0^2}{a^2}+\frac{y_0^2}{b^2}-\frac{z_0^2}{c^2}\right)=0.$$

由此可知，二次锥面由过坐标原点 O 的直线所构成.

用平面 $z=h$ 去截割曲面，得到截痕

$$\begin{cases}\dfrac{x^2}{a^2}+\dfrac{y^2}{b^2}=\dfrac{h^2}{c^2},\\ z=h\end{cases}$$

当 $h=0$ 时，截痕为坐标原点 $O(0,0,0)$；当 $h\neq 0$ 时，截痕为平面 $z=h$ 上的椭圆，如果我们在椭圆上任取一点 M，过坐标原点和 M 点作直线 OM，那么当 M 沿椭圆移动一周时，直线 OM 就描出了锥面(见图 8-52).

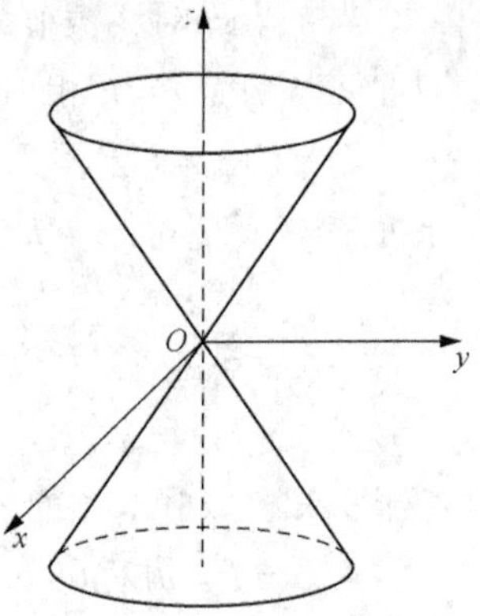

图 8-52

当 $a=b$ 时，方程(8-11) 变成

$$\frac{x^2+y^2}{a^2}=\frac{z^2}{c^2},$$

这个方程表示一个由 yOz 面上的直线 $z=\dfrac{c}{a}y$ 绕 z 轴旋转而成的旋转曲面，称为**圆锥面**. 用平面 $z=h$ 去截割它时，所得截痕是圆.

在一些问题中，我们会遇到由几个曲面所围成的空间区域，需要对空间区域加以描绘.

例 8-36 曲面 $z=6-x^2-y^2$ 和曲面 $z=\sqrt{x^2+y^2}$ 围成一个空间区域，试画出它的简图.

解 曲面 $z=6-x^2-y^2$ 是 zOx 面上的抛物线 $z=6-x^2$ 绕 z 轴旋转而成的旋转抛物面. 曲面 $z=\sqrt{x^2+y^2}$ 是 zOx 面上的直线 $z=x$ 绕 z 轴旋转而成的旋转锥面($z\geqslant 0$). 两曲面的交线

$$\begin{cases}z=6-x^2-y^2\\ z=\sqrt{x^2+y^2}\end{cases}$$

是一个圆.

从上述方程组中消去 x^2+y^2，得 $z^2=6-z$，即

$$(z+3)(z-2)=0.$$

因 $z\geqslant 0$，故 $z=2$. 从而得到交线为平面 $z=2$ 上的圆 $x^2+y^2=4$，该圆的圆心为 $(0,0,2)$，半径为 2. 这个圆割下抛物面的一部分及锥面的一部分，两部分合在一起即为所求的空间区域，如图 8-53 所示.

此外，因为圆

$$\begin{cases}x^2+y^2=4\\ z=2\end{cases}$$

在 xOy 面上的投影仍为圆，其方程为

$$\begin{cases}x^2+y^2=4\\ z=0\end{cases},$$

所以空间区域在 xOy 面上的投影为一圆域：$x^2+y^2\leqslant 4$.

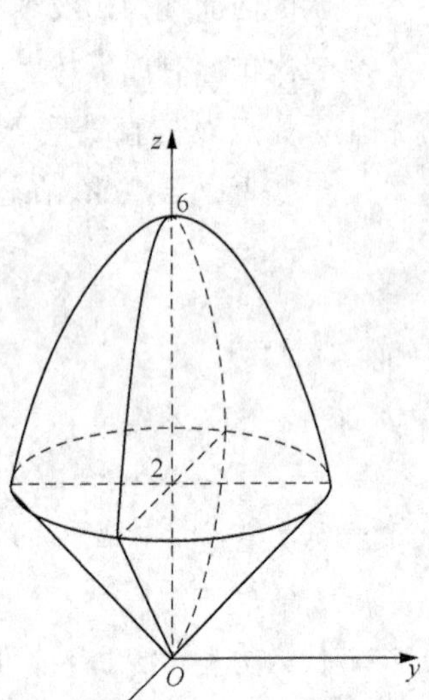

图 8-53

例 8-37 曲面 $x=0$、$y=0$、$z=0$、$x+y=1$、$y^2+z^2=1$ 围成一个空间区域(在第一卦限)，试画出它的简图.

解 $x=0$、$y=0$ 和 $z=0$ 分别表示坐标面 yOz、zOx 及 xOy. $x+y=1$ 是平行于 z 轴且过点 $(1,0,0)$ 和点 $(0,1,0)$ 的平面. $y^2+z^2=1$ 是母线平行于 x 轴的圆柱面.

$x+y=1$ 与 $z=0$ 和 $y=0$ 的交线分别为

$$\begin{cases}x+y=1\\z=0\end{cases} 和 \begin{cases}x=1\\y=0\end{cases},$$

一条是平面 $z=0$ 上的直线 $x+y=1$，一条是平面 $y=0$ 上的直线 $x=1$，可先分别画出.

$y^2+z^2=1$ 与 $x=0$ 和 $y=0$ 的交线分别为

$$\begin{cases}y^2+z^2=1\\x=0\end{cases} 和 \begin{cases}z=1\\y=0\end{cases},$$

一条是平面 $x=0$ 上的圆 $y^2+z^2=1$，一条是平面 $y=0$ 上的直线 $z=1$，可分别在各平面上画出.

最后画出 $x+y=1$ 与 $y^2+z^2=1$ 的交线，得该空间区域如图 8-54 所示.

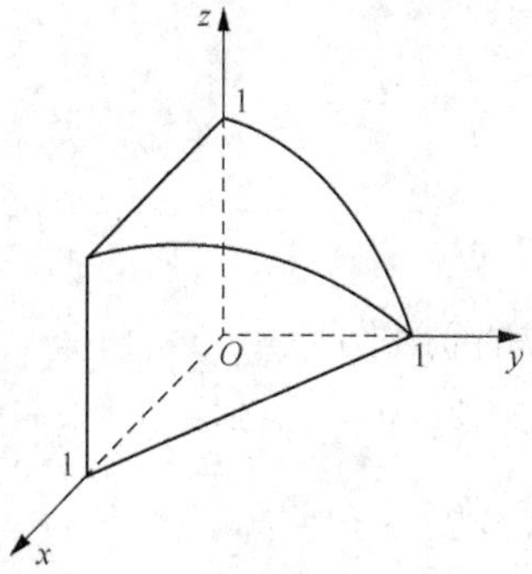

图 8-54

习题 8.5

1. 求以点 $M(1,2,-1)$ 为球心，且通过坐标原点的球面方程.

2. 求与坐标原点和 $M_0(1,0,1)$ 的距离之比为 1 : 3 的点的全体所构成的曲面的方程，并指出它表示怎样的曲面.

3. 将坐标面 zOx 上的抛物线 $z^2=6x$ 绕 x 轴旋转一周，求所生成的旋转曲面的方程.

4. 将坐标面 xOy 上的双曲线 $x^2-y^2=6$ 分别绕 x 轴和 y 轴旋转一周，求所生成的旋转曲面的方程.

5. 指出下列方程在平面解析几何与空间解析几何中分别表示什么图形.

(1) $x=3$； (2) $y=2x-5$； (3) $x^2+y^2=16$；

(4) $x^2 - y^2 = 4$;　　(5) $\frac{x^2}{4} + \frac{y^2}{9} = 1$;　　(6) $y^2 = 4x$.

6. 说明下列旋转曲面是怎样形成的.

(1) $\frac{x^2}{9} + \frac{y^2}{16} + \frac{z^2}{16} = 1$;　　(2) $x^2 - \frac{y^2}{9} + z^2 = 1$;　　(3) $x^2 - y^2 - z^2 = 4$.

7. 指出下列各方程表示哪种曲面.

(1) $x^2 + y^2 - 6z = 0$;　　(2) $x^2 - y^2 = 0$;　　(3) $x^2 + y^2 = 0$;

(4) $y - \sqrt{2}z = 0$;　　(5) $y^2 - 5y + 6 = 0$;　　(6) $\frac{x^2}{4} + \frac{y^2}{16} = 1$;

(7) $x^2 - \frac{y^2}{16} = 1$;　　(8) $x^2 = 9y$;　　(9) $z^2 - x^2 - y^2 = 0$.

8. 画出下列方程所表示的曲面.

(1) $16x^2 + 4y^2 - z^2 = 64$;　　(2) $x^2 - y^2 - 4z^2 = 4$;　　(3) $\frac{z}{3} = \frac{x^2}{4} + \frac{y^2}{9}$.

9. 指出下列方程组所表示的曲线.

(1) $\begin{cases} x^2 + y^2 + z^2 = 25 \\ x = 3 \end{cases}$;　　(2) $\begin{cases} x^2 + 4y^2 + 9z^2 = 36 \\ y = 1 \end{cases}$;

(3) $\begin{cases} x^2 - 4y^2 + z^2 = 25 \\ x = -3 \end{cases}$;　　(4) $\begin{cases} y^2 + z^2 - 4x + 8 = 0 \\ y = 4 \end{cases}$.

10. 画出下列各曲面所围成的立体图形.

(1) $x = 0$, $y = 0$, $z = 0$, $x = 2$, $y = 1$, $3x + 4y + 2z - 12 = 0$;

(2) $x = 0$, $y = 0$, $x = 1$, $y = 2$, $z = \frac{y}{4}$;

(3) $z = 0$, $z = 3$, $x - y = 0$, $x - \sqrt{3}y = 0$, $x^2 + y^2 = 1$, 在第一卦限;

(4) $x = 0$, $y = 0$, $z = 0$, $x^2 + y^2 = R^2$, $y^2 + z^2 = R^2$, 在第一卦限.

§8.6 空间曲线及其方程

8.6.1 空间曲线的一般方程

空间曲线可以看作两曲面的交线. 设

$$F(x, y, z) = 0 \text{ 和 } G(x, y, z) = 0$$

是两个曲面的方程，它们相交且交线为 C(见图 8-55). 易知，曲线 C 上的任一点都同时在这两个曲面上，所以曲线 C 上所有点的坐标都同时满足这两个曲面的方程. 反之，坐标同

时满足这两个曲面方程的点一定在它们的交线上. 因此，将这两个方程联立起来，所得到的方程组

$$\begin{cases}F(x,y,z)=0\\G(x,y,z)=0\end{cases}$$

称为空间曲线 C 的**一般方程**.

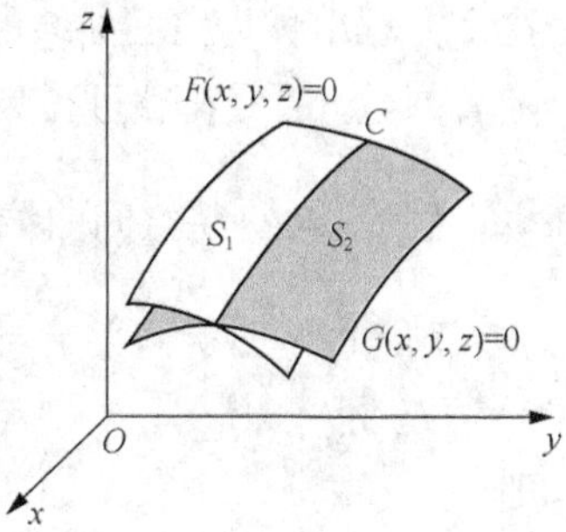

图 8-55

例 8-38 方程组 $\begin{cases}x^2+y^2=1\\2x+3y+3z=6\end{cases}$ 表示怎样的曲线?

解 第一个方程表示母线平行于 z 轴的圆柱面，准线是 xOy 面上的圆，圆心在坐标原点 O，半径为1；第二个方程表示一个平面，与 x 轴、y 轴和 z 轴的交点依次为(3,0,0)，(0,2,0) 和(0,0,2). 方程组表示上述圆柱面与平面的交线，如图 8-56 所示.

例 8-39 方程组 $\begin{cases}z=\sqrt{a^2-x^2-y^2}\\\left(x-\dfrac{a}{2}\right)^2+y^2=\dfrac{a^2}{4}\end{cases}$ 表示怎样的曲线?

解 第一个方程表示球心在坐标原点 O、半径为 a 的上半球面；第二个方程表示母线平行于 z 轴的圆柱面，其准线是 xOy 面上的圆，圆心在点 $\left(\dfrac{a}{2},0\right)$，半径为 $\dfrac{a}{2}$. 方程组表示上述半球面与圆柱面的交线，如图 8-57 所示.

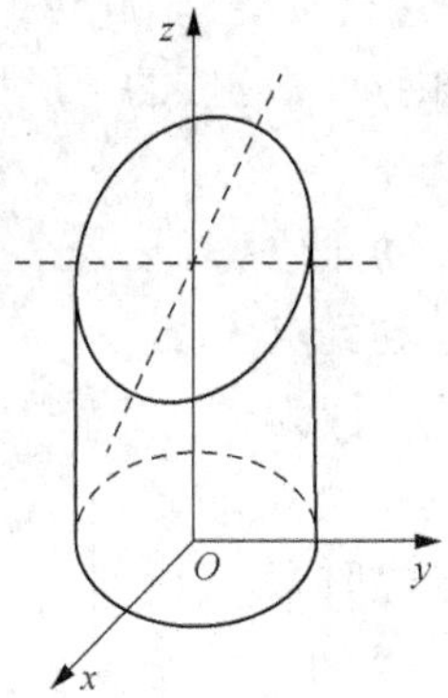

图 8-56

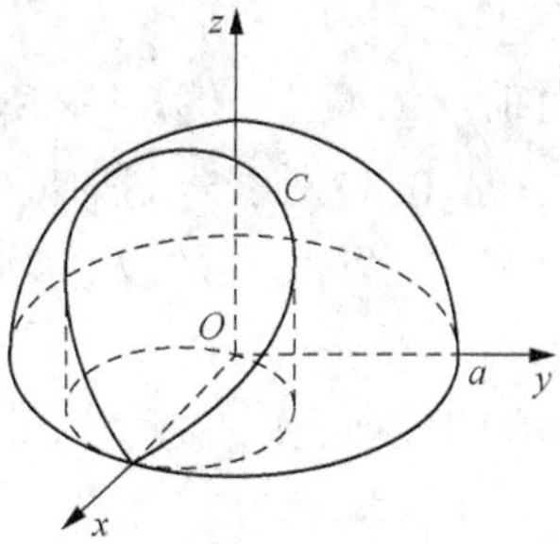

图 8-57

8.6.2 空间曲线的参数方程

在平面直角坐标系中，平面曲线可以用参数方程表示. 同样，在空间直角坐标系中，空间曲线也可以用参数方程表示. 将曲线 C 上动点的坐标 x、y、z 分别表示为参数 t 的函数，其一般形式是

$$\begin{cases}x=x(t)\\y=y(t)\\z=z(t)\end{cases}$$

这个方程组称为空间曲线的**参数方程**. 当给定 $t=t_1$ 时，得到曲线上的一个点(x_1,y_1,z_1)，随着参数 t 的变化就可得到曲线上全部的点.

例 8-40 将空间曲线方程$\begin{cases}x^2+y^2+z^2=4\\x+y=0\end{cases}$化为参数方程.

解 由 $x+y=0$ 得 $y=-x$，将其代入 $x^2+y^2+z^2=4$，得

$$2x^2+z^2=4,$$

即

$$\frac{x^2}{(\sqrt{2})^2}+\frac{z^2}{2^2}=1.$$

类似于椭圆的参数方程，可取$\begin{cases}x=\sqrt{2}\cos\theta\\y=2\sin\theta\end{cases}(0\leqslant\theta\leqslant 2\pi)$，故所求的参数方程为

$$\begin{cases}x=\sqrt{2}\cos\theta\\y=-\sqrt{2}\cos\theta,\ (0\leqslant\theta\leqslant 2\pi).\\z=2\sin\theta\end{cases}$$

注意 空间曲线的参数方程不是唯一的，取决于所选取的参数，选取的参数不同，得到的参数方程也不同.

例 8-41 如果空间一点 M 在圆柱面 $x^2+y^2=a^2$ 上以角速度 ω 绕 z 轴旋转，同时又以线速度 v 沿平行于 z 轴的正方向上升(其中 ω、v 都是常数)，则点 M 构成的图形称为**螺旋线**(见图 8-58). 试建立其参数方程.

解 取时间 t 为参数. 如图 8-58 所示，设当 $t=0$ 时，动点位于 x 轴上的点 $A(a,0,0)$ 处；经过时间 t 后，动点由点 A 运动到点 $M(x,y,z)$. 点 M 在 xOy 面上的投影为点 M'，则点 M' 的坐标为 $(x,y,0)$.

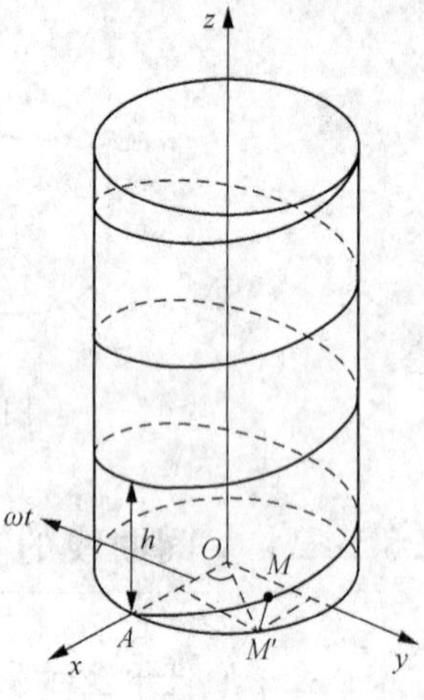

图 8-58

由于动点在圆柱面上以角速度 ω 绕 z 轴旋转，所以经过时间 t 后，$\angle AOM'=\omega t$，从而

$$x=|OM'|\cos\omega t=a\cos\omega t,$$
$$y=|OM'|\sin\omega t=a\sin\omega t,$$

同时，动点又以线速度 v 沿平行于 z 轴的正方向上升，所以经过时间 t 后

$$z=|MM'|=vt.$$

这样，就得到螺旋线的参数方程

$$\begin{cases}x=a\cos\omega t\\y=a\sin\omega t.\\z=vt\end{cases}$$

也可以用其他变量作为参数，例如，在例 8-41 中，如果取 $\theta=\omega t$ 作为参数，则螺旋线

的参数方程为

$$\begin{cases}x = a\cos\theta \\ y = a\sin\theta, \\ z = k\theta\end{cases}$$

其中 $k = v/\omega$.

注意 螺旋线是生产实践中常用的曲线. 例如，平头螺丝钉的外缘曲线就是螺旋线. 螺旋线有一个重要性质：当 $\theta = 2\pi$ 时，$z = 2\pi k$. 动点从点 A 开始绕 z 轴运动一周后在 z 轴方向上所移动的距离 $h = 2\pi k$ 称为**螺距**.

8.6.3 空间曲线在坐标面上的投影

设空间曲线 C 的一般方程为

$$\begin{cases}F(x,y,z) = 0 \\ G(x,y,z) = 0\end{cases}, \tag{8-12}$$

如果我们能从方程组(8-12) 中消去变量 z 而得到方程

$$H(x,y) = 0, \tag{8-13}$$

则点 M 的坐标 x、y、z 在满足方程组(8-12) 时，也一定满足方程(8-13). 这说明曲线 C 上的所有点都落在由方程(8-13) 所表示的曲面上.

我们已经知道，方程(8-13) 表示一个母线平行于 z 轴的柱面. 由上面的讨论可知，这个柱面必定包含曲线 C. 以曲线 C 为准线、母线平行于 z 轴(即垂直于 xOy 面) 的柱面称为曲线 C 关于 xOy 面的**投影柱面**. 这个投影柱面与 xOy 面的交线称为空间曲线 C 在 xOy 面上的**投影曲线**，简称为**投影**.

因为方程(8-13) 所表示的曲面包含曲线 C，所以它一定包含 C(关于 xOy 面) 的投影柱面. 因此，方程组

$$\begin{cases}H(x,y) = 0 \\ z = 0\end{cases} \tag{8-14}$$

所表示的曲线必定包含 C 在 xOy 面上的投影.

注意 C 在 xOy 面上的投影可能只是方程组(8-14) 所表示的曲线的一部分，而不一定是全部.

同理，消去方程组(8-12) 中的变量 x 或变量 y，再分别和 $x = 0$ 或 $y = 0$ 联立，就可分别得到包含曲线 C 在 yOz 面或 zOx 面上的投影的曲线方程

$$\begin{cases}R(y,z) = 0 \\ x = 0\end{cases} \quad 或 \quad \begin{cases}T(x,z) = 0 \\ y = 0\end{cases}.$$

例 8-42 曲线 C 的方程为 $\begin{cases}x^2 + y^2 + z^2 = 1 \\ x^2 + z^2 - x = 0\end{cases}$，求曲线 C 在三个坐标面上的投影方程.

解 从题设方程组中消去变量 z 后，得 $y^2 + x = 1$，于是，曲线 C 在 xOy 面上的投影方

程为

$$\begin{cases}y^2+x=1\\z=0\end{cases}.$$

同理，由 $x=1-y^2$，从题设方程组中消去变量 x 后，得 $z^2-y^2+y^4=0$，于是，曲线 C 在 yOz 面上的投影方程为

$$\begin{cases}z^2-y^2+y^4=0\\x=0\end{cases}.$$

由曲线方程可知，曲线 C 在柱面 $x^2+z^2-x=0$ 上，故曲线 C 在 zOx 面上的投影方程为

$$\begin{cases}x^2+z^2-x=0\\y=0\end{cases}.$$

例 8-43 设一个立体由上半球面 $z=\sqrt{4-x^2-y^2}$ 和锥面 $z=\sqrt{3(x^2+y^2)}$ 所围成(见图 8-59)，求它在 xOy 面上的投影.

解 半球面和锥面的交线 C 的方程为

$$\begin{cases}z=\sqrt{4-x^2-y^2}\\z=\sqrt{3(x^2+y^2)}\end{cases},$$

从这个方程组中消去 z 得投影柱面的方程

$$x^2+y^2=1,$$

因此，交线 C 在 xOy 面上的投影曲线为

$$\begin{cases}x^2+y^2=1\\z=0\end{cases}.$$

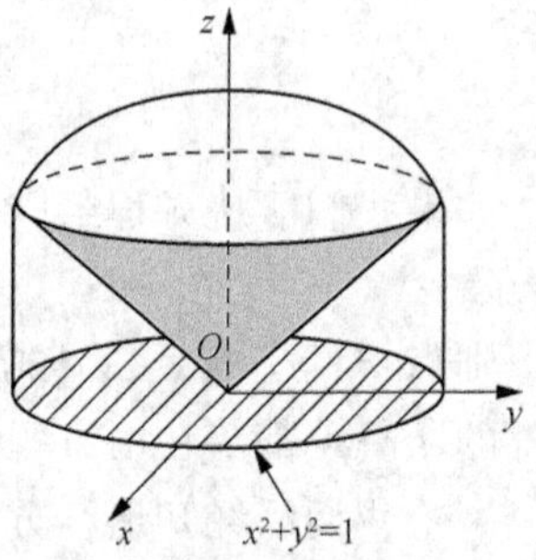

图 8-59

这是一个 xOy 面上的单位圆，故所求立体在 xOy 面上的投影即该圆在 xOy 面上所围的部分：$x^2+y^2\leqslant 1$.

习题 8.6

1. 画出下列曲线在第一卦限的图形.

(1) $\begin{cases}x=2\\y=4\end{cases}$；　(2) $\begin{cases}z=\sqrt{9-x^2-y^2}\\x-y=0\end{cases}$；　(3) $\begin{cases}x^2+y^2=a^2\\x^2+z^2=a^2\end{cases}$.

2. 方程组 $\begin{cases}y=5x+2\\y=2x-5\end{cases}$ 在平面解析几何与空间解析几何中各表示什么？

3. 方程组 $\begin{cases}\dfrac{x^2}{4}+\dfrac{y^2}{9}=1\\x=2\end{cases}$ 在平面解析几何与空间解析几何中各表示什么？

4. 求曲面 $x^2+2y^2=8z$ 与 xOz 面的交线.

5. 将曲线的一般方程 $\begin{cases}x^2+y^2+z^2=9\\ y=x\end{cases}$ 化为参数方程.

6. 将曲线的一般方程 $\begin{cases}(x-1)^2+y^2+(z+1)^2=4\\ z=0\end{cases}$ 化为参数方程.

7. 分别求母线平行于 x 轴及 y 轴而且通过曲线 $\begin{cases}2x^2+y^2+z^2=16\\ x^2+z^2-y^2=0\end{cases}$ 的柱面方程.

8. 求曲线 $\begin{cases}x+z=1\\ x^2+y^2+z^2=9\end{cases}$ 在 xOy 面上的投影方程.

9. 求曲线 $\begin{cases}y-z+1=0\\ x^2+z^2+3yz-2x+3z-3=0\end{cases}$ 在 xOz 面上的投影方程.

10. 假定直线 L 在 yOz 面上的投影方程为 $\begin{cases}2y-3z=1\\ x=0\end{cases}$，而在 xOz 面上的投影方程为 $\begin{cases}x+z=2\\ y=0\end{cases}$，求直线 L 在 xOy 面上的投影方程.

复习题8

A类

1. 设 $\triangle ABC$ 的三边为 $\overrightarrow{AB}=\boldsymbol{a}$、$\overrightarrow{CA}=\boldsymbol{b}$、$\overrightarrow{AB}=\boldsymbol{c}$，三边中点依次为 D、E、F，试证明

$$\overrightarrow{AD}+\overrightarrow{BE}+\overrightarrow{CF}=\boldsymbol{0}.$$

2. 设 $(\boldsymbol{a}+3\boldsymbol{b})\perp(7\boldsymbol{a}-5\boldsymbol{b})$，$(\boldsymbol{a}-4\boldsymbol{b})\perp(7\boldsymbol{a}-2\boldsymbol{b})$，求 $(\widehat{\boldsymbol{a},\boldsymbol{b}})$.

3. 已知 $|\boldsymbol{a}|=2$，$|\boldsymbol{b}|=5$，$(\widehat{\boldsymbol{a},\boldsymbol{b}})=\dfrac{2\pi}{3}$，问：系数 λ 为何值时，向量 $\boldsymbol{m}=\lambda\boldsymbol{a}+17\boldsymbol{b}$ 与 $\boldsymbol{n}=3\boldsymbol{a}-\boldsymbol{b}$ 垂直？

4. 求与向量 $\boldsymbol{a}=\{2,-1,2\}$ 共线且满足方程 $\boldsymbol{a}\cdot\boldsymbol{x}=-18$ 的向量 $\boldsymbol{x}$.

5. 设 $\boldsymbol{a}=\{-1,3,2\}$，$\boldsymbol{b}=\{2,-3,-4\}$，$\boldsymbol{c}=\{-3,12,6\}$，证明三向量 $\boldsymbol{a}$、$\boldsymbol{b}$、$\boldsymbol{c}$ 共面，并用 $\boldsymbol{a}$ 和 $\boldsymbol{b}$ 表示 $\boldsymbol{c}$.

6. 证明点 $M_0(x_0,y_0,z_0)$ 到通过点 $A(a,b,c)$、平行于向量 $\boldsymbol{s}$ 的直线的距离为 $d=\dfrac{|\boldsymbol{r}\times\boldsymbol{s}|}{|\boldsymbol{s}|}$，其中 $\boldsymbol{r}=\overrightarrow{AM_0}$.

7. 已知向量 $\boldsymbol{a}$、$\boldsymbol{b}$ 非零，且不共线，作 $\boldsymbol{c}=\lambda\boldsymbol{a}+\boldsymbol{b}$，$\lambda$ 是实数，证明 $|\boldsymbol{c}|$ 最小的向量 $\boldsymbol{c}$ 垂直于 $\boldsymbol{a}$，并求当 $\boldsymbol{a}=\{1,2,-2\}$，$\boldsymbol{b}=\{1,-1,1\}$ 时，使 $|\boldsymbol{c}|$ 最小的向量 $\boldsymbol{c}$.

8. 将坐标面 xOy 上的双曲线 $4x^2-9y^2=36$ 分别绕 x 轴及 y 轴旋转一周，求所生成的旋转

曲面的方程.

9. 直线 L 的方程为$\frac{x-1}{1}=\frac{y}{2}=\frac{z-1}{1}$，求直线 L 绕 z 轴旋转所得旋转曲面的方程.

10. 求曲线$\begin{cases}z=2-x^2-y^2\\z=(x-1)^2+(y-1)^2\end{cases}$在三个坐标面上的投影曲线的方程.

11. 求曲线$\begin{cases}6x-6y-z+16=0\\2x+5y+2z+3=0\end{cases}$在三个坐标面上的投影曲线的方程.

12. 求螺旋线$\begin{cases}x=a\cos\theta\\y=a\sin\theta\\z=b\theta\end{cases}$在三个坐标面上的投影曲线的方程.

13. 求由上半球面 $z=\sqrt{a^2-x^2-y^2}$、柱面 $x^2+y^2-ax=0$ 及平面 $z=0$ 所围成的立体在 xOy 面和 xOz 面上的投影.

14. 求与已知平面 $2x+y+2z+5=0$ 平行且与三个坐标面围成的四面体体积为 1 的平面方程.

15. 求通过点$(1,2,-1)$ 且与直线$\begin{cases}2x-3y+z-5=0\\3x+y-2z-4=0\end{cases}$垂直的平面方程.

16. 直线 L 的方程为$\begin{cases}2x-y-2z+1=0\\x+y+4z-2=0\end{cases}$，求过直线 L 且在 y 轴和 z 轴上有相同的非零截距的平面的方程.

17. 在平面 $2x+y-3z+2=0$ 和平面 $5x+5y-4z+3=0$ 所确定的平面束内求两个相互垂直的平面，其中一个平面经过点$(4,-3,1)$.

18. 用对称式方程及参数方程表示直线$\begin{cases}x-y+z=1\\2x+y+z=4\end{cases}$.

19. 直线 L_1 的方程为$\begin{cases}x=3z-1\\y=2z-3\end{cases}$，直线 L_2 的方程为$\begin{cases}y=2x-5\\z=7x+2\end{cases}$，求与 L_1 和 L_2 垂直且相交的直线方程.

20. 求与坐标原点关于平面 $6x+2y-9z+121=0$ 对称的点.

B 类

1. 求点 $P(3,-1,2)$ 到直线$\begin{cases}x+y-z+1=0\\2x-y+z-4=0\end{cases}$的距离.

2. 求直线$\begin{cases}x+y-z+1=0\\x-y+2z-2=0\end{cases}$与平面 $x-2y+3z-3=0$ 间夹角的正弦.

3. 设直线通过点 $P(-3,5,-9)$，且与直线$\begin{cases}y=3x+5\\z=2x-3\end{cases}$和直线$\begin{cases}y=4x-7\\z=5x+10\end{cases}$相交，求此直线方程.

4. 求点(2,3,1)在直线$\begin{cases}x=t-7\\y=2t-2\\z=3t-2\end{cases}$上的投影.

5. 求直线$\begin{cases}2x-y+z-1=0\\x+y-z+1=0\end{cases}$在平面$x+2y-z=0$上的投影直线的方程.

6. 一动点与点$P(1,2,3)$的距离是它到平面$x=3$的距离的$\dfrac{1}{\sqrt{3}}$，求动点的轨迹方程，并求该轨迹曲面与yOz面的交线.

7. 直线L的方程为$\begin{cases}x+y-3=0\\x+z-1=0\end{cases}$，平面$\Pi$的方程为$x+y+z+1=0$，光线沿直线$L$投射到平面$\Pi$上，求反射线所在的直线方程.

多元函数微分学　第 9 章

在上册中，我们讨论的函数都是只依赖于一个自变量的函数，这种函数称为一元函数. 但实际问题常常牵涉多方面的因素，反映到数学上，就是要考虑一个变量依赖于多个变量的情形，由此引入了多元函数以及多元函数的微积分问题. 本章将在一元函数微分学的基础上，讨论多元函数的微分法及其应用. 讨论中我们将以二元函数为主要对象，这一方面是因为二元函数的相关概念和方法大多比较直观，便于理解，另一方面是因为二元函数的结论大多能自然推广到二元以上的多元函数.

§9.1 多元函数的基本概念

9.1.1 平面区域的概念

讨论一元函数经常用到点集、邻域和区间等概念. 为了讨论多元函数，我们需要对上述概念加以推广.

1. 邻域

与数轴上点的邻域的概念类似，我们引入平面上点的邻域的概念.

设 $P_0(x_0,y_0)$ 为直角坐标平面上的一点，δ 为一正数，则与点 P_0 距离小于 δ 的点 $P(x,y)$ 的全体称为**点 P_0 的 δ 邻域**，记作 $U(P_0,\delta)$ 或 $U_\delta(P_0)$，或简称邻域，记作 $U(P_0)$，即

$$U(P_0,\delta)=\{P \mid |PP_0|<\delta\},$$

也就是

$$U(P_0,\delta)=\{(x,y) \mid \sqrt{(x-x_0)^2+(y-y_0)^2}<\delta\}.$$

从几何的角度看，$U(P_0,\delta)$ 实际上就是 xOy 面上以点 P_0 为圆心、δ 为半径的圆的内部的点 $P(x,y)$ 的全体（见图9-1）.

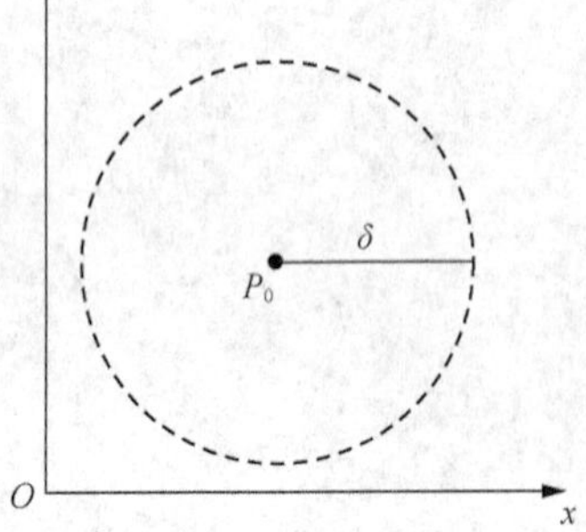

图 9-1

而点集 $U(P_0,\delta)-\{P_0\}$ 称为**点 P_0 的去心 δ 邻域**，记作 $\mathring{U}(P_0,\delta)$ 或 $\mathring{U}_\delta(P_0)$，即

$$\mathring{U}(P_0,\delta)=\{(x,y) \mid 0<\sqrt{(x-x_0)^2+(y-y_0)^2}<\delta\}.$$

2. 区域

设 E 是平面上的一个点集，P 是平面上的一点，则点 P 与点集 E 之间必存在以下三种关系之一.

(1) 如果存在点 P 的某一邻域 $U(P)$，使得 $U(P)\subset E$，则称 P 为 E 的**内点**，如图 9-2 中的点 P_1 所示.

(2) 如果存在点 P 的某一邻域 $U(P)$，使得 $U(P)\cap E=\varnothing$，则称 P 为 E 的**外点**，如图 9-2 中的点 P_2 所示.

(3) 如果点 P 的任一邻域内既有属于 E 的点，也有不属于 E 的点，则称 P 为 E 的**边界点**，如图 9-2 中的点 P_3 所示. 点集 E 的边界点的全体称为 E 的**边界**.

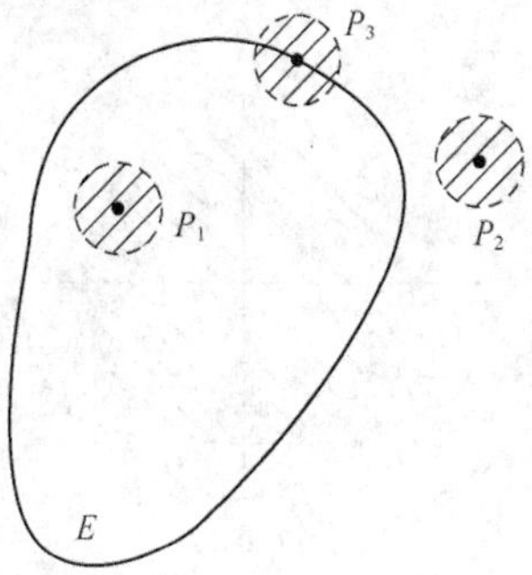

图 9-2

根据上述定义可知，点集 E 的内点必属于 E；点集 E 的外点必不属于 E；而点集 E 的边界点可能属于 E 也可能不属于 E.

例如，对于点集 $E=\{(x,y)\mid 1\leqslant x^2+y^2<4\}$，满足 $1<x^2+y^2<4$ 的一切点都是 E 的内点；圆周 $x^2+y^2=1$ 上的点是 E 的边界点，且都属于 E；圆周 $x^2+y^2=4$ 上的点也是 E 的边界点，但不属于 E.

平面上的点 P 与点集 E 之间除了上述三种关系之外，还可按在点 P 的附近是否密集着 E 中无穷多个点而构成如下关系.

(1) 如果对于任意给定的 $\delta>0$，点 P 的去心邻域 $\mathring{U}(P_0,\delta)$ 内总有点集 E 中的点，即 $\mathring{U}(P_0,\delta)\cap E\neq\varnothing$，则称 P 为 E 的**聚点**.

(2) 设点 $P\in E$，如果存在点 P 的某一邻域 $U(P)$，使得 $U(P)\cap E=\{P\}$，则称 P 为 E 的**孤立点**.

显然，孤立点一定是边界点；内点和非孤立的边界点一定是聚点；既不是聚点，又不是孤立点，则必为外点.

根据上述定义，可进一步定义一些重要的平面点集.

(1) 如果点集 E 内任意一点均为 E 的内点，则称 E 为**开集**.

(2) 如果点集 E 的余集 $\overline{E}$ 为开集，则称 E 为**闭集**.

例如，点集 $E_1=\{(x,y)\mid 1<x^2+y^2<4\}$ 是开集；点集 $E_2=\{(x,y)\mid 1\leqslant x^2+y^2\leqslant 4\}$ 是闭集； 点集 $E_3=\{(x,y)\mid 1\leqslant x^2+y^2<4\}$ 既非开集，也非闭集.

(3) 如果点集 E 内任意两点都可用折线连接起来，且该折线上的点都属于 E，则称 E 为**连通集**(见图 9-3).

(4) 连通的开集称为**区域**或**开区域**.

(5) 开区域连同它的边界一起称为**闭区域**.

(6) 对于点集 E，如果存在正数 K，使得 $E\subset U_K(O)$，则称 E 为**有界集**，其中 O 为坐标原点. 否则，称 E 为**无界集**.

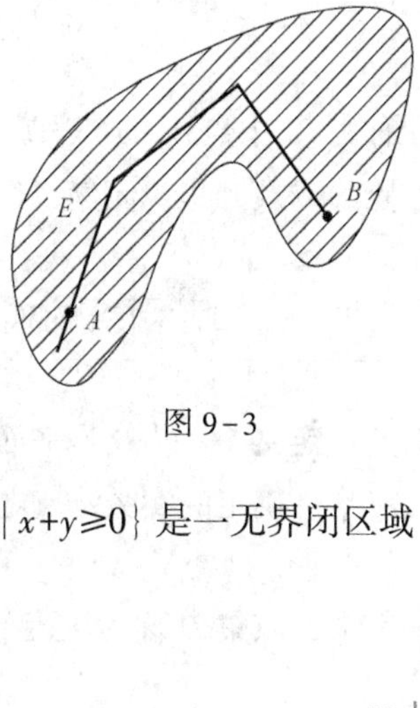

图 9-3

例如，点集 $E_1=\{(x,y)\mid 1<x^2+y^2<4\}$ 是一开区域，并且是有界开区域(见图 9-4)；点集 $E_2=\{(x,y)\mid 1\leqslant x^2+y^2\leqslant 4\}$ 是一闭区域，并且是有界闭区域(见图 9-5)； 点集 $E_4=\{(x,y)\mid x+y\geqslant 0\}$ 是一无界闭区域(见图 9-6).

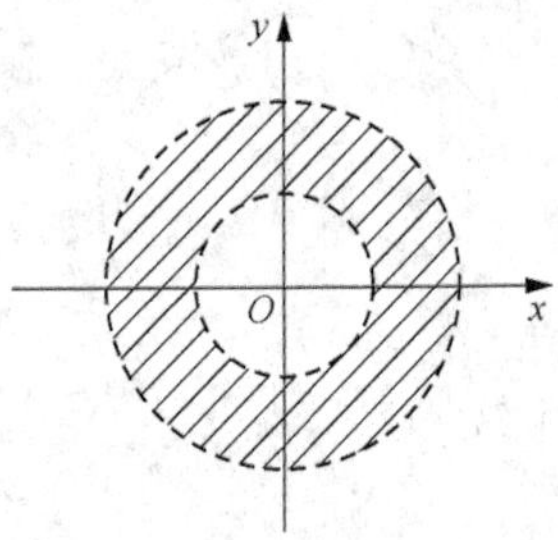

图 9-4

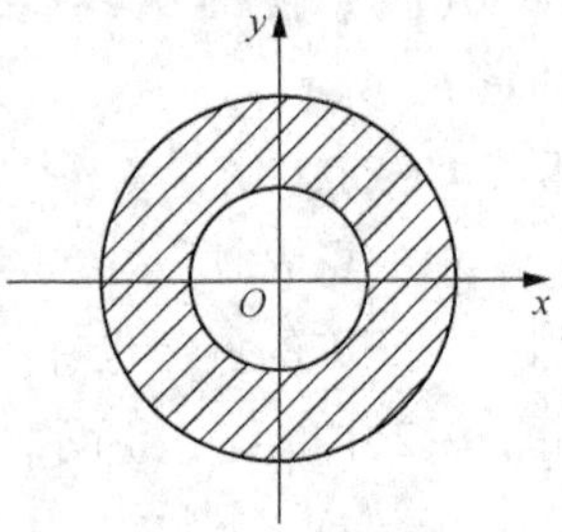

图 9-5

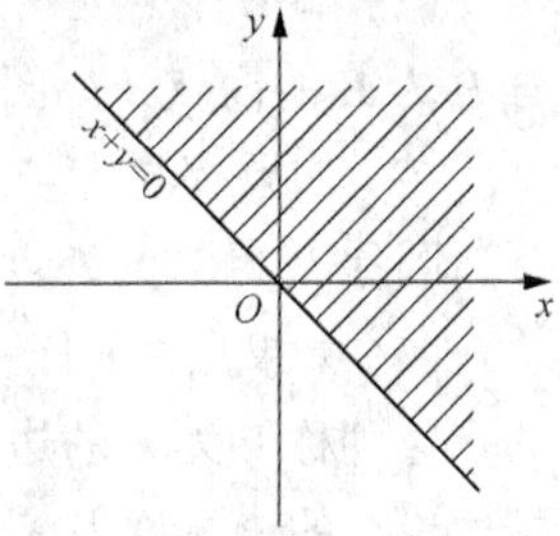

图 9-6

9.1.2 n 维空间的概念

我们知道，数轴上的点与实数一一对应，从而实数的全体(记为 $\mathbf{R}$) 表示数轴上一切点的集合，即直线；平面上的点与二元有序数组(x,y) 一一对应，从而二元有序数组(x,y)的全体(记为 $\mathbf{R}^2$) 表示平面上一切点的集合，即平面；空间中的点与三元有序数组(x,y,z)一一对应，从而三元有序数组(x,y,z) 的全体(记为 $\mathbf{R}^3$) 表示空间中一切点的集合，即空间. 这样，$\mathbf{R}$、$\mathbf{R}^2$、$\mathbf{R}^3$ 就分别对应于数轴、平面和空间.

一般来说，设 n 为取定的一个自然数，我们称 n 元有序数组$(x_1,x_2,\cdots,x_n)$ 的全体为 n **维空间**，记为 $\mathbf{R}^n$，而每个 n 元有序数组$(x_1,x_2,\cdots,x_n)$ 称为 n **维空间的点**，$\mathbf{R}^n$ 中的点$(x_1,x_2,\cdots,x_n)$有时也用单个字母 $\boldsymbol{x}$ 来表示，$\boldsymbol{x}=(x_1,x_2,\cdots,x_n)$，数 x_i 称为点 $\boldsymbol{x}$ 的第 i 个坐标. 当所有的 $x_i(i=1,2,\cdots,n)$ 都为 0 时，这个点称为 $\mathbf{R}^n$ 的**坐标原点**，记为 O.

n 维空间 $\mathbf{R}^n$ 中任意两点 $P(x_1,x_2,\cdots,x_n)$ 和 $Q(y_1,y_2,\cdots,y_n)$ 之间的距离规定为

$$|PQ|=\sqrt{(x_1-y_1)^2+(x_2-y_2)^2+\cdots+(x_n-y_n)^2}.$$

显然，当 $n=1$、$n=2$、$n=3$ 时，由上式可得数轴上、平面上及空间中两点间的距离公式.

前面引入的一系列概念可推广到 n 维空间 $\mathbf{R}^n$ 中. 例如，设点 $P_0\in\mathbf{R}^n$，δ 为一正数，则 n 维空间内的点集

$$U(P_0,\delta)=\{P\,|\,|PP_0|<\delta,\ P\in\mathbf{R}^n\}$$

称为 $\mathbf{R}^n$ **中点 P_0 的 δ 邻域**. 以邻域为基础，可以进一步定义点集的内点、外点、边界点和聚点，以及开集、闭集、区域等一系列概念.

9.1.3 二元函数的概念

定义 1 设 D 是平面上的一个非空点集，如果按照某种法则 f，D 内的任一点(x,y) 都有唯一确定的实数 z 与之对应，则称 f 是 D 上的**二元函数**，记为

$$z=f(x,y),\ (x,y)\in D.$$

其中，点集 D 称为该函数的**定义域**，x、y 称为**自变量**，z 称为**因变量**.

上述定义中，与(x,y)对应的z的值也称为f在(x,y)处的函数值，记为$f(x,y)$，即$z=f(x,y)$. 函数值$f(x,y)$的全体所构成的集合称为函数f的**值域**，记为$f(D)$，即$f(D)=\{z \mid z=f(x,y),(x,y)\in D\}$.

与之类似，可定义三元函数$u=f(x,y,z)$及三元以上的函数. 一般而言，把定义中的平面点集D换成n维空间内的点集D，则可定义n元函数$u=f(x_1,x_2,\cdots,x_n)$. 当$n\geqslant 2$时，n元函数统称为**多元函数**.

注意 关于多元函数的定义域，我们仍做如下约定：如果函数没有明确指出定义域，则往往取使函数的表达式有意义的所有点所构成的集合作为该函数的定义域，并称其为**自然定义域**.

例 9-1 求二元函数$f(x,y)=\dfrac{\sqrt{4x-y^2}}{\ln(1-x^2-y^2)}$的定义域.

解 要使表达式有意义，必须

$$\begin{cases}4x-y^2\geqslant 0\\1-x^2-y^2>0\\1-x^2-y^2\neq 1\end{cases},$$

即$\begin{cases}4x\geqslant y^2\\x^2+y^2<1\\x^2+y^2\neq 0\end{cases}$，故所求定义域(见图 9-7)为

$$D=\{(x,y)\mid 4x\geqslant y^2,0<x^2+y^2<1\}.$$

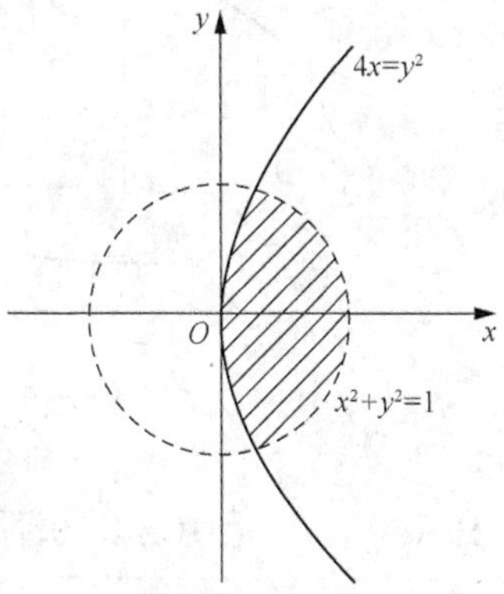

图 9-7

例 9-2 已知函数$f(x+y,x-y)=\dfrac{x^2-y^2}{x^2+y^2}$，求$f(x,y)$.

解 设$u=x+y$，$v=x-y$，则

$$x=\frac{u+v}{2},\ y=\frac{u-v}{2},$$

所以

$$f(u,v)=\frac{\left(\frac{u+v}{2}\right)^2-\left(\frac{u-v}{2}\right)^2}{\left(\frac{u+v}{2}\right)^2+\left(\frac{u-v}{2}\right)^2}=\frac{2uv}{u^2+v^2},$$

即

$$f(x,y)=\frac{2xy}{x^2+y^2}.$$

下面讨论二元函数的几何意义.

设$z=f(x,y)$是定义在区域D上的一个二元函数，则空间点集

$$S=\{(x,y,z)\mid z=f(x,y),(x,y)\in D\}$$

称为二元函数$z=f(x,y)$的图形. 易见，属于S的点$P(x_0,y_0,z_0)$满足三元方程

$$F(x,y,z)=z-f(x,y)=0,$$

故二元函数 $z=f(x,y)$ 的图形就是定义在区域 D 上的一个曲面(见图 9-8)，定义域 D 就是该曲面在 xOy 面上的投影.

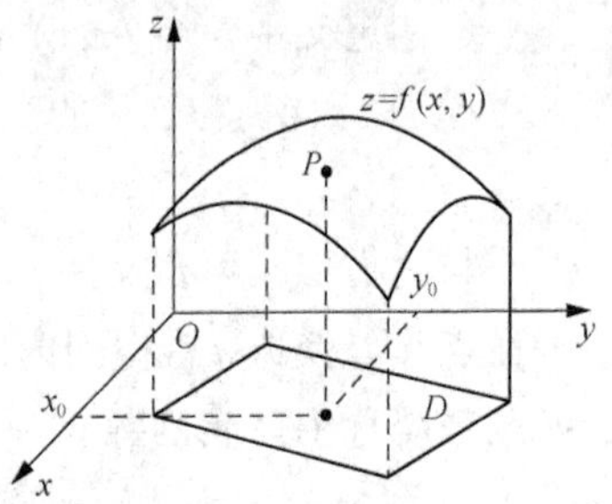

图 9-8

例如，二元函数 $z=\sqrt{a^2-x^2-y^2}$ 表示以坐标原点为中心、a 为半径的上半球面(见图 9-9)，它的定义域 D 是 xOy 面上以坐标原点为圆心、a 为半径的圆.

又如，二元函数 $z=\sqrt{x^2+y^2}$ 表示顶点在坐标原点的圆锥面(见图 9-10)，它的定义域 D 是整个 xOy 面.

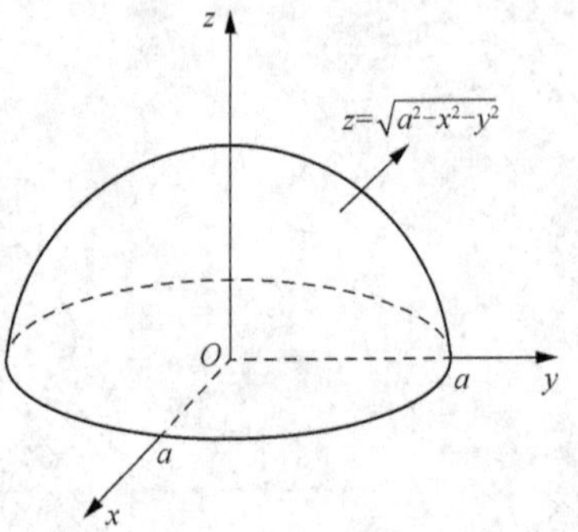

图 9-9

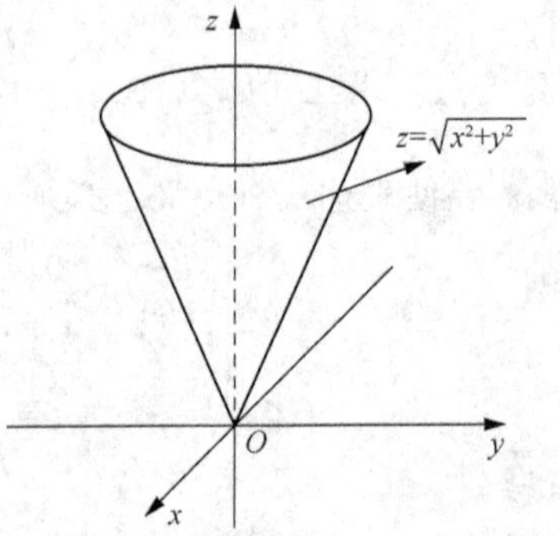

图 9-10

9.1.4 二元函数的极限

与一元函数的极限概念类似，如果在 $P(x,y)$ 趋于点 $P_0(x_0,y_0)$ 的过程中，对应的函数值 $f(x,y)$ 无限接近于一个确定的常数 A，则称 A 为函数 $f(x,y)$ 当 $P(x,y)$ 趋于点 $P_0(x_0,y_0)$ 时的极限. 下面，用"$\varepsilon-\delta$"语言描述这个极限概念.

定义 2 设函数 $z=f(x,y)$ 在点 $P_0(x_0,y_0)$ 的某一去心邻域内有定义，若对于任意给定的正数 ε，总存在正数 δ，使得当 $0<|PP_0|=\sqrt{(x-x_0)^2+(y-y_0)^2}<\delta$ 时，恒有

$$|f(P)-A|=|f(x,y)-A|<\varepsilon,$$

则称常数 A 为**函数** $f(x,y)$ **当** $(x,y)\to(x_0,y_0)$ **时的极限**，记为

$$\lim_{\substack{x\to x_0\\ y\to y_0}}f(x,y)=A \quad 或 \quad f(x,y)\to A((x,y)\to(x_0,y_0)),$$

也记作

$$\lim_{P\to P_0}f(P)=A \quad 或 \quad f(P)\to A(P\to P_0).$$

为了区别于一元函数的极限，我们称二元函数的极限为**二重极限**. 二重极限与一元函数的极限具有相同的性质和运算法则，读者可以自行推演.

注意 在定义 2 中，动点 P 在平面上趋于定点 P_0 的方式是任意的(见图 9-11). 即 $\lim\limits_{P\to P_0}f(P)=A$ 是指 P 以不同方式趋于 P_0 时，函数都无限接近于某一确定值. 因此，如果

P 以某一特殊方式趋于 P_0，即使函数无限接近于某一确定值，也不能由此断定函数的极限存在. 相反，如果当 P 以不同方式趋于 P_0 时，函数趋于不同的值，或 P 以某种方式趋于 P_0 时，函数的极限不存在，那么此函数的极限一定不存在.

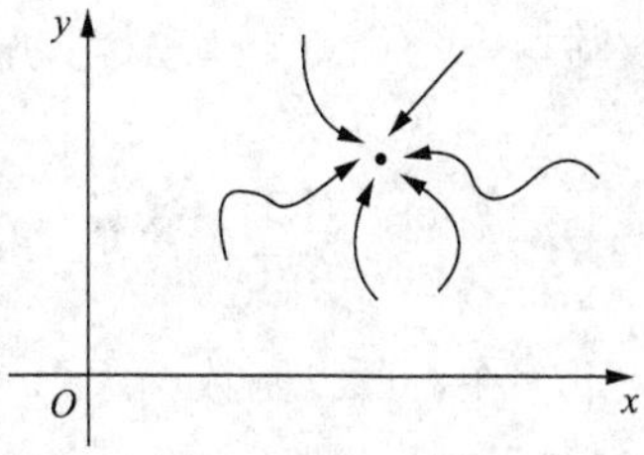

图 9-11

例 9-3 求下列极限.

(1) $\lim\limits_{\substack{x\to 0\\ y\to 0}}(x^2+y^2)\sin\dfrac{1}{x^2+y^2}$； (2) $\lim\limits_{(x,y)\to(6,0)}\dfrac{\sin(xy)}{y}$.

解 (1) 令 $u=x^2+y^2$，则

$$\lim_{\substack{x\to 0\\ y\to 0}}(x^2+y^2)\sin\frac{1}{x^2+y^2}=\lim_{u\to 0}u\sin\frac{1}{u}=0.$$

(2) 当 $(x,y)\to(6,0)$ 时，$xy\to 0$，因此，

$$\lim_{(x,y)\to(6,0)}\frac{\sin(xy)}{y}=\lim_{xy\to 0}\frac{\sin(xy)}{xy}\cdot\lim_{x\to 6}x=1\cdot 6=6.$$

例 9-4 求极限 $\lim\limits_{\substack{x\to\infty\\ y\to\infty}}\dfrac{x+y}{x^2+y^2}$.

解 因为当 $xy\neq 0$ 时，有

$$0\leqslant\left|\frac{x+y}{x^2+y^2}\right|\leqslant\frac{|x|+|y|}{x^2+y^2}\leqslant\frac{|x|+|y|}{2|xy|}=\frac{1}{2|y|}+\frac{1}{2|x|},$$

当 $x\to\infty$，$y\to\infty$ 时，有 $\dfrac{1}{2|y|}+\dfrac{1}{2|x|}\to 0$，故 $\lim\limits_{\substack{x\to\infty\\ y\to\infty}}\dfrac{x+y}{x^2+y^2}=0$.

例 9-5 证明 $\lim\limits_{\substack{x\to 0\\ y\to 0}}\dfrac{xy}{x^2+y^2}$ 不存在.

证 令点 (x,y) 沿直线 $y=kx$（k 为常数）趋于点 $(0,0)$，则

$$\lim_{\substack{x\to 0\\ y\to 0}}\frac{xy}{x^2+y^2}=\lim_{\substack{x\to 0\\ y=kx}}\frac{x\cdot kx}{x^2+k^2x^2}=\frac{k}{1+k^2}.$$

易见，当 k 取不同值，即点 (x,y) 沿不同直线 $y=kx$（k 为常数）趋于点 $(0,0)$ 时，函数的极限不同，故题设极限不存在.

9.1.5 二元函数的连续性

下面我们在极限概念的基础上，引入二元函数连续性的概念.

定义 3 设二元函数 $z=f(x,y)$ 在点 (x_0,y_0) 的某一邻域内有定义，如果

$$\lim_{\substack{x\to x_0\\ y\to y_0}}f(x,y)=f(x_0,y_0),$$

则称函数 $z=f(x,y)$ 在点 (x_0,y_0) 处**连续**. 如果函数 $z=f(x,y)$ 在点 (x_0,y_0) 处不连续，则称

函数 $z=f(x,y)$ 在点 (x_0,y_0) 处**间断**.

例如，对于函数 $f(x,y)=\begin{cases}\dfrac{xy}{x^2+y^2}, & (x,y)\neq(0,0)\\ 0, & (x,y)=(0,0)\end{cases}$，由例 9-5 知道，极限 $\lim\limits_{\substack{x\to0\\y\to0}}\dfrac{xy}{x^2+y^2}$ 不存在，所以函数 $f(x,y)$ 在点 $(0,0)$ 处间断.

如果函数 $z=f(x,y)$ 在区域 D 内的每一点都连续，则称该函数在**区域 D 上连续**，或称函数 $z=f(x,y)$ 是区域 D 上的**连续函数**. 区域 D 上连续的二元函数的图形是区域 D 上的一个连续曲面.

容易验证，二元连续函数经过四则运算和复合运算后仍为二元连续函数.

与一元函数类似，将由常数及 x 和 y 的基本初等函数经过有限次的四则运算和有限次的复合运算构成的、可用一个式子表示的二元函数称为**二元初等函数**.

由基本初等函数的连续性，进一步可以得到如下结论：**一切二元初等函数在其定义区域内都是连续的**. 这里所说的定义区域指包含在定义域内的区域或闭区域. 利用这个结论，当求二元初等函数在其定义区域内一点的极限时，只要计算出函数在该点的函数值即可.

例 9-6 讨论二元函数 $f(x,y)=\begin{cases}\dfrac{x^3+y^3}{x^2+y^2}, & (x,y)\neq(0,0)\\ 0, & (x,y)=(0,0)\end{cases}$ 的连续性.

解 函数 $f(x,y)$ 的定义域为整个 xOy 面.

当 $(x,y)\neq(0,0)$ 时，$f(x,y)=\dfrac{x^3+y^3}{x^2+y^2}$ 为初等函数，故函数在 $(x,y)\neq(0,0)$ 的点处连续.

由 $f(x,y)$ 表达式的特征，利用极坐标变换. 令 $x=\rho\cos\theta$，$y=\rho\sin\theta$，则

$$\lim_{(x,y)\to(0,0)}f(x,y)=\lim_{\rho\to0}\rho(\sin^3\theta+\cos^3\theta)=0=f(0,0),$$

故函数在点 $(0,0)$ 处也连续. 因此，函数 $f(x,y)$ 在其定义域 xOy 面上连续.

例 9-7 求下列极限.

(1) $\lim\limits_{\substack{x\to0\\y\to1}}\left[\ln(y-x)+\dfrac{y}{\sqrt{1-x^2}}\right]$； (2) $\lim\limits_{(x,y)\to(0,0)}\dfrac{\sqrt{xy+1}-1}{xy}$.

解 (1) 函数 $f(x,y)=\ln(y-x)+\dfrac{y}{\sqrt{1-x^2}}$ 是初等函数，其定义域为

$$D=\{(x,y)\mid y>x,-1<x<1\},$$

且 $(0,1)\in D$，故

$$\lim_{\substack{x\to0\\y\to1}}\left[\ln(y-x)+\frac{y}{\sqrt{1-x^2}}\right]=\ln(1-0)+\frac{1}{\sqrt{1-0}}=1.$$

(2) $$\lim_{(x,y)\to(0,0)}\frac{\sqrt{xy+1}-1}{xy}=\lim_{(x,y)\to(0,0)}\frac{xy+1-1}{xy(\sqrt{xy+1}+1)}=\lim_{(x,y)\to(0,0)}\frac{1}{\sqrt{xy+1}+1}=\frac{1}{2}.$$

与闭区间上一元连续函数的性质类似，在有界闭区域 D 上连续的二元函数具有如下性质.

性质1(最大值和最小值定理) 在有界闭区域 D 上的二元连续函数在 D 上一定有最大值和最小值.

性质2(有界性定理) 在有界闭区域 D 上的二元连续函数在 D 上一定有界.

性质3(介值定理) 在有界闭区域 D 上的二元连续函数，必取得介于最大值和最小值之间的任何值.

习题 9.1

1. 设 $f\left(x+y,\dfrac{y}{x}\right)=x^2-y^2$，求 $f(x,y)$.

2. 已知函数 $f(u,v,w)=u^w+w^{u+v}$，求 $f(x-y,x+y,xy)$.

3. 求下列各函数的定义域.

(1) $z=\ln(y^2-2x+1)$； (2) $z=\sqrt{x-\sqrt{y}}$； (3) $z=\dfrac{\arcsin(3-x^2-y^2)}{\sqrt{x-y^2}}$；

(4) $z=\sqrt{4-x^2-y^2}+\dfrac{1}{\sqrt{x^2+y^2-1}}$； (5) $z=\ln(y-x)+\dfrac{\sqrt{x}}{\sqrt{1-x^2-y^2}}$；

(6) $u=\arccos\dfrac{z}{\sqrt{x^2+y^2}}$； (7) $z=\sqrt{1-x^2}+\sqrt{y^2-1}$； (8) $z=\sqrt{1-\dfrac{x^2}{a^2}-\dfrac{y^2}{b^2}}$.

4. 求下列各极限.

(1) $\lim\limits_{\substack{x\to1\\y\to0}}\dfrac{\ln(x+e^y)}{\sqrt{x^2+y^2}}$； (2) $\lim\limits_{(x,y)\to(0,0)}\dfrac{3-\sqrt{xy+9}}{xy}$； (3) $\lim\limits_{(x,y)\to(0,0)}\dfrac{xy}{\sqrt{xy+4}-2}$；

(4) $\lim\limits_{\substack{x\to0\\y\to0}}\dfrac{xy^2}{x^2+y^2}$； (5) $\lim\limits_{\substack{x\to0\\y\to0}}\dfrac{\sqrt{x^2+y^2}-\sin\sqrt{x^2+y^2}}{\sqrt{(x^2+y^2)^3}}$； (6) $\lim\limits_{\substack{x\to0\\y\to0}}\dfrac{1-\cos(x^2+y^2)}{(x^2+y^2)e^{x^2+y^2}}$；

(7) $\lim\limits_{\substack{x\to2\\y\to-\frac{1}{2}}}(2+xy)^{\frac{1}{y+xy^2}}$； (8) $\lim\limits_{\substack{x\to\infty\\y\to\infty}}(x^2+y^2)\sin\dfrac{3}{x^2+y^2}$.

5. 证明下列极限不存在.

(1) $\lim\limits_{(x,y)\to(0,0)}\dfrac{2x^2-y^2}{3x^2+2y^2}$； (2) $\lim\limits_{\substack{x\to0\\y\to0}}(1+xy)^{\frac{1}{x+y}}$； (3) $\lim\limits_{(x,y)\to(0,0)}\dfrac{\sqrt{xy+1}-1}{x+y}$；

(4) $\lim\limits_{\substack{x\to0\\y\to0}}\dfrac{x^4y^4}{(x^2+y^4)^3}$； (5) $\lim\limits_{\substack{x\to0\\y\to0}}\dfrac{x^2y^2}{x^2y^2+(x-y)^2}$.

6. 研究函数$f(x,y)=\dfrac{y^2+4x}{y^2-4x}$的连续性.

7. 设$f(x,y)=\begin{cases}\dfrac{ye^{\frac{1}{x^2}}}{y^2e^{\frac{2}{x^2}}+1}, & x\neq 0,\ y\text{任意}\\ 0, & x=0,\ y\text{任意}\end{cases}$，讨论$f(x,y)$在$(0,0)$处的连续性.

§9.2 偏导数

9.2.1 偏导数

在研究一元函数时，我们从研究函数的变化率引入了导数的概念. 对多元函数同样需要讨论变化率，但多元函数的自变量不止一个，因变量与自变量的关系比一元函数复杂得多. 我们首先考虑多元函数关于其中一个自变量的变化率，即多元函数在其他自变量固定不变时，随一个自变量变化的变化率.

以二元函数$z=f(x,y)$为例，如果固定自变量$y=y_0$，函数$z=f(x,y_0)$就是x的一元函数，此函数对x的导数，就称为二元函数$z=f(x,y)$对x的偏导数.

定义 设函数$z=f(x,y)$在点(x_0,y_0)的某一邻域内有定义，当y固定在y_0，而x在x_0处有增量Δx时，相应地，函数有增量

$$f(x_0+\Delta x,y_0)-f(x_0,y_0),$$

如果极限$\lim\limits_{\Delta x\to 0}\dfrac{f(x_0+\Delta x,y_0)-f(x_0,y_0)}{\Delta x}$存在，则称此极限为函数$z=f(x,y)$在点$(x_0,y_0)$处**对$x$的偏导数**，记为

$$\left.\frac{\partial z}{\partial x}\right|_{\substack{x=x_0\\ y=y_0}},\ \left.\frac{\partial f}{\partial x}\right|_{\substack{x=x_0\\ y=y_0}},\ z_x\Big|_{\substack{x=x_0\\ y=y_0}}\text{或}f_x(x_0,y_0).$$

例如，有

$$f_x(x_0,y_0)=\lim_{\Delta x\to 0}\frac{f(x_0+\Delta x,y_0)-f(x_0,y_0)}{\Delta x}.$$

与之类似，函数$z=f(x,y)$在点(x_0,y_0)处**对y的偏导数**为

$$\lim_{\Delta y\to 0}\frac{f(x_0,y_0+\Delta y)-f(x_0,y_0)}{\Delta y},$$

记为

$$\left.\frac{\partial z}{\partial y}\right|_{\substack{x=x_0\\ y=y_0}},\ \left.\frac{\partial f}{\partial y}\right|_{\substack{x=x_0\\ y=y_0}},\ z_y\Big|_{\substack{x=x_0\\ y=y_0}}\text{或}f_y(x_0,y_0).$$

如果函数 $z=f(x,y)$ 在区域 D 内任一点 (x,y) 处对 x 的偏导数都存在，则这个偏导数就是 x、y 的函数，并称为函数 $z=f(x,y)$ **对自变量 x 的偏导函数**(简称为**偏导数**)，记为

$$\frac{\partial z}{\partial x},\ \frac{\partial f}{\partial x},\ z_x \text{ 或 } f_x(x,y).$$

同理，可以定义函数 $z=f(x,y)$ **对自变量 y 的偏导函数**(简称为**偏导数**)，记为

$$\frac{\partial z}{\partial y},\ \frac{\partial f}{\partial y},\ z_y \text{ 或 } f_y(x,y).$$

注意 函数 $z=f(x,y)$ 在点 (x_0,y_0) 处对 x 的偏导数 $f_x(x_0,y_0)$ 就是偏导函数 $f_x(x,y)$ 在点 (x_0,y_0) 处的函数值，即 $f_x(x_0,y_0)=f_x(x,y)\big|_{\substack{x=x_0\\y=y_0}}$. 同理，有 $f_y(x_0,y_0)=f_y(x,y)\big|_{\substack{x=x_0\\y=y_0}}$.

偏导数的记号 z_x、f_x 也写作 z'_x、f'_x，后面的高阶导数也有类似的情形.

偏导数的概念还可以推广到二元以上的函数. 例如，三元函数 $u=f(x,y,z)$ 在点 (x,y,z) 处的偏导数分别为

$$f_x(x,y,z)=\lim_{\Delta x\to 0}\frac{f(x+\Delta x,y,z)-f(x,y,z)}{\Delta x},$$

$$f_y(x,y,z)=\lim_{\Delta y\to 0}\frac{f(x,y+\Delta y,z)-f(x,y,z)}{\Delta y},$$

$$f_z(x,y,z)=\lim_{\Delta z\to 0}\frac{f(x,y,z+\Delta z)-f(x,y,z)}{\Delta z}.$$

实际应用中，在求多元函数对某个自变量的偏导数时，只需把其余自变量看作常数，然后直接利用一元函数的求导公式及法则来计算.

例 9-8 求 $z=f(x,y)=x^3+2x^2y-y^3$ 在点 $(1,3)$ 处的偏导数.

解 把 y 看成常数，对 x 求导，得

$$f_x(x,y)=3x^2+4xy,$$

把 x 看成常数，对 y 求导，得

$$f_y(x,y)=2x^2-3y^2,$$

故所求偏导数

$$f_x(1,3)=3\times 1^2+4\times 1\times 3=15,\ f_y(1,3)=2\times 1^2-3\times 3^2=-25.$$

例 9-9 求函数 $z=x^y+\ln(xy)$ 的偏导数.

解 把 y 看成常数，对 x 求导，得

$$\frac{\partial z}{\partial x}=yx^{y-1}+\frac{1}{xy}y=yx^{y-1}+\frac{1}{x},$$

同理

$$\frac{\partial z}{\partial y}=x^y\ln x+\frac{1}{xy}x=x^y\ln x+\frac{1}{y}.$$

例 9-10 求 $r=\sqrt{x^2+y^2+z^2}$ 的偏导数.

解 把 y 和 z 看成常数，对 x 求导，得

$$\frac{\partial r}{\partial x}=\frac{x}{\sqrt{x^2+y^2+z^2}}=\frac{x}{r},$$

利用函数关于自变量的对称性，得

$$\frac{\partial r}{\partial y}=\frac{y}{r},\ \frac{\partial r}{\partial z}=\frac{z}{r}.$$

注意 (1) 对一元函数而言，导数$\frac{\mathrm{d}y}{\mathrm{d}x}$可看作函数的微分 $\mathrm{d}y$ 与自变量的微分 $\mathrm{d}x$ 的商，但偏导数的记号$\frac{\partial z}{\partial x}$是一个整体.

(2) 与一元函数类似，分段函数在分段点处的偏导数要利用偏导数的定义来求.

(3) 在一元函数微分学中，我们知道，如果函数在某点的导数存在，则它在该点必定连续. 但对于多元函数而言，即使函数在某点的各个偏导数都存在，也不能保证函数在该点连续.

例如，二元函数 $f(x,y)=\begin{cases}\dfrac{xy}{x^2+y^2}, & (x,y)\neq(0,0)\\ 0, & (x,y)=(0,0)\end{cases}$ 在点$(0,0)$处的偏导数为

$$f_x(0,0)=\lim_{\Delta x\to 0}\frac{f(0+\Delta x,0)-f(0,0)}{\Delta x}=\lim_{\Delta x\to 0}\frac{0}{\Delta x}=0,$$

$$f_y(0,0)=\lim_{\Delta y\to 0}\frac{f(0,0+\Delta y)-f(0,0)}{\Delta y}=\lim_{\Delta y\to 0}\frac{0}{\Delta y}=0.$$

但我们从 9.1 节中已经知道此函数在点$(0,0)$处不连续.

下面讨论偏导数的几何意义.

设$M_0(x_0,y_0,f(x_0,y_0))$为曲面$z=f(x,y)$上的一点，过点M_0作平面$y=y_0$，截此曲面得一条曲线，其方程为$\begin{cases}z=f(x,y_0)\\ y=y_0\end{cases}$，则偏导数$f_x(x_0,y_0)$作为一元函数$f(x,y_0)$在$x=x_0$处的导数，即$\left.\frac{\mathrm{d}}{\mathrm{d}x}f(x,y_0)\right|_{x=x_0}$，就是这条曲线在点 M_0 处的切线 M_0T_x 对 x 轴正向的斜率(见图 9-12). 同理，偏导数$f_y(x_0,y_0)$就是曲面被平面 $x=x_0$ 所截得的曲线在点 M_0 处的切线 M_0T_y 对 y 轴正向的斜率.

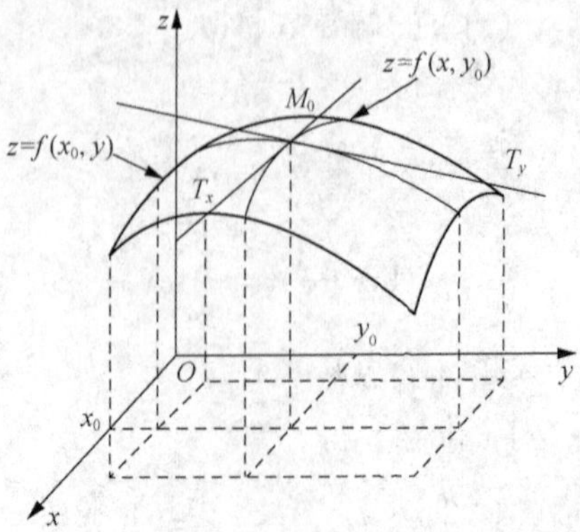

图 9-12

9.2.2 高阶偏导数

设函数 $z=f(x,y)$ 在区域 D 内具有偏导数

$$\frac{\partial z}{\partial x}=f_x(x,y),\ \frac{\partial z}{\partial y}=f_y(x,y),$$

则在 D 内 $f_x(x,y)$ 和 $f_y(x,y)$ 都是 x、y 的函数. 如果这两个函数的偏导数也存在，则称它们是函数 $z=f(x,y)$ 的**二阶偏导数**. 按照对变量求偏导数次序的不同，共有下列四个二阶偏导数：

$$\frac{\partial}{\partial x}\left(\frac{\partial z}{\partial x}\right)=\frac{\partial^2 z}{\partial x^2}=f_{xx}(x,y);\ \frac{\partial}{\partial y}\left(\frac{\partial z}{\partial x}\right)=\frac{\partial^2 z}{\partial x\partial y}=f_{xy}(x,y);$$

$$\frac{\partial}{\partial x}\left(\frac{\partial z}{\partial y}\right)=\frac{\partial^2 z}{\partial y\partial x}=f_{yx}(x,y);\ \frac{\partial}{\partial y}\left(\frac{\partial z}{\partial y}\right)=\frac{\partial^2 z}{\partial y^2}=f_{yy}(x,y).$$

其中第二个和第三个偏导数称为**混合偏导数**.

与之类似，可以定义三阶、四阶……乃至 n 阶偏导数. 我们把二阶及二阶以上的偏导数统称为**高阶偏导数**.

例 9-11 求函数 $z=x^3y^2+3x^2y-2xy^2-xy+3$ 的所有二阶偏导数和 $\frac{\partial^3 z}{\partial y\partial x^2}$.

解 由于

$$\frac{\partial z}{\partial x}=3x^2y^2+6xy-2y^2-y,\ \frac{\partial z}{\partial y}=2x^3y+3x^2-4xy-x,$$

因此

$$\frac{\partial^2 z}{\partial x^2}=\frac{\partial}{\partial x}\left(\frac{\partial z}{\partial x}\right)=6xy^2+6y,\ \frac{\partial^2 z}{\partial x\partial y}=\frac{\partial}{\partial y}\left(\frac{\partial z}{\partial x}\right)=6x^2y+6x-4y-1,$$

$$\frac{\partial^2 z}{\partial y\partial x}=\frac{\partial}{\partial x}\left(\frac{\partial z}{\partial y}\right)=6x^2+6x-4y-1,\ \frac{\partial^2 z}{\partial y^2}=\frac{\partial}{\partial y}\left(\frac{\partial z}{\partial y}\right)=2x^3-4x,$$

$$\frac{\partial^3 z}{\partial y\partial x^2}=\frac{\partial}{\partial x}\left(\frac{\partial^2 z}{\partial y\partial x}\right)=12x+6.$$

例 9-12 求函数 $z=\arctan\frac{y}{x}$ 的所有二阶偏导数.

解 由于

$$\frac{\partial z}{\partial x}=\frac{1}{1+\left(\frac{y}{x}\right)^2}\cdot\left(-\frac{y}{x^2}\right)=-\frac{y}{x^2+y^2},\ \frac{\partial z}{\partial y}=\frac{1}{1+\left(\frac{y}{x}\right)^2}\cdot\frac{1}{x}=\frac{x}{x^2+y^2},$$

因此

$$\frac{\partial^2 z}{\partial x^2}=\frac{\partial}{\partial x}\left(\frac{\partial z}{\partial x}\right)=\frac{2xy}{(x^2+y^2)^2},$$

$$\frac{\partial^2 z}{\partial x\partial y}=\frac{\partial}{\partial y}\left(\frac{\partial z}{\partial x}\right)=-\frac{x^2+y^2-2y^2}{(x^2+y^2)^2}=\frac{y^2-x^2}{(x^2+y^2)^2},$$

$$\frac{\partial^2 z}{\partial y \partial x}=\frac{\partial}{\partial x}\left(\frac{\partial z}{\partial y}\right)=\frac{x^2+y^2-2x^2}{(x^2+y^2)^2}=\frac{y^2-x^2}{(x^2+y^2)^2},$$

$$\frac{\partial^2 z}{\partial y^2}=\frac{\partial}{\partial y}\left(\frac{\partial z}{\partial y}\right)=-\frac{2xy}{(x^2+y^2)^2}.$$

容易看出，例 9-11 和例 9-12 中两个二阶混合偏导数均相等，即

$$\frac{\partial^2 z}{\partial x \partial y}=\frac{\partial^2 z}{\partial y \partial x}.$$

这种现象并不是偶然的.

定理 如果函数 $z=f(x,y)$ 的两个二阶混合偏导数 $\frac{\partial^2 z}{\partial x \partial y}$ 及 $\frac{\partial^2 z}{\partial y \partial x}$ 在区域 D 上连续，则在该区域内 $\frac{\partial^2 z}{\partial x \partial y}=\frac{\partial^2 z}{\partial y \partial x}$.

注意 定理 1 表明，二阶混合偏导数在连续的条件下与求偏导数的次序无关，这给混合偏导数的计算带来了方便.

对于二元以上的多元函数，我们也可以类似地定义高阶偏导数，而且高阶混合偏导数在连续的条件下也与求偏导数的次序无关.

例 9-13 证明函数 $u=\frac{1}{r}$ 满足拉普拉斯方程

$$\frac{\partial^2 u}{\partial x^2}+\frac{\partial^2 u}{\partial y^2}+\frac{\partial^2 u}{\partial z^2}=0,$$

其中 $r=\sqrt{x^2+y^2+z^2}$.

证 $\frac{\partial u}{\partial x}=-\frac{1}{r^2}\frac{\partial r}{\partial x}=-\frac{1}{r^2}\cdot\frac{x}{r}=-\frac{x}{r^3}$，$\frac{\partial^2 u}{\partial x^2}=-\frac{1}{r^3}+\frac{3x}{r^4}\cdot\frac{\partial r}{\partial x}=-\frac{1}{r^3}+\frac{3x^2}{r^5}$.

由函数关于自变量的对称性，有

$$\frac{\partial^2 u}{\partial y^2}=-\frac{1}{r^3}+\frac{3y^2}{r^5},\quad \frac{\partial^2 u}{\partial z^2}=-\frac{1}{r^3}+\frac{3z^2}{r^5},$$

因此

$$\frac{\partial^2 u}{\partial x^2}+\frac{\partial^2 u}{\partial y^2}+\frac{\partial^2 u}{\partial z^2}=-\frac{3}{r^3}+\frac{3x^2}{r^5}+\frac{3y^2}{r^5}+\frac{3z^2}{r^5}=-\frac{3}{r^3}+\frac{3(x^2+y^2+z^2)}{r^5}=0.$$

习题 9.2

1. 求下列函数的偏导数.

(1) $z=x^3y+3x^2y^2-xy^3$；　(2) $z=\frac{x^2+y^2}{xy}$；　(3) $z=\sqrt{\ln(xy)}$；

(4) $z=x^{\sin y}$；　　(5) $z=(1+xy)^{y}$；　　(6) $z=e^{x}(\cos y+x\sin y)$；

(7) $z=\sin(xy)+\cos^2(xy)$；　　(8) $z=\cos\dfrac{y}{x}\sin\dfrac{x}{y}$；　　(9) $u=\sin(x^2+y^2+z^2)$；

(10) $u=\left(\dfrac{x}{y}\right)^{z}$.

2. 设 $u=(y-z)(z-x)(x-y)$，证明$\dfrac{\partial u}{\partial x}+\dfrac{\partial u}{\partial y}+\dfrac{\partial u}{\partial z}=0$.

3. 设 $z=\arctan\dfrac{y}{x}$，求 $z'_x(1,1)$，$z'_y(-1,-1)$.

4. 设$f(x,y)=\begin{cases}(x^2+y)\sin\dfrac{1}{\sqrt{x^2+y^2}}, & (x,y)\neq(0,0)\\ 0, & (x,y)=(0,0)\end{cases}$，求$f'_x(x,y)$，$f'_y(x,y)$.

5. 曲线$\begin{cases}z=\dfrac{x^2+y^2}{4}\\ y=4\end{cases}$在点(2,4,5)处的切线与 x 轴正向所成的倾角是多少？

6. 求下列函数的$\dfrac{\partial^2 z}{\partial x^2}$、$\dfrac{\partial^2 z}{\partial y^2}$和$\dfrac{\partial^2 z}{\partial x\partial y}$.

(1) $z=x\ln(x+y)$；　　(2) $z=y^{x}$.

7. 设$f(x,y,z)=xy^2+yz^2+zx^2$，求$f_{xx}(0,0,1)$、$f_{xz}(1,0,2)$、$f_{yz}(0,-1,0)$及$f_{zzx}(2,0,1)$.

8. 设 $z=\dfrac{y^2}{3x}+\varphi(xy)$，其中函数 $\varphi(u)$ 可导，证明 $x^2\dfrac{\partial z}{\partial x}+y^2=xy\dfrac{\partial z}{\partial y}$.

9. 设 $z=x\ln(xy)$，求$\dfrac{\partial^3 z}{\partial x^2\partial y}$及$\dfrac{\partial^3 z}{\partial x\partial y^2}$.

§9.3 全微分及其应用

9.3.1 全微分的概念

我们已经知道，二元函数对某个自变量的偏导数表示当另一个自变量固定时因变量对该自变量的变化率. 根据一元函数微分学中增量与微分的关系，可得

$$f(x_0+\Delta x,y_0)-f(x_0,y_0)\approx f_x(x_0,y_0)\Delta x,$$

$$f(x_0,y_0+\Delta y)-f(x_0,y_0)\approx f_y(x_0,y_0)\Delta y.$$

上面两式的左端分别称为二元函数 $z=f(x,y)$ 在点(x_0,y_0)处对 x 和对 y 的**偏增量**，分别记为 $\Delta_x z$ 和 $\Delta_y z$. 而两式的右端分别称为二元函数 $z=f(x,y)$ 在点(x_0,y_0)处对 x 和对 y 的**偏微分**.

在实际问题中，有时需要研究多元函数中各个自变量都取得增量时因变量所取得的增量，即所谓全增量的问题. 下面以二元函数为例进行讨论.

如果函数 $z=f(x,y)$ 在点 $P(x,y)$ 的某邻域内有定义，并设 $P'(x+\Delta x,y+\Delta y)$ 为该邻域内任意一点，则称

$$f(x+\Delta x,y+\Delta y)-f(x,y)$$

为函数 $z=f(x,y)$ 在点 $P(x,y)$ 处相应于自变量增量 Δx，Δy 的**全增量**，记为 Δz，即

$$\Delta z=f(x+\Delta x,y+\Delta y)-f(x,y). \tag{9-1}$$

一般来说，全增量的计算比较复杂. 与一元函数的情形类似，我们也希望用自变量增量 Δx、Δy 的线性函数来近似代替函数的全增量 Δz，由此引入二元函数全微分的概念.

定义 1　如果函数 $z=f(x,y)$ 在点(x,y) 处的全增量

$$\Delta z=f(x+\Delta x,y+\Delta y)-f(x,y)$$

可以表示为

$$\Delta z=A\Delta x+B\Delta y+o(\rho), \tag{9-2}$$

其中A、B不依赖于Δx、Δy，而仅与x、y有关，$\rho=\sqrt{(\Delta x)^2+(\Delta y)^2}$，则称函数$z=f(x,y)$在点$(x,y)$ 处**可微分**，$A\Delta x+B\Delta y$ 称为函数 $z=f(x,y)$ 在点(x,y) 处的**全微分**，记为 $\mathrm{d}z$，即

$$\mathrm{d}z=A\Delta x+B\Delta y. \tag{9-3}$$

例如，函数 $z=f(x,y)=x^2+y^2$ 在点$(1,2)$ 处可微分. 事实上，

$$\begin{aligned}\Delta z&=f(1+\Delta x,2+\Delta y)-f(1,2)=(1+\Delta x)^2+(2+\Delta y)^2-5\\&=2\Delta x+4\Delta y+(\Delta x)^2+(\Delta y)^2\end{aligned}$$

其中$(\Delta x)^2+(\Delta y)^2=o(\rho)$，$\mathrm{d}z=2\Delta x+4\Delta y$.

若函数在区域 D 内各点处都可微分，则称该函数**在 D 内可微分**.

注意　我们从 9.2 节知道，多元函数在某点的各个偏导数即使都存在，也不能保证函数在该点连续. 但由定义 1 可知，如果函数 $z=f(x,y)$ 在点(x,y) 处可微分，则函数在该点必定连续. 事实上，若函数 $z=f(x,y)$ 在点(x,y) 处可微分，则有

$$\lim_{(\Delta x,\ \Delta y)\to(0,0)}\Delta z=\lim_{(\Delta x,\ \Delta y)\to(0,0)}[A\Delta x+B\Delta y+o(\rho)]=0,$$

从而

$$\lim_{(\Delta x,\ \Delta y)\to(0,0)}f(x+\Delta x,\ y+\Delta y)=\lim_{(\Delta x,\ \Delta y)\to(0,0)}[f(x,y)+\Delta z]=f(x,y),$$

所以函数 $z=f(x,y)$ 在点(x,y) 处连续.

9.3.2　函数可微分的条件

下面，我们根据全微分与偏导数的定义来讨论函数在一点处可微分的条件.

定理 1(必要条件)　如果函数 $z=f(x,y)$ 在点(x,y) 处可微分，则该函数在点(x,y) 处的偏导数$\dfrac{\partial z}{\partial x}$，$\dfrac{\partial z}{\partial y}$ 必存在，且函数 $z=f(x,y)$ 在点(x,y) 处的全微分为

$$dz=\frac{\partial z}{\partial x}\Delta x+\frac{\partial z}{\partial y}\Delta y. \tag{9-4}$$

证 设函数 $z=f(x,y)$ 在点 (x,y) 处可微分，则对于点 P 的某个邻域内的任意一点 $P'(x+\Delta x,y+\Delta y)$，恒有

$$\Delta z=A\Delta x+B\Delta y+o(\rho)$$

成立. 特别指出，当 $\Delta y=0$ 时上式仍成立(此时 $\rho=|\Delta x|$)，从而有

$$f(x+\Delta x,y)-f(x,y)=A\Delta x+o(|\Delta x|).$$

上式两端除以 Δx，令 $\Delta x\to 0$，并取极限，得

$$\frac{\partial z}{\partial x}=\lim_{\Delta x\to 0}\frac{f(x+\Delta x,y)-f(x,y)}{\Delta x}=\lim_{\Delta x\to 0}\left[A+\frac{o(|\Delta x|)}{\Delta x}\right]=A.$$

同理可证 $\frac{\partial z}{\partial y}=B$. 故定理1得证.

我们知道，一元函数在某点可导是在该点可微分的充分必要条件. 但对多元函数则不然. 当函数的各偏导数存在时，虽然能形式化地写出 $\frac{\partial z}{\partial x}\Delta x+\frac{\partial z}{\partial y}\Delta y$，但它与 Δz 之差并不一定是比 ρ 高阶的无穷小，因此它不一定是函数的全微分. 换句话说，二元函数的各偏导数存在只是全微分存在的必要条件，而不是充分条件.

例如，二元函数 $f(x,y)=\begin{cases}\dfrac{xy}{\sqrt{x^2+y^2}}, & x^2+y^2\neq 0\\ 0, & x^2+y^2=0\end{cases}$ 在点 $(0,0)$ 处的偏导数为 $f_x(0,0)=0$，$f_y(0,0)=0$. 所以

$$\Delta z-[f_x(0,0)\Delta x+f_y(0,0)\Delta y]=\frac{\Delta x\Delta y}{\sqrt{(\Delta x)^2+(\Delta y)^2}},$$

即考虑

$$\frac{\Delta z-[f_x(0,0)\Delta x+f_y(0,0)\Delta y]}{\rho}=\frac{\Delta x\Delta y}{(\Delta x)^2+(\Delta y)^2}.$$

若令点 $P'(\Delta x,\Delta y)$ 沿直线 $y=x$ 趋于 $(0,0)$，则有

$$\frac{\Delta z-[f_x(0,0)\Delta x+f_y(0,0)\Delta y]}{\rho}=\frac{\Delta x\Delta y}{(\Delta x)^2+(\Delta y)^2}=\frac{\Delta x\Delta x}{(\Delta x)^2+(\Delta y)^2}=\frac{1}{2},$$

它不随着 $\rho\to 0$ 而趋于0，即 $\Delta z-[f_x(0,0)\Delta x+f_y(0,0)\Delta y]$ 不是比 ρ 高阶的无穷小. 故函数 $f(x,y)$ 在点 $(0,0)$ 处不可微分.

由此可见，对于多元函数而言，偏导数存在并不保证可微分. 因为函数的偏导数仅描述了函数在一点处沿坐标轴的变化率，而全微分描述的是函数沿各个方向的变化情况. 但如果再假定各偏导数连续，就可以保证函数是可微分的.

定理2（充分条件） 如果函数 $z=f(x,y)$ 的偏导数 $\frac{\partial z}{\partial x}$，$\frac{\partial z}{\partial y}$ 在点 (x,y) 处连续，则函数

在该点处可微分.

证 函数的全增量

$$\Delta z = f(x+\Delta x, y+\Delta y) - f(x,y)$$
$$= [f(x+\Delta x, y+\Delta y) - f(x, y+\Delta y)] + [f(x, y+\Delta y) - f(x,y)].$$

对上面两个中括号内的表达式分别应用拉格朗日中值定理，有

$$f(x+\Delta x, y+\Delta y) - f(x, y+\Delta y) = f_x(x+\theta_1\Delta x, y+\Delta y)\Delta x,$$
$$f(x, y+\Delta y) - f(x,y) = f_y(x, y+\theta_2\Delta y)\Delta y,$$

其中 $0<\theta_1,\theta_2<1$. 根据题设条件，$f_x(x,y)$ 在点 (x,y) 处连续，故

$$\lim_{\substack{\Delta x\to 0\\ \Delta y\to 0}} f_x(x+\theta_1\Delta x, y+\Delta y) = f_x(x,y),$$

从而有

$$f_x(x+\theta_1\Delta x, y+\Delta y)\Delta x = f_x(x,y)\Delta x + \varepsilon_1\Delta x,$$

其中 ε_1 是 Δx, Δy 的函数，且当 $\Delta x\to 0$, $\Delta y\to 0$ 时，$\varepsilon_1\to 0$.

同理有

$$f_y(x, y+\theta_2\Delta y)\Delta y = f_y(x,y)\Delta y + \varepsilon_2\Delta y,$$

其中 ε_2 是 Δx、Δy 的函数，且当 $\Delta y\to 0$ 时，$\varepsilon_2\to 0$. 于是

$$\Delta z = f_x(x,y)\Delta x + f_y(x,y)\Delta y + \varepsilon_1\Delta x + \varepsilon_2\Delta y,$$

而

$$\lim_{\substack{\Delta x\to 0\\ \Delta y\to 0}} \frac{\varepsilon_1\Delta x + \varepsilon_2\Delta y}{\rho} = \lim_{\substack{\Delta x\to 0\\ \Delta y\to 0}} \left(\varepsilon_1\frac{\Delta x}{\rho} + \varepsilon_2\frac{\Delta y}{\rho}\right) = 0,$$

其中 $\rho = \sqrt{(\Delta x)^2 + (\Delta y)^2}$. 所以，由可微分的定义可知，函数 $z = f(x,y)$ 在点 (x,y) 处可微分.

习惯上，我们常将自变量的增量 Δx、Δy 分别记为 dx、dy，并分别称为自变量的微分. 这样，函数 $z = f(x,y)$ 的全微分就表示为

$$dz = \frac{\partial z}{\partial x}dx + \frac{\partial z}{\partial y}dy. \tag{9-5}$$

容易看出，二元函数的全微分实际上等于它的两个偏微分之和.

上述关于二元函数全微分的定义及可微分的必要条件和充分条件，可以推广到三元及三元以上的多元函数. 例如，三元函数 $u = f(x,y,z)$ 的全微分为

$$du = \frac{\partial u}{\partial x}dx + \frac{\partial u}{\partial y}dy + \frac{\partial u}{\partial z}dz. \tag{9-6}$$

例 9-14 求函数 $z = y\sin(x^2+y)$ 的全微分.

解 因为

$$\frac{\partial z}{\partial x} = 2xy\cos(x^2+y),\quad \frac{\partial z}{\partial y} = \sin(x^2+y) + y\cos(x^2+y),$$

且这两个偏导数连续，所以

$$dz = 2xy\cos(x^2+y)dx + [\sin(x^2+y) + y\cos(x^2+y)]dy.$$

例 9-15 求函数 $z=x^2+e^{xy}$ 在点(1,2) 处的全微分.

解 因为 $f_x(x,y)=2x+ye^{xy}$，$f_y(x,y)=xe^{xy}$，所以

$$f_x(1,2)=2+2e^2=2(1+e^2),\ f_y(1,2)=e^2,$$

从而所求全微分为

$$dz=2(1+e^2)dx+e^2dy.$$

例 9-16 求函数 $u=x^{y^z}$ 的全微分.

解 因为

$$\frac{\partial u}{\partial x}=y^z\cdot x^{y^z-1}=x^{y^z}\cdot\frac{y^z}{x},$$

$$\frac{\partial u}{\partial y}=x^{y^z}\cdot z\cdot y^{z-1}\cdot \ln x=x^{y^z}\cdot\frac{z\cdot y^z\cdot \ln x}{y},$$

$$\frac{\partial u}{\partial z}=x^{y^z}\cdot \ln x\cdot y^z\cdot \ln y=x^{y^z}\cdot y^z\cdot \ln x\cdot \ln y,$$

所以

$$du=\frac{\partial u}{\partial x}dx+\frac{\partial u}{\partial y}dy+\frac{\partial u}{\partial z}dz=x^{y^z}\left(\frac{y^z}{x}dx+\frac{zy^z\ln x}{y}dy+y^z\ln x\ln y dz\right).$$

9.3.3 微分在近似计算中的应用

与一元函数的线性化类似，我们也可以研究二元函数的线性化和近似问题.

由前面的讨论可知，当函数 $z=f(x,y)$ 在点 (x_0,y_0) 处可微分，且 $|\Delta x|$、$|\Delta y|$ 都较小时，有 $\Delta z\approx dz$，即

$$f(x_0+\Delta x,y_0+\Delta y)-f(x_0,y_0)\approx f_x(x_0,y_0)\Delta x+f_y(x_0,y_0)\Delta y,$$

如果令 $x=x_0+\Delta x$，$y=y_0+\Delta y$，则 $\Delta x=x-x_0$，$\Delta y=y-y_0$，从而有

$$f(x,y)-f(x_0,y_0)\approx f_x(x_0,y_0)(x-x_0)+f_y(x_0,y_0)(y-y_0),$$

即

$$f(x,y)\approx f(x_0,y_0)+f_x(x_0,y_0)(x-x_0)+f_y(x_0,y_0)(y-y_0).$$

若记上式右端的线性函数为

$$L(x,y)=f(x_0,y_0)+f_x(x_0,y_0)(x-x_0)+f_y(x_0,y_0)(y-y_0),$$

其图形为通过点 $(x_0,y_0,f(x_0,y_0))$ 的一个平面，即曲面 $z=f(x,y)$ 在点 $(x_0,y_0,f(x_0,y_0))$ 处的切平面.

定义 2 如果函数 $z=f(x,y)$ 在点 (x_0,y_0) 处可微分，那么函数

$$L(x,y)=f(x_0,y_0)+f_x(x_0,y_0)(x-x_0)+f_y(x_0,y_0)(y-y_0) \tag{9-7}$$

就称为函数 $z=f(x,y)$ 在点 (x_0,y_0) 处的**线性化**. 近似式 $f(x,y)\approx L(x,y)$ 称为函数 $z=f(x,y)$ 在点 (x_0,y_0) 处的**标准线性近似**.

从几何上看，二元函数线性化的实质就是曲面上某点附近的一小块曲面被相应的一小块平面近似代替(见图 9-13).

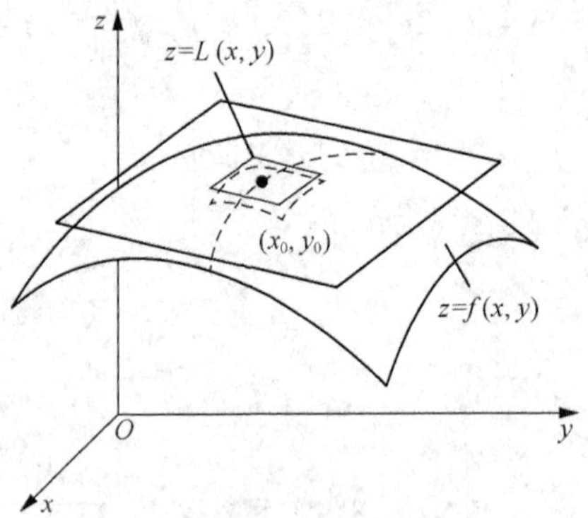

图 9-13

例 9-17　求函数 $f(x,y)=x^2-xy+\frac{1}{2}y^2+6$ 在点(3,2) 处的线性化.

解　因为 $f_x(x,y)=2x-y$，$f_y(x,y)=-x+y$，所以

$$f(3,2)=11,\ f_x(3,2)=4,\ f_y(3,2)=-1,$$

从而函数 $f(x,y)$ 在点(3,2) 处的线性化为

$$\begin{aligned}L(x,y)&=f(x_0,y_0)+f_x(x_0,y_0)(x-x_0)+f_y(x_0,y_0)(y-y_0)\\&=11+4(x-3)-(y-2)=4x-y+1.\end{aligned}$$

例 9-18　计算 $(1.04)^{2.02}$ 的近似值.

解　设函数 $f(x,y)=x^y$，则要计算的近似值就是该函数在 $x=1.04$，$y=2.02$ 时的函数值的近似值. 令 $x_0=1$，$y_0=2$，由

$$f_x(x,y)=yx^{y-1},\ f_y(x,y)=x^y\ln x,$$

$$f(1,2)=1,\ f_x(1,2)=2,\ f_y(1,2)=0$$

可得函数 $f(x,y)=x^y$ 在点(1,2) 处的线性化为

$$L(x,y)=1+2(x-1),$$

所以

$$(1.04)^{2.02}=(1+0.04)^{2+0.02}\approx 1+2\times 0.04=1.08.$$

对于二元函数 $z=f(x,y)$，如果自变量 x、y 的绝对误差分别为 δ_x、δ_y，即

$$|\Delta x|\leqslant\delta_x,\ |\Delta y|\leqslant\delta_y,$$

则因变量 z 的误差

$$|\Delta z|\approx|\mathrm{d}z|=\left|\frac{\partial z}{\partial x}\Delta x+\frac{\partial z}{\partial y}\Delta y\right|\leqslant\left|\frac{\partial z}{\partial x}\right|\cdot|\Delta x|+\left|\frac{\partial z}{\partial y}\right|\cdot|\Delta y|\leqslant\left|\frac{\partial z}{\partial x}\right|\delta_x+\left|\frac{\partial z}{\partial y}\right|\delta_y,$$

从而因变量 z 的绝对误差

$$\delta_z\approx\left|\frac{\partial z}{\partial x}\right|\delta_x+\left|\frac{\partial z}{\partial y}\right|\delta_y,$$

因变量 z 的相对误差约为 $\dfrac{\delta_z}{|z|}$.

例 9-19 测得长方体盒子的各边长分别为 75cm、60cm 以及 40cm，且可能的最大测量误差为 0.2cm. 试用全微分估计利用这些测量值计算盒子体积时可能产生的最大误差.

解 以 x、y、z 为边长的长方体盒子的体积为 $V=xyz$，所以

$$\mathrm{d}V=\frac{\partial V}{\partial x}\mathrm{d}x+\frac{\partial V}{\partial y}\mathrm{d}y+\frac{\partial V}{\partial z}\mathrm{d}z=yz\mathrm{d}x+xz\mathrm{d}y+xy\mathrm{d}z.$$

由于已知 $|\Delta x|\leqslant 0.2$，$|\Delta y|\leqslant 0.2$，$|\Delta z|\leqslant 0.2$，为了求体积的最大误差，取 $\mathrm{d}x=\mathrm{d}y=\mathrm{d}z=0.2$，再结合 $x=75$，$y=60$，$z=40$，得

$$\Delta V\approx \mathrm{d}V=60\times40\times0.2+75\times40\times0.2+75\times60\times0.2=1980,$$

即每边仅 0.2cm 的误差可以导致体积的计算误差达到 1980 cm^3.

习题 9.3

1. 求下列函数的全微分.

(1) $z=3x^2y+\dfrac{x}{y}$； (2) $z=\sin(x\cos y)$； (3) $z=\ln\sqrt{1+x^2+y^2}$； (4) $u=x^{yz}$.

2. 求函数 $z=\ln(2+x^2+y^2)$ 在 $x=2$、$y=1$ 时的全微分.

3. 设 $f(x,y,z)=\sqrt[z]{\dfrac{x}{y}}$，求 $\mathrm{d}f(1,1,1)$.

4. 求函数 $z=\mathrm{e}^{xy}$ 在 $x=1$、$y=1$、$\Delta x=0.15$、$\Delta y=0.1$ 时的全微分 $\mathrm{d}z$ 之值.

5. 求下列函数在各点的线性化.

(1) $f(x,y)=x^2+y^2+1$，$(1,1)$； (2) $f(x,y)=\mathrm{e}^x\cos y$，$\left(0,\dfrac{\pi}{2}\right)$.

6. 计算 $\sqrt{(1.02)^3+(1.97)^3}$ 的近似值.

7. 计算 $(1.007)^{2.98}$ 的近似值.

8. 已知边长为 $x=600\mathrm{cm}$ 与 $y=800\mathrm{cm}$ 的矩形，如果 x 边增加 2cm，而 y 边减少 5cm，这个矩形的对角线的近似值怎样变化？

9. 用某种材料做一个开口长方体容器，其外形长 500cm，宽 400cm，高 300cm，厚 20cm，求所需材料面积的近似值与精确值.

10. 由欧姆定律可知，电流 I、电压 V 及电阻 R 有关系 $R=\dfrac{V}{I}$. 若测得 $V=110\mathrm{V}$，测量的最大绝对误差为 2V，测得 $I=20\mathrm{A}$，测量的最大绝对误差为 0.5A，问：由此计算 R 所得到的最大绝对误差和最大相对误差是多少？

§9.4 多元复合函数的求导法则

在一元函数微分学中，复合函数求导有链式法则，这一法则可以推广到多元复合函数. 多元复合函数的求导法则在多元函数微分学中也起着重要作用. 下面分几种情况来讨论.

9.4.1 复合函数的中间变量为一元函数的情形

设函数 $z=f(u,v)$、$u=u(t)$、$v=v(t)$ 构成复合函数 $z=f[u(t),v(t)]$，其变量间的相互依赖关系如图 9-14 所示. 这种函数关系图以后还会经常用到.

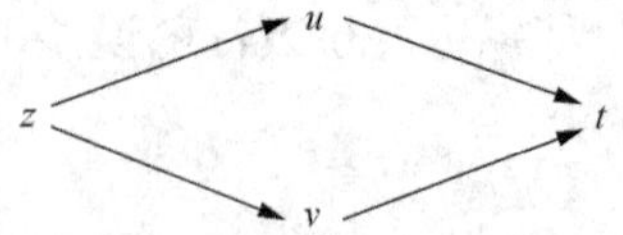

图 9-14

定理1 如果函数 $u=u(t)$ 及 $v=v(t)$ 都在点 t 处可导，函数 $z=f(u,v)$ 在对应点 (u,v) 处具有连续偏导数，则复合函数 $z=f[u(t),v(t)]$ 在对应点 t 处可导，且其导数可用以下公式计算：

$$\frac{\mathrm{d}z}{\mathrm{d}t}=\frac{\partial z}{\partial u}\frac{\mathrm{d}u}{\mathrm{d}t}+\frac{\partial z}{\partial v}\frac{\mathrm{d}v}{\mathrm{d}t}. \tag{9-8}$$

证 设给 t 以增量 Δt，则函数 u、v 相应得到增量

$$\Delta u=u(t+\Delta t)-u(t),\ \Delta v=v(t+\Delta t)-v(t),$$

由于函数 $z=f(u,v)$ 在点 (u,v) 处具有连续偏导数，根据 9.3.2 节定理 2 的证明过程，有

$$\Delta z=\frac{\partial z}{\partial u}\Delta u+\frac{\partial z}{\partial v}\Delta v+\varepsilon_1\Delta u+\varepsilon_2\Delta v,$$

这里，当 $\Delta u\to 0$，$\Delta v\to 0$ 时，$\varepsilon_1\to 0$，$\varepsilon_2\to 0$.

在上式两端除以 Δt，得

$$\frac{\Delta z}{\Delta t}=\frac{\partial z}{\partial u}\cdot\frac{\Delta u}{\Delta t}+\frac{\partial z}{\partial v}\cdot\frac{\Delta v}{\Delta t}+\varepsilon_1\frac{\Delta u}{\Delta t}+\varepsilon_2\frac{\Delta v}{\Delta t}.$$

因为当 $\Delta t\to 0$ 时，$\Delta u\to 0$，$\Delta v\to 0$，且 $\frac{\Delta u}{\Delta t}\to\frac{\mathrm{d}u}{\mathrm{d}t}$，$\frac{\Delta v}{\Delta t}\to\frac{\mathrm{d}v}{\mathrm{d}t}$，所以

$$\frac{\mathrm{d}z}{\mathrm{d}t}=\lim_{\Delta t\to 0}\frac{\Delta z}{\Delta t}=\frac{\partial z}{\partial u}\frac{\mathrm{d}u}{\mathrm{d}t}+\frac{\partial z}{\partial v}\frac{\mathrm{d}v}{\mathrm{d}t}.$$

本节定理 1 的结论可推广到中间变量多于两个的情形. 例如，设 $z=f(u,v,w)$、$u=u(t)$、$v=v(t)$、$w=w(t)$ 构成复合函数 $z=f[u(t),v(t),w(t)]$，其变量间的相互依赖关系如图 9-15 所示，则在与定理 1 相似的条件下，有

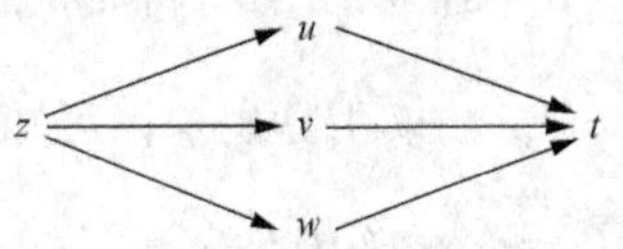

图 9-15

$$\frac{\mathrm{d}z}{\mathrm{d}t}=\frac{\partial z}{\partial u}\frac{\mathrm{d}u}{\mathrm{d}t}+\frac{\partial z}{\partial v}\frac{\mathrm{d}v}{\mathrm{d}t}+\frac{\partial z}{\partial w}\frac{\mathrm{d}w}{\mathrm{d}t}. \tag{9-9}$$

公式(9-8)和公式(9-9)中的导数称为**全导数**.

例 9-20 设 $z=u^2v^3$，而 $u=\sin t$，$v=\cos t$，求全导数$\frac{\mathrm{d}z}{\mathrm{d}t}$.

解 $$\frac{\mathrm{d}z}{\mathrm{d}t}=\frac{\partial z}{\partial u}\frac{\mathrm{d}u}{\mathrm{d}t}+\frac{\partial z}{\partial v}\frac{\mathrm{d}v}{\mathrm{d}t}=2uv^3\cos t+3u^2v^2(-\sin t)$$

$$=\sin t\cos^2 t(2\cos^2 t-3\sin^2 t).$$

9.4.2 复合函数的中间变量为多元函数的情形

9.4.1节定理1可推广到中间变量为多元函数的情形. 例如，对中间变量为二元函数的情形，设函数 $z=f(u,v)$、$u=u(x,y)$、$v=v(x,y)$ 构成复合函数$z=f[u(x,y),v(x,y)]$，其变量间的相互依赖关系如图9-16所示. 此时，我们有结论如下。

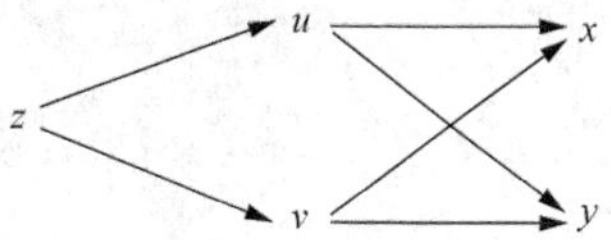

图 9-16

定理2 如果函数 $u=u(x,y)$ 及 $v=v(x,y)$ 都在点 (x,y) 处具有对 x 及对 y 的偏导数，函数 $z=f(u,v)$ 在对应点 (u,v) 处具有连续偏导数，则复合函数 $z=f[u(x,y),v(x,y)]$ 在对应点 (x,y) 处的两个偏导数存在，且其偏导数可用下列公式计算：

$$\frac{\partial z}{\partial x}=\frac{\partial z}{\partial u}\frac{\partial u}{\partial x}+\frac{\partial z}{\partial v}\frac{\partial v}{\partial x}, \tag{9-10}$$

$$\frac{\partial z}{\partial y}=\frac{\partial z}{\partial u}\frac{\partial u}{\partial y}+\frac{\partial z}{\partial v}\frac{\partial v}{\partial y}. \tag{9-11}$$

本节定理2的结论也可推广到中间变量多于两个的情形. 例如，设 $z=f(u,v,w)$、$u=u(x,y)$、$v=v(x,y)$、$w=w(x,y)$ 构成复合函数 $z=f[u(x,y),v(x,y),w(x,y)]$，其变量间的相互依赖关系如图 9-17 所示，则在与定理2相似的条件下，有

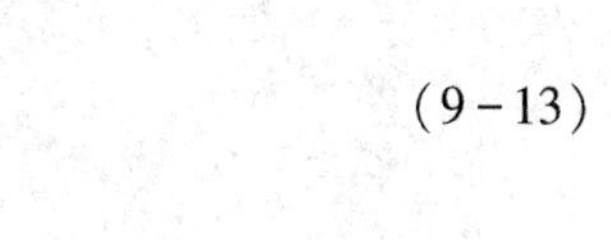

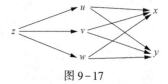

图 9-17

$$\frac{\partial z}{\partial x}=\frac{\partial z}{\partial u}\frac{\partial u}{\partial x}+\frac{\partial z}{\partial v}\frac{\partial v}{\partial x}+\frac{\partial z}{\partial w}\frac{\partial w}{\partial x}, \tag{9-12}$$

$$\frac{\partial z}{\partial y}=\frac{\partial z}{\partial u}\frac{\partial u}{\partial y}+\frac{\partial z}{\partial v}\frac{\partial v}{\partial y}+\frac{\partial z}{\partial w}\frac{\partial w}{\partial y}. \tag{9-13}$$

例 9-21 设 $z=\mathrm{e}^u\sin v$，而 $u=xy$，$v=x+y$，求$\frac{\partial z}{\partial x}$和$\frac{\partial z}{\partial y}$.

解 $$\frac{\partial z}{\partial x}=\frac{\partial z}{\partial u}\frac{\partial u}{\partial x}+\frac{\partial z}{\partial v}\frac{\partial v}{\partial x}=\mathrm{e}^u\sin v\cdot y+\mathrm{e}^u\cos v\cdot 1=\mathrm{e}^{xy}[y\sin(x+y)+\cos(x+y)],$$

$$\frac{\partial z}{\partial y}=\frac{\partial z}{\partial u}\frac{\partial u}{\partial y}+\frac{\partial z}{\partial v}\frac{\partial v}{\partial y}=\mathrm{e}^u\sin v\cdot x+\mathrm{e}^u\cos v\cdot 1=\mathrm{e}^{xy}[x\sin(x+y)+\cos(x+y)].$$

9.4.3 复合函数的中间变量既有一元函数也有多元函数的情形

下面，我们再来讨论中间变量既有一元函数也有多元函数的情形. 例如，设函数$z=f(u,v)$、$u=u(x,y)$、$v=v(y)$构成复合函数$z=f[u(x,y),v(y)]$，其变量间的相互依赖关系如图9-18所示. 此时，我们有结论如下.

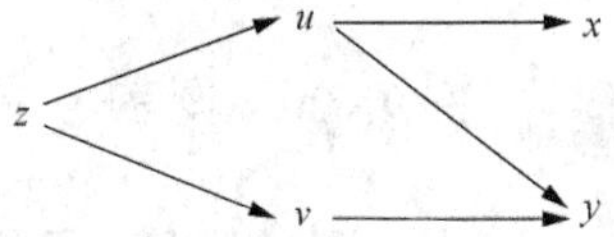

图9-18

定理3 如果函数$u=u(x,y)$在点(x,y)处具有对x及对y的偏导数，函数$v=v(y)$在点y处可导，函数$z=f(u,v)$在对应点(u,v)处具有连续偏导数，则复合函数$z=f[u(x,y),v(y)]$在对应点(x,y)处的两个偏导数存在，且其偏导数可用下列公式计算：

$$\frac{\partial z}{\partial x}=\frac{\partial z}{\partial u}\frac{\partial u}{\partial x}, \tag{9-14}$$

$$\frac{\partial z}{\partial y}=\frac{\partial z}{\partial u}\frac{\partial u}{\partial y}+\frac{\partial z}{\partial v}\frac{\mathrm{d}v}{\mathrm{d}y}. \tag{9-15}$$

容易看出，这类情形实际上是9.4.2节所讨论情形的一种特例，即变量v与x无关，从而$\frac{\partial v}{\partial x}=0$，而$v$是$y$的一元函数，所以$\frac{\partial v}{\partial y}$换成$\frac{\mathrm{d}v}{\mathrm{d}y}$，从而有上述结果.

在本节的讨论中，一种常见的情况是：复合函数的某些中间变量本身又是复合函数的自变量.

例如，设函数$z=f(u,x,y)$、$u=u(x,y)$构成复合函数$z=f[u(x,y),x,y]$，其变量间的相互依赖关系如图9-19所示，则此类情形可视为式(9-12)和式(9-13)中$v=x$、$w=y$的情况，从而有

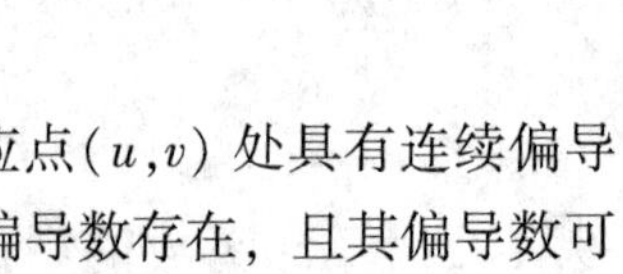

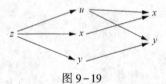

图9-19

$$\frac{\partial z}{\partial x}=\frac{\partial f}{\partial u}\frac{\partial u}{\partial x}+\frac{\partial f}{\partial x}, \tag{9-16}$$

$$\frac{\partial z}{\partial y}=\frac{\partial f}{\partial u}\frac{\partial u}{\partial y}+\frac{\partial f}{\partial y}. \tag{9-17}$$

注意 这里$\frac{\partial z}{\partial x}$和$\frac{\partial f}{\partial x}$是不同的，$\frac{\partial z}{\partial x}$是把复合函数中的$y$看作不变而对$x$的偏导数，$\frac{\partial f}{\partial x}$是把函数$z=f(u,x,y)$中的$u$及$y$看作不变而对$x$的偏导数. $\frac{\partial z}{\partial y}$和$\frac{\partial f}{\partial y}$也有类似的区别.

例9-22 设$z=f(u,x,y)=\mathrm{e}^{x^2+y^2+u^2}$，而$u=x^2\sin y$，求$\frac{\partial z}{\partial x}$和$\frac{\partial z}{\partial y}$.

解 $$\frac{\partial z}{\partial x}=\frac{\partial f}{\partial u}\frac{\partial u}{\partial x}+\frac{\partial f}{\partial x}=\mathrm{e}^{x^2+y^2+u^2}\cdot 2u\cdot 2x\sin y+\mathrm{e}^{x^2+y^2+u^2}\cdot 2x$$
$$=2x\mathrm{e}^{x^2+y^2+x^4\sin^2 y}(1+2x^2\sin^2 y),$$

$$\frac{\partial z}{\partial y}=\frac{\partial f}{\partial u}\frac{\partial u}{\partial y}+\frac{\partial f}{\partial y}=e^{x^2+y^2+u^2}\cdot 2u\cdot x^2\cos y+e^{x^2+y^2+u^2}\cdot 2y$$
$$=2e^{x^2+y^2+x^4\sin^2 y}(y+x^4\sin y\cos y).$$

例 9-23 设 $z=uv+\sin t$，而 $u=e^t$，$v=\cos t$，求全导数$\frac{dz}{dt}$.

解 $\frac{dz}{dt}=\frac{\partial z}{\partial u}\frac{du}{dt}+\frac{\partial z}{\partial v}\frac{dv}{dt}+\frac{\partial z}{\partial t}=ve^t-u\sin t+\cos t$

$$=e^t(\cos t-\sin t)+\cos t.$$

在多元函数的复合求导中，为简便起见，常采用以下记号：

$$f'_1=\frac{\partial f(u,v)}{\partial u},f'_2=\frac{\partial f(u,v)}{\partial v},f''_{11}=\frac{\partial^2 f(u,v)}{\partial u^2},f''_{12}=\frac{\partial^2 f(u,v)}{\partial u\partial v},\cdots$$

这里下标 1 表示对第一个变量 u 求偏导数，下标 2 表示对第二个变量 v 求偏导数.

例 9-24 设 $w=f(x+y+z,xyz)$，其中函数 f 具有二阶连续偏导数，求$\frac{\partial w}{\partial x}$和$\frac{\partial^2 w}{\partial x\partial z}$.

解 令 $u=x+y+z$，$v=xyz$，则根据复合函数求导法则，有

$$\frac{\partial w}{\partial x}=\frac{\partial f}{\partial u}\frac{\partial u}{\partial x}+\frac{\partial f}{\partial v}\frac{\partial v}{\partial x}=f'_1+yzf'_2,$$

则

$$\frac{\partial^2 w}{\partial x\partial z}=\frac{\partial}{\partial z}(f'_1+yzf'_2)=\frac{\partial f'_1}{\partial z}+yf'_2+yz\frac{\partial f'_2}{\partial z}.$$

求$\frac{\partial f'_1}{\partial z}$和$\frac{\partial f'_2}{\partial z}$时，应注意$f'_1$和$f'_2$仍旧是复合函数，故有

$$\frac{\partial f'_1}{\partial z}=\frac{\partial f'_1}{\partial u}\frac{\partial u}{\partial z}+\frac{\partial f'_1}{\partial v}\frac{\partial v}{\partial z}=f''_{11}+xyf''_{12},$$
$$\frac{\partial f'_2}{\partial z}=\frac{\partial f'_2}{\partial u}\frac{\partial u}{\partial z}+\frac{\partial f'_2}{\partial v}\frac{\partial v}{\partial z}=f''_{21}+xyf''_{22}.$$

所以

$$\frac{\partial^2 w}{\partial x\partial z}=f''_{11}+xyf''_{12}+yf'_2+yz(f''_{21}+xyf''_{22})=f''_{11}+y(x+z)f''_{12}+xy^2zf''_{22}+yf'_2.$$

例 9-25 设函数 $u=u(x,y)$ 可微分，在极坐标变换 $x=r\cos\theta$，$y=r\sin\theta$ 下，证明

$$\left(\frac{\partial u}{\partial x}\right)^2+\left(\frac{\partial u}{\partial y}\right)^2=\left(\frac{\partial u}{\partial r}\right)^2+\frac{1}{r^2}\left(\frac{\partial u}{\partial \theta}\right)^2.$$

证 因为 $u=u(x,y)$，$x=r\cos\theta$，$y=r\sin\theta$，则 u 即为 r，θ 的复合函数，即 $u=u(r\cos\theta,r\sin\theta)$，则

$$\frac{\partial u}{\partial r}=\frac{\partial u}{\partial x}\frac{\partial x}{\partial r}+\frac{\partial u}{\partial y}\frac{\partial y}{\partial r}=\frac{\partial u}{\partial x}\cos\theta+\frac{\partial u}{\partial y}\sin\theta,$$
$$\frac{\partial u}{\partial \theta}=\frac{\partial u}{\partial x}\frac{\partial x}{\partial \theta}+\frac{\partial u}{\partial y}\frac{\partial y}{\partial \theta}=\frac{\partial u}{\partial x}(-r\sin\theta)+\frac{\partial u}{\partial y}r\cos\theta,$$

所以

$$\left(\frac{\partial u}{\partial r}\right)^2+\frac{1}{r^2}\left(\frac{\partial u}{\partial \theta}\right)^2=\left(\frac{\partial u}{\partial x}\cos\theta+\frac{\partial u}{\partial y}\sin\theta\right)^2+\frac{1}{r^2}\left(\frac{\partial u}{\partial x}(-r\sin\theta)+\frac{\partial u}{\partial y}r\cos\theta\right)^2$$
$$=\left(\frac{\partial u}{\partial x}\right)^2+\left(\frac{\partial u}{\partial y}\right)^2.$$

9.4.4 全微分形式的不变性

根据复合函数求导的链式法则，可得到重要的**全微分形式不变性**. 以二元函数为例，设 $z=f(u,v)$、$u=u(x,y)$、$v=v(x,y)$ 是可微函数，则由全微分定义和链式法则，有

$$\begin{aligned}dz&=\frac{\partial z}{\partial x}dx+\frac{\partial z}{\partial y}dy\\&=\left(\frac{\partial z}{\partial u}\cdot\frac{\partial u}{\partial x}+\frac{\partial z}{\partial v}\cdot\frac{\partial v}{\partial x}\right)dx+\left(\frac{\partial z}{\partial u}\cdot\frac{\partial u}{\partial y}+\frac{\partial z}{\partial v}\cdot\frac{\partial v}{\partial y}\right)dy\\&=\frac{\partial z}{\partial u}\left(\frac{\partial u}{\partial x}dx+\frac{\partial u}{\partial y}dy\right)+\frac{\partial z}{\partial v}\left(\frac{\partial v}{\partial x}dx+\frac{\partial v}{\partial y}dy\right)\\&=\frac{\partial z}{\partial u}du+\frac{\partial z}{\partial v}dv.\end{aligned}$$

由此可见，尽管现在的 u、v 是中间变量，但全微分 dz 与 x、y 是自变量时的表达式在形式上完全一致，这个性质称为**全微分形式不变性**.

例 9-26 利用全微分形式不变性解例 9-21.

解 因 $dz=d(e^u\sin v)=e^u\sin v du+e^u\cos v dv$，又

$$du=d(xy)=ydx+xdy，\quad dv=d(x+y)=dx+dy,$$

代入合并含 dx 和 dy 的项，得

$$\begin{aligned}dz&=e^u(y\sin v+\cos v)dx+e^u(x\sin v+\cos v)dy\\&=e^{xy}[y\sin(x+y)+\cos(x+y)]dx+e^{xy}[x\sin(x+y)+\cos(x+y)]dy,\end{aligned}$$

又因为 $dz=\frac{\partial z}{\partial x}dx+\frac{\partial z}{\partial y}dy$，所以

$$\frac{\partial z}{\partial x}=e^{xy}[y\sin(x+y)+\cos(x+y)],\quad\frac{\partial z}{\partial y}=e^{xy}[x\sin(x+y)+\cos(x+y)].$$

例 9-27 利用一阶全微分形式的不变性求函数 $u=\frac{x}{x^2+y^2+z^2}$ 的偏导数.

解
$$\begin{aligned}du&=\frac{(x^2+y^2+z^2)dx-xd(x^2+y^2+z^2)}{(x^2+y^2+z^2)^2}\\&=\frac{(x^2+y^2+z^2)dx-x(2xdx+2ydy+2zdz)}{(x^2+y^2+z^2)^2}\\&=\frac{(y^2+z^2-x^2)dx-2xydy-2xzdz}{(x^2+y^2+z^2)^2}.\end{aligned}$$

所以

$$\frac{\partial u}{\partial x}=\frac{y^2+z^2-x^2}{(x^2+y^2+z^2)^2},\ \frac{\partial u}{\partial y}=\frac{-2xy}{(x^2+y^2+z^2)^2},\ \frac{\partial u}{\partial z}=\frac{-2xz}{(x^2+y^2+z^2)^2}.$$

习题 9.4

1. 设 $z=\frac{y}{x}$，而 $x=\mathrm{e}^t$，$y=1-\mathrm{e}^{2t}$，求$\frac{\mathrm{d}z}{\mathrm{d}t}$.

2. 设 $z=\mathrm{e}^{x-2y}$，而 $x=\sin t$，$y=t^3$，求$\frac{\mathrm{d}z}{\mathrm{d}t}$.

3. 设 $z=u^2\ln v$，而 $u=\frac{x}{y}$，$v=3x-2y$，求$\frac{\partial z}{\partial x}$，$\frac{\partial z}{\partial y}$.

4. 设 $z=(x^2+y^2)^{xy}$，求$\frac{\partial z}{\partial x}$，$\frac{\partial z}{\partial y}$.

5. 设 $z=\frac{x^2-y}{x+y}$，$y=2x-3$，求$\frac{\mathrm{d}z}{\mathrm{d}x}$.

6. 求下列函数的一阶偏导数(其中 f 具有一阶连续偏导数)：

(1) $u=f(x^2-y^2,xy)$；　(2) $u=f\left(\frac{x}{y},\frac{y}{z}\right)$；　(3) $u=f(x,xy,xyz)$.

7. 设 $z=f(x^2+y^2)$，其中 f 为可导函数，证明：$y\frac{\partial z}{\partial x}-x\frac{\partial z}{\partial y}=0$.

8. 设函数 $u=f(x+y+z,x^2+y^2+z^2)$，其中 f 具有二阶连续偏导数，求

$$\Delta u=\frac{\partial^2 u}{\partial x^2}+\frac{\partial^2 u}{\partial y^2}+\frac{\partial^2 u}{\partial z^2}.$$

9. 设 $z=f(2x-y,y\sin x)$，其中 f 具有二阶连续偏导数，求$\frac{\partial^2 z}{\partial x\partial y}$.

10. 求下列函数的$\frac{\partial^2 z}{\partial x^2}$，$\frac{\partial^2 z}{\partial x\partial y}$，$\frac{\partial^2 z}{\partial y^2}$(其中 f 具有二阶连续偏导数).

(1) $u=f(xy,y)$；　(2) $u=f\left(\frac{y}{x},x^2y\right)$.

11. 已知 $u=f(y-z,z-x,x-y)$，且 f 具有连续偏导数，证明：

$$\frac{\partial u}{\partial x}+\frac{\partial u}{\partial y}+\frac{\partial u}{\partial z}=0.$$

12. 设 $u=x\varphi(x+y)+y\phi(x+y)$，其中函数 φ、ϕ 具有二阶连续导数，证明：

$$\frac{\partial^2 u}{\partial x^2}-2\frac{\partial^2 u}{\partial x\partial y}+\frac{\partial^2 u}{\partial y^2}=0.$$

§9.5 隐函数的求导公式

9.5.1 一个方程的情形

在一元函数微分学中，我们曾引入了隐函数的概念，并介绍了不经过显化而直接由方程 $F(x,y)=0$ 来求它所确定的隐函数的导数的方法. 本节将介绍隐函数的存在定理，并根据多元复合函数的求导法则来导出隐函数的求导公式.

定理1(隐函数存在定理1) 设函数 $F(x,y)$ 在点 $P(x_0,y_0)$ 的某一邻域内具有连续的偏导数，且 $F_y(x_0,y_0)\neq 0$，$F(x_0,y_0)=0$，则方程 $F(x,y)=0$ 在点 $P(x_0,y_0)$ 的某一邻域内恒能唯一确定连续且具有连续导数的函数 $y=f(x)$，它满足条件 $y_0=f(x_0)$，并有

$$\frac{dy}{dx}=-\frac{F_x}{F_y}. \tag{9-18}$$

式(9-18) 就是隐函数的求导公式.

这个定理我们不做严格证明，下面仅对式(9-18) 给出推导.

将方程 $F(x,y)=0$ 所确定的函数 $y=f(x)$ 代入该方程，得

$$F[x,\ f(x)]=0,$$

利用复合函数求导法则，在上式两端对 x 求导，得

$$\frac{\partial F}{\partial x}+\frac{\partial F}{\partial y}\cdot\frac{dy}{dx}=0,$$

由于 F_y 连续，且 $F_y(x_0,y_0)\neq 0$，故存在 (x_0,y_0) 的一个邻域，在这个邻域内 $F_y\neq 0$，所以

$$\frac{dy}{dx}=-\frac{F_x}{F_y}.$$

将上式两端视为 x 的函数，继续利用复合函数求导法则在上式两端求导，可求得隐函数的二阶导数

$$\begin{aligned}\frac{d^2y}{dx^2}&=\frac{\partial}{\partial x}\left(-\frac{F_x}{F_y}\right)+\frac{\partial}{\partial y}\left(-\frac{F_x}{F_y}\right)\frac{dy}{dx}\\&=-\frac{F_{xx}F_y-F_{yx}F_x}{F_y^2}-\frac{F_{xy}F_y-F_{yy}F_x}{F_y^2}\left(-\frac{F_x}{F_y}\right)\\&=-\frac{F_{xx}F_y^2-2F_{xy}F_xF_y+F_{yy}F_x^2}{F_y^3}.\end{aligned} \tag{9-19}$$

例9-28 证明方程 $x^2+y^2-1=0$ 在点 $(0,1)$ 的某一邻域内能唯一确定有连续导数且当 $x=0$ 时 $y=1$ 的隐函数 $y=f(x)$，并求该函数的一阶和二阶导数在 $x=0$ 处的值.

证 设 $F(x,y)=x^2+y^2-1$，则

$$F_x=2x,\ F_y=2y,\ F_x(0,1)=0,\ F_y(0,1)=2\neq 0,$$

故根据定理 1 知，方程 $x^2+y^2-1=0$ 在点 $(0,1)$ 的某邻域内能唯一确定有连续导数且当 $x=0$ 时 $y=1$ 的隐函数 $y=f(x)$.

解该函数的一阶和二阶导数

$$\frac{\mathrm{d}y}{\mathrm{d}x}=-\frac{F_x}{F_y}=-\frac{x}{y},\ \left.\frac{\mathrm{d}y}{\mathrm{d}x}\right|_{x=0}=0,$$

$$\frac{\mathrm{d}^2y}{\mathrm{d}x^2}=-\frac{y-xy'}{y^2}=-\frac{y-x\left(-\frac{x}{y}\right)}{y^2}=-\frac{1}{y^3},\ \left.\frac{\mathrm{d}^2y}{\mathrm{d}x^2}\right|_{x=0}=-1.$$

隐函数存在定理也可以推广到多元函数. 既然一个二元方程可以确定一个一元隐函数，那么一个三元方程 $F(x,y,z)=0$ 就有可能确定一个二元隐函数. 此时我们有下面的定理.

定理 2（隐函数存在定理 2） 设函数 $F(x,y,z)$ 在点 $P(x_0,y_0,z_0)$ 的某一邻域内具有连续的偏导数，且

$$F(x_0,y_0,z_0)=0,\ F_z(x_0,y_0,z_0)\neq 0,$$

则方程 $F(x,y,z)=0$ 在点 $P(x_0,y_0,z_0)$ 的某一邻域内恒能唯一确定连续且具有连续偏导数的函数 $z=f(x,y)$，它满足条件 $z_0=f(x_0,y_0)$，并有

$$\frac{\partial z}{\partial x}=-\frac{F_x}{F_z},\ \frac{\partial z}{\partial y}=-\frac{F_y}{F_z}. \tag{9-20}$$

式(9-20) 也是隐函数的求导公式.

下面给出式(9-20) 的推导.

将方程 $F(x,y,z)=0$ 所确定的函数 $z=f(x,y)$ 代入该方程，得

$$F[x,y,f(x,y)]=0,$$

利用复合函数求导法则，在上式两端分别对 x、y 求导，得

$$F_x+F_z\cdot\frac{\partial z}{\partial x}=0,\ F_y+F_z\cdot\frac{\partial z}{\partial y}=0.$$

由于 F_z 连续，且 $F_z(x_0,y_0,z_0)\neq 0$，故存在点 (x_0,y_0,z_0) 的一个邻域，在这个邻域内 $F_z\neq 0$，所以

$$\frac{\partial z}{\partial x}=-\frac{F_x}{F_z},\ \frac{\partial z}{\partial y}=-\frac{F_y}{F_z}.$$

例 9-29 求由方程 $\frac{x}{z}=\ln\frac{z}{y}$ 所确定的隐函数 $z=f(x,y)$ 的偏导数 $\frac{\partial z}{\partial x}$ 和 $\frac{\partial z}{\partial y}$.

解 令 $F(x,y,z)=\frac{x}{z}-\ln\frac{z}{y}$，则

$$F_x=\frac{1}{z},\ F_y=-\frac{y}{z}\cdot\left(-\frac{z}{y^2}\right)=\frac{1}{y},\ F_z=-\frac{x}{z^2}-\frac{y}{z}\cdot\frac{1}{y}=-\frac{x+z}{z^2},$$

所以

$$\frac{\partial z}{\partial x}=-\frac{F_x}{F_z}=-\frac{\frac{1}{z}}{-\frac{x+z}{z^2}}=\frac{z}{x+z},\ \frac{\partial z}{\partial y}=-\frac{F_y}{F_z}=-\frac{\frac{1}{y}}{-\frac{x+z}{z^2}}=\frac{z^2}{y(x+z)}.$$

注意 对方程所确定的多元函数也可以直接求偏导数. 对于例 9-29，可以在方程两端分别对 x、y 求导，过程中将 z 看作 x、y 的函数，从而得到关于$\frac{\partial z}{\partial x}$和$\frac{\partial z}{\partial y}$的等式，从中可直接解出$\frac{\partial z}{\partial x}$和$\frac{\partial z}{\partial y}$.

例 9-30 设 $x^2+y^2+z^2-4z=0$，求$\frac{\partial^2 z}{\partial x^2}$.

解 令 $F(x,y,z)=x^2+y^2+z^2-4z$，则

$$F_x=2x,\ F_z=2z-4,$$

所以

$$\frac{\partial z}{\partial x}=-\frac{F_x}{F_z}=\frac{x}{2-z},$$

$$\frac{\partial^2 z}{\partial x^2}=\frac{\partial}{\partial x}\left(\frac{x}{2-z}\right)=\frac{(2-z)+x\frac{\partial z}{\partial x}}{(2-z)^2}=\frac{(2-z)+x\frac{x}{2-z}}{(2-z)^2}=\frac{(2-z)^2+x^2}{(2-z)^3}.$$

注意 在实际应用中，求方程所确定的多元函数的偏导数时，若方程中含有抽象函数，则利用求导或求微分的过程进行推导更为清楚.

例 9-31 设 $z=f(x+y+z,xyz)$，求$\frac{\partial z}{\partial x}$，$\frac{\partial x}{\partial y}$，$\frac{\partial y}{\partial z}$.

解 令 $u=x+y+z$，$v=xyz$，则 $z=f(u,v)$. 把 z 看作 x、y 的函数对 x 求偏导数，得

$$\frac{\partial z}{\partial x}=f_u\cdot\left(1+\frac{\partial z}{\partial x}\right)+f_v\cdot\left(yz+xy\frac{\partial z}{\partial x}\right),$$

所以

$$\frac{\partial z}{\partial x}=\frac{f_u+yzf_v}{1-f_u-xyf_v}.$$

把 x 看作 z、y 的函数对 y 求偏导数，得

$$0=f_u\cdot\left(\frac{\partial x}{\partial y}+1\right)+f_v\cdot\left(xz+yz\frac{\partial x}{\partial y}\right),$$

所以

$$\frac{\partial x}{\partial y}=-\frac{f_u+xzf_v}{f_u+yzf_v}.$$

把 y 看作 z、x 的函数对 z 求偏导数，得

$$1 = f_u \cdot \left(\frac{\partial y}{\partial z}+1\right)+f_v \cdot \left(xy+xz\frac{\partial y}{\partial z}\right),$$

所以

$$\frac{\partial y}{\partial z}=\frac{1-f_u-xyf_v}{f_u+xzf_v}.$$

例 9-32 设 $F(x-y,y-z,z-x)=0$，其中 F 具有连续偏导数，且 $F'_2-F'_3\neq 0$，证明：

$$\frac{\partial z}{\partial x}+\frac{\partial z}{\partial y}=1.$$

证 由题意知，方程确定函数 $z=z(x,y)$. 对题设方程两端求微分，得

$$\mathrm{d}F(x-y,y-z,z-x)=0,$$

即有

$$F'_1\mathrm{d}(x-y)+F'_2\mathrm{d}(y-z)+F'_3\mathrm{d}(z-x)=0.$$

根据微分运算，得

$$F'_1(\mathrm{d}x-\mathrm{d}y)+F'_2(\mathrm{d}y-\mathrm{d}z)+F'_3(\mathrm{d}z-\mathrm{d}x)=0,$$

合并同类项，得

$$(F'_1-F'_3)\mathrm{d}x+(F'_2-F'_1)\mathrm{d}y=(F'_2-F'_3)\mathrm{d}z,$$

两端同除以 $(F'_2-F'_3)$，得

$$\mathrm{d}z=\frac{F'_1-F'_3}{F'_2-F'_3}\mathrm{d}x+\frac{F'_2-F'_1}{F'_2-F'_3}\mathrm{d}y,$$

从而

$$\frac{\partial z}{\partial x}=\frac{F'_1-F'_3}{F'_2-F'_3},\ \frac{\partial z}{\partial y}=\frac{F'_2-F'_1}{F'_2-F'_3},$$

所以

$$\frac{\partial z}{\partial x}+\frac{\partial z}{\partial y}=1.$$

9.5.2 方程组的情形

下面我们将隐函数存在定理进一步推广到方程组的情形.

设方程组

$$\begin{cases}F(x,y,u,v)=0\\G(x,y,u,v)=0\end{cases}$$

隐含函数组 $u=u(x,y)$，$v=v(x,y)$，我们来推导函数 u、v 的偏导数公式.

将 $u=u(x,y)$、$v=v(x,y)$ 代入上述方程组，得

$$\begin{cases}F(x,y,u(x,y),v(x,y))\equiv 0\\G(x,y,u(x,y),v(x,y))\equiv 0\end{cases},$$

等式两端分别对 x 求导，得

$$\begin{cases} F_x + F_u \dfrac{\partial u}{\partial x} + F_v \dfrac{\partial v}{\partial x} = 0, \\ G_x + G_u \dfrac{\partial u}{\partial x} + G_v \dfrac{\partial v}{\partial x} = 0, \end{cases}$$

解此方程组，得

$$\frac{\partial u}{\partial x} = -\frac{\begin{vmatrix} F_x & F_v \\ G_x & G_v \end{vmatrix}}{\begin{vmatrix} F_u & F_v \\ G_u & G_v \end{vmatrix}},\ \frac{\partial v}{\partial x} = -\frac{\begin{vmatrix} F_u & F_x \\ G_u & G_x \end{vmatrix}}{\begin{vmatrix} F_u & F_v \\ G_u & G_v \end{vmatrix}}, \tag{9-21}$$

其中行列式$\begin{vmatrix} F_u & F_v \\ G_u & G_v \end{vmatrix}$称为函数 F、G 的**雅可比行列式**，记为

$$J = \frac{\partial(F,G)}{\partial(u,v)} = \begin{vmatrix} F_u & F_v \\ G_u & G_v \end{vmatrix}.$$

利用这种记法，式(9-21) 可写成

$$\frac{\partial u}{\partial x} = -\frac{1}{J}\frac{\partial(F,G)}{\partial(x,v)},\ \frac{\partial v}{\partial x} = -\frac{1}{J}\frac{\partial(F,G)}{\partial(u,x)} \tag{9-22}$$

同理可得

$$\frac{\partial u}{\partial y} = -\frac{1}{J}\frac{\partial(F,G)}{\partial(y,v)},\ \frac{\partial v}{\partial y} = -\frac{1}{J}\frac{\partial(F,G)}{\partial(u,y)}. \tag{9-23}$$

在实际计算中，不必直接套用公式，可以依照推导上述公式的方法来求解.

定理 3 设函数 $F(x,y,u,v)$、$G(x,y,u,v)$ 在点 $P(x_0,y_0,u_0,v_0)$ 的某一邻域内有对各个变量的连续偏导数，又 $F(x_0,y_0,u_0,v_0)=0$，$G(x_0,y_0,u_0,v_0)=0$，且函数 F、G 的雅可比行列式$\dfrac{\partial(F,G)}{\partial(u,v)}$在点 $P(x_0,y_0,u_0,v_0)$ 处不等于 0，则方程组$\begin{cases} F(x,y,u,v)=0 \\ G(x,y,u,v)=0 \end{cases}$在点 $P(x_0,y_0,u_0,v_0)$ 的某一邻域内恒能唯一确定连续且具有连续偏导数的函数 $u=u(x,y)$、$v=v(x,y)$，它们满足条件 $u_0=u(x_0,y_0)$，$v_0=v(x_0,y_0)$，其偏导数公式即式(9-22) 和式(9-23).

例 9-33 设$\begin{cases} xu-yv=0 \\ yu+xv=1 \end{cases}$，求$\dfrac{\partial u}{\partial x}$，$\dfrac{\partial v}{\partial x}$，$\dfrac{\partial u}{\partial y}$，$\dfrac{\partial v}{\partial y}$.

解 在题设方程组两端对 x 求导，得

$$\begin{cases} u + x\dfrac{\partial u}{\partial x} - y\dfrac{\partial v}{\partial x} = 0 \\ y\dfrac{\partial u}{\partial x} + v + x\dfrac{\partial v}{\partial x} = 0 \end{cases},$$

解方程组，得

$$\frac{\partial u}{\partial x} = -\frac{xu+yv}{x^2+y^2},\ \frac{\partial v}{\partial x} = \frac{yu-xv}{x^2+y^2}.$$

同理可得

$$\frac{\partial u}{\partial y}=\frac{xv-yu}{x^2+y^2},\ \frac{\partial v}{\partial y}=-\frac{xu+yv}{x^2+y^2}.$$

例 9-34 在坐标变换中我们常常要研究一种坐标(x,y)与另一种坐标(u,v)之间的关系. 设方程组

$$\begin{cases}x=x(u,v)\\y=y(u,v)\end{cases}\tag{9-24}$$

可确定隐函数组$u=u(x,y),v=v(x,y)$，称其为方程组(9-24)的**反方程组**. 若$x(u,v)$、$y(u,v)$、$u(x,y)$、$v(x,y)$具有连续的偏导数，证明：

$$\frac{\partial(u,v)}{\partial(x,y)}\cdot\frac{\partial(x,y)}{\partial(u,v)}=1.$$

证 将$u=u(x,y)$、$v=v(x,y)$代入方程组(9-24)，得

$$\begin{cases}x-x[u(x,y),v(x,y)]\equiv 0\\y-y[u(x,y),v(x,y)]\equiv 0\end{cases}$$

在方程组两端分别对x和y求导，得

$$\begin{cases}1-x'_u u'_x-x'_v v'_x=0\\0-y'_u u'_x-y'_v v'_x=0\end{cases}\quad 和\quad \begin{cases}0-x'_u u'_y-x'_v v'_y=0\\1-y'_u u'_y-y'_v v'_y=0\end{cases},$$

即

$$\begin{cases}x'_u u'_x+x'_v v'_x=1\\y'_u u'_x+y'_v v'_x=0\end{cases}\quad 和\quad \begin{cases}x'_u u'_y+x'_v v'_y=0\\y'_u u'_y+y'_v v'_y=1\end{cases}.$$

由

$$\begin{vmatrix}u'_x & v'_x\\u'_y & v'_y\end{vmatrix}\cdot\begin{vmatrix}x'_u & y'_u\\x'_v & y'_v\end{vmatrix}=\begin{vmatrix}x'_u u'_x+x'_v v'_x & y'_u u'_x+y'_v v'_x\\x'_u u'_y+x'_v v'_y & y'_u u'_y+y'_v v'_y\end{vmatrix}=\begin{vmatrix}1 & 0\\0 & 1\end{vmatrix}=1,$$

知

$$\frac{\partial(u,v)}{\partial(x,y)}\cdot\frac{\partial(x,y)}{\partial(u,v)}=1.$$

这个结果与一元函数的反函数的导数公式$\frac{\mathrm{d}y}{\mathrm{d}x}\cdot\frac{\mathrm{d}x}{\mathrm{d}y}=1$是类似的. 上述结果还可推广到三维以上空间的坐标变换.

例如，若函数组$x=x(u,v,w),y=y(u,v,w),z=z(u,v,w)$确定反函数组$u=u(x,y,z)$，$v=v(x,y,z),w=w(x,y,z)$，则在一定条件下，有

$$\frac{\partial(u,v,w)}{\partial(x,y,z)}\cdot\frac{\partial(x,y,z)}{\partial(u,v,w)}=1.$$

习题 9.5

1. 设$\frac{x}{z}=\varphi\left(\frac{y}{z}\right)$，其中$\varphi$可导，求$x\frac{\partial z}{\partial x}+y\frac{\partial z}{\partial y}$.

2. 已知 $\ln\sqrt{x^2+y^2}=\arctan\dfrac{y}{x}$，求$\dfrac{\mathrm{d}y}{\mathrm{d}x}$.

3. 设 $x+2y+z-2\sqrt{xyz}=0$，求$\dfrac{\partial z}{\partial x}$，$\dfrac{\partial z}{\partial y}$.

4. 设函数 $z(x,y)$ 由方程 $F\left(x+\dfrac{z}{y},y+\dfrac{z}{x}\right)=0$ 所确定，证明：

$$x\frac{\partial z}{\partial x}+y\frac{\partial z}{\partial y}=z-xy.$$

5. 设 $x^2+y^2+z^2=yf\left(\dfrac{z}{y}\right)$，其中 f 可导，求$\dfrac{\partial z}{\partial x}$，$\dfrac{\partial z}{\partial y}$.

6. 设 $\Phi(u,v)$ 具有连续偏导数，证明：由方程 $\Phi(cx-az,cy-bz)=0$ 所确定的隐函数 $z=f(x,y)$ 满足 $a\dfrac{\partial z}{\partial x}+b\dfrac{\partial z}{\partial y}=c$.

7. 设 $z^3-2xz+y=0$，求$\dfrac{\partial^2 z}{\partial x^2}$，$\dfrac{\partial^2 z}{\partial y^2}$.

8. 设 $z^5-xz^4+yz^3=1$，求$\left.\dfrac{\partial^2 z}{\partial x\partial y}\right|_{(0,0)}$.

9. 设$f(x,y,z)=x^3y^2z^2$，其中 $z=z(x,y)$ 由方程 $x^3+y^3+z^3-3xyz=0$ 确定，求 $f'_x(-1,0,1)$.

10. 设$\begin{cases}x+y+z=0\\x^2+y^2+z^2=1\end{cases}$，求$\dfrac{\mathrm{d}x}{\mathrm{d}z}$，$\dfrac{\mathrm{d}y}{\mathrm{d}z}$.

11. 设$\begin{cases}x+y+z+z^2=0\\x+y^2+z+z^3=0\end{cases}$，求$\dfrac{\mathrm{d}z}{\mathrm{d}x}$，$\dfrac{\mathrm{d}y}{\mathrm{d}x}$.

12. 设$\begin{cases}x=\mathrm{e}^u-u\sin v\\y=\mathrm{e}^u-u\cos v\end{cases}$，求$\dfrac{\partial u}{\partial x}$，$\dfrac{\partial v}{\partial x}$，$\dfrac{\partial u}{\partial y}$，$\dfrac{\partial v}{\partial y}$.

13. 设 $\mathrm{e}^{x+y}=xy$，证明：$\dfrac{\mathrm{d}^2y}{\mathrm{d}x^2}=-\dfrac{y[(x-1)^2+(y-1)^2]}{x^2(y-1)^3}$.

14. 设 $y=f(x,t)$，而 t 是由方程 $F(x,y,t)=0$ 确定的 x、y 的函数，求$\dfrac{\mathrm{d}y}{\mathrm{d}x}$.

§ 9.6 多元函数微分法的几何应用

9.6.1 空间曲线的切线与法平面

1. 空间曲线为参数方程的情形

如果空间曲线 Γ 的方程为

$$x=x(t),\ y=y(t),\ z=z(t), \tag{9-25}$$

式(9-25)中的三个函数都可导，且导数不全为 0.

在曲线 Γ 上取对应于参数 $t=t_0$ 的点 $M_0(x_0,y_0,z_0)$ 及对应于参数 $t=t_0+\Delta t$ 的邻近点 $M(x_0+\Delta x,y_0+\Delta y,z_0+\Delta z)$. 根据空间解析几何知识，曲线的割线 M_0M 的方程为

$$\frac{x-x_0}{\Delta x}=\frac{y-y_0}{\Delta y}=\frac{z-z_0}{\Delta z}.$$

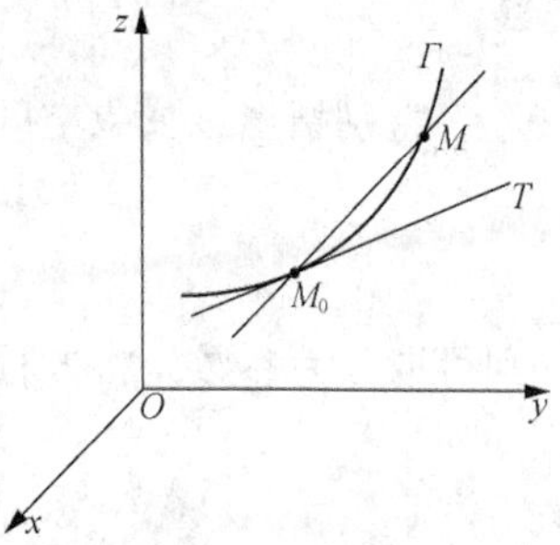

图 9-20

当点 M 沿着曲线 Γ 趋于点 M_0 时，割线 M_0M 的极限位置 M_0T 就是曲线 Γ 在点 M_0 处的切线(见图 9-20). 用 Δt 除上式的各分母，得

$$\frac{x-x_0}{\frac{\Delta x}{\Delta t}}=\frac{y-y_0}{\frac{\Delta y}{\Delta t}}=\frac{z-z_0}{\frac{\Delta z}{\Delta t}},$$

令 $M\to M_0$(此时 $\Delta t\to 0$)，对上式取极限，即得到曲线 Γ 在点 M_0 处的**切线方程**

$$\frac{x-x_0}{x'(t_0)}=\frac{y-y_0}{y'(t_0)}=\frac{z-z_0}{z'(t_0)}. \tag{9-26}$$

曲线在某点处的切线的方向向量称为曲线的**切向量**. 向量

$$\boldsymbol{T}=\{x'(t_0),y'(t_0),z'(t_0)\}$$

就是曲线 Γ 在点 M_0 处的一个切向量.

过点 M_0 且与切线垂直的平面称为曲线 Γ 在点 M_0 处的**法平面**. 易知，曲线的切向量就是法平面的法向量，于是，该法平面的方程为

$$x'(t_0)(x-x_0)+y'(t_0)(y-y_0)+z'(t_0)(z-z_0)=0. \tag{9-27}$$

例 9-35 求曲线 $\begin{cases}x=t-\sin t\\ y=1-\cos t\\ z=4\sin\dfrac{t}{2}\end{cases}$ 在 $t=\dfrac{\pi}{2}$ 处的切线及法平面方程.

解 当 $t=\dfrac{\pi}{2}$ 时，$x=\dfrac{\pi}{2}-1$，$y=1$，$z=2\sqrt{2}$，又

$$x'=1-\cos t,\ y'=\sin t,\ z'=2\cos\frac{t}{2},$$

所以曲线在 $t=\dfrac{\pi}{2}$ 处的切向量为

$$\boldsymbol{T}=\{x'(\pi/2),y'(\pi/2),z'(\pi/2)\}=\{1,1,\sqrt{2}\}.$$

于是，所求切线方程为

$$\frac{x-\left(\frac{\pi}{2}-1\right)}{1}=\frac{y-1}{1}=\frac{z-2\sqrt{2}}{\sqrt{2}},$$

法平面方程为

$$x-\left(\frac{\pi}{2}-1\right)+y-1+\sqrt{2}(z-2\sqrt{2})=0,$$

即

$$x+y+\sqrt{2}z=\frac{\pi}{2}+4.$$

特别指出，如果空间曲线 Γ 的方程为

$$\begin{cases}y=y(x)\\z=z(x)\end{cases}, \tag{9-28}$$

则可取 x 为参数，将方程组(9-28) 表示为参数方程的形式

$$\begin{cases}x=x\\y=y(x),\\z=z(x)\end{cases}$$

如果函数 $y(x)$、$z(x)$ 在 $x=x_0$ 处可导，则曲线 Γ 在点 $x=x_0$ 处的切向量为 $\boldsymbol{T}=\{1,y'(x_0),z'(x_0)\}$，因此曲线 Γ 在点 $M_0(x_0,y_0,z_0)$ 处的切线方程为

$$\frac{x-x_0}{1}=\frac{y-y_0}{y'(x_0)}=\frac{z-z_0}{z'(x_0)}, \tag{9-29}$$

法平面方程为

$$(x-x_0)+y'(x_0)(y-y_0)+z'(x_0)(z-z_0)=0. \tag{9-30}$$

2. 空间曲线为一般方程的情形

如果空间曲线 Γ 的方程为

$$\begin{cases}F(x,y,z)=0\\G(x,y,z)=0\end{cases}, \tag{9-31}$$

且 F、G 具有连续的偏导数，则方程组(9-31) 隐含唯一确定的函数组 $y=y(x)$, $z=z(x)$，且容易推出

$$\frac{\mathrm{d}y}{\mathrm{d}x}=-\frac{\frac{\partial(F,G)}{\partial(x,z)}}{\frac{\partial(F,G)}{\partial(y,z)}}=\frac{\frac{\partial(F,G)}{\partial(z,x)}}{\frac{\partial(F,G)}{\partial(y,z)}},\quad \frac{\mathrm{d}z}{\mathrm{d}x}=-\frac{\frac{\partial(F,G)}{\partial(y,x)}}{\frac{\partial(F,G)}{\partial(y,z)}}=\frac{\frac{\partial(F,G)}{\partial(x,y)}}{\frac{\partial(F,G)}{\partial(y,z)}},$$

故曲线 Γ 的切向量为

$$\boldsymbol{T}=\{1,y'(x),z'(x)\}=\left\{1,\frac{\frac{\partial(F,G)}{\partial(z,x)}}{\frac{\partial(F,G)}{\partial(y,z)}},\frac{\frac{\partial(F,G)}{\partial(x,y)}}{\frac{\partial(F,G)}{\partial(y,z)}}\right\},$$

从而曲线 Γ 在点 $M_0(x_0,y_0,z_0)$ 处的切向量可取为

$$\boldsymbol{T}=\left\{\left.\frac{\partial(F,G)}{\partial(y,z)}\right|_{M_0},\left.\frac{\partial(F,G)}{\partial(z,x)}\right|_{M_0},\left.\frac{\partial(F,G)}{\partial(x,y)}\right|_{M_0}\right\},$$

因此，当$\left.\frac{\partial(F,G)}{\partial(y,z)}\right|_{M_0}$、$\left.\frac{\partial(F,G)}{\partial(z,x)}\right|_{M_0}$、$\left.\frac{\partial(F,G)}{\partial(x,y)}\right|_{M_0}$不同时为0时，曲线$\Gamma$在点$M_0(x_0,y_0,z_0)$处的切线方程为

$$\frac{x-x_0}{\left.\frac{\partial(F,G)}{\partial(y,z)}\right|_{M_0}}=\frac{y-y_0}{\left.\frac{\partial(F,G)}{\partial(z,x)}\right|_{M_0}}=\frac{z-z_0}{\left.\frac{\partial(F,G)}{\partial(x,y)}\right|_{M_0}},\tag{9-32}$$

曲线Γ在点$M_0(x_0,y_0,z_0)$处的法平面方程为

$$\left.\frac{\partial(F,G)}{\partial(y,z)}\right|_{M_0}(x-x_0)+\left.\frac{\partial(F,G)}{\partial(z,x)}\right|_{M_0}(y-y_0)+\left.\frac{\partial(F,G)}{\partial(x,y)}\right|_{M_0}(z-z_0)=0.\tag{9-33}$$

例 9-36 求曲线$\begin{cases}x^2+z^2=10\\y^2+z^2=10\end{cases}$在点$(1,1,3)$处的切线及法平面方程.

解 设$F(x,y,z)=x^2+z^2-10$，$G(x,y,z)=y^2+z^2-10$，由

$$F_x=2x,\ F_y=0,\ F_z=2z,\ G_x=0,\ G_y=2y,\ G_z=2z,$$

得

$$\left.\frac{\partial(F,G)}{\partial(y,z)}\right|_{(1,1,3)}=\left.\begin{vmatrix}F_y&F_z\\G_y&G_z\end{vmatrix}\right|_{(1,1,3)}=\left.\begin{vmatrix}0&2z\\2y&2z\end{vmatrix}\right|_{(1,1,3)}=-12,$$

$$\left.\frac{\partial(F,G)}{\partial(z,x)}\right|_{(1,1,3)}=\left.\begin{vmatrix}F_z&F_x\\G_z&G_x\end{vmatrix}\right|_{(1,1,3)}=\left.\begin{vmatrix}2z&2x\\2z&0\end{vmatrix}\right|_{(1,1,3)}=-12,$$

$$\left.\frac{\partial(F,G)}{\partial(x,y)}\right|_{(1,1,3)}=\left.\begin{vmatrix}F_x&F_y\\G_x&G_y\end{vmatrix}\right|_{(1,1,3)}=\left.\begin{vmatrix}2x&0\\0&2y\end{vmatrix}\right|_{(1,1,3)}=4.$$

故题设曲线在点$(1,1,3)$处的切向量可取为

$$\boldsymbol{T}=\{3,3,-1\},$$

从而所求的切线方程为

$$\frac{x-1}{3}=\frac{y-1}{3}=\frac{z-3}{-1}.$$

法平面方程为

$$3(x-1)+3(y-1)-(z-3)=0,$$

即

$$3x+3y-z=3.$$

例 9-37 求曲线$\begin{cases}x^2+y^2+z^2=6\\x+y+z=0\end{cases}$在点$(1,-2,1)$处的切线及法平面方程.

解 在题设方程组两端对x求导，得

$$\begin{cases}x+y\dfrac{\mathrm{d}y}{\mathrm{d}x}+z\dfrac{\mathrm{d}z}{\mathrm{d}x}=0\\1+\dfrac{\mathrm{d}y}{\mathrm{d}x}+\dfrac{\mathrm{d}z}{\mathrm{d}x}=0\end{cases}，解得\begin{cases}\dfrac{\mathrm{d}y}{\mathrm{d}x}=\dfrac{z-x}{y-z}\\\dfrac{\mathrm{d}z}{\mathrm{d}x}=\dfrac{x-y}{y-z}\end{cases},$$

从而有$\left.\dfrac{dy}{dx}\right|_{(1,-2,1)}=0$，$\left.\dfrac{dz}{dx}\right|_{(1,-2,1)}=-1$，即题设曲线在点$(1,-2,1)$处的切向量为$\boldsymbol{T}=\{1,0,-1\}$，故所求的切线方程为

$$\frac{x-1}{1}=\frac{y+2}{0}=\frac{z-1}{-1},$$

法平面方程为

$$(x-1)+0\cdot(y+2)-(z-1)=0,$$

即

$$x-z=0.$$

9.6.2 空间曲面的切平面与法线

1. 空间曲面方程为 $F(x,y,z)=0$ 的情形

如果曲面 Σ 的方程为

$$F(x,y,z)=0,$$

$M_0(x_0,y_0,z_0)$ 是曲面 Σ 上的一点，函数 $F(x,y,z)$ 的偏导数在该点连续且不同时为 0. 过点 M_0 在曲面上可以作无数条曲线. 设这些曲线在点 M_0 处分别都有切线，我们要证明这无数条曲线的切线都在同一平面上.

如图 9-21 所示，过点 M_0 在曲面 Σ 上任意作一条曲线 Γ，设其方程为

$$x=x(t),\ y=y(t),\ z=z(t),$$

且 $t=t_0$ 时，

$$x_0=x(t_0),\ y_0=y(t_0),\ z_0=z(t_0),$$

由于曲线 Γ 在曲面 Σ 上，因此有

$$F[x(t),y(t),z(t)]\equiv 0,$$

从而

$$\left.\frac{d}{dt}F[x(t),y(t),z(t)]\right|_{t=t_0}=0,$$

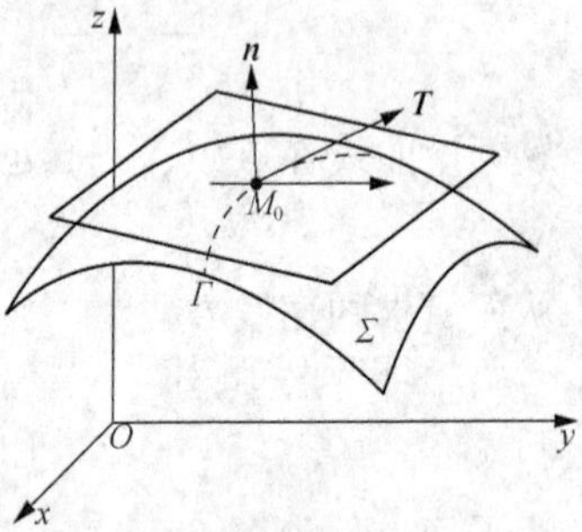

图 9-21

即

$$F_x|_{M_0}x'(t_0)+F_y|_{M_0}y'(t_0)+F_z|_{M_0}z'(t_0)=0. \tag{9-34}$$

曲线 Γ 在点 M_0 处的切向量 $\boldsymbol{T}=\{x'(t_0),y'(t_0),z'(t_0)\}$，如果引入向量

$$\boldsymbol{n}=\{F_x(x_0,y_0,z_0),F_y(x_0,y_0,z_0),F_z(x_0,y_0,z_0)\},$$

则式(9-34)可写成

$$\boldsymbol{n}\cdot\boldsymbol{T}=0.$$

这说明曲面 Σ 上过点 M_0 的任意一条曲线的切线都与向量 $\boldsymbol{n}$ 垂直，这样就证明了过点 M_0 的任意一条曲线在点 M_0 处的切线都落在以向量 $\boldsymbol{n}$ 为法向量且经过点 M_0 的平面上. 这个平面称为曲面 Σ 在点 M_0 处的**切平面**，该切平面的方程为

$$F_x\big|_{M_0}(x-x_0)+F_y\big|_{M_0}(y-y_0)+F_z\big|_{M_0}(z-z_0)=0, \qquad (9-35)$$

曲面在点 M_0 处的切平面的法向量称为在点 M_0 处的**曲面的法向量**，于是，点 M_0 处的曲面的法向量为

$$\boldsymbol{n}=\{F_x(x_0,y_0,z_0),F_y(x_0,y_0,z_0),F_z(x_0,y_0,z_0)\}. \qquad (9-36)$$

过点 M_0 且垂直于切平面的直线称为曲面 Σ 在点 M_0 处的**法线**. 因此法线方程为

$$\frac{x-x_0}{F_x\big|_{M_0}}=\frac{y-y_0}{F_y\big|_{M_0}}=\frac{z-z_0}{F_z\big|_{M_0}}. \qquad (9-37)$$

2. 空间曲面方程为 $z=f(x,y)$ 的情形

如果曲面 Σ 的方程为

$$z=f(x,y),$$

令 $F(x,y,z)=z-f(x,y)$，则有

$$F_x=-f_x,\ F_y=-f_y,\ F_z=1,$$

于是，当函数 $f(x,y)$ 的偏导数 $f_x(x,y)$、$f_y(x,y)$ 在点 (x_0,y_0) 处连续时，曲面 Σ 在点 M_0 处的法向量为

$$\boldsymbol{n}=\{-f_x(x_0,y_0),-f_y(x_0,y_0),1\}, \qquad (9-38)$$

从而切平面方程为

$$f_x(x_0,y_0)(x-x_0)+f_y(x_0,y_0)(y-y_0)-(z-z_0)=0,$$

或

$$(z-z_0)=f_x(x_0,y_0)(x-x_0)+f_y(x_0,y_0)(y-y_0), \qquad (9-39)$$

法线方程为

$$\frac{x-x_0}{f_x(x_0,y_0)}=\frac{y-y_0}{f_y(x_0,y_0)}=\frac{z-z_0}{-1}. \qquad (9-40)$$

注意 方程(9-39)的右端恰好是函数 $z=f(x,y)$ 在点 (x_0,y_0) 处的全微分，而左端是切平面上点的竖坐标的增量. 因此，函数 $z=f(x,y)$ 在点 (x_0,y_0) 处的全微分，在几何上表示曲面 $z=f(x,y)$ 在点 (x_0,y_0) 处的切平面上点的竖坐标的增量.

如果用 α、β、γ 表示曲面的法向量的方向角，并假定法向量与 z 轴正向的夹角 γ 是一锐角，则法向量的**方向余弦**为

$$\cos\alpha=\frac{-f_x}{\sqrt{1+f_x^2+f_y^2}},\ \cos\beta=\frac{-f_y}{\sqrt{1+f_x^2+f_y^2}},\ \cos\gamma=\frac{1}{\sqrt{1+f_x^2+f_y^2}},$$

其中 $f_x=f_x(x_0,y_0)$，$f_y=f_y(x_0,y_0)$.

例 9－38 求旋转抛物面 $z=x^2+y^2-1$ 在点 $(2,1,4)$ 处的切平面及法线方程.

解 这里 $f(x,y)=x^2+y^2-1$，于是

$$\boldsymbol{n}=\{f_x,f_y,-1\}=\{2x,2y,-1\},\ \boldsymbol{n}\big|_{(2,1,4)}=\{4,2,-1\},$$

所以曲面在点 $(2,1,4)$ 处的切平面方程为

$$4(x-2)+2(y-1)-(z-4)=0,$$

即

$$4x+2y-z-6=0,$$

法线方程为

$$\frac{x-2}{4}=\frac{y-1}{2}=\frac{z-4}{-1}.$$

例 9-39 求曲面 $x^2+y^2+z^2-xy-3=0$ 上同时垂直于平面 $z=0$ 与平面 $x+y+1=0$ 的切平面方程.

解 设 $F(x,y,z)=x^2+y^2+z^2-xy-3$，则

$$F_x=2x-y,\ F_y=2y-x,\ F_z=2z,$$

曲面在点 (x_0,y_0,z_0) 处的法向量为

$$\boldsymbol{n}=\{2x_0-y_0,2y_0-x_0,2z_0\}.$$

由于平面 $z=0$ 的法向量为 $\boldsymbol{n}_1=\{0,0,1\}$，平面 $x+y+1=0$ 的法向量为 $\boldsymbol{n}_2=\{1,1,0\}$，且曲面的切平面与平面 $z=0$ 和平面 $x+y+1=0$ 垂直，则 $\boldsymbol{n}$ 同时垂直于 $\boldsymbol{n}_1$ 和 $\boldsymbol{n}_2$，从而有 $\boldsymbol{n}\cdot\boldsymbol{n}_1=0$，$\boldsymbol{n}\cdot\boldsymbol{n}_2=0$，即

$$2z_0=0,\ (2x_0-y_0)+(2y_0-x_0)=0,$$

解得 $x_0=-y_0$，$z_0=0$，将其代入题设曲线方程，得切点为

$$M_1(1,-1,0)\ 和\ M_2(-1,1,0),$$

从而所求切平面方程为

$$-(x-1)+(y+1)=0,\ 即\ x-y-2=0,$$

和

$$-(x+1)+(y-1)=0,\ 即\ x-y+2=0.$$

习题 9.6

1. 求曲线 $\begin{cases}x=\dfrac{t}{1+t}\\ y=\dfrac{1+t}{t}\\ z=t^2\end{cases}$ 在 $t=2$ 处的切线方程与法平面方程.

2. 求曲线 $\begin{cases}y^2=2mx\\ z^2=m-x\end{cases}$ 在点 (x_0,y_0,z_0) 处的切线方程与法平面方程.

3. 求曲线 $\begin{cases}x^2+y^2+z^2-3x=0\\ 2x-3y+5z-4=0\end{cases}$ 在点 $(1,1,1)$ 处的切线方程与法平面方程.

4. 找出曲线 $\begin{cases}x=t\\ y=t^2\\ z=t^3\end{cases}$ 上的点，使在该点的切线平行于平面 $x+2y+z=4$.

5. 求曲面 $z=x^2+y^2$ 在点 $(1,1,2)$ 处的切平面方程及法线方程.

6. 求曲面 $x^2+y^2+z^2=1$ 上平行于平面 $x-y+2z=0$ 的切平面方程.

7. 证明：曲面 $F(nx-lz,ny-mz)=0$ 在任意一点处的切平面都平行于直线

$$\frac{x-1}{l}=\frac{y-2}{m}=\frac{z-3}{n},$$

其中 F 具有连续的偏导数.

8. 证明：曲面 $xyz=a^3$（$a\neq 0$，常数）在任意点处的切平面与三个坐标面所围成的四面体的体积为常数.

§9.7 方向导数与梯度

9.7.1 方向导数

我们知道，二元函数 $z=f(x,y)$ 的偏导数 f_x 与 f_y 能表达函数沿 x 轴与 y 轴的变化率. 现在，我们来讨论函数 $z=f(x,y)$ 在一点 P 沿某一方向的变化率.

定义 1 设函数 $z=f(x,y)$ 在点 $P(x,y)$ 的某一邻域 $U(P)$ 内有定义，l 为自点 P 出发的射线，$P'(x+\Delta x,y+\Delta y)$ 为在射线 l 上且含于 $U(P)$ 内的任一点，以

$$\rho=\sqrt{(\Delta x)^2+(\Delta y)^2}$$

表示点 P 与点 P' 之间的距离（见图 9-22），如果极限

$$\lim_{\rho\to 0}\frac{\Delta z}{\rho}=\lim_{\rho\to 0}\frac{f(x+\Delta x,y+\Delta y)-f(x,y)}{\rho}$$

存在，则称此极限值为函数 $f(x,y)$ 在点 P 处沿方向 l 的**方向导数**，记为 $\frac{\partial f}{\partial l}$，即

$$\frac{\partial f}{\partial l}=\lim_{\rho\to 0}\frac{f(x+\Delta x,y+\Delta y)-f(x,y)}{\rho}. \qquad (9-41)$$

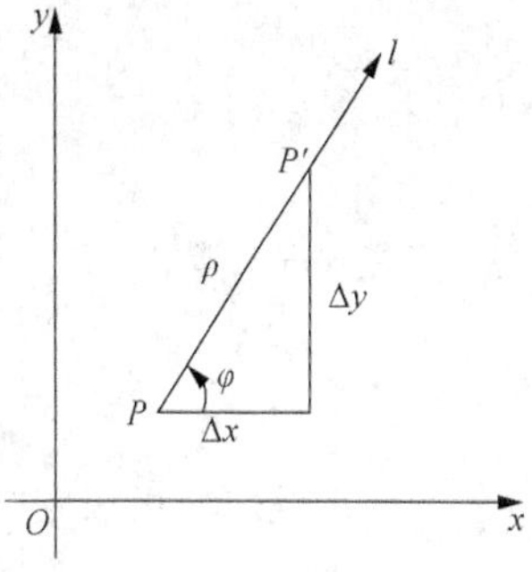

图 9-22

由定义可知，函数 $f(x,y)$ 在点 P 处沿 x 轴与 y 轴正向的方向导数是 $\frac{\partial f}{\partial x}$ 与 $\frac{\partial f}{\partial y}$，沿 x 轴与 y 轴负向的方向导数是 $-\frac{\partial f}{\partial x}$ 与 $-\frac{\partial f}{\partial y}$.

关于方向导数 $\frac{\partial f}{\partial y}$ 的存在及计算，我们有下面的定理.

定理 如果函数 $z=f(x,y)$ 在点 $P(x,y)$ 处是可微分的，则函数在该点处沿任一方向 l 的方向导数都存在，且

$$\frac{\partial f}{\partial l}=\frac{\partial f}{\partial x}\cos\varphi+\frac{\partial f}{\partial y}\sin\varphi, \tag{9-42}$$

其中 φ 为 x 轴正向与方向 l 的夹角(见图 9-22).

证 因为函数 $z=f(x,y)$ 在点 $P(x,y)$ 处是可微分的，所以该函数的增量可表示为

$$f(x+\Delta x,y+\Delta y)-f(x,y)=\frac{\partial f}{\partial x}\Delta x+\frac{\partial f}{\partial y}\Delta y+o(\rho),$$

等式两端各除以 ρ，得

$$\begin{aligned}\frac{f(x+\Delta x,y+\Delta y)-f(x,y)}{\rho}&=\frac{\partial f}{\partial x}\frac{\Delta x}{\rho}+\frac{\partial f}{\partial y}\frac{\Delta y}{\rho}+\frac{o(\rho)}{\rho}\\&=\frac{\partial f}{\partial x}\cos\varphi+\frac{\partial f}{\partial y}\sin\varphi+\frac{o(\rho)}{\rho},\end{aligned}$$

故

$$\frac{\partial f}{\partial l}=\lim_{\rho\to 0}\frac{f(x+\Delta x,y+\Delta y)-f(x,y)}{\rho}=\frac{\partial f}{\partial x}\cos\varphi+\frac{\partial f}{\partial y}\sin\varphi.$$

例 9-40 求函数 $z=xe^{2y}$ 在点 $P(1,0)$ 处沿从点 $P(1,0)$ 到点 $Q(2,-1)$ 的方向的方向导数.

解 这里方向 l 即向量 $\overrightarrow{PQ}=\{1,-1\}$ 的方向，因此 x 轴正向与方向 l 的夹角 $\varphi=\frac{\pi}{4}$.

因为

$$\left.\frac{\partial z}{\partial x}\right|_{(1,0)}=\left.e^{2y}\right|_{(1,0)}=1,$$

$$\left.\frac{\partial z}{\partial y}\right|_{(1,0)}=\left.2xe^{2y}\right|_{(1,0)}=2,$$

故所求方向导数为

$$\frac{\partial f}{\partial l}=\frac{\partial f}{\partial x}\cos\varphi+\frac{\partial f}{\partial y}\sin\varphi=\cos\left(-\frac{\pi}{4}\right)+2\sin\left(-\frac{\pi}{4}\right)=-\frac{\sqrt{2}}{2}.$$

与之类似，可以定义三元函数 $u=f(x,y,z)$ 在点 $P(x,y,z)$ 处沿方向 l 的方向导数为

$$\frac{\partial f}{\partial l}=\lim_{\rho\to 0}\frac{f(x+\Delta x,y+\Delta y,z+\Delta z)-f(x,y,z)}{\rho},$$

其中 ρ 为点 $P(x,y,z)$ 与点 $P'(x+\Delta x,y+\Delta y,z+\Delta z)$ 的距离，即

$$\rho=\sqrt{(\Delta x)^2+(\Delta y)^2+(\Delta z)^2}.$$

设方向 l 的方向角为 α、β、γ，则有

$$\Delta x=\rho\cos\alpha,\ \Delta y=\rho\cos\beta,\ \Delta z=\rho\cos\gamma.$$

于是，当函数在点 $P(x,y,z)$ 处可微分时，函数在该点处沿任意方向 l 的方向导数都存在，且有

$$\frac{\partial f}{\partial l}=\frac{\partial f}{\partial x}\cos\alpha+\frac{\partial f}{\partial y}\cos\beta+\frac{\partial f}{\partial z}\cos\gamma. \tag{9-43}$$

例 9-41 求函数 $u=\ln(x+\sqrt{y^2+z^2})$ 在点 $A(1,0,1)$ 处沿从点 A 到点 $B(3,-2,2)$ 的方向的方向导数.

解 这里方向 l 即向量 $\overrightarrow{AB}=\{2,-2,1\}$ 的方向，向量 $\overrightarrow{AB}$ 的方向余弦为

$$\cos\alpha=\frac{2}{3},\ \cos\beta=-\frac{2}{3},\ \cos\gamma=\frac{1}{3},$$

又

$$\frac{\partial u}{\partial x}=\frac{1}{x+\sqrt{y^2+z^2}},$$

$$\frac{\partial u}{\partial y}=\frac{1}{x+\sqrt{y^2+z^2}}\cdot\frac{y}{\sqrt{y^2+z^2}},$$

$$\frac{\partial u}{\partial z}=\frac{1}{x+\sqrt{y^2+z^2}}\cdot\frac{z}{\sqrt{y^2+z^2}},$$

所以

$$\left.\frac{\partial u}{\partial x}\right|_A=\frac{1}{2},\ \left.\frac{\partial u}{\partial y}\right|_A=0,\ \left.\frac{\partial u}{\partial z}\right|_A=\frac{1}{2},$$

于是所求方向导数为

$$\frac{\partial u}{\partial l}=\frac{\partial u}{\partial x}\cos\alpha+\frac{\partial u}{\partial y}\cos\beta+\frac{\partial u}{\partial z}\cos\gamma=\frac{1}{2}\times\frac{2}{3}+0\times\left(-\frac{2}{3}\right)+\frac{1}{2}\times\frac{2}{3}=\frac{1}{2}.$$

例 9-42 设 $\boldsymbol{n}$ 是曲面 $2x^2+3y^2+z^2=6$ 在点 $P(1,1,1)$ 处的指向外侧的法向量，求函数 $u=\frac{1}{z}(6x^2+8y^2)^{1/2}$ 沿方向 $\boldsymbol{n}$ 的方向导数.

解 令 $F(x,y,z)=2x^2+3y^2+z^2-6$，则有

$$F_x|_P=4x|_P=4,\ F_y|_P=6y|_P=6,\ F_z|_P=2z|_P=2,$$

从而

$$\boldsymbol{n}=\{F_x,F_y,F_z\}=\{4,6,2\},$$

$$|\boldsymbol{n}|=\sqrt{4^2+6^2+2^2}=2\sqrt{14},$$

其方向余弦为 $\cos\alpha=\frac{2}{\sqrt{14}}$，$\cos\beta=\frac{3}{\sqrt{14}}$，$\cos\gamma=\frac{1}{\sqrt{14}}$. 又

$$\frac{\partial u}{\partial z}=\frac{6x}{z\sqrt{6x^2+8y^2}},\ \frac{\partial u}{\partial y}=\frac{6y}{z\sqrt{6x^2+8y^2}},\ \frac{\partial u}{\partial z}=-\frac{\sqrt{6x^2+8y^2}}{z^2},$$

所以

$$\left.\frac{\partial u}{\partial x}\right|_P=\frac{6}{\sqrt{14}},\ \left.\frac{\partial u}{\partial y}\right|_P=\frac{8}{\sqrt{14}},\ \left.\frac{\partial u}{\partial z}\right|_P=-\sqrt{14}.$$

于是所求方向导数为

$$\frac{\partial u}{\partial \boldsymbol{n}}=\frac{\partial u}{\partial x}\cos\alpha+\frac{\partial u}{\partial y}\cos\beta+\frac{\partial u}{\partial z}\cos\gamma=\frac{11}{7}.$$

9.7.2 梯度

与方向导数有关联的一个概念是函数的梯度.

定义 2 设函数 $z=f(x,y)$ 在平面区域 D 内具有一阶连续偏导数，则对于每一点 $P(x,y)\in D$，都可定义一个向量

$$\frac{\partial f}{\partial x}\boldsymbol{i}+\frac{\partial f}{\partial y}\boldsymbol{j},$$

称这个向量为函数 $z=f(x,y)$ 在点 $P(x,y)$ 处的**梯度**，记为 $\mathbf{grad}f(x,y)$，即

$$\mathbf{grad}f(x,y)=\frac{\partial f}{\partial x}\boldsymbol{i}+\frac{\partial f}{\partial y}\boldsymbol{j}. \tag{9-44}$$

如果 $\boldsymbol{e}=\cos\varphi\boldsymbol{i}+\sin\varphi\boldsymbol{j}$ 是与射线 l 同方向的单位向量，则由方向导数的计算公式可知

$$\begin{aligned}\frac{\partial f}{\partial l}&=\frac{\partial f}{\partial x}\cos\varphi+\frac{\partial f}{\partial y}\sin\varphi=\left\{\frac{\partial f}{\partial x},\frac{\partial f}{\partial y}\right\}\cdot\{\cos\varphi,\sin\varphi\}\\&=\mathbf{grad}f(x,y)\cdot\boldsymbol{e}=|\mathbf{grad}f(x,y)|\cos\theta,\end{aligned}$$

其中 $\theta=(\mathbf{grad}f(x,y)\widehat{,}\boldsymbol{e})$ 表示 $\mathbf{grad}f(x,y)$ 与 $\boldsymbol{e}$ 的夹角.

由此可见，$\frac{\partial f}{\partial l}$ 就是梯度在射线 l 上的投影(见图9-23). 如果射线 l 与梯度方向一致，则有

$$\cos(\mathbf{grad}f(x,y)\widehat{,}\boldsymbol{e})=1,$$

从而 $\frac{\partial f}{\partial l}$ 有最大值，即函数 f 沿梯度方向的方向导数达到最大值；如果射线 l 与梯度方向相反，则有

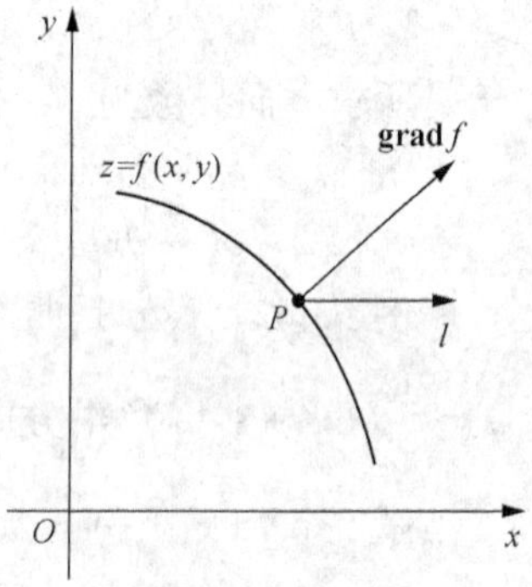

图 9-23

$$\cos(\mathbf{grad}f(x,y)\widehat{,}\boldsymbol{e})=-1,$$

从而 $\frac{\partial f}{\partial l}$ 有最小值，即函数 f 沿梯度的反方向的方向导数取得最小值. 因此，我们有如下结论：

函数在某点的梯度是这样一个向量，它的方向与取得最大方向导数的方向一致，而它的模为方向导数的最大值.

根据梯度的定义，梯度的模为

$$|\mathbf{grad}f(x,y)|=\sqrt{f_x^2+f_y^2}.$$

当 f_x 不为 0 时，x 轴与梯度的夹角的正切为 $\tan\theta=\frac{f_y}{f_x}$.

设三元函数 $u=f(x,y,z)$ 在空间区域 G 内具有一阶连续偏导数，我们可以类似地定义 $u=f(x,y,z)$ 在 G 内点 $P(x,y,z)$ 处的梯度为

$$\mathbf{grad}f(x,y,z)=\frac{\partial f}{\partial x}\boldsymbol{i}+\frac{\partial f}{\partial y}\boldsymbol{j}+\frac{\partial f}{\partial z}\boldsymbol{k}. \tag{9-45}$$

类似于二元函数，这个梯度也是一个向量，其方向与取得最大方向导数的方向一致，其模为方向导数的最大值.

例 9-43 求 $\mathbf{grad}\,\frac{1}{x^2+y^2}$.

解 这里 $f(x,y)=\frac{1}{x^2+y^2}$. 因为

$$\frac{\partial f}{\partial x}=-\frac{2x}{(x^2+y^2)^2},\quad \frac{\partial f}{\partial y}=-\frac{2y}{(x^2+y^2)^2},$$

所以

$$\mathbf{grad}\,\frac{1}{x^2+y^2}=-\frac{2x}{(x^2+y^2)^2}\boldsymbol{i}-\frac{2y}{(x^2+y^2)^2}\boldsymbol{j}.$$

例 9-44 函数 $u=xy^2+z^3-xyz$ 在点 $P_0(1,1,1)$ 处沿哪个方向的方向导数最大？最大值是多少？

解 由 $\frac{\partial u}{\partial x}=y^2-yz$，$\frac{\partial u}{\partial y}=2xy-xz$，$\frac{\partial u}{\partial z}=3z^2-xy$，得

$$\left.\frac{\partial u}{\partial x}\right|_{P_0}=0,\quad \left.\frac{\partial u}{\partial y}\right|_{P_0}=1,\quad \left.\frac{\partial u}{\partial z}\right|_{P_0}=2.$$

从而 $\mathbf{grad}u(P_0)=\{0,1,2\}$，$|\mathbf{grad}u(P_0)|=\sqrt{0+1+4}=\sqrt{5}$.

所以，函数 u 在点 P_0 处沿方向 $\{0,1,2\}$ 的方向导数最大，最大值是 $\sqrt{5}$.

下面我们简单地介绍数量场与向量场的概念.

如果对于空间区域 G 内任一点 M，都有一个确定的数量 $f(M)$，则称在此空间区域 G 内确定了一个**数量场**(如温度场、密度场等). 一个数量场可用一个数量函数 $f(M)$ 来确定. 如果与点 M 相对应的是一个向量 $\boldsymbol{F}(M)$，则称在此空间区域 G 内确定了一个**向量场**(如力场、速度场等). 一个向量场可用一个向量函数 $\boldsymbol{F}(M)$ 来确定，即

$$\boldsymbol{F}(M)=P(M)\boldsymbol{i}+Q(M)\boldsymbol{j}+R(M)\boldsymbol{k},$$

其中 $P(M)$、$Q(M)$、$R(M)$ 是点 M 的数量函数.

利用场的概念，我们可以说向量函数 $\mathbf{grad}f(M)$ 确定了一个向量场——**梯度场**，它是由数量场 $f(M)$ 产生的. 通常称函数 $f(M)$ 为这个向量场的**势**，而这个向量场又称为**势场**. 必须注意，任意一个向量场不一定是势场，因为它不一定是某个数量函数的梯度场.

例 9-45 试求数量场 $\frac{m}{r}$ 所产生的梯度场，其中 $m>0$，$r=\sqrt{x^2+y^2+z^2}$ 为坐标原点 O 与点 $M(x,y,z)$ 间的距离.

解 $\frac{\partial}{\partial x}\left(\frac{m}{r}\right)=-\frac{m}{r^2}\frac{\partial r}{\partial x}=-\frac{mx}{r^3}$，同理 $\frac{\partial}{\partial y}\left(\frac{m}{r}\right)=-\frac{my}{r^3}$，$\frac{\partial}{\partial z}\left(\frac{m}{r}\right)=-\frac{mz}{r^3}$，

从而
$$\mathbf{grad}\,\frac{m}{r}=-\frac{m}{r^2}\left(\frac{x}{r}\boldsymbol{i}+\frac{y}{r}\boldsymbol{j}+\frac{z}{r}\boldsymbol{k}\right).$$
如果用 $\boldsymbol{e}_r$ 表示与 $\overrightarrow{OM}$ 同方向的单位向量，则
$$\boldsymbol{e}_r=\frac{x}{r}\boldsymbol{i}+\frac{y}{r}\boldsymbol{j}+\frac{z}{r}\boldsymbol{k},$$
因此
$$\mathbf{grad}\,\frac{m}{r}=-\frac{m}{r^2}\boldsymbol{e}_r.$$

上式的右端在力学上解释为位于坐标原点 O 而质量为 m 的质点对位于点 M 而质量为 1 的质点的引力. 该引力的大小与两质点的质量的乘积成正比，而与它们的距离的平方成反比；该引力的方向由点 M 指向坐标原点. 因此，数量场 $\frac{m}{r}$ 的势场即梯度场 $\mathbf{grad}\,\frac{m}{r}$ 称为**引力势场**，而函数 $\frac{m}{r}$ 称为**引力势**.

梯度运算满足以下运算法则：设 u、v 可微，α、β 为常数，则

(1) $\mathbf{grad}(\alpha u+\beta v)=\alpha\mathbf{grad}u+\beta\mathbf{grad}v$;

(2) $\mathbf{grad}(u\cdot v)=u\mathbf{grad}v+v\mathbf{grad}u$;

(3) $\mathbf{grad}f(u)=f'(u)\mathbf{grad}u$.

证明略.

9.7.3 等高线

我们知道，二元函数 $z=f(x,y)$ 在几何上表示空间中的一个曲面，除此之外，在实际应用中，二元函数 $z=f(x,y)$ 常用于描绘等高线.

我们把满足方程 $f(x,y)=k$ (k 在函数 f 的值域内) 的曲线称为二元函数 f 的**等高线**. 按照定义，等高线 $f(x,y)=k$ 是函数 f 取已知值 k 的所有点 (x,y) 的集合. 它表示了在何处函数 f 的图形具有相同的 k(高度)，如图 9－24 所示.

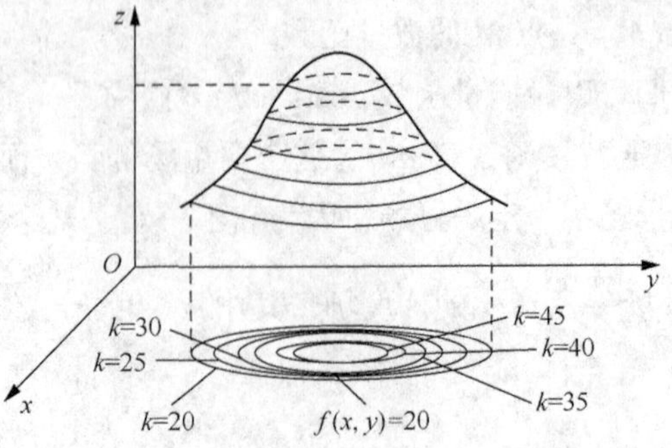

图 9－24

等高线的画法：用一系列平面 $z=k$ 截割曲面 $z=f(x,y)$，得到一系列空间曲线(水平截痕)，这些曲线在 xOy 面上的投影曲线就是所求等高线. 所以，如果画出一个函数的若干等高线，并将它们提升(或降低)到所对应的高度，则函数的图形也就大致得到了. 当按等间距 k 画出一组等高线 $f(x,y)=k$ 时，在等高线间隔小的地方，曲面较陡峭；而在等高线间隔大的地方，曲面较平坦.

等高线 $f(x,y)=k$ 上任一点 $P(x,y)$ 处的法线的斜率为

$$-\frac{1}{\frac{\mathrm{d}y}{\mathrm{d}x}}=-\frac{1}{\left(-\frac{f_x}{f_y}\right)}=\frac{f_y}{f_x},$$

这个方向恰好就是梯度 $\mathbf{grad}f(x,y)$ 的方向. 这个结果表明：函数在一点处的梯度方向与等高线在该点处的一个法线方向相同，即从数值较低的等高线指向数值较高的等高线，而梯度的模等于函数在这个法线方向的方向导数(见图 9-25).

根据上述结果，如果我们考虑一座山丘的地形图(等高线图)，用 $f(x,y)$ 表示坐标 (x,y) 的点的海拔高度，则通过与等高线垂直的方式我们可以画出一条最陡的上升曲线(见图 9-26).

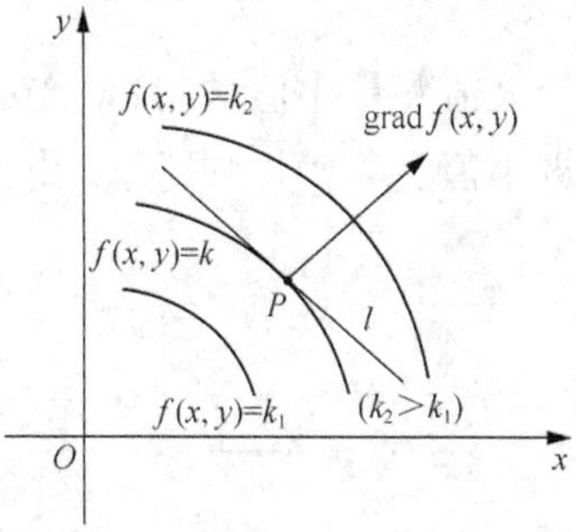

图 9-25

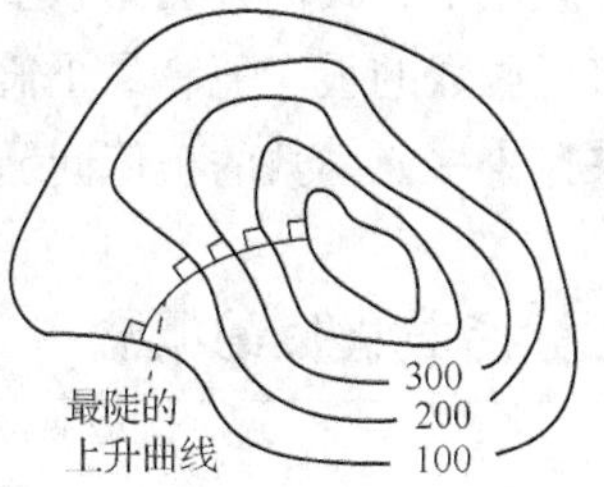

图 9-26

与之类似，设曲面 $f(x,y,z)=k$ 为函数 $u=f(x,y,z)$ 的**等量面**，此函数在点 $P(x,y,z)$ 处的梯度的方向与过点 P 的等量面 $f(x,y,z)=k$ 在该点处的一个法线方向相同，即从数值较低的等量面指向数值较高的等量面，而梯度的模等于函数在这个法线方向的方向导数.

习题 9.7

1. 求函数 $u=\ln(x^2+y^2+z^2)$ 在点 $M_0(0,1,2)$ 处沿向量 $\boldsymbol{l}=\{2,-1,-1\}$ 的方向导数.

2. 求函数 $z=\ln(x+y)$ 在抛物线 $y^2=4x$ 上的点 $(1,2)$ 处，沿着此抛物线在该点处偏向 x 轴正向的切线方向的方向导数.

3. 求函数 $u=xy+yz+zx$ 在点 $P(1,2,3)$ 处沿 P 点的向径方向的方向导数.

4. 求函数 $u=x^2+y^2+z^2$ 在曲线 $\begin{cases}x=t\\y=t^2\\z=t^3\end{cases}$ 上的点(1,1,1)处沿曲线在该点的切线正方向的方向导数.

5. 设 $f(x,y,z)=x^2+3y^2+5z^2+2xy-4y-8z$，求 $\mathbf{grad}f(0,0,0)$ 和 $\mathbf{grad}f(3,2,1)$.

6. 确定常数 λ，使在右半平面 $x>0$ 上的向量

$$\boldsymbol{A}(x,y)=\{2xy(x^4+y^2)^\lambda,-x^2(x^4+y^2)^\lambda\}$$

为某二元函数 $u(x,y)$ 的梯度，其中 $u(x,y)$ 具有连续的二阶偏导数.

7. 求函数 $u=x^2+y^2-z^2$ 在点 $M_1(1,0,1)$ 和点 $M_1(0,1,0)$ 处的梯度之间的夹角.

8. 设函数 $u=\ln\dfrac{1}{r}$，其中 $r=\sqrt{(x-a)^2+(y-b)^2+(z-c)^2}$，试讨论在空间哪些点处等式 $|\mathbf{grad}u|=1$ 成立.

§9.8 多元函数的极值及求法

在实际应用中，我们会遇到大量求多元函数最大值和最小值的问题. 与一元函数的情形类似，多元函数的最大值、最小值与极大值、极小值有着密切的联系. 下面我们以二元函数为例来讨论多元函数的极值问题.

9.8.1 二元函数极值的概念

定义 1 设函数 $z=f(x,y)$ 在点 (x_0,y_0) 的某一邻域内有定义，对于该邻域内异于 (x_0,y_0) 的任意一点 (x,y)，如果

$$f(x,y)<f(x_0,y_0),$$

则称函数在 (x_0,y_0) 处有**极大值**；如果

$$f(x,y)>f(x_0,y_0),$$

则称函数在 (x_0,y_0) 处有**极小值**；极大值、极小值统称为**极值**. 使函数取得极值的点称为**极值点**.

例 9-46 函数 $z=2x^2+3y^2$ 在点(0,0)处有极小值，画出函数图形.

解 因为对于点(0,0)的任一邻域内异于(0,0)的点，函数值都为正，而在点(0,0)处的函数值为0，从几何上看，$z=2x^2+3y^2$ 表示一开口向上的椭圆抛物面，点(0,0,0)是它的顶点，如图 9-27 所示.

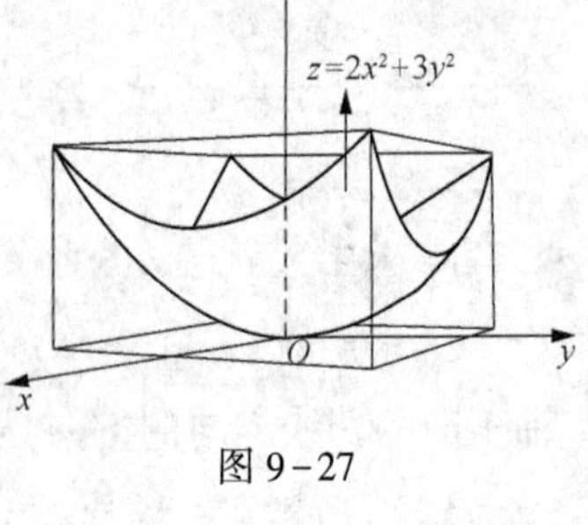

图 9-27

例9-47 函数$z=-\sqrt{x^2+y^2}$在点$(0,0)$处有极大值，画出函数图形.

解 因为在点$(0,0)$处的函数值为0，而对于点$(0,0)$的任一邻域内异于$(0,0)$的点，函数值都为负，从几何上看，点$(0,0,0)$是位于xOy面下方的锥面$z=-\sqrt{x^2+y^2}$的顶点，如图9-28所示.

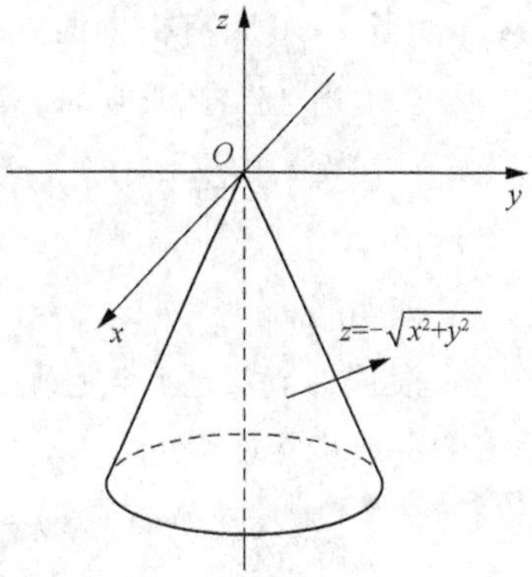

图9-28

例9-48 函数$z=y^2-x^2$在点$(0,0)$处无极值，画出函数图形.

解 从几何上看，该函数表示双曲抛物面(马鞍面)，如图9-29所示.

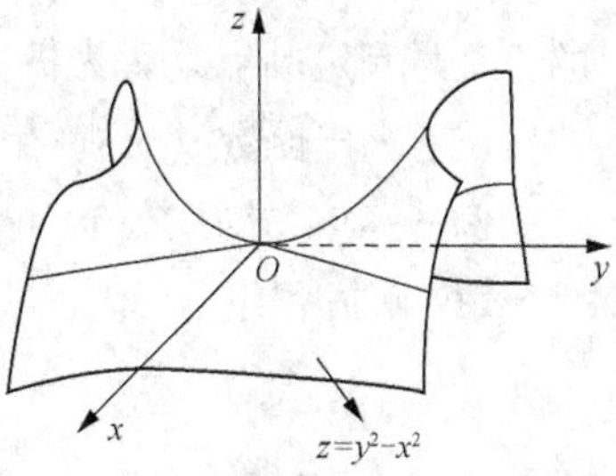

图9-29

以上关于二元函数极值的概念可推广到n元函数. 设n元函数$u=f(P)$在点P_0的某一邻域内有定义，如果对于该邻域内异于P_0的任何点P都有不等式

$$f(P)<f(P_0)\ (f(P)>f(P_0)),$$

则称函数$u=f(P)$在点P_0处有极大值(极小值)$f(P_0)$.

与导数在一元函数极值研究中的作用一样，偏导数也是研究多元函数极值的主要手段.

如果二元函数$z=f(x,y)$在点(x_0,y_0)处取得极值，那么固定$y=y_0$，一元函数$z=f(x,y_0)$在$x=x_0$处必取得相同的极值；同理，固定$x=x_0$，$z=f(x_0,y)$在$y=y_0$处也取得相同的极值. 因此，由一元函数极值的必要条件，我们可以得到二元函数极值的必要条件.

定理1(必要条件) 设函数$z=f(x,y)$在点(x_0,y_0)处具有偏导数，且在点(x_0,y_0)处有极值，则它在该点的偏导数必然为0，即

$$f_x(x_0,y_0)=0,\ f_y(x_0,y_0)=0.$$

与之类似，如果三元函数$z=f(x,y,z)$在点$P(x_0,y_0,z_0)$处具有偏导数，则它在点$P(x_0,y_0,z_0)$处有极值的必要条件为

$$f_x(x_0,y_0,z_0)=0,\ f_y(x_0,y_0,z_0)=0,\ f_z(x_0,y_0,z_0)=0.$$

与一元函数的情形类似，对于多元函数，凡是能使一阶偏导数同时为0的点都称为函数的**驻点**.

根据本节定理1，具有偏导数的函数的极值点必定是驻点. 但是函数的驻点不一定是极值点，例如，点$(0,0)$是函数$z=y^2-x^2$的驻点，但函数在该点并无极值.

如何判定一个驻点是否为极值点?

定理2(充分条件) 设函数$z=f(x,y)$在点(x_0,y_0)的某邻域内具有一阶及二阶连续偏导数，又$f_x(x_0,y_0)=0$，$f_y(x_0,y_0)=0$. 令

$$f_{xx}(x_0,y_0)=A,\ f_{xy}(x_0,y_0)=B,\ f_{yy}(x_0,y_0)=C.$$

(1) 当$AC-B^2>0$时，函数$f(x,y)$在点(x_0,y_0)处有极值，且当$A>0$时有极小值$f(x_0,$

y_0)；当 $A<0$ 时有极大值 $f(x_0,y_0)$.

(2) 当 $AC-B^2<0$ 时，函数 $f(x,y)$ 在点 (x_0,y_0) 处没有极值.

(3) 当 $AC-B^2=0$ 时，函数 $f(x,y)$ 在点 (x_0,y_0) 处可能有极值，也可能没有极值，需另行讨论.

证明略.

根据本节定理1与定理2，如果函数 $f(x,y)$ 具有二阶连续偏导数，则求 $z=f(x,y)$ 的极值的一般步骤如下.

(1) 解方程组 $\begin{cases} f_x(x,y)=0 \\ f_y(x,y)=0 \end{cases}$，求出 $f(x,y)$ 的所有驻点.

(2) 求出函数 $f(x,y)$ 的二阶偏导数，依次确定各驻点处 A、B、C 的值，并根据 $AC-B^2$ 的正负号判定驻点是否为极值点.

(3) 求出函数 $f(x,y)$ 在极值点处的函数值，就得到了 $f(x,y)$ 的全部极值.

例 9-49 求函数 $f(x,y)=x^3-y^3+3x^2+3y^2-9x$ 的极值.

解 解方程组

$$\begin{cases} f_x(x,y)=3x^2+6x-9=0 \\ f_y(x,y)=-3y^2+6y=0 \end{cases},$$

得驻点 (1,0)、(1,2)、(−3,0)、(−3,2). 再求出二阶偏导数

$$f_{xx}(x,y)=6x+6,\ f_{xy}(x,y)=0,\ f_{yy}(x,y)=-6x+6.$$

在点 (1,0) 处，$AC-B^2=12\times6>0$，又 $A>0$，故函数在该点处有极小值 $f(1,0)=-5$；

在点 (1,2) 和 (−3,0) 处，$AC-B^2=-12\times6<0$，故函数在这两点处没有极值；

在点 (−3,2) 处，$AC-B^2=(-12)\times(-6)>0$，又 $A<0$，故函数在该点处有极大值 $f(-3,2)=31$.

注意 在讨论一元函数的极值问题时，我们知道，函数的极值既可能在驻点处取得，也可能在导数不存在的点处取得. 同样，多元函数的极值也可能在个别偏导数不存在的点处取得. 例如，在例 9-47 中，函数 $z=-\sqrt{x^2+y^2}$ 在点 (0,0) 处有极大值，但该函数在点 (0,0) 处的偏导数不存在. 因此，在考虑函数的极值问题时，除了考虑函数的驻点外，还要考虑那些使偏导数不存在的点.

与一元函数类似，我们可以利用多元函数的极值来求多元函数的最大值和最小值. 9.1 节已经指出，如果函数 $f(x,y)$ 在有界闭区域 D 上连续，则 $f(x,y)$ 在 D 上必定能取得最大值和最小值，而函数的最大值点或最小值点必为函数的极值点或 D 的边界点. 因此，只需求出 $f(x,y)$ 在各驻点和不可导点的函数值及在边界上的最大值和最小值，然后加以比较即可.

我们假定函数 $f(x,y)$ 在 D 上连续、偏导数存在且驻点数量有限，则求函数 $f(x,y)$ 在 D 上的最大值和最小值的一般步骤如下.

(1) 求函数 $f(x,y)$ 在 D 内所有驻点处的函数值.

(2) 求函数 $f(x,y)$ 在 D 的边界上的最大值和最小值.

(3) 对(1)(2) 得到的所有函数值进行比较，其中最大者即为最大值，最小者即为最小值.

上述求最大值和最小值的方法比较复杂，这是因为要求的是 $f(x,y)$ 在 D 的边界上的最大值和最小值. 在通常遇到的实际问题中，如果根据问题的性质，可以判断出函数 $f(x,y)$ 的最大值(最小值) 一定在 D 的内部取得，而函数 $f(x,y)$ 在 D 内只有一个驻点，则可以肯定该驻点处的函数值就是函数 $f(x,y)$ 在 D 上的最大值(最小值).

例 9-50 某厂要用铁板制作一个体积为 2m^3 的有盖长方体水箱. 问：长、宽、高各取怎样的尺寸，才能使用料最省？

解 设水箱的长为 xm，宽为 ym，则其高应为 $\frac{2}{xy}$m，于是此水箱所用材料的面积为

$$S=2\left(xy+y\cdot\frac{2}{xy}+x\cdot\frac{2}{xy}\right)=2\left(xy+\frac{2}{x}+\frac{2}{y}\right)\quad(x>0,\ y>0).$$

可见材料面积 S 是 x 和 y 的二元函数(目标函数). 按题意，下面求这个函数的最小值点. 解方程组

$$\begin{cases}\dfrac{\partial S}{\partial x}=2\left(y-\dfrac{2}{x^2}\right)=0\\[2ex]\dfrac{\partial S}{\partial y}=2\left(x-\dfrac{2}{y^2}\right)=0\end{cases},$$

得唯一的驻点 $x=\sqrt[3]{2}$，$y=\sqrt[3]{2}$.

根据题意可以断定，水箱所用材料面积的最小值存在，并在区域 $D=\{(x,y)\mid x>0,y>0\}$ 内取得. 又函数在 D 内只有唯一的驻点，因此该驻点即所求最小值点. 由此可知，当水箱的长为 $\sqrt[3]{2}$ m、宽为 $\sqrt[3]{2}$ m、高为 $\sqrt[3]{2}$ m 时，用料最省.

注意 例 9-50 的结论表明：体积一定的长方体中，立方体的表面积最小.

9.8.2 条件极值与拉格朗日乘数法

上面所讨论的极值问题，对函数的自变量除了限制在函数的定义域内以外，并无其他限制条件，这类极值称为**无条件极值**. 但在实际应用中，常会遇到对函数的自变量还有附加条件的极值问题.

例如，求表面积为 a^2 而体积最大的长方体的体积问题. 设长方体的长、宽、高分别为 x、y、z，则体积 $V=xyz$. 因为长方体的表面积是定值，所以自变量 x、y、z 还需满足附加条件 $2(xy+yz+xz)=a^2$. 像这样对自变量有附加条件的极值称为**条件极值**.

有些条件极值问题可以转化为无条件极值问题，例如，在上述问题中，可以从 $2(xy+yz+xz)=a^2$ 获得变量 z 关于变量 x、y 的表达式，将其代入体积 $V=xyz$ 的表达式，即可将条件极值问题转化为无条件极值问题. 但在更多的情况下，这种转化并不方便. 下面，我们

介绍解一般条件极值问题的拉格朗日乘数法.

已知条件为

$$G(x,y,z)=0, \tag{9-46}$$

求目标函数

$$u=f(x,y,z) \tag{9-47}$$

的极值.

设 f 和 G 具有连续的偏导数，且 $G_z \neq 0$. 由隐函数存在定理，方程(9-46)确定了一个隐函数 $z=z(x,y)$，且它的偏导数为

$$\frac{\partial z}{\partial x}=-\frac{G_x}{G_z},\ \frac{\partial z}{\partial y}=-\frac{G_y}{G_z},$$

于是该条件极值问题可以化为求函数

$$u=f[x,y,z(x,y)] \tag{9-48}$$

的无条件极值问题.

设 (x_0,y_0) 为方程(9-48)的极值点，$z_0=z(x_0,y_0)$，由 9.8.1 节定理 1(必要条件)可知，极值点 (x_0,y_0) 必须满足条件

$$\frac{\partial u}{\partial x}=0,\ \frac{\partial u}{\partial y}=0.$$

应用复合函数求导法则以及上式，得

$$\begin{cases}\dfrac{\partial u}{\partial x}=f_x+f_z\dfrac{\partial z}{\partial x}=f_x-\dfrac{G_x}{G_z}f_z=0\\[2ex]\dfrac{\partial u}{\partial y}=f_y+f_z\dfrac{\partial z}{\partial y}=f_y-\dfrac{G_y}{G_z}f_z=0\end{cases},$$

即所求问题的解 (x_0,y_0,z_0) 必须满足关系式

$$\frac{f_x(x_0,y_0,z_0)}{G_x(x_0,y_0,z_0)}=\frac{f_y(x_0,y_0,z_0)}{G_y(x_0,y_0,z_0)}=\frac{f_z(x_0,y_0,z_0)}{G_z(x_0,y_0,z_0)}.$$

若将上式的公共比值记为 $-\lambda$，则 (x_0,y_0,z_0) 必须满足:

$$\begin{cases}f_x+\lambda G_x=0\\f_y+\lambda G_y=0.\\f_z+\lambda G_z=0\end{cases} \tag{9-49}$$

因此，(x_0,y_0,z_0) 除了应满足约束条件方程(9-46)外，还应满足方程(9-48). 换句话说，函数 $u=f(x,y,z)$ 在约束条件 $G(x,y,z)=0$ 下的极值点 (x_0,y_0,z_0) 是方程组

$$\begin{cases}f_x+\lambda G_x=0\\f_y+\lambda G_y=0\\f_z+\lambda G_z=0\\G(x,y,z)=0\end{cases} \tag{9-50}$$

的解. 容易看到，方程组(9-50)恰好是四个独立变量 x、y、z、λ 的函数

$$L(x,y,z,\lambda)=f(x,y,z)+\lambda G(x,y,z) \tag{9-51}$$

取到极值的必要条件. 这里引进的函数 $L(x,y,z,\lambda)$ 称为**拉格朗日函数**，它将有约束条件的极值问题转化为普通的无条件极值问题. 通过解方程组(9-50)，得 x、y、z、λ，然后研究相应的 (x,y,z) 是否为问题的极值点，这种方法即**拉格朗日乘数法**.

利用拉格朗日乘数法求函数 $u=f(x,y,z)$ 在条件 $G(x,y,z)=0$ 下的极值的一般步骤如下.

(1) 构造拉格朗日函数 $L(x,y,z,\lambda)=f(x,y,z)+\lambda G(x,y,z)$，其中 λ 为某一常数.

(2) 求其对 x、y、z 的一阶偏导数，令之为 0，并与 $G(x,y,z)=0$ 联立成方程组

$$\begin{cases}L_x=f_x+\lambda G_x=0\\L_y=f_y+\lambda G_y=0\\L_z=f_z+\lambda G_z=0\\G(x,y,z)=0\end{cases},$$

解出 x、y、z，即得所求条件极值的可能极值点.

注意 拉格朗日乘数法只给出函数取极值的必要条件，因此，按照这种方法求出来的点是否为极值点，还需要加以讨论. 不过，在实际问题中，往往可以根据问题本身的性质来判定所求的点是不是极值点.

拉格朗日乘数法可推广到自变量多于两个而条件多于一个的情形. 例如，求函数 $u=f(x,y,z,t)$ 在条件 $\varphi(x,y,z,t)=0$、$\psi(x,y,z,t)=0$ 下的极值. 可构造拉格朗日函数

$$L(x,y,z,t,\lambda,\mu)=f(x,y,z,t)+\lambda\varphi(x,y,z,t)+\mu\psi(x,y,z,t),$$

其中 λ、μ 均为常数. 用 $L(x,y,z,t,\lambda,\mu)$ 关于变量 x、y、z、t 的偏导数为 0 的方程组联立条件中的两个方程，解出 x、y、z、t，即得所求条件极值的可能极值点.

例 9-51 求表面积为 a^2 而体积最大的长方体的体积.

解 设长方体的长、宽、高分别为 x、y、z，则题设问题归结为在约束条件

$$\varphi(x,y,z)=2xy+2yz+2xz-a^2=0$$

下，求函数 $V=xyz(x>0,y>0,z>0)$ 的最大值.

构造拉格朗日函数

$$L(x,y,z,\lambda)=xyz+\lambda(2xy+2yz+2xz-a^2),$$

由方程组

$$\begin{cases}L_x=yz+2\lambda(y+z)=0\\L_y=xz+2\lambda(x+z)=0\\L_z=xy+2\lambda(x+y)=0\\2xy+2yz+2xz-a^2=0\end{cases}$$

解得唯一的可能极值点 $x=y=z=\dfrac{\sqrt{6}}{6}a$. 由问题本身的意义及驻点的唯一性可知，该点就是所求的最大值点. 即表面积为 a^2 的长方体中，棱长为 $\dfrac{\sqrt{6}}{6}a$ 的立方体的体积最大，且最大体

积为 $V=\frac{\sqrt{6}}{36}a^3$.

例 9-52 设销售收入 R(单位：万元) 与花费在两种广告宣传上的费用 x、y(单位：万元) 之间的关系为

$$R=\frac{200x}{x+5}+\frac{100y}{10+y},$$

利润额相当于五分之一的销售收入，并要扣除广告费用. 已知广告费用总预算金是 25 万元，试问如何分配两种广告费用可使利润最大.

解 设利润为 L，则

$$L=\frac{1}{5}R-x-y=\frac{40x}{x+5}+\frac{20y}{10+y}-x-y,$$

题设问题归结为求 L 在条件 $x+y=25$ 下的最大值.

构造拉格朗日函数

$$L(x,y,z,\lambda)=\frac{40x}{x+5}+\frac{20y}{10+y}-x-y+\lambda(x+y-25),$$

由方程组 $\begin{cases} L_x=\dfrac{200}{(x+5)^2}-1+\lambda=0 \\ L_y=\dfrac{200}{(y+10)^2}-1+\lambda=0 \\ x+y-25=0 \end{cases}$

解得唯一的可能极值点 $x=15$，$y=10$. 由问题本身的意义及驻点的唯一性可知，当投入两种广告的费用分别为 15 万元和 10 万元时，可使利润最大.

9.8.3 最小二乘法

在自然科学和经济分析中，往往要利用实验或调查得到的数据建立各个量之间的相依关系. 这种关系用数学方程给出，叫作**经验公式**. 建立经验公式的一个常用方法就是最小二乘法. 下面我们用两个变量有线性关系的情形来说明.

为了确定一对变量 x 与 y 的相依关系，我们对它们进行 n 次测量(实验或调查)，得到 n 对数据：

$$(x_1,y_1),(x_2,y_2),\cdots,(x_n,y_n).$$

将这些数据看作直角坐标系 xOy 中的点 $A_1(x_1,y_1),A_2(x_2,y_2),\cdots,A_n(x_n,y_n)$，并把它们画在坐标平面上，如图 9-30 所示. 如果这些点几乎分布在一条直线上，我们就认为 x 与 y 之间存在着线性关系，设其方程为

$$y=ax+b,$$

其中 a 与 b 为待定参数.

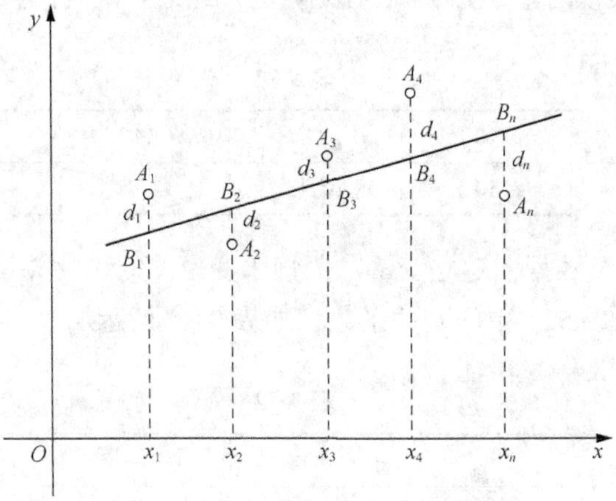

图 9-30

设在直线上与点 $A_i(i=1,2,\cdots,n)$ 横坐标相同的点为

$$B_1(x_1,ax_1+b),B_2(x_2,ax_2+b),\cdots,B_n(x_n,ax_n+b).$$

A_i 与 $B_i(i=1,2,\cdots,n)$ 的距离

$$d=|ax_i+b-y_i|$$

叫作实测值与理论值的误差. 现在要求一组数 a 与 b，使误差的平方和

$$S=\sum_{i=1}^{n}(ax_i+b-y_i)^2$$

最小，这种方法叫作**最小二乘法**.

下面我们用求二元函数极值的方法，给出 a 与 b 的求解方法.

因为 S 是 a、b 的二元函数，所以由极值存在的必要条件应有

$$S'_a=2\sum_{i=1}^{n}(ax_i+b-y_i)x_i=0,$$

$$S'_b=2\sum_{i=1}^{n}(ax_i+b-y_i)=0.$$

对上两式进行整理，得出关于 a、b 的方程组

$$a\sum_{i=1}^{n}x_i^2+b\sum_{i=1}^{n}x_i=\sum_{i=1}^{n}x_iy_i$$

$$a\sum_{i=1}^{n}x_i+nb=\sum_{i=1}^{n}y_i. \qquad (9-52)$$

方程组(9-52) 称为最小二乘法标准方程组. 由它解出 a 与 b，再代入线性方程，即得所求的经验公式：

$$y=ax+b.$$

例 9-53 两个相依的量 x 与 y，y 由 x 确定，经过 6 次测试，得数据如表 9-1 所示.

表 9-1

x	8	10	12	14	16	18
y	8	10	10.43	12.78	14.4	16

试利用表 9-1 中的测试数据，建立变量 y 依赖于变量 x 的线性关系.

解 计算方程组(9-52) 中的有关系数，如表 9-2 所示.

表 9-2

i	x_i	y_i	x_i^2	x_iy_i
1	8	8	64	64
2	10	10	100	100
3	12	10.43	144	125.16
4	14	12.78	196	178.92
5	16	14.4	256	230.4
6	18	16	324	288
$\sum$	78	71.61	1084	986.48

将表 9-2 中的数字代入方程组(9-52)，得

$$\begin{cases}1084a+78b=986.48\\78a+6b=71.61\end{cases}.$$

解此方程组，得 $a=0.7936$，$b=1.6186$.

则变量 y 依赖于变量 x 的线性关系为

$$y=0.7936x+1.6186.$$

习题 9.8

1. 求函数 $f(x,y)=x^3+y^3-3xy$ 的极值.

2. 求函数 $f(x,y)=(x^2+y^2)^2-2(x^2-y^2)$ 的极值.

3. 求函数 $f(x,y)=\mathrm{e}^{2x}(x+y^2+2y)$ 的极值.

4. 设函数 $f(x,y)=\sin x+\cos y+\cos(x-y)$，$0\leqslant x$，$y\leqslant\dfrac{\pi}{2}$，求函数的极值.

5. 求由方程 $x^2+y^2+z^2-2x+2y-4z-10=0$ 确定的函数 $z=f(x,y)$ 的极值.

6. 欲围一个面积为 $60\mathrm{m}^2$ 的矩形场地，正面所用材料每米造价 10 元，其余三面所用材料每米造价 5 元，求场地的长、宽各为多少时，所用材料费最少.

7. 将周长为 $2p$ 的矩形绕它的一边旋转，构成一个圆柱体，问：矩形的边长各为多少时，圆柱体的体积最大？

8. 抛物面 $z = x^2 + y^2$ 被平面 $x + y + z = 1$ 截得一椭圆，求坐标原点到此椭圆的最长与最短距离.

9. 某工厂生产两种产品 A 与 B，出售单价分别为 10 元与 9 元，生产 x 单位的产品 A 与生产 y 单位的产品 B 的总费用是

$$400 + 2x + 3y + 0.01(3x^2 + xy + 3y^2)\text{（元）}.$$

求取得最大利润时两种产品的产量.

10. 为了测定刀具的磨损速度，按每隔一小时测量一次刀具厚度的方式，得表 9－3 所示的实测数据.

表 9－3

顺序编号 i	0	1	2	3	4	5	6	7
时间 t_i/h	0	1	2	3	4	5	6	7
刀具厚度 y_i/mm	27	26.8	26.5	26.3	26.1	25.7	25.3	24.8

试根据这组实测数据，建立变量 y 和变量 t 之间的经验公式 $y = f(t)$.

复习题 9

A 类

1. 求函数 $z = \sqrt{(x^2 + y^2 - a^2)(2a^2 - x^2 - y^2)}\ (a > 0)$ 的定义域.

2. 求下列极限.

(1) $\lim\limits_{\substack{x\to\infty \\ y\to\infty}} \left(1 + \dfrac{1}{x}\right)^{\frac{x^2}{x+y}}$；　　(2) $\lim\limits_{\substack{x\to\infty \\ y\to\infty}} \dfrac{x + y}{x^2 - xy + y^2}$.

3. 试判断极限 $\lim\limits_{\substack{x\to 0 \\ y\to 0}} \dfrac{x^2 y}{x^4 + y^2}$ 是否存在.

4. 讨论二元函数 $f(x,y) = \begin{cases} (x+y)\cos\dfrac{1}{x}, & x \neq 0 \\ 0, & x = 0 \end{cases}$ 在点 $(0,0)$ 处的连续性.

5. 求下列函数的偏导数.

(1) $z = \int_0^{xy} e^{-t^2}\,dt$；　　(2) $u = \arctan(x - y)^2$.

6. 设 $r = \sqrt{x^2 + y^2 + z^2}$，证明 $\dfrac{\partial^2 r}{\partial x^2} + \dfrac{\partial^2 r}{\partial y^2} + \dfrac{\partial^2 r}{\partial z^2} = \dfrac{2}{r}$.

7. 求函数 $u=\arcsin\dfrac{z}{\sqrt{x^2+y^2}}$ 的全微分.

8. 求 $u(x,y,z)=x^y y^z z^x$ 的全微分.

9. 设 $z=(x^2+y^2)\mathrm{e}^{-\arctan\frac{y}{x}}$，求 $\mathrm{d}z$，$\dfrac{\partial^2 z}{\partial x\partial y}$.

10. 设 $f(x,y)=\begin{cases}\dfrac{x^2y}{x^2+y^2}, & x^2+y^2\neq 0\\ 0, & x^2+y^2=0\end{cases}$，求 $f_x(x,y)$ 及 $f_y(x,y)$.

11. 设 $f(x,y)=\begin{cases}\dfrac{\sqrt{|xy|}}{x^2+y^2}\sin(x^2+y^2), & x^2+y^2\neq 0\\ 0, & x^2+y^2=0\end{cases}$，讨论 $f(x,y)$ 在点 $(0,0)$ 处的可微分性.

12. 设 $f(x,y)=\begin{cases}(x^2+y^2)\sin\dfrac{1}{x^2+y^2}, & x^2+y^2\neq 0\\ 0, & x^2+y^2=0\end{cases}$，回答问题并说明理由.

(1) 在点 $(0,0)$ 处偏导数是否存在？(2) 在点 $(0,0)$ 处偏导数是否连续？(3) 该函数在点 $(0,0)$ 处是否可微分？

13. 设 $u=\dfrac{\mathrm{e}^{ax}(y-z)}{a^2+1}$，$y=a\sin x$，$z=\cos x$，求$\dfrac{\mathrm{d}y}{\mathrm{d}x}$.

14. 设 $z=xy+xF(u)$，而 $u=\dfrac{y}{x}$，$F(u)$ 为可导函数，证明 $x\dfrac{\partial z}{\partial x}+y\dfrac{\partial z}{\partial y}=z+xy$.

15. 设 $z=f(u,x,y)$，$u=x\mathrm{e}^y$，其中 f 具有连续的二阶偏导数，求$\dfrac{\partial^2 z}{\partial x\partial y}$.

16. 设 $u=\dfrac{x+y}{x-y}(x\neq y)$，求$\dfrac{\partial^{m+n}z}{\partial x^m\partial y^n}$($m,n$ 为自然数).

17. 设 $z=z(x,y)$ 为由方程 $xyz+\sqrt{x^2+y^2+z^2}=\sqrt{2}$ 所确定的隐函数，求$\dfrac{\partial z}{\partial x}$和$\dfrac{\partial z}{\partial y}$.

18. 设方程 $F\left(\dfrac{x}{z},\dfrac{y}{z}\right)=0$ 确定了函数 $z=z(x,y)$，求$\dfrac{\partial z}{\partial x}$，$\dfrac{\partial z}{\partial y}$.

19. 设 z 为由方程 $f(x+y,y+z)=0$ 所确定的函数，求 $\mathrm{d}z$，$\dfrac{\partial^2 z}{\partial x^2}$.

20. 设 $z^3-3xyz=a^3$，求$\dfrac{\partial^2 z}{\partial x\partial y}$.

B 类

1. 设$\begin{cases}z=x^2+y^2\\ x^2+2y^2+3z^2=0\end{cases}$，求$\dfrac{\mathrm{d}y}{\mathrm{d}x}$，$\dfrac{\mathrm{d}z}{\mathrm{d}x}$.

2. 求椭球面 $x^2+2y^2+z^2=1$ 上平行于平面 $x-y+2z=0$ 的切平面方程.

3. 求螺旋线 $\begin{cases}x=a\cos\theta\\ y=a\sin\theta\\ z=b\theta\end{cases}$ 在点 $(a,0,0)$ 处的切线方程及法平面方程.

4. 在曲面 $z=xy$ 上求一点，使这点处的法线垂直于平面 $x+3y+z+9=0$，写出该法线的方程.

5. 试证曲面 $\sqrt{x}+\sqrt{y}+\sqrt{z}=\sqrt{a}\ (a>0)$ 上任何点的切平面在各坐标轴上的截距之和等于 a.

6. 求函数 $u=x+y+z$ 在球面 $x^2+y^2+z^2=1$ 上的点 (x_0,y_0,z_0) 处，沿球面在该点的外法线方向的方向导数.

7. 求函数 $z=xy$ 在点 (x,y) 处沿向量 $\boldsymbol{l}=\{\cos\alpha,\sin\alpha\}$ 方向的方向导数，并求在这点处的梯度和最大的方向导数及最小的方向导数.

8. 设 u、v 都是 x、y、z 的函数，u、v 的各偏导数存在且连续，证明：

(1) $\mathbf{grad}(u+v)=\mathbf{grad}u+\mathbf{grad}v$；

(2) $\mathbf{grad}(uv)=v\mathbf{grad}u+u\mathbf{grad}v$.

9. 求函数 $f(x,y)=\ln(1+x^2+y^2)+1-\dfrac{x^3}{15}-\dfrac{y^3}{4}$ 的极值.

10. 将正数 a 分成三个正数 x、y、z，使 $f=x^my^nz^p$ 最大，其中 m、n、p 均为已知数.

11. 某厂家生产的一种产品同时在两个市场销售，售价分别为 p_1 和 p_2，销售量分别为 q_1 和 q_2，需求函数分别为 $q_1=24-0.2p_1$ 和 $q_2=10-0.05p_2$，总成本函数为 $C=35+40(q_1+q_2)$. 问：厂家如何确定商品在两个市场的售价，才能使获得的总利润最大？最大总利润为多少？

12. 某公司可通过电台及报纸两种方式做某种产品的广告. 根据统计资料，销售收入 R(单位：万元) 与电台广告费用 x_1(单位：万元) 及报纸广告费用 x_2(单位：万元) 之间的关系有如下的经验公式：

$$R=15+14x_1+32x_2-8x_1x_2-2x_1^2-10x_2^2.$$

(1) 在广告费用不限的情况下，求最优广告策略.

(2) 若广告费用为 1.5 万元，求相应的最优广告策略.

第 10 章 重积分

本章和第 11 章讲解的内容属于多元函数积分学. 重积分与一元函数定积分一样，是应实际问题的需要而产生的，它是定积分的推广，把定积分的积分区间推广成(平面或空间)区域或曲线段，相应地就可以得到重积分或曲线积分的概念. 无论上述哪一种积分，都是以“分割、作近似、求和、取极限”为基本思想的. 因此，读者在学习中要注意抓住多元函数的各种积分与定积分的共同点和区别，这对理解本章和第 11 章的内容是很有帮助的. 本章介绍重积分(包括二重积分和三重积分) 的概念、算法和应用.

§10.1 二重积分的概念与性质

10.1.1 引例

首先以计算曲顶柱体的体积和非均匀平面薄片的质量为例，引入二重积分的概念.

例 10-1 设有一立体，它的底是 xOy 面上的闭区域 D，它的侧面是以 D 的边界曲线为准线，母线平行于 z 轴的柱面，它的顶是曲面 $z=f(x,y)$，这里 $f(x,y)\geqslant 0$，而且是 D 上的连续函数，则称这种立体为曲顶柱体(见图 10-1). 求上述曲顶柱体的体积.

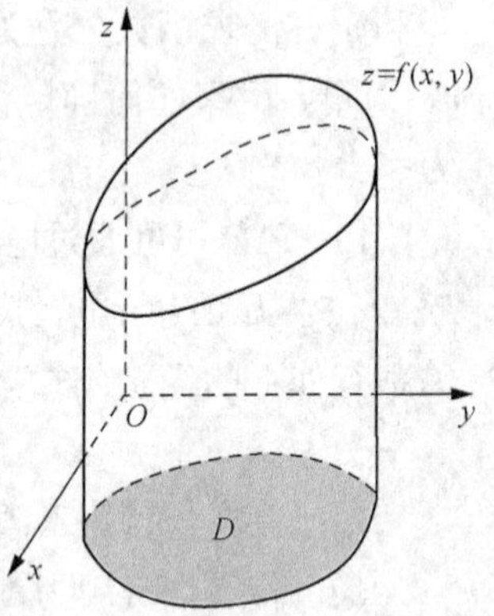

图 10-1

解 如果 $f(x,y)$ 是常数，曲顶柱体就转化为平顶柱体，它的体积可以用公式

$$体积=底面积\times高$$

来定义和计算. 但对曲顶柱体，当点 (x,y) 在区域 D 上变动时，高度 $f(x,y)$ 是个变量，因此它的体积不能直接用上式来定义和计算. 在《高等数学(上册)》求曲边梯形面积的思想可以被我们借鉴，用来解决目前的问题.

(1) 分割

首先，用一组网线把区域 D 分成 n 个小闭区域：

$$\Delta\sigma_1,\Delta\sigma_2,\cdots,\Delta\sigma_n.$$

分别以这些小闭区域的边界曲线为准线，作母线平行于 z 轴的柱面，这些柱面把原来的曲顶柱体分为 n 个小曲顶柱体.

(2) 作近似

当这些小闭区域的直径很小时，由于$f(x,y)$连续，对同一个小闭区域来说，$f(x,y)$变化很小，这时小曲顶柱体可看作平顶柱体. 我们在每个$\Delta\sigma_i$(这些小闭区域的面积也记作$\Delta\sigma_i$) 中任取一点(ξ_i,η_i)，以$f(\xi_i,\eta_i)$为高、以$\Delta\sigma_i$为底的平顶柱体(见图 10-2) 的体积为

$$\Delta V_i \approx f(\xi_i,\eta_i)\Delta\sigma_i \quad (i=1,2,\cdots,n).$$

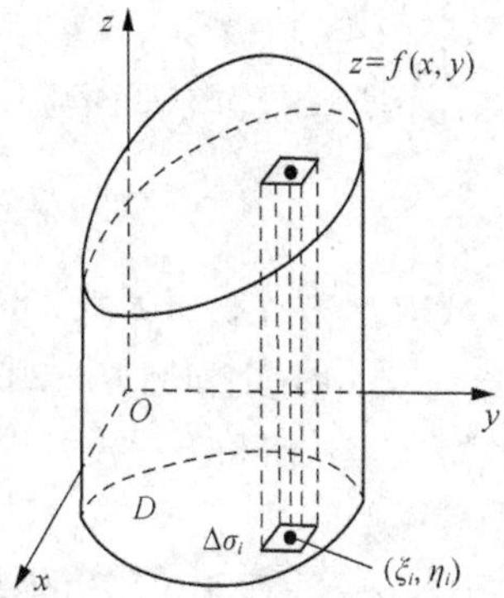

图 10-2

(3) 求和

这 n 个平顶柱体体积之和为所求曲顶柱体的体积 V 的近似值：

$$V=\sum_{i=1}^{n}\Delta V_i \approx \sum_{i=1}^{n} f(\xi_i,\eta_i)\Delta\sigma_i.$$

(4) 取极限

当分割越来越细，令 n 个小闭区域的直径中的最大值(记作λ) 趋于 0 时，取上式的极限，便得到曲顶柱体体积 V，即

$$V=\lim_{\lambda\to 0}\sum_{i=1}^{n} f(\xi_i,\eta_i)\Delta\sigma_i.$$

例 10-2 设有一个平面薄片占有 xOy 面上的闭区域 D，它的点(x,y)处的面密度为$\rho(x,y)$，这里$\rho(x,y)>0$，且在 D 上连续. 计算该非均匀平面薄片的质量 M.

解 如果薄片是均匀的，即面密度是常数，那么薄片的质量可以用公式

质量 = 面密度×面积

来计算. 现在面密度$\rho(x,y)$是变量，薄片的质量就不能直接用上式来计算. 但是处理曲顶柱体体积问题的方法可以用来解决这个问题.

(1) 分割

用任意一组网线把区域 D 分成 n 个小闭区域$\Delta\sigma_i$，如图 10-3 所示，薄片被分成许多小薄片，其面积也用$\Delta\sigma_i$表示.

(2) 作近似

在$\Delta\sigma_i$上任取一点(ξ_i,η_i)，由于$\rho(x,y)$连续，当小闭区域$\Delta\sigma_i$的直径很小时，可将小薄片看作质量均匀的，其密度近似等于$\rho(\xi_i,\eta_i)$，从而$\Delta\sigma_i$对应的小薄片的质量近似等于

$$\rho(\xi_i,\eta_i)\Delta\sigma_i \quad (i=1,2,\cdots,n).$$

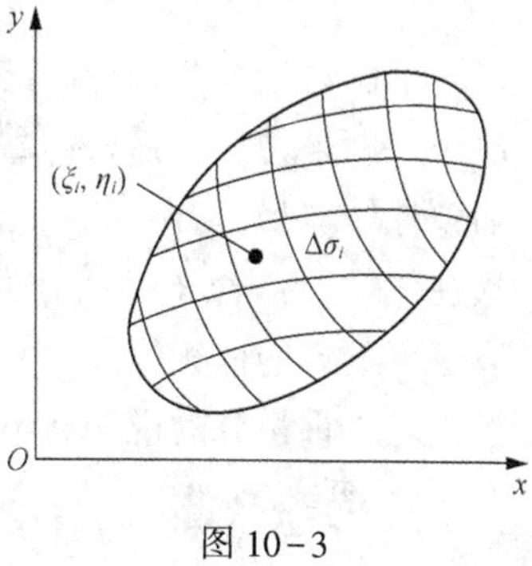

图 10-3

(3) 求和

对 i 求和，可得所求非均匀平面薄片的质量近似值

$$M\approx\sum_{i=1}^{n}\rho(\xi_i,\eta_i)\Delta\sigma_i.$$

(4) 取极限

所求非均匀平面薄片质量 M 的精确值

$$M=\lim_{\lambda\to 0}\sum_{i=1}^{n}\rho(\xi_i,\eta_i)\Delta\sigma_i,$$

其中 λ 为各小闭区域 $\Delta\sigma_i(i=1,2,\cdots,n)$ 的直径最大值.

例 10-1 和例 10-2 的实际意义虽然不同，但所求量都归结为同一形式的和的极限. 在物理、几何和工程技术中，许多物理量或几何量都可归结为同一形式的和的极限.

10.1.2　二重积分的概念

定义 设 $f(x,y)$ 是有界闭区域 D 上的有界函数. 将闭区域 D 任意分成 n 个小闭区域 $\Delta\sigma_1,\Delta\sigma_2,\cdots,\Delta\sigma_n$，其中 $\Delta\sigma_i$ 表示第 i 个小闭区域，也表示它的面积. 在每个 $\Delta\sigma_i$ 上任取一点 (ξ_i,η_i)，作乘积 $f(\xi_i,\eta_i)\sigma_i(i=1,2,\cdots,n)$ 并求和 $\sum\limits_{i=1}^{n}f(\xi_i,\eta_i)\Delta\sigma_i$. 当小闭区域的直径中的最大值 λ 趋于0时，和的极限点存在，且与闭区域 D 的分法及点 (ξ_i,η_i) 的取法无关，则称此极限为函数 $f(x,y)$ 在闭区域 D 上的**二重积分**，记作 $\iint\limits_D f(x,y)d\sigma$，即

$$\iint\limits_D f(x,y)\mathrm{d}\sigma=\lim_{\lambda\to 0}\sum_{i=1}^{n}f(\xi_i,\eta_i)\Delta\sigma_i,$$

其中 $f(x,y)$ 称为**被积函数**，$f(x,y)\mathrm{d}\sigma$ 称为**被积表达式**，$d\sigma$ 称为**面积元素**，x 与 y 称为**积分变量**，D 称为**积分区域**，$\sum\limits_{i=1}^{n}f(\xi_i,\eta_i)\Delta\sigma_i$ 称为**积分和**.

根据二重积分的定义，例 10-1 中的曲顶柱体体积 $V=\iint\limits_D f(x,y)\mathrm{d}\sigma$，其中 σ 表示积分区域 D 的面积；例 10-2 中的非均匀平面薄片质量 $M=\iint\limits_D \rho(x,y)\mathrm{d}\sigma$.

下面讨论二重积分的几何意义.

一般来说，若 $f(x,y)\geqslant 0$，将被积函数看作 (x,y) 处的竖坐标，二重积分的几何意义为曲顶柱体体积；若 $f(x,y)<0$，柱体位于 xOy 面下方，二重积分值为负，其绝对值等于曲顶柱体体积；若 $f(x,y)$ 在区域 D 的若干部分为正，其余为负，则可以把 xOy 面上方的体积取正，下方的体积取负，$f(x,y)$ 在 D 上的二重积分就等于该区域内柱体体积的代数和.

对二重积分的说明如下.

(1) 若二重积分 $\iint\limits_D f(x,y)\mathrm{d}\sigma$ 存在，称 $f(x,y)$ 在 D 上可积. 可以证明，若函数 $f(x,y)$ 在区域 D 上连续，则 $f(x,y)$ 为 D 上的可积函数. 本书都假定被积函数 $f(x,y)$ 在积分区域 D 上连续.

(2) 根据本节定义 1，二重积分的存在与区域 D 的分割方法无关，因此，在直角坐标系中通常取平行于两坐标轴的网线来分割 D，那么除了包含边界点的一些小闭区域外，其余的小闭区域都是矩形闭区域. 设矩形闭区域 $\Delta\sigma_i$ 的边长为 Δx_i 和 Δy_i，则 $\Delta\sigma_i=\Delta x_i\Delta y_i$，

因此，在直角坐标系中，有时也把面积元素 $\mathrm{d}\sigma$ 记作 $\mathrm{d}x\mathrm{d}y$，而把二重积分记作

$$\iint_D f(x,y)\,\mathrm{d}x\mathrm{d}y,$$

其中 $\mathrm{d}x\mathrm{d}y$ 叫作直角坐标系中的面积元素.

10. 1. 3　二重积分的性质

比较一元函数定积分与二重积分的定义可知，二重积分与定积分有类似的性质. 在下面的性质中，假设函数在所给区域上均可积.

性质 1　设 k 为常数，则

$$\iint_D kf(x,y)\,\mathrm{d}\sigma = k\iint_D f(x,y)\,\mathrm{d}\sigma.$$

性质 2　$\iint_D [f(x,y) \pm g(x,y)]\,\mathrm{d}\sigma = \iint_D f(x,y)\,\mathrm{d}\sigma \pm \iint_D g(x,y)\,\mathrm{d}\sigma.$

设 k_1、k_2 为常数，由性质 1 和性质 2 可得

$$\iint_D [k_1 f(x,y) + k_2 g(x,y)]\,\mathrm{d}\sigma = k_1\iint_D f(x,y)\,\mathrm{d}\sigma + k_2\iint_D g(x,y)\,\mathrm{d}\sigma,$$

说明二重积分满足线性运算.

性质 3　如果闭区域 D 被有限条曲线分为有限个部分闭区域，则在 D 上的二重积分等于在各部分闭区域上的二重积分的和. 例如，D 分为两个闭区域 D_1 与 D_2，则

$$\iint_D f(x,y)\,\mathrm{d}\sigma = \iint_{D_1} f(x,y)\,\mathrm{d}\sigma + \iint_{D_2} f(x,y)\,\mathrm{d}\sigma.$$

这个性质表示二重积分对于积分区域具有可加性.

性质 4　如果在 D 上 $f(x,y)=1$，σ 为 D 的面积，则

$$\iint_D 1\cdot\mathrm{d}\sigma = \iint_D \mathrm{d}\sigma = \sigma.$$

这个性质的几何意义是，高为 1 的平顶柱体的体积在数值上等于柱体的底面积.

性质 5　如果在 D 上 $f(x,y) \leqslant g(x,y)$，则有不等式

$$\iint_D f(x,y)\,\mathrm{d}\sigma \leqslant \iint_D g(x,y)\,\mathrm{d}\sigma.$$

特殊情况是，由于$-|f(x,y)| \leqslant f(x,y) \leqslant |f(x,y)|$，所以有不等式

$$\left|\iint_D f(x,y)\,\mathrm{d}\sigma\right| \leqslant \iint_D |f(x,y)|\,\mathrm{d}\sigma.$$

性质 6　设 M 和 m 分别是 $f(x,y)$ 在闭区域 D 上的最大值和最小值，σ 是 D 的面积，则有

$$m\sigma \leqslant \iint_D f(x,y)\,\mathrm{d}\sigma \leqslant M\sigma.$$

上述不等式是对二重积分估值的不等式. 因为 $m \leqslant f(x,y) \leqslant M$，所以由性质 5 可得

$$\iint_D m\mathrm{d}\sigma \leqslant \iint_D f(x,y)\mathrm{d}\sigma \leqslant \iint_D M\mathrm{d}\sigma.$$

它的几何意义是，曲顶柱体的体积介于以被积函数的最小值和最大值为高、D 为底的两个平顶柱体的体积之间.

性质7(二重积分的中值定理) 设函数 $f(x,y)$ 在闭区域 D 上连续，σ 是 D 的面积，则在 D 上至少存在一点 (ξ,η) 使下式成立：

$$\iint_D f(x,y)\mathrm{d}\sigma = f(\xi,\eta)\sigma.$$

其几何意义是，在区域 D 上以曲面 $z=f(x,y)$ 为顶的曲顶柱体体积等于以区域 D 内某一点 (ξ,η) 的函数值 $f(\xi,\eta)$ 为高、D 为底的平顶柱体的体积.

注意 性质7中的等式两端同时除以 σ，有

$$\frac{1}{\sigma}\iint_D f(x,y)\mathrm{d}\sigma = f(\xi,\eta).$$

通常把数值 $\frac{1}{\sigma}\iint_D f(x,y)\mathrm{d}\sigma$ 称为 $f(x,y)$ 在闭区域 D 上的平均值.

例 10-3 根据二重积分的几何意义计算下列积分值，其中 D_1 为 $x^2+y^2\leqslant R^2$，D_2 为 $x+y\leqslant 1$，$x\geqslant 0$，$y\geqslant 0$.

(1) $\iint_{D_1}\mathrm{d}\sigma$；　(2) $\iint_{D_1}\sqrt{R^2-x^2-y^2}\,\mathrm{d}\sigma$；　(3) $\iint_{D_2}(1-x-y)\,\mathrm{d}\sigma$.

解 (1) 该积分表示圆的面积，即 $\iint_{D_1}\mathrm{d}\sigma=\pi R^2$；

(2) 该积分表示上半球的体积，即 $\iint_{D_1}\sqrt{R^2-x^2-y^2}\,\mathrm{d}\sigma=\frac{2}{3}\pi R^3$；

(3) 该积分表示四面体的体积，即 $\iint_{D_2}(1-x-y)\,\mathrm{d}\sigma=\frac{1}{6}$.

习题 10.1

1. 设 $I_1=\iint_{D_1}(x^2+y^2)\,\mathrm{d}\sigma$，其中 $D_1=\{(x,y)\mid -1\leqslant x\leqslant 1,-2\leqslant y\leqslant 2\}$，

又 $I_2=\iint_{D_2}(x^2+y^2)\,\mathrm{d}\sigma$，$D_2=\{(x,y)\mid 0\leqslant x\leqslant 1,0\leqslant y\leqslant 2\}$. 试用二重积分的几何意义说明 I_1 与 I_2 的关系.

2. 利用二重积分定义证明下列等式.

(1) $\iint_D\mathrm{d}\sigma=\sigma$ （其中 σ 为 D 的面积）.

(2) $\iint\limits_D kf(x,y)\,\mathrm{d}\sigma = k\iint\limits_D f(x,y)\,\mathrm{d}\sigma$ （其中 k 为常数）.

(3) $\iint\limits_D f(x,y)\,\mathrm{d}\sigma = \iint\limits_{D_1} f(x,y)\,\mathrm{d}\sigma + \iint\limits_{D_2} f(x,y)\,\mathrm{d}\sigma$ （其中 $D=D_1\cup D_2$，D_1、D_2 为两个无公共内点的闭区域）.

3. 根据二重积分性质比较下列积分的大小.

(1) $\iint\limits_D (x+y)^2\mathrm{d}\sigma$ 与 $\iint\limits_D (x+y)^3\mathrm{d}\sigma$，其中积分区域 D 由 x 轴、y 轴与直线 $x+y=1$ 所围成.

(2) $\iint\limits_D (x+y)^2\mathrm{d}\sigma$ 与 $\iint\limits_D (x+y)^3\mathrm{d}\sigma$，其中积分区域 D 由圆周 $(x-2)^2+(y-1)^2=2$ 所围成.

(3) $\iint\limits_D \ln(x+y)\,\mathrm{d}\sigma$ 和 $\iint\limits_D \ln(x+y)^3\mathrm{d}\sigma$，其中 $D=\{(x,y)\mid 3\leqslant x\leqslant 5, 0\leqslant y\leqslant 1\}$.

4. 利用二重积分性质估计下列积分的值.

(1) $I=\iint\limits_D xy(x+y)\,\mathrm{d}\sigma$，其中 $D=\{(x,y)\mid 0\leqslant x\leqslant 1, 0\leqslant y\leqslant 1\}$.

(2) $I=\iint\limits_D \sin^2 x\sin^2 y\,\mathrm{d}\sigma$，其中 $D=\{(x,y)\mid 0\leqslant x\leqslant \pi, 0\leqslant y\leqslant \pi\}$.

(3) $I=\iint\limits_D (x+y+1)\,\mathrm{d}\sigma$，其中 $D=\{(x,y)\mid 0\leqslant x\leqslant 1, 0\leqslant y\leqslant 2\}$.

(4) $I=\iint\limits_D (x^2+4y^2+9)\,\mathrm{d}\sigma$，其中 $D=\{(x,y)\mid x^2+y^2\leqslant 4\}$.

§10.2 二重积分的计算

二重积分的定义本身就提供了一种计算二重积分的方法：求一个和式的极限. 这种方法在具体计算时却相当困难，对少数特别简单的被积函数和积分区域来说是可行的，但对一般的函数和区域来说并不可行. 因此，有必要探讨其他实际可行的计算方法. 本节介绍二重积分的计算方法，这种方法把二重积分化为两次定积分来计算，称为二次积分.

10.2.1 在直角坐标系中计算二重积分

在介绍二重积分前，先介绍平面区域 D 的类型.

X-型区域：$\{(x,y)\mid a\leqslant x\leqslant b, \varphi_1(x)\leqslant y\leqslant \varphi_2(x)\}$. 其中函数 $\varphi_1(x)$、$\varphi_2(x)$ 在 $[a,b]$ 区间上连续，区域的特点是：穿过 D 内部且平行于 y 轴的直线与 D 的边界相交不多于两点，如图 10-4 所示.

Y-型区域：$\{(x,y)\mid c\leqslant y\leqslant d, \psi_1(y)\leqslant x\leqslant \psi_2(y)\}$. 其中函数 $\psi_1(y)$、$\psi_2(y)$ 在 $[c,d]$

区间上连续，区域的特点是：穿过 D 内部且平行于 x 轴的直线与 D 的边界相交不多于两点，如图 10-5 所示.

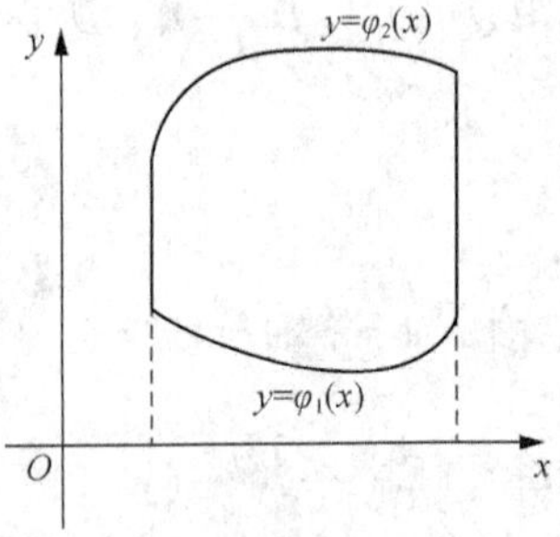

图 10-4

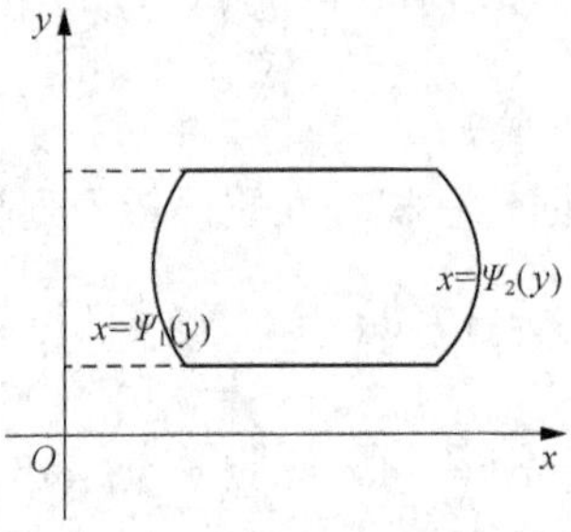

图 10-5

下面用几何观点来讨论二重积分 $\iint\limits_D f(x,y)\,\mathrm{d}\sigma$ 的计算问题. 在讨论中我们假定 $f(x,y) \geqslant 0$，且积分区域为 X-型区域：$\{(x,y)\mid a\leqslant x\leqslant b,\varphi_1(x)\leqslant y\leqslant\varphi_2(x)\}$.

按照二重积分的几何意义，$\iint\limits_D f(x,y)\,\mathrm{d}\sigma$ 的值等于以 D 为底、以曲面 $z=f(x,y)$ 为顶的曲顶柱体(见图 10-6)的体积. 下面应用计算"平行截面面积为已知的立体的体积"的方法，来计算这个曲顶柱体的体积.

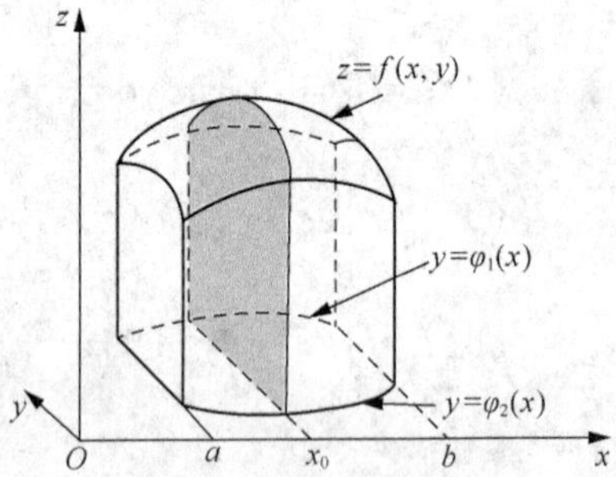

图 10-6

先计算截面面积. 为此，在区间 $[a,b]$ 上任取一点 x，作平行于 yOz 面的平面，该平面截割曲顶柱体所得截面是一个以区间 $[\varphi_1(x),\varphi_2(x)]$ 为底、曲线 $z=f(x,y)$ 为曲边的曲边梯形(图 10-6 中的阴影部分)，所以截面的面积为

$$A(x)=\int_{\varphi_1(x)}^{\varphi_2(x)} f(x,y)\,\mathrm{d}y.$$

于是，应用计算"平行截面面积为已知的立体的体积"的方法，得曲顶柱体体积为

$$\iint\limits_D f(x,y)\,\mathrm{d}x\mathrm{d}y=\int_a^b A(x)\,\mathrm{d}x=\int_a^b\left[\int_{\varphi_1(x)}^{\varphi_2(x)} f(x,y)\,\mathrm{d}y\right]\mathrm{d}x.$$

上式右端称为先对 y 后对 x 的二次积分，即先把 x 看作常数，$f(x,y)$ 只看作 y 的函数，对 $f(x,y)$ 计算从 $\varphi_1(x)$ 到 $\varphi_2(x)$ 的定积分，然后所得的结果(是 x 的函数)再对 x 计算在区间 $[a,b]$ 上的定积分. 习惯上其中的括号省略不计，常写作

$$\int_a^b\left[\int_{\varphi_1(x)}^{\varphi_2(x)} f(x,y)\,\mathrm{d}y\right]\mathrm{d}x=\int_a^b \mathrm{d}x\int_{\varphi_1(x)}^{\varphi_2(x)} f(x,y)\,\mathrm{d}y.$$

因此

$$\iint\limits_D f(x,y)\,\mathrm{d}\sigma=\int_a^b \mathrm{d}x\int_{\varphi_1(x)}^{\varphi_2(x)} f(x,y)\,\mathrm{d}y. \tag{10-1}$$

注意 上面的讨论中假定了 $f(x,y)\geqslant 0$，只是为几何上方便说明，事实上式(10-1)的成立不受这个条件限制.

与之类似，如果积分区域 D 为 Y-型区域 $\{(x,y)\mid c\leqslant y\leqslant d,\psi_1(y)\leqslant x\leqslant\psi_2(y)\}$，则有

$$\iint\limits_D f(x,y)\,\mathrm{d}\sigma=\int_c^d\mathrm{d}y\int_{\psi_1(y)}^{\psi_2(y)}f(x,y)\,\mathrm{d}x. \tag{10-2}$$

如果积分区域(见图10-7)的一部分使过 D 内部且平行于 y 轴的直线与 D 的边界相交多于两点，又有一部分使过 D 内部且平行于 x 轴的直线与 D 的边界相交多于两点，则 D 既不是 X-型区域，又不是 Y-型区域. 对于这种情形，我们可以把 D 分成几部分，使每个部分是 X-型区域或 Y-型区域，在各个区域上使用公式，再根据二重积分可加性计算出所求值.

如果积分区域 D 既是 X-型区域又是 Y-型区域(见图10-8)，既可以用 $a\leqslant x\leqslant b,\varphi_1(x)\leqslant y\leqslant\varphi_2(x)$ 表示，也可以用 $c\leqslant y\leqslant d$，$\psi_1(y)\leqslant x\leqslant\psi_2(y)$ 表示，则有

$$\iint\limits_D f(x,y)\,\mathrm{d}\sigma=\int_a^b\mathrm{d}x\int_{\varphi_1(x)}^{\varphi_2(x)}f(x,y)\,\mathrm{d}y=\int_c^d\mathrm{d}y\int_{\psi_1(y)}^{\psi_2(y)}f(x,y)\,\mathrm{d}x.$$

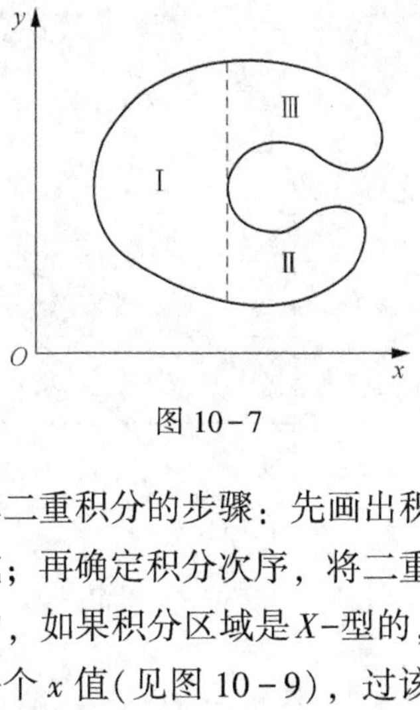

图 10-7

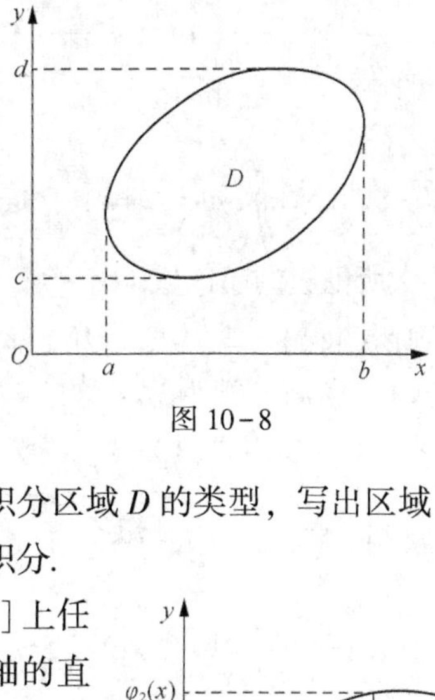

图 10-8

计算二重积分的步骤：先画出积分区域，判断积分区域 D 的类型，写出区域 D 的不等式表达式；再确定积分次序，将二重积分化为二次积分.

其中，如果积分区域是 X-型的，就在区间 $[a,b]$ 上任意取定一个 x 值(见图10-9)，过该点作平行于 y 轴的直线，与区域 D 的边界交于点 $\varphi_1(x)$、$\varphi_2(x)$；这时把 x 看作常数，把 $f(x,y)$ 只看作 y 的函数，先对 y 计算从 $\varphi_1(x)$ 到 $\varphi_2(x)$ 的定积分，然后所得的结果(关于 x 的函数)再对 x 计算在区间 $[a,b]$ 上的定积分.

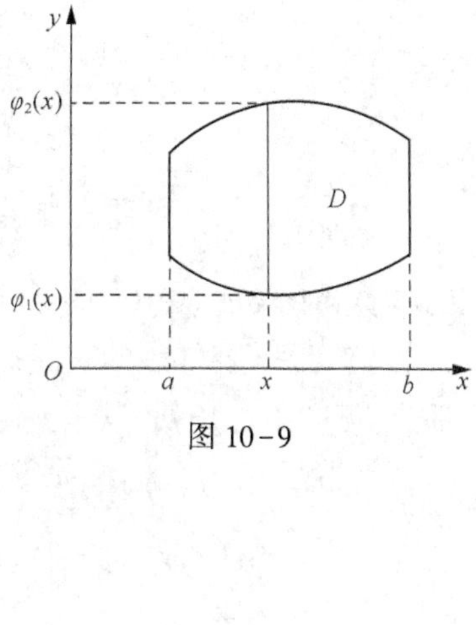

图 10-9

下面通过具体实例进一步说明二重积分的计算.

例 10-4 计算 $\iint\limits_D xy\,\mathrm{d}\sigma$，其中 D 是由直线 $y=1$、$x=2$ 及 $y=x$ 所围成的闭区域.

解法 1 首先画出积分区域D. D既是X-型的，又是Y-型的. 把D看作X-型的(见图10-10)，D上的点的横坐标的变动范围是区间$[1,2]$.

在区间$[1,2]$上任意取定一个x值，则D上以这个x值为横坐标的点在一段直线上，这段直线平行于y轴，其上点的纵坐标从$y=1$变到$y=x$. 利用式(10-1)得

$$\iint_D xy\mathrm{d}\sigma=\int_1^2\mathrm{d}x\int_1^x xy\mathrm{d}y=\int_1^2\left[x\cdot\frac{y^2}{2}\right]_1^x\mathrm{d}x=\int_1^2\left(\frac{x^3}{2}-\frac{x}{2}\right)\mathrm{d}x=\left[\frac{x^4}{8}-\frac{x^2}{4}\right]_1^2=\frac{9}{8}.$$

解法 2 将积分区域看作Y-型的(见图10-11)，积分区域为$1\leqslant y\leqslant 2, y\leqslant x\leqslant 2$，所以

$$\iint_D xy\mathrm{d}\sigma=\int_1^2\mathrm{d}y\int_y^2 xy\mathrm{d}x=\int_1^2\left[y\cdot\frac{x^2}{2}\right]_y^2\mathrm{d}y=\int_1^2\left(2y-\frac{y^3}{2}\right)\mathrm{d}y=\left[y^2-\frac{y^4}{8}\right]_1^2=\frac{9}{8}.$$

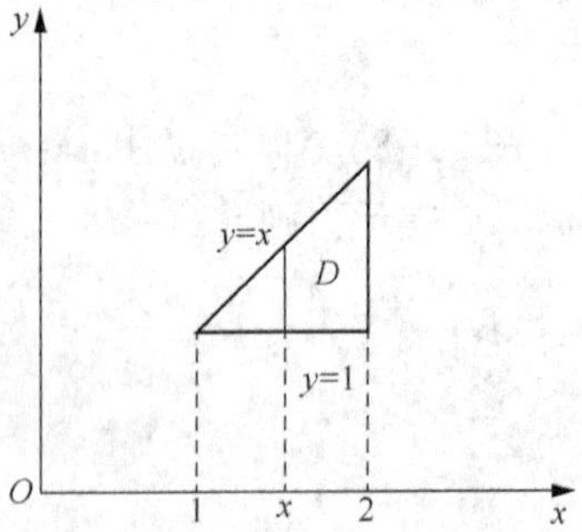

图 10-10

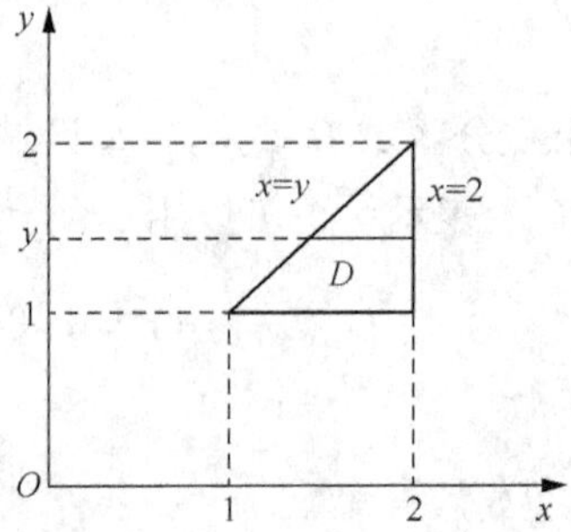

图 10-11

例 10-5 计算$\iint\limits_D xy\mathrm{d}\sigma$，其中$D$是由抛物线$y^2=x$及直线$y=x-2$所围成的闭区域.

解 画出积分区域D(见图10-12). D既是X-型的，又是Y-型的. 若将D视为Y-型的，则其积分限为$-1\leqslant y\leqslant 2, y^2\leqslant x\leqslant y+2$，利用式(10-2)，得

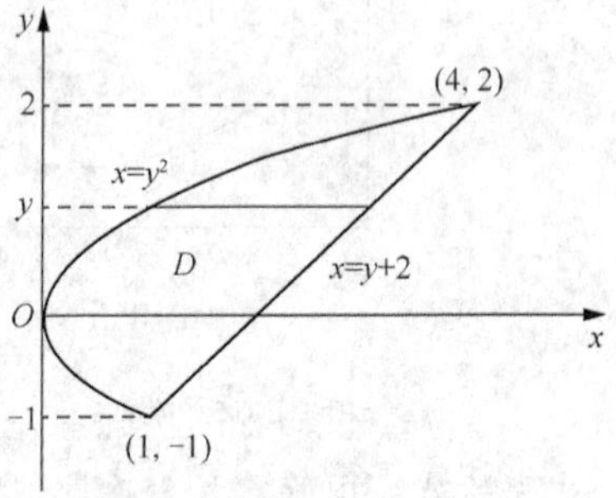

图 10-12

$$\iint_D xy\mathrm{d}\sigma=\int_{-1}^2\mathrm{d}y\int_{y^2}^{y+2}xy\mathrm{d}x=\int_{-1}^2\left[\frac{x^2}{2}y\right]_{y^2}^{y+2}\mathrm{d}y$$

$$=\frac{1}{2}\int_{-1}^2[y(y+2)^2-y^5]\mathrm{d}y$$

$$=\frac{1}{2}\left[\frac{y^4}{4}+\frac{4}{3}y^3+2y^2-\frac{y^6}{6}\right]_{-1}^2=\frac{45}{8}.$$

若利用式(10-1)来计算，则因为在区间$[0,1]$及区间$[1,4]$上表示$\varphi_1(x)$的式子不同，所以要用经过交点$(-1,1)$且平行于y轴的直线$x=1$把区域D分成D_1和D_2两部分(见图10-13)，其中

$$D_1=\{(x,y)\mid -\sqrt{x}\leqslant y\leqslant\sqrt{x}, 0\leqslant x\leqslant 1\},$$

$$D_2=\{(x,y)\mid x-2\leqslant y\leqslant\sqrt{x}, 1\leqslant x\leqslant 4\}.$$

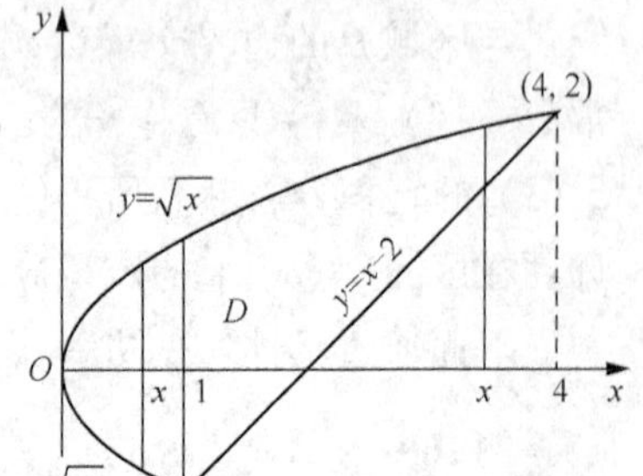

图 10-13

因此，根据二重积分的性质 3，有

$$\iint_D xy\mathrm{d}\sigma = \iint_{D_1} xy\mathrm{d}\sigma + \iint_{D_2} xy\mathrm{d}\sigma = \int_0^1 \mathrm{d}x\int_{-\sqrt{x}}^{\sqrt{x}} xy\mathrm{d}y + \int_1^4 \mathrm{d}x\int_{x-2}^{\sqrt{x}} xy\mathrm{d}y.$$

显然，这里用 X - 型来计算比较麻烦，可见积分的次序是我们必须考虑的问题，为了计算简便，需要选择恰当的二次积分次序. 这时，既要考虑积分区域的形状，又要考虑被积函数的特点.

例 10 - 6 求两个底圆半径都等于 R 的直交圆柱面所围成的立体的体积.

解 设这两个圆柱面的方程分别为

$$x^2+y^2=R^2, x^2+z^2=R^2.$$

利用立体关于坐标平面的对称性，只要算出它在第一卦限的部分(见图 10 - 14(a)) 的体积 V_1，然后再乘以 8 即可.

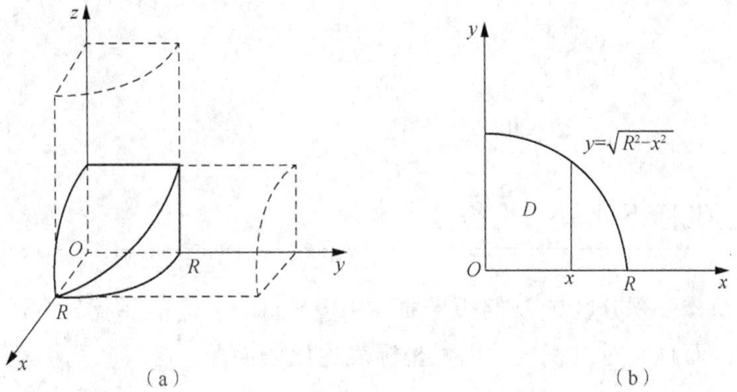

图 10 - 14

所求立体在第一卦限的部分可以看成一个曲顶柱体(见图 10 - 14(b)).
它的底为

$$D=\left\{(x,y)\mid 0\leqslant y\leqslant \sqrt{R^2-x^2}, 0\leqslant x\leqslant R\right\}.$$

它的顶是柱面 $z=\sqrt{R^2-x^2}$. 于是

$$V=\iint_D \sqrt{R^2-x^2}\,\mathrm{d}\sigma=\int_0^R \mathrm{d}x\int_0^{\sqrt{R^2-x^2}} \sqrt{R^2-x^2}\,\mathrm{d}y$$

$$=\int_0^R\left[\sqrt{R^2-x^2}\,y\right]_0^{\sqrt{R^2-x^2}}\mathrm{d}x=\int_0^R (R^2-x^2)\,\mathrm{d}x=\frac{2}{3}R^3.$$

从而所求立体体积为 $V=8V_1=\dfrac{16R^3}{3}$.

例 10 - 7 换二次积分 $\int_0^1 \mathrm{d}x\int_{x^2}^{x} f(x,y)\,\mathrm{d}y$ 的次序.

解 根据题设写出二次积分的积分区域 D 为 $0\leqslant x\leqslant 1, x^2\leqslant y\leqslant x$，画出积分区域 D 的图形 (见图 10 - 15).

重新确定积分区域 D 为 $0\leqslant y\leqslant 1, y\leqslant x\leqslant\sqrt{y}$，所以

$$\int_0^1 \mathrm{d}x\int_{x^2}^{x} f(x,y)\,\mathrm{d}y=\int_0^1 \mathrm{d}y\int_{y}^{\sqrt{y}} f(x,y)\,\mathrm{d}x.$$

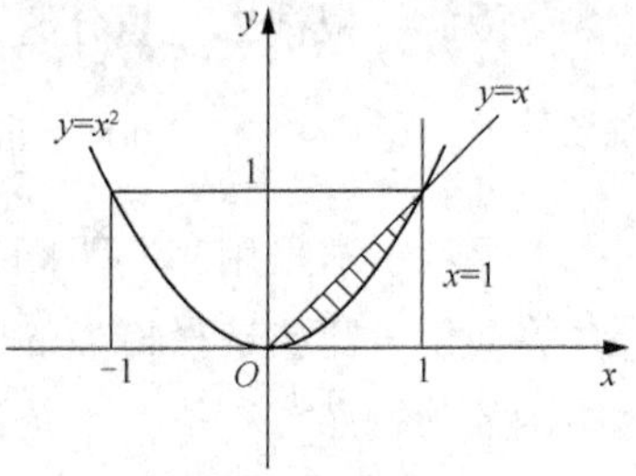

图 10-15

例 10-8　计算 $\iint\limits_D x^2y^2\,\mathrm{d}x\mathrm{d}y$，其中区域 D 为 $|x|+|y|\leqslant 1$.

解　积分区域如图 10-16 所示，因为 D 关于 x 轴和 y 轴对称，且 $f(x,y)=x^2y^2$ 关于 x 和 y 均为偶函数，所以题设积分等于在积分区域 D_1 上的积分的 4 倍：

$$\begin{aligned}\iint\limits_D x^2y^2\,\mathrm{d}x\mathrm{d}y&=4\iint\limits_{D_1} x^2y^2\,\mathrm{d}x\mathrm{d}y\\&=4\int_0^1 \mathrm{d}x\int_0^{1-x} x^2y^2\,\mathrm{d}y\\&=\frac{4}{3}\int_0^1 x^2(1-x)^3\,\mathrm{d}x\\&=\frac{1}{45}.\end{aligned}$$

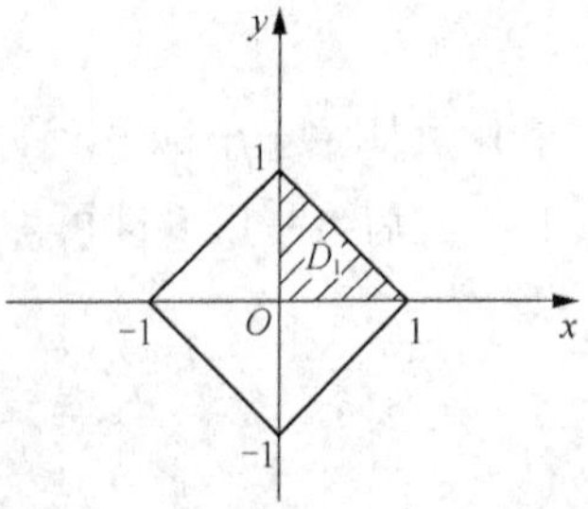

图 10-16

10.2.2　在极坐标下计算二重积分

有些二重积分，积分区域 D 的边界曲线用极坐标方程来表示比较方便，如圆形或扇形区域的边界等，而且此时被积函数用极坐标表达比较简单. 这时，我们就可以考虑利用极坐标计算二重积分 $\iint\limits_D f(x,y)\,\mathrm{d}\sigma$. 按二重积分的定义

$$\iint\limits_D f(x,y)\,\mathrm{d}\sigma=\lim_{\lambda\to 0}\sum_{i=1}^{n} f(\xi_i,\eta_i)\Delta\sigma_i,$$

下面我们来研究这个和式的极限在极坐标系中的形式.

假定从极点 O 出发且穿过闭区域 D 内部的射线与 D 的边界曲线相交不多于两点. 我们用以极点为圆心的一族同心圆 $r=$ 常数，以及从极点出发的一族射线 $\theta=$ 常数，把 D 分成 n 个小闭区域(见图 10-17).

设其中一个小闭区域 $\Delta\sigma$($\Delta\sigma$ 同时表示该小闭区域的面积) 由半径为 r、$r+\Delta r$ 的同心圆和极角分别为 θ、$\theta+\Delta\theta$ 的射线所决定，则

$$\begin{aligned}\Delta\sigma&=\frac{1}{2}(r+\Delta r)^2\cdot\Delta\theta-\frac{1}{2}r^2\cdot\Delta\theta\\&=\frac{r+(r+\Delta r)}{2}\cdot\Delta r\cdot\Delta\theta\\&\approx r\cdot\Delta r\cdot\Delta\theta.\end{aligned}$$

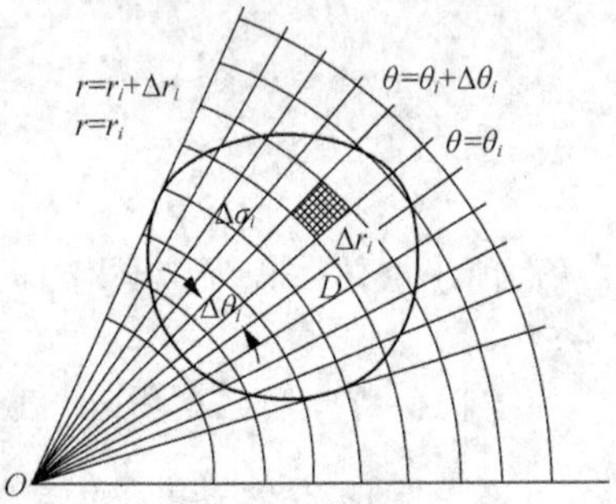

图 10-17

于是，根据微元法可以得到极坐标下的面积微元 $\mathrm{d}\sigma$

$=rdrd\theta$. 同时注意到直角坐标与极坐标的转换关系 $x=r\cos\theta$、$y=r\sin\theta$，从而得到直角坐标系与极坐标系之间的转换公式

$$\iint_D f(x,y)\,dxdy=\iint_D f(r\cos\theta,r\sin\theta)\,rdrd\theta. \tag{10-3}$$

极坐标中的二重积分同样可以化为二次积分来计算. 下面就三种情形来讨论具体计算方法，其中假定被积函数在指定积分区域上均为连续的.

(1) 极点 O 在区域 D 的外部.

此时，积分区域 D 介于两条射线 $\theta=\alpha$、$\theta=\beta$ 之间，而对于 D 内任意一点 (r,θ)，其极径总是介于 $r=\varphi_1(\theta)$ 与 $r=\varphi_2(\theta)$ 之间(见图 10-18).

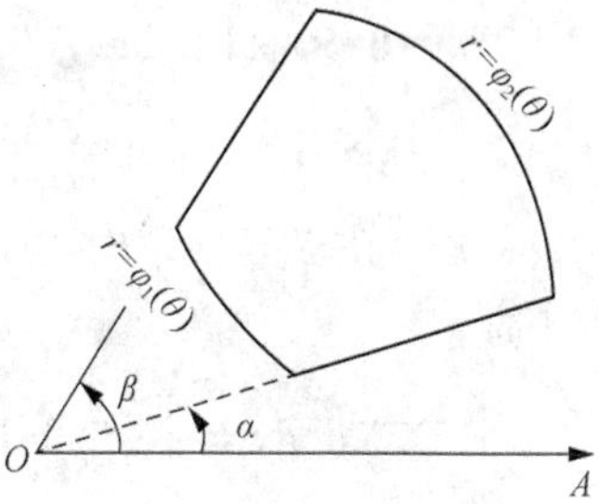

图 10-18

这时积分区域可用不等式 $\varphi_1(\theta)\leqslant r\leqslant\varphi_2(\theta)$，$\alpha\leqslant\theta\leqslant\beta$ 来表示，具体计算时可先从极点出发，在区间 $[\alpha,\beta]$ 上任意作一条极角为 θ 的射线，则穿入点 $\varphi_1(\theta)$ 和穿出点 $\varphi_2(\theta)$ 分别定为内层积分的下限与上限：

$$\begin{aligned}\iint_D f(x,y)\,dxdy&=\iint_D f(r\cos\theta,r\sin\theta)\cdot rdrd\theta\\&=\int_\alpha^\beta\left[\int_{\varphi_1(\theta)}^{\varphi_2(\theta)}f(r\cos\theta,r\sin\theta)\cdot rdr\right]d\theta \qquad (10-4)\\&=\int_\alpha^\beta d\theta\int_{\varphi_1(\theta)}^{\varphi_2(\theta)}f(r\cos\theta,r\sin\theta)\cdot rdr.\end{aligned}$$

(2) 极点 O 在区域 D 的边界.

此时，积分区域 D 是图 10-19 所示的曲边扇形，是由两条射线 $\theta=\alpha$、$\theta=\beta$ 和一条连续曲线 $r=\varphi(\theta)$ 所围成的. 也可以把它看作(1) 中当 $\varphi_1(\theta)=0$、$\varphi_2(\theta)=\varphi(\theta)$ 时的特例.

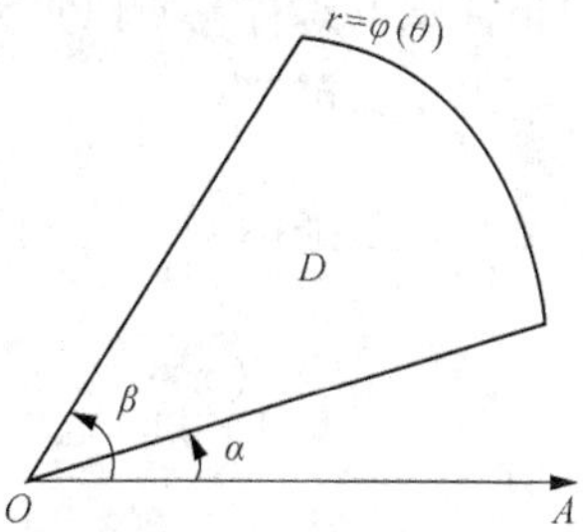

图 10-19

这时区域 D 可以用不等式 $\alpha\leqslant\theta\leqslant\beta$，$0\leqslant r\leqslant\varphi(\theta)$ 来表示，从而有

$$\iint_D f(x,y)\,dxdy=\int_\alpha^\beta d\theta\int_0^{\varphi(\theta)}f(r\cos\theta,r\sin\theta)\cdot rdr.$$

(3) 极点 O 在区域 D 的内部.

此时，积分区域 D 如图 10-20 所示，是由连续曲线 $r=\varphi(\theta)$，$0\leqslant\theta\leqslant2\pi$ 所围成的. 也可以把它看作图 10-19 中 $\alpha=0$、$\beta=2\pi$ 时的情况.

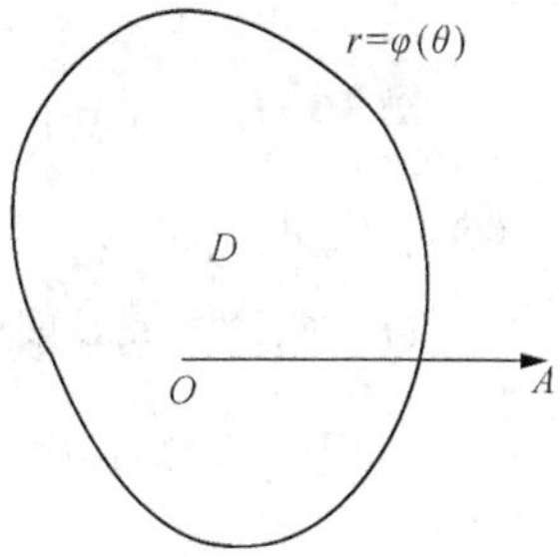

图 10-20

这时闭区域 D 可以用不等式 $0\leqslant\theta\leqslant2\pi$，$0\leqslant r\leqslant\varphi(\theta)$ 来表示，则

$$\iint_D f(x,y)\,dxdy=\int_0^{2\pi}d\theta\int_0^{\varphi(\theta)}f(r\cos\theta,r\sin\theta)\cdot rdr.$$

由二重积分的性质 4，闭区域 D 面积 σ 在极坐标下可以表

示为

$$\sigma=\iint\limits_D \mathrm{d}\sigma=\iint\limits_D r\mathrm{d}r\mathrm{d}\theta.$$

如果闭区域 D 如图 10-19 所示，则有

$$\sigma=\iint\limits_D r\mathrm{d}r\mathrm{d}\theta=\int_\alpha^\beta \mathrm{d}\theta\int_0^{\varphi(\theta)} r\mathrm{d}r=\frac{1}{2}\int_\alpha^\beta \varphi^2(\theta)\,\mathrm{d}\theta.$$

下面通过具体实例来说明极坐标下二重积分的计算.

例 10-9 计算 $\iint\limits_D \mathrm{e}^{-x^2-y^2}\mathrm{d}x\mathrm{d}y$，其中 D 是由圆心在坐标原点、半径为 R 的圆周所围成的闭区域，如图 10-21 所示.

解 在极坐标系中，闭区域 D 可表示为 $0\leqslant\theta\leqslant 2\pi$，$0\leqslant r\leqslant R$，于是

$$\iint\limits_D \mathrm{e}^{-x^2-y^2}\mathrm{d}x\mathrm{d}y=\iint\limits_D \mathrm{e}^{-r^2}r\mathrm{d}r\mathrm{d}\theta=\int_0^{2\pi}\mathrm{d}\theta\int_0^R \mathrm{e}^{-r^2}r\mathrm{d}r=-\pi\int_0^R \mathrm{e}^{-r^2}\mathrm{d}(-r^2)$$

$$=-\pi\left[\mathrm{e}^{-r^2}\right]_0^R=\pi(1-\mathrm{e}^{-R^2}).$$

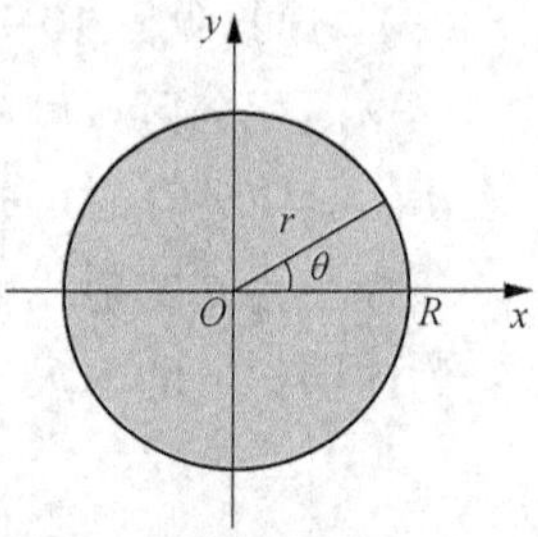

图 10-21

例 10-9 如果用直角坐标计算，由于积分 $\int \mathrm{e}^{-x^2}\mathrm{d}x$ 不能用初等函数表示，所以算不出来.

例 10-10 计算 $\iint\limits_D \frac{\sin(\pi\sqrt{x^2+y^2})}{\sqrt{x^2+y^2}}\mathrm{d}x\mathrm{d}y$，其中积分区域是由 $1\leqslant x^2+y^2\leqslant 4$ 所确定的圆环.

解 积分区域如图 10-22 所示，被积区域、被积函数都关于坐标原点对称，所以只需计算所求积分在第一象限 D_1 上的值，再乘以 4 即可.

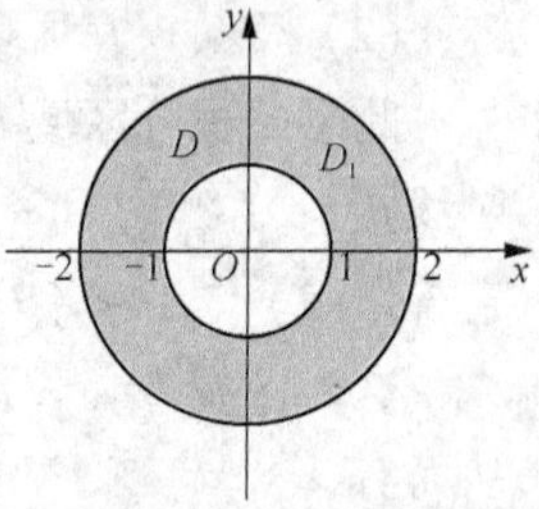

图 10-22

在极坐标下，D_1 可表示为 $1\leqslant r\leqslant 2$，$0\leqslant\theta\leqslant\frac{\pi}{2}$，所以

$$\iint\limits_D \frac{\sin(\pi\sqrt{x^2+y^2})}{\sqrt{x^2+y^2}}\mathrm{d}x\mathrm{d}y=4\iint\limits_{D_1}\frac{\sin(\pi\sqrt{x^2+y^2})}{\sqrt{x^2+y^2}}\mathrm{d}x\mathrm{d}y$$

$$=4\int_0^{\frac{\pi}{2}}\mathrm{d}\theta\int_1^2\frac{\sin\pi r}{r}r\mathrm{d}r=-4.$$

例 10-11 计算 $\iint\limits_D \frac{y^2}{x^2}\mathrm{d}x\mathrm{d}y$，其中 D 是由曲线 $x^2+y^2=2x$ 所围成的平面区域.

解 积分区域 D 如图 10-23 所示，其边界曲线 $x^2+y^2=2x$ 的极坐标方程为 $r=2\cos\theta$，于是积分区域 D 可表示为 $-\frac{\pi}{2}\leqslant\theta\leqslant\frac{\pi}{2}$，$0\leqslant r\leqslant 2\cos\theta$.

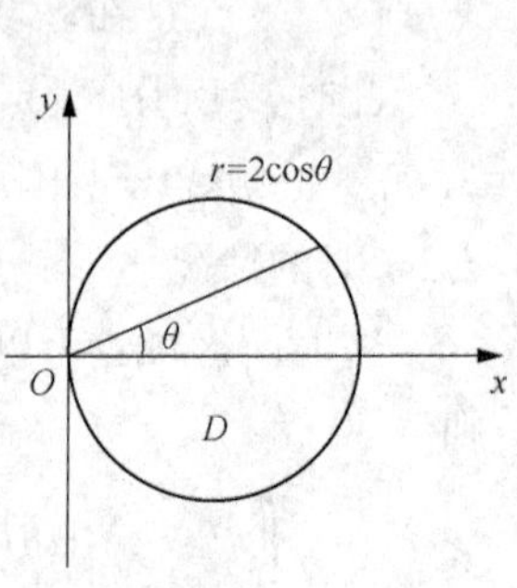

图 10-23

所以

$$\iint_D \frac{y^2}{x^2}\mathrm{d}x\mathrm{d}y = \int_{-\frac{\pi}{2}}^{\frac{\pi}{2}}\mathrm{d}\theta\int_0^{2\cos\theta}\frac{\sin^2\theta}{\cos^2\theta}r\mathrm{d}r = \int_{-\frac{\pi}{2}}^{\frac{\pi}{2}}2\sin^2\theta\mathrm{d}\theta = \pi.$$

例 10-12 求球体 $x^2+y^2+z^2\leqslant 4a^2$ 被圆柱面 $x^2+y^2=2ax(a>0)$ 所截得的(圆柱面内的部分) 立体的体积(见图 10-24).

解 由于立体关于 xOy 面和 zOx 面对称，故所求立体体积 V 等于该立体在第一卦限体积 V_1 的 4 倍，又注意到 V_1 是以曲面 $z=\sqrt{4a^2-x^2-y^2}$ 为顶，以区域 D 为底的曲顶柱体，其中区域 D 为半圆周 $y=\sqrt{2ax-x^2}$ 及 x 轴所围成的闭区域.

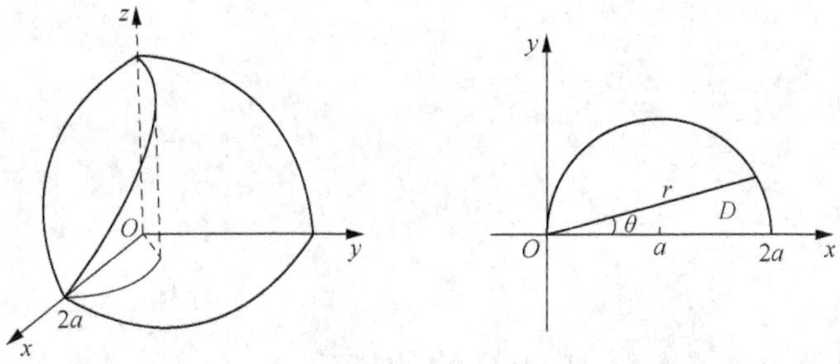

图 10-24

所以

$$V = 4\iint_D \sqrt{4a^2-x^2-y^2}\,\mathrm{d}x\mathrm{d}y,$$

在极坐标系中，闭区域 D 可用不等式

$$0\leqslant r\leqslant 2a\cos\theta, 0\leqslant\theta\leqslant\frac{\pi}{2}$$

来表示. 于是

$$V = 4\iint_D \sqrt{4a^2-r^2}\,r\mathrm{d}r\mathrm{d}\theta = 4\int_0^{\frac{\pi}{2}}\left[\int_0^{2a\cos\theta}\sqrt{4a^2-r^2}\,r\mathrm{d}r\right]\mathrm{d}\theta$$

$$= \frac{32}{3}a^3\int_0^{\frac{\pi}{2}}(1-\sin^3\theta)\,\mathrm{d}\theta = \frac{32}{3}a^3\left(\frac{\pi}{2}-\frac{2}{3}\right).$$

例 10-13 计算概率积分 $\int_0^{+\infty}\mathrm{e}^{-x^2}\mathrm{d}x$.

解 这是一个广义积分，由于 e^{-x^2} 的原函数不能用初等函数表示，因此利用广义积分无法计算，现在用二重积分来计算，其思想与广义积分一样.

设 $I(R)=\int_0^R\mathrm{e}^{-x^2}\mathrm{d}x$，其平方

$$I^2(R) = \int_0^R\mathrm{e}^{-x^2}\mathrm{d}x\int_0^R\mathrm{e}^{-x^2}\mathrm{d}x = \int_0^R\mathrm{e}^{-x^2}\mathrm{d}x\int_0^R\mathrm{e}^{-y^2}\mathrm{d}y = \iint\limits_{\substack{0\leqslant x\leqslant R\\0\leqslant y\leqslant R}}\mathrm{e}^{-(x^2+y^2)}\mathrm{d}x\mathrm{d}y.$$

记区域 D 为 $0\leqslant x\leqslant R, 0\leqslant y\leqslant R$，设 D_1、D_2 分别表示圆域 $x^2+y^2\leqslant R^2$、$x^2+y^2\leqslant 2R^2$ 位于第一象限的两个扇形(见图 10-25).

由于

$$\iint\limits_{D_1} \mathrm{e}^{-(x^2+y^2)}\mathrm{d}\sigma \leqslant I^2(R) \leqslant \iint\limits_{D_2} \mathrm{e}^{-(x^2+y^2)}\mathrm{d}\sigma,$$

由例 10-9 的计算结果可知

$$\frac{\pi}{4}(1-\mathrm{e}^{-R^2}) \leqslant I^2(R) \leqslant \frac{\pi}{4}(1-\mathrm{e}^{-2R^2}).$$

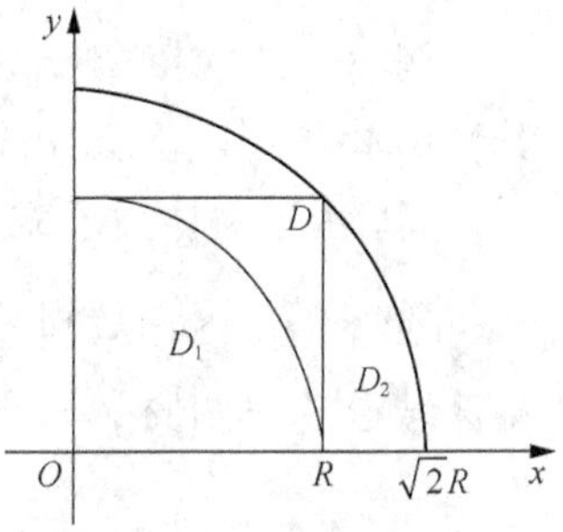

图 10-25

当 $R\to+\infty$ 时，上式两端都以 $\frac{\pi}{4}$ 为极限，由夹逼定理知

$$\left(\int_0^{+\infty}\mathrm{e}^{-x^2}\mathrm{d}x\right)^2 = \lim_{R\to+\infty} I^2(R) = \frac{\pi}{4}.$$

因此，$I=\frac{\sqrt{\pi}}{2}$，即 $\int_0^{+\infty}\mathrm{e}^{-x^2}\mathrm{d}x=\frac{\sqrt{\pi}}{2}$.

*10.2.3　一般曲线坐标中二重积分的计算

在实际问题中，仅用直角坐标和极坐标来计算二重积分是不够的. 我们来看看一般曲线坐标中二重积分的计算.

设函数 $f(x,y)$ 在 xOy 面上的闭区域连续，将 uOv 面上的闭区域 D' 变成 xOy 面上的闭区域 D，其中函数 $x=x(u,v), y=y(u,v)$，D' 上有一阶连续偏导数，且在 D' 上有雅可比行列式

$$\frac{\partial(x,y)}{\partial(u,v)}=\begin{vmatrix}\frac{\partial x}{\partial u} & \frac{\partial x}{\partial v}\\ \frac{\partial y}{\partial u} & \frac{\partial x}{\partial v}\end{vmatrix}\neq 0,$$

则有

$$\iint\limits_{D} f(x,y)\mathrm{d}\sigma = \iint\limits_{D'} f[x(u,v),y(u,v)]\left|\frac{\partial(x,y)}{\partial(u,v)}\right|\mathrm{d}u\mathrm{d}v.$$

这个公式称为二重积分的一般换元公式. 其中记号 $\mathrm{d}\sigma=\begin{vmatrix}\frac{\partial x}{\partial u} & \frac{\partial x}{\partial v}\\ \frac{\partial y}{\partial u} & \frac{\partial x}{\partial v}\end{vmatrix}\mathrm{d}u\mathrm{d}v$ 表示曲线坐标下的面积微元.

证明略.

利用上述公式，我们验证极坐标下的变换公式 $x=r\cos\theta, y=r\sin\theta$.

因为$\frac{\partial(x,y)}{\partial(r,\theta)}=\begin{vmatrix}\cos\theta & -r\sin\theta\\ \sin\theta & r\cos\theta\end{vmatrix}=r$，所以

$$\iint\limits_D f(x,y)\mathrm{d}\sigma=\iint\limits_{D'} f(r\cos\theta,r\sin\theta)r\mathrm{d}r\mathrm{d}\theta.$$

一般来说，如果区域D能用某种曲线坐标表示，使得积分更简单，就可以利用一般换元公式化简积分的计算.

例 10-14 求椭球体$\frac{x^2}{a^2}+\frac{y^2}{b^2}+\frac{z^2}{c^2}\leqslant 1$的体积.

解 由对称性知所求体积为

$$V=8\iint\limits_D c\sqrt{1-\frac{x^2}{a^2}-\frac{y^2}{b^2}}\mathrm{d}\sigma,$$

其中积分区域D为$\frac{x^2}{a^2}+\frac{y^2}{b^2}\leqslant 1,x\geqslant 0,y\geqslant 0.$

令$x=ar\cos\theta$，$y=br\sin\theta$，称其为广义坐标变换，则积分限为

$$0\leqslant\theta\leqslant\frac{\pi}{2},0\leqslant r\leqslant 1.$$

又$J=\frac{\partial(x,y)}{\partial(r,\theta)}=\begin{vmatrix}a\cos\theta & -ar\sin\theta\\ b\sin\theta & br\cos\theta\end{vmatrix}=abr$，于是

$$\begin{aligned}V&=8abc\int_0^{\frac{\pi}{2}}\mathrm{d}\theta\int_0^1\sqrt{1-r^2}\,r\mathrm{d}r\\&=8abc\,\frac{\pi}{2}\left(-\frac{1}{2}\right)\int_0^1\sqrt{1-r^2}\,\mathrm{d}(1-r^2)=\frac{4}{3}\pi abc.\end{aligned}$$

特别指出，当$a=b=c$时，得到的球体的体积为$\frac{4}{3}\pi a^3$.

习题 10.2

1. 计算.

(1) $\iint\limits_D(x^2+y^2)\mathrm{d}\sigma$，其中$D$为$|x|\leqslant 1,|y|\leqslant 1$.

(2) $\iint\limits_D(3x+2y)\mathrm{d}\sigma$，其中$D$由坐标轴及$x+y=2$围成.

(3) $\iint\limits_D(x^3+3x^2y+y^3)\mathrm{d}\sigma$，其中$D$为$0\leqslant x\leqslant 1,0\leqslant y\leqslant 1$.

(4) $\iint\limits_D x\cos(x+y)\mathrm{d}\sigma$，其中$D$是顶点分别为$(0,0)$、$(\pi,0)$和$(\pi,\pi)$的三角区域.

2. 画出积分区域并计算二重积分.

(1) $\iint\limits_D x\sqrt{y}\,d\sigma$，其中 D 是由 $y=x^2$、$y=\sqrt{x}$ 围成的闭区域.

(2) $\iint\limits_D xy^2\,d\sigma$，其中 D 是圆周 $x^2+y^2=4$ 及 y 轴所围成的右半区域.

(3) $\iint\limits_D e^{x+y}\,d\sigma$，其中 D 为 $|x|+|y|\leqslant 1$.

(4) $\iint\limits_D (x^2+y^2-x)\,d\sigma$，其中 D 是由 $y=2$、$y=x$ 及 $y=2x$ 所围成的闭区域.

3. 改变下列二次积分的次序.

(1) $\int_0^1 dy\int_0^y f(x,y)\,dx$；

(2) $\int_0^2 dy\int_{y^2}^{2y} f(x,y)\,dx$；

(3) $\int_0^1 dy\int_{-\sqrt{1-y^2}}^{\sqrt{1-y^2}} f(x,y)\,dx$；

(4) $\int_1^2 dx\int_{2-x}^{\sqrt{2x-x^2}} f(x,y)\,dy$；

(5) $\int_1^e dx\int_0^{\ln x} f(x,y)\,dy$；

(6) $\int_0^{\pi} dx\int_{-\sin\frac{x}{2}}^{\sin x} f(x,y)\,dy$.

4. 证明：$\int_0^1 dy\int_0^{\sqrt{y}} e^y f(x,y)\,dx=\int_0^1 (e-e^{x^2})f(x)\,dx$.

5. 如果二重积分 $\iint\limits_D f(x,y)\,dx\,dy$ 的被积函数 $f(x,y)$ 是两个函数 $f_1(x)$ 及 $f_2(y)$ 的乘积，即 $f(x,y)=f_1(x)\cdot f_2(y)$，积分区域 $D=\{(x,y)\mid a\leqslant x\leqslant b,c\leqslant y\leqslant d\}$，证明此二重积分恰为两个单积分的乘积：$\iint\limits_D f_1(x)\cdot f_2(y)\,dx\,dy=\left[\int_0^1 f_1(x)\,dx\right]\cdot\left[\int_0^1 f_2(y)\,dy\right]$.

6. 设 $f(x,y)$ 在 D 上连续，其中 D 是由直线 $y=x$、$y=a$、$x=b\,(b>a)$ 围成的闭区域，证明：$\int_a^b dx\int_a^x f(x,y)\,dy=\int_a^b dx\int_y^b f(x,y)\,dy$.

7. 设平面薄片所占的闭区域 D 由直线 $x+y=2$、$y=x$ 和 x 轴所围成，它的面密度 $\mu(x,y)=x^2+y^2$，求该薄片的质量.

8. 计算由三个平面 $x=0$、$y=0$、$x+y=1$ 所围成的柱面被平面 $z=0$ 及抛物面 $x^2+y^2=6-z$ 所截得的立体体积.

9. 求由曲面 $z=x^2+2y^2$ 和 $z=6-2x^2-y^2$ 围成的立体体积.

10. 画出积分区域，把 $\iint\limits_D f(x,y)\,dx\,dy$ 化为极坐标形式的二次积分，其中积分区域 D 为：

(1) $x^2+y^2\leqslant a^2\,(a>0)$；

(2) $x^2+y^2\leqslant 2x$；

(3) $a^2\leqslant x^2+y^2\leqslant b^2\,(0<a<b)$；

(4) $0\leqslant y\leqslant 1-x\,(0\leqslant x\leqslant 1)$.

11. 化下列二次积分为极坐标形式的二次积分.

(1) $\int_0^1 dx\int_0^1 f(x,y)dy$；　　(2) $\int_0^2 dx\int_x^{\sqrt{3}x} f(x,y)dy$；

(3) $\int_0^1 dx\int_{1-x}^{\sqrt{1-x^2}} f(x,y)dy$；　　(4) $\int_0^1 dx\int_0^{x^2} f(x,y)dy$.

12. 化下列积分为极坐标形式并计算积分值.

(1) $\int_0^{2a} dx\int_0^{\sqrt{2ax-x^2}} (x^2+y^2)dy$；　　(2) $\int_0^a dx\int_0^x \sqrt{x^2+y^2}dy$；

(3) $\int_0^1 dx\int_{x^2}^x (x^2+y^2)^{-\frac{1}{2}}dy$；　　(4) $\int_0^a dy\int_0^{\sqrt{a^2-y^2}} (x^2+y^2)dx$.

13. 利用极坐标计算下列各题.

(1) $\iint\limits_D e^{x^2+y^2}d\sigma$，其中 D 是由 $x^2+y^2=4$ 所围成的闭区域.

(2) $\iint\limits_D \ln(x^2+y^2)d\sigma$，其中 D 是由圆周 $x^2+y^2=1$ 及坐标轴所围成的在第一象限的闭区域.

(3) $\iint\limits_D \arctan\frac{y}{x}d\sigma$，其中 D 是由 $x^2+y^2=4$、$x^2+y^2=1$ 及直线 $y=0$、$y=x$ 所围成的在第一象限的闭区域.

14. 选用适当坐标计算下列各题.

(1) $\iint\limits_D \frac{x^2}{y^2}d\sigma$，其中 D 是由 $x=2$、$y=x$、$xy=1$ 所围成的闭区域.

(2) $\iint\limits_D \sqrt{\frac{1-x^2-y^2}{1+x^2+y^2}}d\sigma$，其中 D 是由圆周 $x^2+y^2=1$ 及坐标轴围成的在第一象限的闭区域.

(3) $\iint\limits_D (x^2+y^2)d\sigma$，其中 D 是由直线 $y=x$、$y=x+a$、$y=3a(a>0)$ 所围成的闭区域.

(4) $\iint\limits_D \sqrt{x^2+y^2}d\sigma$，其中 D 是圆环形闭区域 $a^2\leqslant x^2+y^2\leqslant b^2$.

15. 计算以 xOy 面上的圆周 $x^2+y^2=ax$ 围成的闭区域为底、以曲面 $z=x^2+y^2$ 为顶的曲顶柱体的体积.

*16. 进行适当变量代换，化二重积分 $\iint\limits_D f(xy)dxdy$ 为单积分，其中 D 为由曲线 $xy=1$、$xy=2$、$y=x$、$y=4x(x>0,y>0)$ 所围成的闭区域.

*17. 做适当变量代换来证明等式 $\iint\limits_D f(x+y)dxdy=\int_{-1}^1 f(u)du$，其中闭区域 D 为 $|x|+|y|\leqslant 1$.

§10.3 三重积分

10.3.1 三重积分的概念

定积分及二重积分作为和的极限的概念，可以很自然地推广到三重积分.

定义 设 $f(x,y,z)$ 是空间有界闭区域 Ω 上的有界函数. 将 Ω 任意分成 n 个小闭区域 $\Delta v_1,\Delta v_2,\cdots,\Delta v_n$，其中 Δv_i 表示第 i 个小闭区域，也表示它的体积. 在每个 Δv_i 上任取一点 (ξ_i,η_i,ζ_i)，作乘积 $f(\xi_i,\eta_i,\zeta_i)\cdot\Delta v_i(i=1,2,\cdots,n)$，并作和 $\sum\limits_{i=1}^{n} f(\xi_i,\eta_i,\zeta_i)\Delta v_i$，当各小闭区域直径中的最大值 λ 趋于 0 时，这个和式的极限总存在，且与闭区域 Ω 的分法及点 (ξ_i,η_i,ζ_i) 的取法无关，则称此极限为函数 $f(x,y,z)$ 在闭区域 Ω 上的**三重积分**，记为

$$\iiint\limits_{\Omega} f(x,y,z)\,\mathrm{d}v = \lim_{\lambda\to 0} f(\xi_i,\eta_i,\zeta_i)\cdot\Delta v_i,$$

其中 $\mathrm{d}v$ 叫作**体积元素**.

在直角坐标系中，如果用平行于坐标面的平面来划分 Ω，那么除了包含 Ω 的边界点的一些不规则小闭区域外，得到的小闭区域 Δv_i 为长方体. 设长方体小闭区域 Δv_i 的边长为 Δx_i、Δy_i、Δz_i，则 $\Delta v_i=\Delta x_i\Delta y_i\Delta z_i$，因此在直角坐标系中，有时也把体积元素 $\mathrm{d}v$ 记作 $\mathrm{d}x\mathrm{d}y\mathrm{d}z$，而把三重积分记作

$$\iiint\limits_{\Omega} f(x,y,z)\,\mathrm{d}v = \iiint\limits_{\Omega} f(x,y,z)\,\mathrm{d}x\mathrm{d}y\mathrm{d}z,$$

其中 $\mathrm{d}x\mathrm{d}y\mathrm{d}z$ 叫作直角坐标系中的**体积元素**.

根据定义，密度为 $f(x,y,z)$ 的空间立体 Ω 的质量为

$$M=\iiint\limits_{\Omega} f(x,y,z)\,\mathrm{d}v.$$

这就是三重积分的物理意义.

三重积分的性质也与 10.1 节中所述的二重积分的性质类似，这里不再重复. 但要特别指出，当 $f(x,y,z)\equiv 1$ 时，设积分区域 Ω 的体积为 V，则有

$$V=\iiint\limits_{\Omega} 1\cdot\mathrm{d}v=\iiint\limits_{\Omega}\mathrm{d}v.$$

这个公式的物理意义是：密度为 1 的均质立体 Ω 的质量在数值上等于 Ω 的体积.

下面我们假定函数 $f(x,y,z)$ 在 Ω 上是连续的，来讨论直角坐标系下三重积分的计算.

10.3.2 利用直角坐标计算三重积分

三重积分的计算与二重积分的计算类似，其基本思路也是化为累次积分.

(1) 先一后二法(投影法)

假设平行于 z 轴且穿过闭区域 Ω 内部的直线与闭区域 Ω 的边界曲面 S 相交不多于两点. 把闭区域 Ω 投影到 xOy 面上，得一平面闭区域 D_{xy}(见图 10-26).

以 D_{xy} 的边界为准线作母线平行于 z 轴的柱面. 这个柱面与曲面 S 的交线将 S 分为上、下两部分，它们的方程如下.

$$S_1:\ z = z_1(x,y).$$

$$S_2:\ z = z_2(x,y).$$

其中 $z_1(x,y)$ 与 $z_2(x,y)$ 都是 D_{xy} 上的连续函数，且 $z_1(x,y) \leqslant z_2(x,y)$. 过 D_{xy} 内任一点 (x,y) 作平行于 z 轴的直线，该直线通过曲面 S_1 穿入 Ω，然后通过曲面 S_2 穿出 Ω，穿入点与穿出点的竖坐标分别为 $z_1(x,y)$ 与 $z_2(x,y)$.

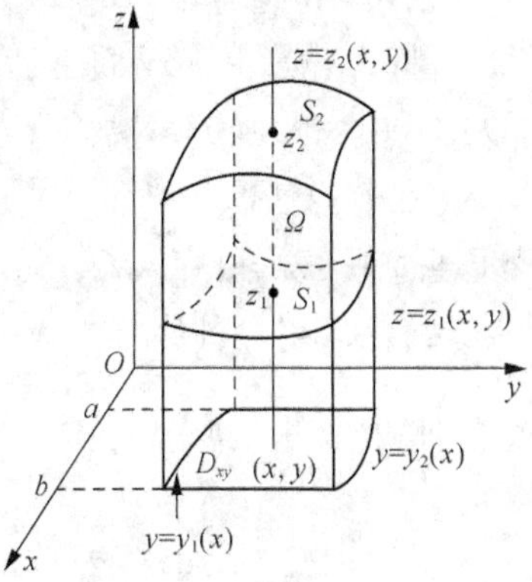

图 10-26

这样，积分区域 Ω 可表示为

$$\Omega = \{(x,y,z) \mid z_1(x,y) \leqslant z \leqslant z_2(x,y),(x,y) \in D_{xy}\}.$$

先将 x、y 看作定值，将 $f(x,y,z)$ 只看作 z 的函数，在区间 $[z_1(x,y),z_2(x,y)]$ 上对 z 积分，积分的结果是 x、y 的函数，记为

$$F(x,y) = \int_{z_1(x,y)}^{z_2(x,y)} f(x,y,z)\,\mathrm{d}z.$$

然后计算 $F(x,y)$ 在闭区域 D_{xy} 上的二重积分

$$\iint_{D_{xy}} F(x,y)\,\mathrm{d}\sigma = \iint_{D_{xy}} \left[\int_{z_1(x,y)}^{z_2(x,y)} f(x,y,z)\,\mathrm{d}z\right] \mathrm{d}\sigma.$$

若闭区域 D_{xy} 是 X-型区域，即 $y_1(x) \leqslant y \leqslant y_2(x)$，$a \leqslant x \leqslant b$，则有三重积分的计算公式：

$$\iiint_{\Omega} f(x,y,z)\,\mathrm{d}v = \int_a^b \mathrm{d}x \int_{y_1(x)}^{y_2(x)} \mathrm{d}y \int_{z_1(x,y)}^{z_2(x,y)} f(x,y,z)\,\mathrm{d}z. \tag{10-5}$$

公式(10-5) 把三重积分化为先对 z、次对 y、最后对 x 的三次积分(也称累次积分).

若闭区域 D_{xy} 是 Y-型区域，即 $x_1(y) \leqslant x \leqslant x_2(y)$，$c \leqslant y \leqslant d$，则有三重积分的计算公式：

$$\iiint_{\Omega} f(x,y,z)\,\mathrm{d}v = \int_c^d \mathrm{d}y \int_{x_1(y)}^{x_2(y)} \mathrm{d}x \int_{z_1(x,y)}^{z_2(x,y)} f(x,y,z)\,\mathrm{d}z. \tag{10-6}$$

公式(10-6) 把三重积分化为先对 z、次对 x、最后对 y 的三次积分.

以上转化三重积分为累次积分的方法，称为**先一后二法(投影法)**.

如果平行于 x 轴或 y 轴且穿过闭区域 Ω 的直线与 Ω 的边界曲面 S 相交不多于两点，也可把闭区域 Ω 投影到 yOz 面上或 xOz 面上，这样便可把三重积分化为按其他顺序的三次积分. 如果平行于坐标轴且穿过闭区域 Ω 的直线与边界曲面 S 的交点多于两个，也可像处理二重积分那样，把 Ω 分成若干部分，使 Ω 上的三重积分化为各部分闭区域上的三重积分的和.

例 10-15 计算三重积分$\iiint\limits_{\Omega} x\mathrm{d}x\mathrm{d}y\mathrm{d}z$，其中$\Omega$为三个坐标面及平面$x+y+z=1$所围成的闭区域.

解 闭区域如图 10-27 所示.

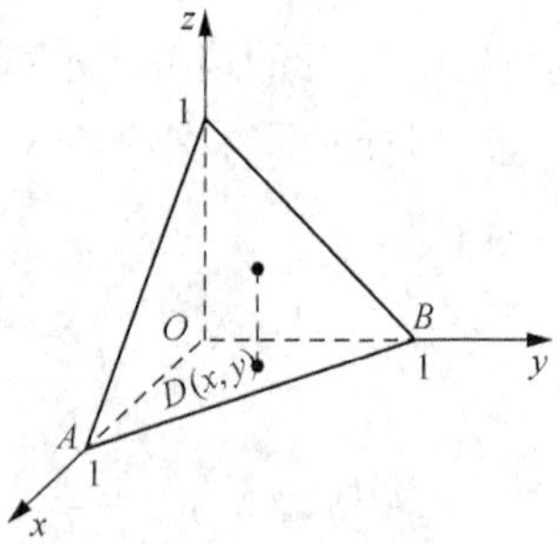

图 10-27

将Ω投影到xOy面上，得到投影区域D为三角形闭区域OAB：$0\leqslant x\leqslant 1,0\leqslant y\leqslant 1-x$.

在D内任取一点(x,y)，过此点作平行于z轴的直线，该直线通过平面$z=0$穿入Ω，然后通过平面$z=1-x-y$穿出Ω，即$0\leqslant z\leqslant 1-x-y$，所以

$$\begin{aligned}\iiint\limits_{\Omega} x\mathrm{d}x\mathrm{d}y\mathrm{d}z&=\iint\limits_{D}\mathrm{d}x\mathrm{d}y\int_0^{1-x-y}x\mathrm{d}z\\&=\int_0^1\mathrm{d}x\int_0^{1-x}\mathrm{d}y\int_0^{1-x-y}x\mathrm{d}z=\int_0^1 x\mathrm{d}x\int_0^{1-x}(1-x-y)\mathrm{d}y\\&=\frac{1}{2}\int_0^1 x(1-x)^2\mathrm{d}x=\frac{1}{2}\int_0^1(x-2x^2+x^3)\mathrm{d}x=\frac{1}{24}.\end{aligned}$$

例 10-16 化三重积分$\iiint\limits_{\Omega} f(x,y,z)\mathrm{d}x\mathrm{d}y\mathrm{d}z$为三次积分，其中积分区域$\Omega$为曲面$z=x^2+2y^2$和曲面$z=2-x^2$围成的闭区域.

解 曲面$z=x^2+2y^2$为开口向上的椭圆抛物面，而$z=2-x^2$为母线平行于y轴的开口向下的抛物柱面，解方程组$\begin{cases}z=x^2+2y^2\\z=2-x^2\end{cases}$，即可得这两个曲面的交线$x^2+y^2=1$，由此可知，这两个曲面所围成的空间体$\Omega$的投影区域$D$为$x^2+y^2\leqslant 1$. 由这两个曲面的图形特征知道，在投影区域$D$上，$z=2-x^2$为上曲面，$z=x^2+2y^2$为下曲面，于是，积分区域$\Omega$可表示为$\Omega=\{(x,y,z)\mid x^2+2y^2\leqslant z\leqslant 2-x^2,(x,y)\in D\}$，所以

$$\iiint\limits_{\Omega} f(x,y,z)\mathrm{d}x\mathrm{d}y\mathrm{d}z=\iint\limits_{D}\mathrm{d}x\mathrm{d}y\int_{x^2+2y^2}^{2-x^2}f(x,y,z)\mathrm{d}z.$$

而投影区域D可表示为$-1\leqslant x\leqslant 1$，$-\sqrt{1-x^2}\leqslant y\leqslant\sqrt{1-x^2}$，于是

$$\iiint\limits_{\Omega} f(x,y,z)\mathrm{d}x\mathrm{d}y\mathrm{d}z=\int_{-1}^{1}\mathrm{d}x\int_{-\sqrt{1-x^2}}^{\sqrt{1-x^2}}\mathrm{d}y\int_{x^2+2y^2}^{2-x^2}f(x,y,z)\mathrm{d}z.$$

(2) 先二后一法(截面法)

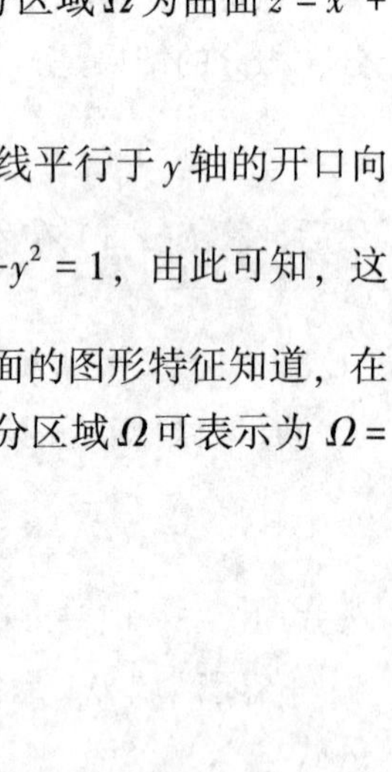

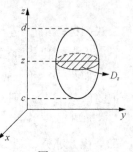

图 10-28

有时，计算一个三重积分也可以转化为先计算一个二重积分，再计算一个定积分. 当立体介于两平面$z=c$、$z=d(c<d)$之间，过点$(0,0,z)(z\in[c,d])$作垂直于z轴的平面，与立体Ω相截得一面D_z，于是区域Ω(见图 10-28) 可以表示为

$$\Omega=\{(x,y,z)\mid(x,y)\in D_z,c\leqslant z\leqslant d\}.$$

要计算这个三重积分可以先计算一个二重积分，再计算一个定积分，即有下述计算公式：

$$\iiint_{\Omega} f(x,y,z)\,\mathrm{d}v = \int_c^d \mathrm{d}z \iint_{D_z} f(x,y,z)\,\mathrm{d}x\mathrm{d}y.$$

与之类似，可以考虑其他积分次序.

例 10-17 计算三重积分 $\iiint_{\Omega} z^2 \mathrm{d}x\mathrm{d}y\mathrm{d}z$，其中 Ω 是由椭球面 $\frac{x^2}{a^2}+\frac{y^2}{b^2}+\frac{z^2}{c^2}=1$ 所围成的空间闭区域.

解 如图 10-29 所示，区域 Ω 介于平面 $z=-c$ 和平面 $z=c$ 之间，在 $[-c,c]$ 内任取一点，作垂直于 z 轴的平面，截区域 Ω 得一截面

$$D_z = \left\{(x,y) \;\middle|\; \frac{x^2}{a^2}+\frac{y^2}{b^2} \leqslant 1-\frac{z^2}{c^2}\right\}.$$

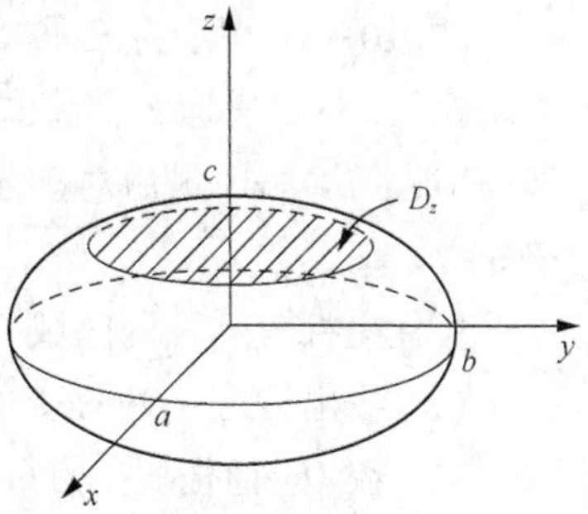

图 10-29

于是

$$\iiint_{\Omega} z^2 \mathrm{d}x\mathrm{d}y\mathrm{d}z = \int_{-c}^{c} z^2 \mathrm{d}z \iint_{D_z} \mathrm{d}x\mathrm{d}y.$$

因为

$$\iint_{D_z} \mathrm{d}x\mathrm{d}y = \pi\sqrt{a^2\left(1-\frac{z^2}{c^2}\right)}\sqrt{b^2\left(1-\frac{z^2}{c^2}\right)} = \pi ab\left(1-\frac{z^2}{c^2}\right).$$

所以

$$\iiint_{\Omega} z^2 \mathrm{d}x\mathrm{d}y\mathrm{d}z = \int_{-c}^{c} \pi ab\left(1-\frac{z^2}{c^2}\right)z^2\mathrm{d}z = \frac{4}{15}\pi abc^3.$$

10.3.3 利用柱面坐标计算三重积分

设 $M(x,y,z)$ 为空间内一点，并设点 M 在 xOy 面上的投影 M' 的极坐标为 (r,θ)，则数组 (r,θ,z) 就叫作点 M 的柱面坐标（见图 10-30）. 这里规定 r、θ、z 的变化范围为

$$0<r<+\infty,\ 0\leqslant\theta\leqslant 2\pi,\ -\infty<z<+\infty.$$

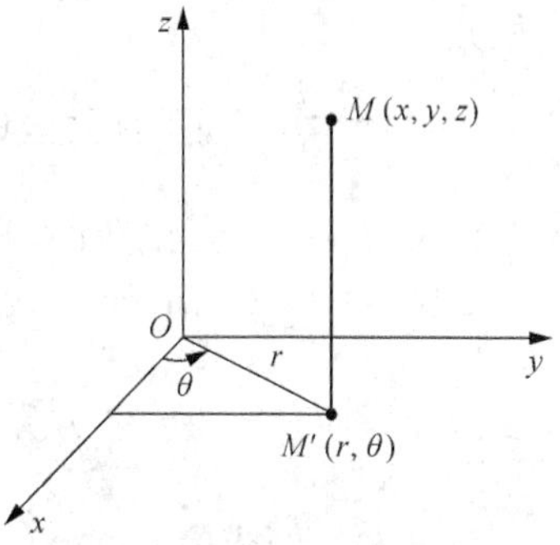

图 10-30

柱面坐标系中三组坐标面分别为：$r=$ 常数，一族以 z 轴为中心轴的圆柱面；$\theta=$ 常数，一族过 z 轴的半平面；$z=$ 常数，与 xOy 面平行的平面.

显然，点 M 的直角坐标与柱面坐标的关系为

$$\begin{cases} x = r\cos\theta \\ y = r\sin\theta, \\ z = z \end{cases} \tag{10-7}$$

现在要把三重积分 $\iiint_{\Omega} f(x,y,z)\,\mathrm{d}v$ 中的变量变换为柱面坐标，为此，用三组坐标面 $r=$ 常数、$\theta=$ 常数、$z=$ 常数把 Ω 分成许多小闭区域，除了包含 Ω 的边界点的一些不规则小闭

区域外，其余小闭区域都是柱体. 考虑由 r、θ、z 各取得微小增量 $\mathrm{d}r$、$\mathrm{d}\theta$、$\mathrm{d}z$ 所成的小柱体的体积(见图 10-31).

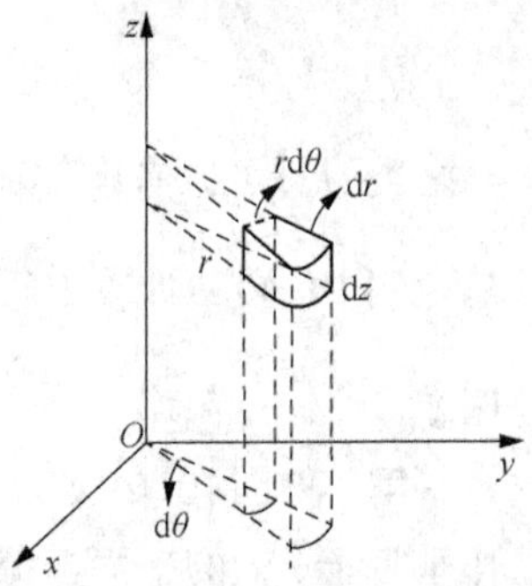

图 10-31

在不计较高阶无穷小时，这个体积可近似看作边长 $r\mathrm{d}\theta$、$\mathrm{d}r$、$\mathrm{d}z$ 的长方体体积，于是得柱面坐标系中的体积微元 $\mathrm{d}v = r\mathrm{d}r\mathrm{d}\theta\mathrm{d}z$，再注意到式(10-7)，就有

$$\iiint_{\Omega} f(x,y,z)\,\mathrm{d}x\mathrm{d}y\mathrm{d}z = \iiint_{\Omega} f(r\cos\theta, r\sin\theta, z)\,r\mathrm{d}r\mathrm{d}\theta\mathrm{d}z \tag{10-8}$$

式(10-8) 用于将三重积分中的变量由直角坐标变换成柱面坐标. 具体计算时，需将式(10-8) 右端化为关于积分变量 r、θ、z 的三次积分，一般是按先对 z、再对 r、最后对 θ 的顺序化为三次积分，其积分限由 r、θ、z 在 Ω 中的变化情况来确定.

用柱坐标表示积分区域 Ω 的方法如下.

(1) 找出 Ω 在 xOy 面上的投影 D_{xy}，区域 D_{xy} 用极坐标 r、θ 表示.

(2) 在 D_{xy} 内任取一点 (r,θ)，过此点作平行于 z 轴的直线穿过区域 Ω，与区域 Ω 的边界最多只有两个交点. 设区域 Ω 关于 xOy 面的投影柱面将 Ω 的边界曲面分为上下两部分，上曲面方程为 $z = z_1(r,\theta)$，下曲面方程为 $z = z_2(r,\theta)$，则有

$$z_1(r,\theta) \leqslant z \leqslant z_2(r,\theta),\ (r,\theta) \in D_{xy},$$

于是

$$\iiint_{\Omega} f(r\cos\theta, r\sin\theta, z)\,r\mathrm{d}r\mathrm{d}\theta\mathrm{d}z = \iint_{D} r\mathrm{d}r\mathrm{d}\theta \int_{z_1(r,\theta)}^{z_2(r,\theta)} f(r\cos\theta, r\sin\theta, z)\,\mathrm{d}z.$$

这里实质上是对 z 采用直角坐标系进行积分，而对另外两个变量用平面极坐标变换进行积分.

例 10-18 利用柱面坐标计算三重积分 $\iiint_{\Omega} z\mathrm{d}x\mathrm{d}y\mathrm{d}z$，其中闭区域 Ω 由球面 $x^2+y^2+z^2=4$ 与抛物面 $x^2+y^2=3z$ 围成(在抛物面内的那一部分)的立体区域.

解 利用式(10-7)，题设中的上曲面方程为 $r^2+z^2=4$，下曲面方程为 $r^2=3z$，解方程组 $\begin{cases} r^2 = 3z \\ r^2+z^2 = 4 \end{cases}$ 得到两曲面的交线 $z = 1$、$r = \sqrt{3}$ (见图 10-32).

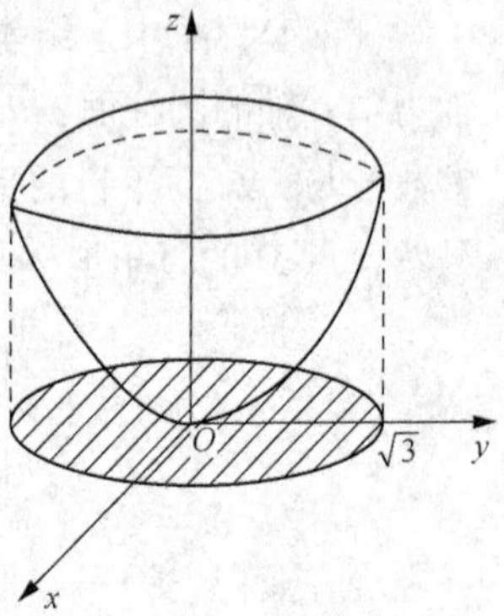

图 10-32

由此可知立体 Ω 在 xOy 面上的投影区域 D 为圆域 $0 \leqslant r \leqslant \sqrt{3}$，$0 \leqslant \theta \leqslant 2\pi$，于是 Ω 为 $\dfrac{r^2}{3} \leqslant z \leqslant \sqrt{4-r^2}$，$0 \leqslant r \leqslant \sqrt{3}$，$0 \leqslant \theta \leqslant 2\pi$，所以

$$\iiint_{\Omega} z\mathrm{d}x\mathrm{d}y\mathrm{d}z = \iint_{D} r\mathrm{d}r\mathrm{d}\theta \int_{\frac{r^2}{3}}^{\sqrt{4-r^2}} z\mathrm{d}z = \int_0^{2\pi}\mathrm{d}\theta \int_0^{\sqrt{3}} r\mathrm{d}r \int_{\frac{r^2}{3}}^{\sqrt{4-r^2}} z\mathrm{d}z$$

$$=\int_0^{2\pi}\mathrm{d}\theta\int_0^{\sqrt{3}}\frac{1}{2}r\left(4-r^2-\frac{r^4}{9}\right)\mathrm{d}r=\pi\int_0^{\sqrt{3}}\left(4r-r^3-\frac{r^5}{9}\right)\mathrm{d}r$$

$$=\frac{13}{4}\pi.$$

例 10-19 利用柱面坐标计算三重积分 $\iiint\limits_{\Omega}z\mathrm{d}x\mathrm{d}y\mathrm{d}z$，其中 Ω 由曲面 $z=x^2+y^2$ 与平面 $z=4$ 围成.

解 把闭区域 Ω 投影到 xOy 面上，得半径为 2 的圆形闭区域

$$D_{xy}=\{(\rho,\theta)\mid 0\leqslant\rho\leqslant 2,0\leqslant\theta\leqslant 2\pi\}.$$

在 D_{xy} 内任取一点 (ρ,θ)，过此点作平行于 z 轴的直线，此直线通过曲面 $z=x^2+y^2$ 穿入 Ω，然后通过平面 $z=4$ 穿出 Ω，因此闭区域 Ω 可用不等式

$$\rho^2\leqslant z\leqslant 4,0\leqslant\rho\leqslant 2,0\leqslant\theta\leqslant 2\pi$$

来表示. 于是

$$\iiint\limits_{\Omega}z\mathrm{d}x\mathrm{d}y\mathrm{d}z=\iiint\limits_{\Omega}z\rho\mathrm{d}\rho\mathrm{d}\theta\mathrm{d}z=\int_0^{2\pi}\mathrm{d}\theta\int_0^2\rho\mathrm{d}\rho\int_{\rho^2}^4 z\mathrm{d}z$$

$$=\frac{1}{2}\int_0^{2\pi}\mathrm{d}\theta\int_0^2\rho(16-\rho^4)\mathrm{d}\rho=\frac{1}{2}\cdot 2\pi\left[8\rho^2-\frac{1}{6}\rho^6\right]_0^2=\frac{64}{3}\pi.$$

*10.3.4 利用球面坐标计算三重积分

设 $M(x,y,z)$ 为空间内一点，则点 M 也可用这样三个有序的数 r、φ、θ 来确定，其中 r 为坐标原点 O 与点 M 的距离，φ 为向量 $\overrightarrow{OM}$ 与 z 轴正向所夹的角，θ 为从 z 轴正向来看自 x 轴正向按逆时针方向转到 $\overrightarrow{OP}$ 的角，这里点 P 为点 M 在 xOy 面上的投影(见图 10-33).

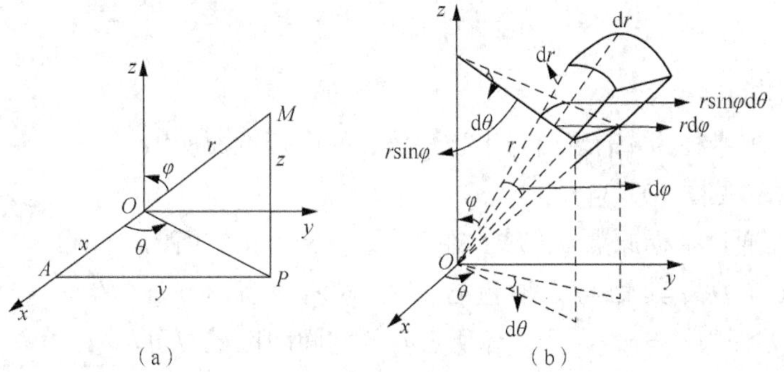

图 10-33

这样的三个数叫作点 M 的球面坐标，r、φ、θ 的变化范围为 $0\leqslant r\leqslant+\infty$、$0\leqslant\varphi\leqslant\pi$、$0\leqslant\theta\leqslant 2\pi$.

球面坐标系中三组坐标面分别为：$r=$ 常数，一族以坐标原点为球心的球面；$\varphi=$ 常数，一族以坐标原点为顶点、z 轴为中心轴的圆锥面；$\theta=$ 常数，一族过 z 轴的半平面.

设点 M 在 xOy 面上的投影为点 P，点 P 在 x 轴上的投影为点 A，则

$$OA = x,\ AP = y,\ PM = z,$$

又

$$OP = r\sin\varphi,\ z = r\cos\varphi,$$

因此，点 M 的直角坐标与球面坐标的关系为

$$\begin{cases} x = OP\cos\varphi = r\sin\varphi\cos\theta \\ y = OP\sin\theta = r\sin\varphi\sin\theta \\ z = r\cos\varphi \end{cases}. \tag{10-9}$$

为了把三重积分中的变量从直角坐标变换为球面坐标，用三组坐标面 r = 常数、φ = 常数、θ = 常数把积分区域 Ω 分成许多小闭区域. 考虑由 r、φ、θ 各取得微小增量 $\mathrm{d}r$、$\mathrm{d}\varphi$、$\mathrm{d}\theta$ 所成的六面体的体积. 不计高阶无穷小，可把这个六面体看作长方体，其三边长分别为 $r\mathrm{d}\varphi$、$r\sin\varphi\mathrm{d}\theta$、$\mathrm{d}r\mathrm{d}\varphi$，于是得

$$\mathrm{d}v = r^2\sin\varphi\mathrm{d}r\mathrm{d}\varphi\mathrm{d}\theta.$$

这就是球面坐标系中的体积微元. 再注意到式(10-9)，就有

$$\iiint\limits_{\Omega} f(x,y,z)\mathrm{d}x\mathrm{d}y\mathrm{d}z = \iiint\limits_{\Omega} f(r\sin\varphi\cos\theta, r\sin\varphi\sin\theta, r\cos\varphi)r^2\sin\varphi\mathrm{d}r\mathrm{d}\varphi\mathrm{d}\theta \tag{10-10}$$

当被积函数含有 $x^2+y^2+z^2$，积分区域是由球面围成的区域或由球面及锥面围成的区域时，在球面坐标变换下，用 r、φ、θ 表示比较简单，利用球面坐标变换能简化积分的计算.

特别指出，若积分区域 Ω 为球面 $r = a$ 所围成，则有

$$\iiint\limits_{\Omega} f(x,y,z)\mathrm{d}x\mathrm{d}y\mathrm{d}z = \int_0^{2\pi}\mathrm{d}\theta\int_0^{\pi}\mathrm{d}\varphi\int_0^{a} f(r\sin\varphi\cos\theta, r\sin\varphi\sin\theta, r\cos\varphi)r^2\sin\varphi\mathrm{d}r$$

当 $f(r\sin\varphi\cos\theta, r\sin\varphi\sin\theta, r\cos\varphi) = 1$ 时，由上式即得球的体积

$$V = \int_0^{2\pi}\mathrm{d}\theta\int_0^{\pi}\sin\varphi\mathrm{d}\varphi\int_0^{a} r^2\mathrm{d}r = 2\pi\cdot 2\cdot\frac{a^3}{3} = \frac{4}{3}\pi a^3,$$

这是我们所熟知的结果.

例 10-20 求半径为 a 的球面与半顶角为 α 的内接锥面所围成的立体的体积(见图 10-34).

解 设球面通过坐标原点 O，球心在 z 轴上，又内接锥面的顶点在坐标原点 O，其轴与 z 轴重合，则球面方程为 $r = 2a\cos\varphi$，锥面方程为 $\varphi = \alpha$. 因为立体所占有的空间闭区域 Ω 可用不等式

$$0\leqslant r\leqslant 2a\cos\varphi, 0\leqslant\varphi\leqslant\alpha, 0\leqslant\theta\leqslant 2\pi$$

来表示，所以

$$V = \iiint\limits_{\Omega} r^2\sin\varphi\mathrm{d}r\mathrm{d}\varphi\mathrm{d}\theta$$

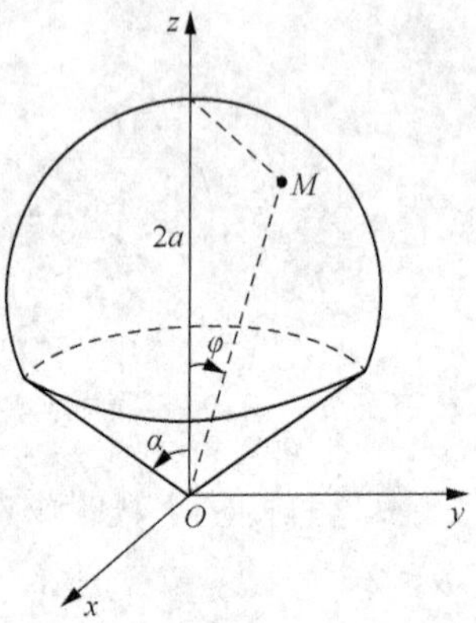

图 10-34

$$= \int_0^{2\pi} d\theta \int_0^{\alpha} d\varphi \int_0^{2a\cos\varphi} r^2 \sin\varphi dr$$

$$= 2\pi \int_0^{\alpha} \sin\varphi d\varphi \int_0^{2a\cos\varphi} r^2 dr$$

$$= \frac{4\pi a^3}{3}(1-\cos^4\alpha).$$

例10-21 计算球体$x^2+y^2+z^2 \leqslant 2a^2$在锥面$z=\sqrt{x^2+y^2}$内的闭区域$\Omega$的体积(见图10-35).

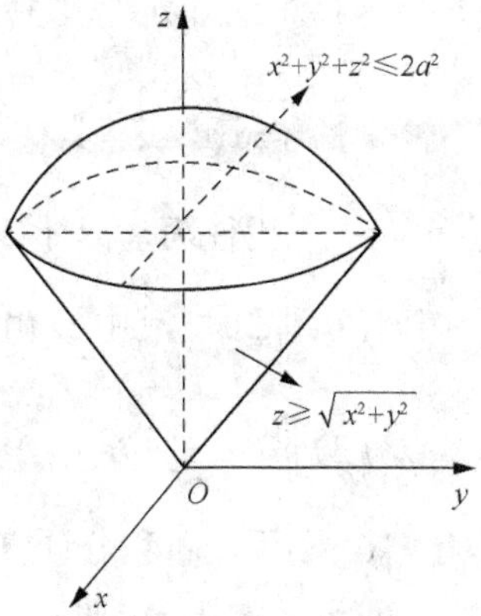

图10-35

解 由三重积分的性质知

$$V = \iiint_{\Omega} dxdydz.$$

在球坐标变换下，球面$x^2+y^2+z^2=2a^2$的方程为$r=\sqrt{2}a$，锥面$z=\sqrt{x^2+y^2}$的方程为$\varphi=\frac{\pi}{4}$，于是区域Ω可以表示为

$$0 \leqslant r \leqslant \sqrt{2}a, 0 \leqslant \varphi \leqslant \frac{\pi}{4}, 0 \leqslant \theta \leqslant 2\pi.$$

所以

$$V = \iiint_{\Omega} dxdydz = \int_0^{2\pi} d\theta \int_0^{\frac{\pi}{4}} d\varphi \int_0^{\sqrt{2}a} r^2 \sin\varphi dr$$

$$= 2\pi \int_0^{\frac{\pi}{4}} \sin\varphi \cdot \frac{(\sqrt{2}a)^3}{3} d\varphi = \frac{4}{3}\pi(\sqrt{2}-1)a^3.$$

习题10.3

1. 化三重积分$I=\iiint_{\Omega} f(x,y,z)dxdydz$为直角坐标系下的三次积分，其中积分区域$\Omega$分别为：

(1) 由抛物面$z=x^2+y^2$及平面$z=1$围成的闭区域；

(2) 由曲面$z=x^2+2y^2$和曲面$z=2-x^2$围成的闭区域.

2. 设有一物体，所占空间闭区域Ω为$0 \leqslant x \leqslant 1, 0 \leqslant y \leqslant 1, 0 \leqslant z \leqslant 1$，在点$(x,y,z)$处的密度为$\rho(x,y,z)=x+y+z$，计算该物体质量.

3. 利用直角坐标系计算下列三重积分.

(1) $\iiint_{\Omega}(x^2+y^2+z^2)dxdydz$，其中$\Omega$是由三个坐标面和三个平面$x=1$、$y=1$、$z=1$所围成的正方体.

(2) $\iiint\limits_{\Omega} z\mathrm{d}x\mathrm{d}y\mathrm{d}z$，其中 Ω 是由三个坐标面和 $x+y+z=1$ 所围成的闭区域.

(3) $\iiint\limits_{\Omega} \frac{\mathrm{d}x\mathrm{d}y\mathrm{d}z}{(1+x+y+z)^3}$，其中 Ω 为平面 $x=0$、$y=0$、$z=0$ 和 $x+y+z=1$ 所围成的四面体.

4. 利用截面法计算下列三重积分.

(1) $\iiint\limits_{\Omega} z\mathrm{d}x\mathrm{d}y\mathrm{d}z$，其中 $\Omega=\{(x,y,z)\mid x^2+y^2+z^2\leqslant 1,z\geqslant 0\}$.

(2) $\iiint\limits_{\Omega} z\mathrm{d}x\mathrm{d}y\mathrm{d}z$，其中 $\Omega=\left\{(x,y,z)\mid x^2+y^2\leqslant z\leqslant\sqrt{2-x^2-y^2}\right\}$.

5. 利用柱面坐标计算下列三重积分.

(1) $\iiint\limits_{\Omega} z\mathrm{d}v$，其中 Ω 由曲面 $z=\sqrt{2-x^2-y^2}$ 及曲面 $z=x^2+y^2$ 所围成.

(2) $\iiint\limits_{\Omega} (x^2+y^2)\mathrm{d}v$，其中 Ω 由曲面 $x^2+y^2=2z$ 及平面 $z=2$ 所围成.

6. 利用三重积分计算下列曲面所围成的立体体积.

(1) $z=6-x^2-y^2$ 及 $z=\sqrt{x^2+y^2}$.

(2) $z=\sqrt{x^2+y^2}$ 及 $z=x^2+y^2$.

§10.4 重积分的应用

由前面的讨论可知，曲顶柱体的体积、平面薄片的质量可用二重积分来计算，空间物体的质量可用三重积分来计算. 本节将定积分应用中的微元法推广到重积分，利用重积分的微元法来讨论重积分在几何、物理上的一些应用.

10.4.1 曲面的面积

设曲面 S 的方程为

$$z=f(x,y),$$

D_{xy} 为曲面 S 在 xOy 面上的投影区域，函数 $f(x,y)$ 在 D_{xy} 上具有一阶连续的偏导数，现在要计算曲面 S 的面积.

在闭区域上任取一直径很小的小区域 $\mathrm{d}\sigma$(该区域的面积也记为 $\mathrm{d}\sigma$). 在 $\mathrm{d}\sigma$ 上任取一点 $P(x,y)$，对应地，曲面 S 上有一点 $M(x,y,f(x,y))$，点 M 在 xOy 面上的投影为点 P. 点 M 处曲面 S 的切平面设为 T(见图 10-36).

以小闭区域 $\mathrm{d}\sigma$ 的边界线为准线，作母线平行于 z 轴的柱面，该柱面在曲面 S 上截下一小片曲面 ΔS，在切平面 T 上截下一小片平面 ΔA. 由于 $\mathrm{d}\sigma$ 的直径很小，切平面 T 上的那一

小片平面的面积 ΔA 可以近似代替相应的那一小片曲面的面积 ΔS，即

$$\Delta S \approx \Delta A.$$

设 $\boldsymbol{n}$ 为切平面 T 的法向量，γ 为该法向量与 z 轴正方向的夹角，$0\leqslant\gamma\leqslant\frac{\pi}{2}$，则

$$\mathrm{d}\sigma = \cos\gamma\cdot\Delta A,$$

即

$$\Delta A = \frac{\mathrm{d}\sigma}{\cos\gamma}.$$

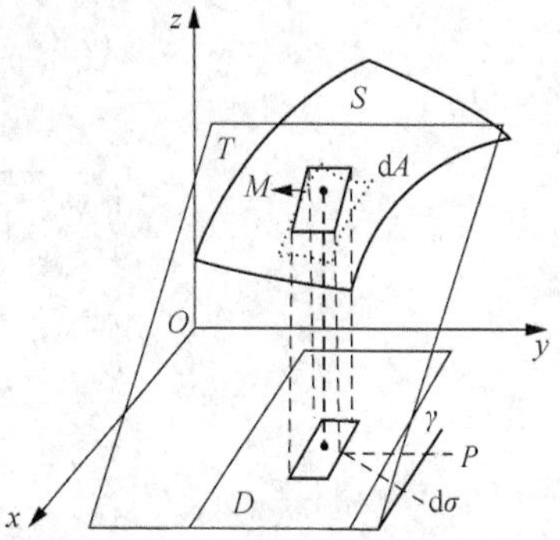

图 10-36

因为曲面方程为 $z=f(x,y)$，其法向量 $\boldsymbol{n}=\{-f_x,-f_y,1\}$，$\cos\gamma=\dfrac{1}{\sqrt{1+f_x^2+f_y^2}}$，所以

$$\Delta S \approx \Delta A = \frac{\mathrm{d}\sigma}{\cos\gamma} = \sqrt{1+f_x^2+f_y^2}\,\mathrm{d}\sigma.$$

于是得所求**曲面 S 的面积元素**

$$\mathrm{d}A = \sqrt{1+f_x^2+f_y^2}\,\mathrm{d}\sigma.$$

以面积元素 $\mathrm{d}A$ 为被积表达式，在闭区域 D_{xy} 上积分，得

$$A = \iint\limits_{D_{xy}}\sqrt{1+f_x^2+f_y^2}\,\mathrm{d}\sigma.$$

上式也可以写成

$$A = \iint\limits_{D_{xy}}\sqrt{1+z_x^2+z_y^2}\,\mathrm{d}x\mathrm{d}y. \tag{10-11}$$

这就是**曲面 S 面积的计算公式**.

注意 (1) 若空间曲面 S 的方程为 $x=g(y,z)$，S 在 yOz 面上的投影区域为 D_{yz}，则曲面面积的计算公式为

$$A = \iint\limits_{D_{yz}}\sqrt{1+\left(\frac{\partial x}{\partial y}\right)^2+\left(\frac{\partial x}{\partial z}\right)^2}\,\mathrm{d}y\mathrm{d}z.$$

(2) 若空间曲面 S 的方程为 $y=h(z,x)$，S 在 zOx 面上的投影区域为 D_{zx}，则曲面面积的计算公式为

$$A = \iint\limits_{D_{zx}}\sqrt{1+\left(\frac{\partial y}{\partial z}\right)^2+\left(\frac{\partial y}{\partial x}\right)^2}\,\mathrm{d}z\mathrm{d}x.$$

例 10-22 求旋转抛物面 $z=x^2+y^2$ 被柱面 $x^2+y^2=1$ 所截曲面的面积.

解 曲面的方程为 $z=x^2+y^2$，它在 xOy 面上的投影区域 D_{xy} 为 $x^2+y^2\leqslant1$. 因为 $\frac{\partial z}{\partial x}=2x$，$\frac{\partial z}{\partial y}=2y$，所以曲面的面积元素

$$dA=\sqrt{1+z_x^2+z_y^2}\,dxdy=\sqrt{1+4(x^2+y^2)}\,dxdy.$$

于是

$$\begin{aligned}A&=\iint_{D_{xy}}\sqrt{1+4(x^2+y^2)}\,dxdy=\iint_{D_{xy}}\sqrt{1+4r^2}\,rdrd\theta\\&=\int_0^{2\pi}d\theta\int_0^1\frac{1}{8}\cdot\sqrt{1+4r^2}\,d(1+4r^2)=2\pi\cdot\frac{1}{12}[1+4r^2]_0^1\\&=\frac{\pi}{6}(5\sqrt{5}-1).\end{aligned}$$

例 10-23 求圆锥面 $z=\sqrt{x^2+y^2}$ 在圆柱体 $x^2+y^2\leqslant x$ 内的部分的面积.

解 曲面的方程为 $z=\sqrt{x^2+y^2}$，它在 xOy 面上的投影区域 D_{xy} 为

$$x^2+y^2\leqslant x,$$

即

$$\left(x-\frac{1}{2}\right)^2+y^2\leqslant\frac{1}{4}.$$

因为$\frac{\partial z}{\partial x}=\frac{x}{\sqrt{x^2+y^2}}$，$\frac{\partial z}{\partial y}=\frac{y}{\sqrt{x^2+y^2}}$，所以曲面的面积元素

$$dA=\sqrt{1+z_x^2+z_y^2}\,dxdy=\sqrt{2}\,dxdy.$$

于是

$$A=\iint_{D_{xy}}\sqrt{2}\,dxdy=\sqrt{2}\cdot\frac{\pi}{4}=\frac{\sqrt{2}\pi}{4}.$$

10.4.2 质心与转动惯量

设 xOy 面上有 n 个质点，它们分别位于点 $(x_1,y_1),(x_2,y_2),\cdots,(x_n,y_n)$ 处，质量分别是 $m_1,m_2,\cdots,m_n$. 该质点系的质心坐标是

$$\bar{x}=\frac{M_y}{M}=\frac{\sum_{i=1}^n m_ix_i}{\sum_{i=1}^n m_i},\quad \bar{y}=\frac{M_x}{M}=\frac{\sum_{i=1}^n m_iy_i}{\sum_{i=1}^n m_i},$$

其中 $M=\sum_{i=1}^n m_i$ 为质点系的总质量，$M_y=\sum_{i=1}^n m_ix_i$，$M_x=\sum_{i=1}^n m_iy_i$ 分别是质点系对 y 轴和 x 轴的**静力矩**.

对于平面薄片 D，在 D 上任取一直径很小的小闭区域 $d\sigma$（该区域的面积也记为 $d\sigma$），(x,y) 是这个小闭区域上的一个点. 由于 $d\sigma$ 的直径很小，且密度函数 $\rho=\rho(x,y)$ 在 D 上连续，因此薄片中相应于 $d\sigma$ 的部分质量近似等于 $\rho(x,y)d\sigma$，这部分质量可近似看作集中在点 (x,y) 上，即将小薄片 $d\sigma$ 近似看成一质点，该质点对 y 轴和 x 轴的静力矩分别为

$$dM_y = x\rho(x,y)\,d\sigma,\ dM_x = y\rho(x,y)\,d\sigma.$$

以这些元素为被积表达式，在闭区域 D 上积分，便得

$$M_y = \iint_D dM_y = \iint_D x\rho(x,y)\,d\sigma,\ M_x = \iint_D dM_x = \iint_D y\rho(x,y)\,d\sigma.$$

又由 10.1 节可知，平面薄片的质量为 $M = \iint_D \rho(x,y)\,d\sigma$，所以平面薄片的**质心**坐标为

$$\bar{x} = \frac{M_y}{M} = \frac{\iint_D x\rho(x,y)\,d\sigma,}{\iint_D \rho(x,y)\,d\sigma},\ \bar{y} = \frac{M_x}{M} = \frac{\iint_D y\rho(x,y)\,d\sigma,}{\iint_D \rho(x,y)\,d\sigma}.$$

如果薄片的质量分布均匀，即密度函数是常值函数，则质心坐标为

$$\bar{x} = \frac{M_y}{M} = \frac{\iint_D x\,d\sigma}{\iint_D d\sigma} = \frac{\iint_D x\,d\sigma}{A},\ \bar{y} = \frac{M_x}{M} = \frac{\iint_D y\,d\sigma}{A}, \tag{10-12}$$

其中 A 为薄片的面积.

与之类似，设有一空间物体占有空间有界闭区域 Ω，在点 (x,y,z) 处的密度为 $\rho(x,y,z)$，假定该函数在 Ω 上连续，则物体的质量

$$M = \iiint_\Omega dM = \iiint_\Omega \rho(x,y,z)\,dv.$$

物体**质心**坐标为

$$\bar{x} = \frac{1}{M}\iiint_\Omega x\rho(x,y,z)\,dv = \frac{\iiint_\Omega x\rho(x,y,z)\,dv}{\iiint_\Omega \rho(x,y,z)\,dv},$$

$$\bar{y} = \frac{1}{M}\iiint_\Omega y\rho(x,y,z)\,dv = \frac{\iiint_\Omega y\rho(x,y,z)\,dv}{\iiint_\Omega \rho(x,y,z)\,dv},$$

$$\bar{z} = \frac{1}{M}\iiint_\Omega z\rho(x,y,z)\,dv = \frac{\iiint_\Omega z\rho(x,y,z)\,dv}{\iiint_\Omega \rho(x,y,z)\,dv}.$$

同理，应用微元法可得平面薄片和空间物体对于各坐标轴的转动惯量.

设有一薄片，占有 xOy 面上的闭区域 D，面密度为 $\rho(x,y)$. 假定 $\rho(x,y)$ 在 D 上连续，则该薄片对于 x 轴的转动惯量为 $I_x = \iint_D y^2\rho(x,y)\,d\sigma$，对于 y 轴的转动惯量为

$$I_y = \iint_D x^2\rho(x,y)\,d\sigma.$$

占有空间有界闭区域Ω、体密度为$\rho(x,y,z)$(假定$\rho(x,y,z)$在Ω上连续)的物体对于x轴、y轴和z轴的转动惯量为

$$I_x=\iiint_{\Omega}(y^2+z^2)\rho\mathrm{d}v,\ I_y=\iiint_{\Omega}(x^2+z^2)\rho\mathrm{d}v,\ I_z=\iiint_{\Omega}(x^2+y^2)\rho\mathrm{d}v.$$

例 10-24 密度均匀的半椭圆薄片D可表示为$\frac{x^2}{a^2}+\frac{y^2}{b^2}\leqslant 1$, $y\geqslant 0$, 求D的质心.

解 由于闭区域D对称于y轴, 故质心$C(\bar{x},\bar{y})$必位于y轴上, 于是$\bar{x}=0$. 又由于半椭圆薄片D面积$A=\frac{\pi ab}{2}$, 且闭区域D可表示为$-a\leqslant x\leqslant a,0\leqslant y\leqslant b\sqrt{1-\frac{x^2}{a^2}}$, 于是由式(10-12)得

$$\bar{y}=\frac{1}{A}\iint_D y\mathrm{d}x\mathrm{d}y=\frac{1}{\frac{\pi ab}{2}}\int_{-a}^{a}\mathrm{d}x\int_0^{b\sqrt{1-\frac{x^2}{a^2}}}y\mathrm{d}y$$

$$=\frac{1}{\pi ab}\int_{-a}^{a}b^2\left(1-\frac{x^2}{a^2}\right)\mathrm{d}x=\frac{4b}{3\pi}.$$

从而所求质心是$C\left(0,\frac{4b}{3\pi}\right)$.

***例 10-25** 求均匀半球体的质心.

解 半球体的对称轴为z轴, 坐标原点取在球心, 又设球半径为a, 则半球体所占空间闭区域$\Omega=\{(x,y,z)\mid x^2+y^2+z^2\leqslant a^2,z\geqslant 0\}$.

显然, 质心在z轴上, 故$\bar{x}=\bar{y}=0$.

$$\bar{z}=\frac{1}{M}\iiint_{\Omega}z\rho\mathrm{d}v=\frac{1}{V}\iiint_{\Omega}z\mathrm{d}v.$$

其中$V=\frac{2}{3}\pi a^3$为半球体的体积.

$$\iiint_{\Omega}z\mathrm{d}v=\iiint_{\Omega}r\cos\varphi r^2\sin\varphi\mathrm{d}r\mathrm{d}\varphi\mathrm{d}\theta=\int_0^{2\pi}\mathrm{d}\theta\int_0^{\frac{\pi}{2}}\cos\varphi\sin\varphi\mathrm{d}\varphi\int_0^a r^3\mathrm{d}r$$

$$=2\pi\cdot\left[\frac{\sin^2\varphi}{2}\right]_0^{\frac{\pi}{2}}\cdot\frac{a^4}{4}=\frac{\pi a^4}{4}.$$

因此, $\bar{z}=\frac{3}{8}a$, 质心为$\left(0,0,\frac{3}{8}a\right)$.

例 10-26 求密度为ρ的均匀球体对于过球心的轴l的转动惯量.

解 取球心为坐标原点, z轴与轴l重合, 又设球的半径为a, 则球体所占空间闭区域$\Omega=\{(x,y,z)\mid x^2+y^2+z^2\leqslant a^2\}$, 所求转动惯量即球体对于$z$轴的转动惯量:

$$
\begin{aligned}
I_z &= \iiint_{\Omega}(y^2+x^2)\rho\,\mathrm{d}v \\
&= \rho\iiint_{\Omega}(r^2\sin^2\varphi\cos^2\theta + r^2\sin^2\varphi\sin\theta)r^2\sin\varphi\,\mathrm{d}r\mathrm{d}\varphi\mathrm{d}\theta \\
&= \rho\iiint_{\Omega}r^4\sin^3\varphi\,\mathrm{d}r\mathrm{d}\varphi\mathrm{d}\theta = \rho\int_0^{2\pi}\mathrm{d}\theta\int_0^{\pi}\sin^3\varphi\,\mathrm{d}\varphi\int_0^a r^4\mathrm{d}r \\
&= \frac{2}{5}a^2M.
\end{aligned}
$$

其中 $M=\dfrac{4}{3}\pi a^3\rho$ 为球体的质量.

习题 10.4

1. 求球面 $x^2+y^2+z^2=a^2$ 在圆柱面 $x^2+y^2=ax$ 内部的那部分面积.

2. 求锥面 $z=\sqrt{x^2+y^2}$ 被柱面 $z^2=2x$ 所截得的曲面面积.

3. 求柱面 $x^2+y^2=a^2$ 被柱面 $y^2+z^2=a^2$ 所截得的面积.

4. 求面密度 $\rho(x,y)=x+y$ 的矩形薄片的质心，此矩形薄片占有平面区域 D：$0\leqslant x\leqslant 2$，$0\leqslant y\leqslant 1$.

5. 利用三重积分求曲面 $z=x^2+y^2$ 和曲面 $z=1$ 所围成的立体的质心(设密度 $\rho=1$).

6. 一均匀物体(密度 ρ 为常量) 占有的闭区域 Ω 由曲面 $z=x^2+y^2$、$z=0$、$|x|=a$、$|y|=a$ 所围成. (1) 求物体的重心；(2) 求物体对于 z 轴的转动惯量.

复习题 10

A 类

1. 选择题.

(1) 若 $\iint\limits_D \mathrm{d}x\mathrm{d}y=1$，则 D 是由(　　) 围成的闭区域.

A. $y=x+1$、$x=0$、$x=1$ 及 x 轴　　B. $|x|=1$、$|y|=1$

C. $2x+y=2$ 及 x 轴、y 轴　　D. $|x+y|=1$、$|x-y|=1$

(2) 设 D 是由 $|x|=2$、$|y|=1$ 所围成的闭区域，则 $\iint\limits_D xy^2\mathrm{d}x\mathrm{d}y=$(　　).

A. $\dfrac{4}{3}$　　B. $\dfrac{8}{3}$　　C. $\dfrac{16}{3}$　　D. 0

(3) 设 D 是由 $0\leqslant x\leqslant 1,0\leqslant y\leqslant x$ 所围成的闭区域，则 $\iint\limits_D y\cos(xy)\,\mathrm{d}x\mathrm{d}y=(\quad)$.

A. 2　　B. 2π　　C. $\pi+1$　　D. 0

(4) 将 $\int_0^2\mathrm{d}x\int_x^{\sqrt{2x}}f(x,y)\,\mathrm{d}y$ 交换积分次序为(　　).

A. $\int_0^2\mathrm{d}y\int_x^{\sqrt{2x}}f(x,y)\,\mathrm{d}x$　　B. $\int_0^2\mathrm{d}y\int_{\frac{y^2}{2}}^{y}f(x,y)\,\mathrm{d}x$

C. $\int_0^2\mathrm{d}y\int_0^{y}f(x,y)\,\mathrm{d}x$　　D. $\int_2^0\mathrm{d}y\int_{\frac{y^2}{2}}^{y}f(x,y)\,\mathrm{d}x$

(5) 设有空间闭区域

$$\Omega_1=\{(x,y,z)\mid x^2+y^2+z^2=R^2,z\geqslant 0\},$$

$$\Omega_2=\{(x,y,z)\mid x^2+y^2+z^2\leqslant R^2,x\geqslant 0,y\geqslant 0,z\geqslant 0\},$$

则有(　　).

A. $\iiint\limits_{\Omega_1}x\mathrm{d}v=4\iiint\limits_{\Omega_2}x\mathrm{d}v$　　B. $\iiint\limits_{\Omega_1}y\mathrm{d}v=4\iiint\limits_{\Omega_2}y\mathrm{d}v$

C. $\iiint\limits_{\Omega_1}z\mathrm{d}v=4\iiint\limits_{\Omega_2}z\mathrm{d}v$　　D. $\iiint\limits_{\Omega_1}xyz\mathrm{d}v=4\iiint\limits_{\Omega_2}xyz\mathrm{d}v$

2. 填空题.

(1) 设 D 是由 $xy=2$ 及 $x+y=3$ 所围成的闭区域，则 $\iint\limits_D\mathrm{d}x\mathrm{d}y=$ ______.

(2) 交换二次积分的积分次序，$\int_0^1\mathrm{d}x\int_0^{1-x}f(x,y)\,\mathrm{d}y=$ ______.

(3) 积分 $\int_0^2\mathrm{d}x\int_x^2\mathrm{e}^{-y^2}\mathrm{d}y=$ ______.

(4) 设环形域 D 可表示为 $1\leqslant x^2+y^2\leqslant 4$，则 $\iint\limits_D\sqrt{(x^2+y^2)^3}\,\mathrm{d}x\mathrm{d}y=$ ______.

3. 计算二重积分.

(1) $\iint\limits_D(1+x)\sin y\,\mathrm{d}\sigma$，其中 D 是顶点分别为 $(0,0)$、$(1,0)$、$(1,2)$ 和 $(0,1)$ 的梯形闭区域；

(2) $\iint\limits_D(x^2-y^2)\,\mathrm{d}\sigma$，其中 $D=\{(x,y)\mid 0\leqslant y\leqslant\sin x,\ 0\leqslant x\leqslant\pi\}$；

(3) $\iint\limits_D\sqrt{R^2-x^2-y^2}\,\mathrm{d}\sigma$，其中 D 是圆周 $x^2+y^2=Rx$ 所围成的闭区域；

(4) $\iint\limits_D(y^2+3x-6y+9)\,\mathrm{d}\sigma$，其中 $D=\{(x,y)\mid x^2+y^2\leqslant R^2\}$.

4. 交换二次积分的次序.

(1) $\int_0^4\mathrm{d}y\int_{-\sqrt{4-y}}^{\frac{1}{2}(y-4)}f(x,y)\,\mathrm{d}x$；　　(2) $\int_0^{\mathrm{e}}\mathrm{d}x\int_0^{\ln x}f(x,y)\,\mathrm{d}y$；

(3) $\int_0^1 dx\int_0^x f(x,y)\,dy+\int_1^2 dx\int_0^{2-x} f(x,y)\,dy$； (4) $\int_0^1 dx\int_{\sqrt{x}}^{1+\sqrt{1-x^2}} f(x,y)\,dy$.

5. 计算由平面 $2x+3y+z=6$ 和三个坐标面所围成的四面体的体积.

B 类

1. 选择题.

(1) 记 $\iiint\limits_{\Omega} dV=7a$，$\Omega=\{(x,y,z)\mid 1\leqslant x^2+y^2+z^2\leqslant 4\}$，则 $a=($　　$)$.

A. $\frac{\pi}{3}$　　B. $\frac{2\pi}{3}$　　C. π　　D. $\frac{4\pi}{3}$

(2) 设 Ω 由 $z\leqslant x^2+y^2$，$1\leqslant z\leqslant 4$ 所确定，函数 $f(z)$ 在 $[1,4]$ 上连续，那么积分 $\iiint\limits_{\Omega} f(z)\,dxdydz$ 化成定积分为(　　).

A. $\pi\int_1^4 zf(z)\,dz$　　B. $\pi\int_1^4 z^2 f(z)\,dz$

C. $\pi\int_1^4 (z-1)f(z)\,dz$　　D. $\pi\int_1^4 (1-z)^2 f(z)\,dz$

(3) $\int_0^1 dx\int_{e^{-1}}^{e^{-x}} f(x,y)\,dy$ 交换积分次序为(　　).

A. $\int_{e^{-1}}^1 dy\int_{-\ln y}^0 f(x,y)\,dx$　　B. $\int_{e^{-1}}^1 dy\int_0^{-\ln y} f(x,y)\,dx$

C. $\int_{e^{-1}}^1 dy\int_0^{\ln y} f(x,y)\,dx$　　D. $\int_1^e dy\int_0^{\ln y} f(x,y)\,dx$

(4) 圆柱 $x^2+y^2\leqslant 2x$ 和球 $x^2+y^2+z^2\leqslant 4$ 的公共部分的体积为(　　).

A. $\iint\limits_{x^2+y^2\leqslant 4}\sqrt{4-x^2-y^2}\,d\sigma$　　B. $2\iint\limits_{x^2+y^2\leqslant 4}\sqrt{4-x^2-y^2}\,d\sigma$

C. $\iint\limits_{x^2+y^2\leqslant 2x}\sqrt{4-x^2-y^2}\,d\sigma$　　D. $2\iint\limits_{x^2+y^2\leqslant 2x}\sqrt{4-x^2-y^2}\,d\sigma$

2. 填空题.

(1) 若 D 由 $x^2+y^2=x$ 围成，则 $\iint\limits_{D}\sqrt{x}\,dxdy=$ ________.

(2) 交换二次积分积分次序：$\int_{-6}^2 dx\int_{\frac{1}{4}x^2-1}^{2-x} f(x,y)\,dy=$ ________.

(3) 积分区域 $D=\{(x,y)\mid x^2\leqslant y\leqslant 1,\ -1\leqslant x\leqslant 1\}$，把积分 $\iint\limits_{D} f(x,y)\,dxdy$ 表示为极坐标形式的二次积分为 ________.

(4) 积分区域 Ω 是由曲面 $z=x^2+y^2$、$y=x^2$ 及平面 $y=1$、$z=0$ 所围成的闭区域，把三重积分 $\iiint\limits_{\Omega} f(x,y,z)\,dxdydz$ 化为三次积分为 ________.

3. 计算下列三重积分.

(1) $\iiint\limits_{\Omega} z^2 \mathrm{d}x\mathrm{d}y\mathrm{d}z$，其中 Ω 是两个球 $x^2+y^2+z^2 \leqslant 2Rz(R>0)$ 的公共部分；

(2) $\iiint\limits_{\Omega} \frac{z\ln(x^2+y^2+z^2+1)}{x^2+y^2+z^2+1}\mathrm{d}v$，其中 Ω 由球面 $x^2+y^2+z^2=1$ 所围成.

4. 求平面 $\frac{x}{a}+\frac{y}{b}+\frac{z}{c}=1$ 被三个坐标面所截出的有限部分的面积.

5. 利用三重积分求由曲面 $z=x^2+y^2$、$x+y=a$ 及三个坐标面所围成的立体的质心(设密度 $\rho=1$).

6. 求由抛物线 $y=x^2$ 及直线 $y=1$ 所围成的均匀薄片(面密度为常数 μ)对于直线 $y=-1$ 的转动惯量.

第11章 曲线积分与曲面积分

前面我们学习了定积分、二重积分和三重积分，本章我们学习曲线积分和曲面积分. 曲线积分包括对弧长的曲线积分和对坐标的曲线积分，曲面积分包括对面积的曲面积分和对坐标的曲面积分.

§11.1 对弧长的曲线积分

11.1.1 对弧长的曲线积分的概念

理论来源于实践，对弧长的曲线积分也不例外，它是人们在长期的生产实践和科学研究中总结出的一个概念. 因此，要学习对弧长的曲线积分，首先要看一个与对弧长的曲线积分有关的实际问题，即计算曲线形物质的质量.

有曲线形物质 L(见图 11-1)，其端点是 A、B，在 L 上任一点 (x,y) 处，L 的线密度是 $\rho(x,y)$，现在要计算该曲线形物质的质量 M.

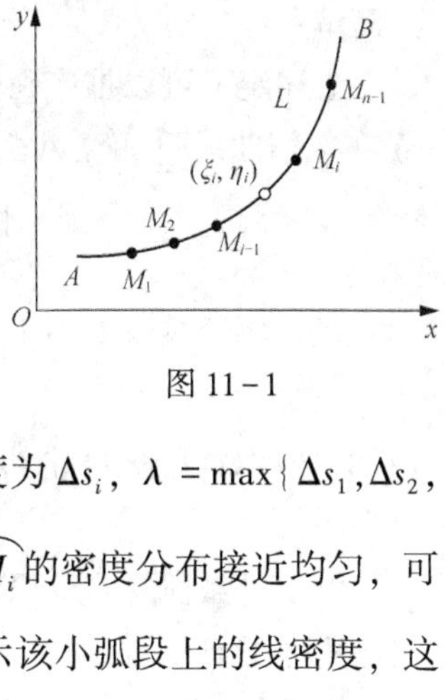

图 11-1

如果曲线形物质的线密度是常量，则 M 等于线密度和长度的乘积. 现在该曲线形物质在各点 (x,y) 处的线密度 $\rho(x,y)$ 是变量，M 就不能用上述方法计算，但是我们可以使用对 L 进行分割的办法来解决. 具体的方法是用 L 上的点 $M_1,M_2,\cdots,M_{n-1}$ 把 L 分成 n 个小弧段，假设第 i 个小弧段的质量为 m_i，长度为 Δs_i，$\lambda=\max\{\Delta s_1,\Delta s_2,\cdots,\Delta s_n\}$，则 $M=\sum\limits_{i=1}^{n} m_i$. 由于分割很细，因此第 i 个小弧段 $\overset{\frown}{M_{i-1}M_i}$ 的密度分布接近均匀，可以用该小弧段上的任意一点 (ξ_i,η_i) 处的密度 $\rho(\xi_i,\eta_i)$ 近似表示该小弧段上的线密度，这样一来，第 i 个小弧段的质量为

$$m_i \approx \rho(\xi_i,\eta_i)\Delta s_i,$$

从而

$$M=\sum_{i=1}^{n} m_i \approx \sum_{i=1}^{n}\rho(\xi_i,\eta_i)\Delta s_i.$$

分割越细精度越高，以至于当 $\lambda\to 0$ 时，

$$M=\lim_{\lambda\to 0}\sum_{i=1}^{n}\rho(\xi_i,\eta_i)\Delta s_i.$$

这种和式的极限在其他很多问题中也会出现，因此有必要给它起个名字并下个定义，这就是对弧长的曲线积分.

定义 设L是xOy面内的一条光滑曲线，函数$f(x,y)$在L上有界. 在L上任意插入一列点$M_1,M_2,\cdots,M_{n-1}$把L分成n个小弧段. 假设第i个小弧段的长度为Δs_i，(ξ_i,η_i)是该小弧段上任意取定的一点，对乘积$f(\xi_i,\eta_i)\Delta s_i(i=1,2,\cdots,n)$求和$\sum\limits_{i=1}^{n}f(\xi_i,\eta_i)\Delta s_i$，如果当各小弧段的长度的最大值$\lambda\to 0$时，这个和式的极限总存在，则称此极限为$f(x,y)$在光滑曲线弧$L$上**对弧长的曲线积分**，记为$\int_L f(x,y)\mathrm{d}s$，即

$$\int_L f(x,y)\mathrm{d}s=\lim_{\lambda\to 0}\sum_{i=1}^{n}f(\xi_i,\eta_i)\cdot\Delta s_i,$$

其中$f(x,y)$称为**被积函数**，L称为**积分弧段**. 对弧长的曲线积分也称为**第一类曲线积分**.

当$f(x,y)$在光滑曲线弧L上连续时，对弧长的曲线积分$\int_L f(x,y)\mathrm{d}s$是存在的. 本书中我们总是假定$f(x,y)$在L上是连续的.

有了对弧长的曲线积分的概念后，前面所说的曲线形物质的质量则为

$$M=\int_L\rho(x,y)\mathrm{d}s.$$

如果能找到一个对弧长的曲线积分的简单计算方法，也就找到了计算曲线形物质质量的简单办法.

上述定义可以推广到被积函数是三元函数、积分弧段是空间曲线弧$\varGamma$的情形. $f(x,y,z)$在空间曲线弧$\varGamma$上对弧长的曲线积分

$$\int_\varGamma f(x,y,z)\mathrm{d}s=\lim_{\lambda\to 0}\sum_{i=1}^{n}f(\xi_i,\eta_i,\zeta_i)\cdot\Delta s_i.$$

如果积分弧段L和$\varGamma$是闭曲线，则相应的曲线积分记为$\oint_L f(x,y)\mathrm{d}s$和$\oint_\varGamma f(x,y,z)\mathrm{d}s$.

11.1.2 对弧长的曲线积分的性质

由于对弧长的曲线积分的定义和定积分的定义类似，因此对弧长的曲线积分的性质也与定积分类似.

性质1 设积分弧段L的弧长为l，则

$$\int_L\mathrm{d}s=l.$$

性质2 设α、β为常数，则

$$\int_L[\alpha f(x,y)+\beta g(x,y)]\mathrm{d}s=\alpha\int_L f(x,y)\mathrm{d}s+\beta\int_L g(x,y)\mathrm{d}s.$$

性质3 若积分弧段L可分成两段光滑曲线弧L_1和L_2，则

$$\int_{L_1+L_2}f(x,y)\mathrm{d}s=\int_{L_1}f(x,y)\mathrm{d}s+\int_{L_2}f(x,y)\mathrm{d}s.$$

性质 4 设在 L 上 $f(x,y)\leqslant g(x,y)$，则

$$\int_L f(x,y)\,\mathrm{d}s\leqslant\int_L g(x,y)\,\mathrm{d}s.$$

特别指出，有

$$\left|\int_L f(x,y)\,\mathrm{d}s\right|\leqslant\int_L |f(x,y)|\,\mathrm{d}s.$$

11.1.3 对弧长的曲线积分的计算

对弧长的曲线积分可以化为定积分计算.

定理 设光滑曲线弧 L 可表示为

$$\begin{cases}x=\phi(t),\\ y=\psi(t),\end{cases}\quad(\alpha\leqslant t\leqslant\beta),$$

其中 $\phi(t)$、$\psi(t)$ 在 $[\alpha,\beta]$ 上具有一阶连续导数，且 $\phi'^2(t)+\psi'^2(t)\neq 0$，函数 $f(x,y)$ 为定义在 L 上的连续函数，则

$$\int_L f(x,y)\,\mathrm{d}s=\int_\alpha^\beta f[\phi(t),\psi(t)]\sqrt{\phi'^2(t)+\psi'^2(t)}\,\mathrm{d}t(\alpha<\beta).$$

该定理的证明方法是将 $\int_L f(x,y)\,\mathrm{d}s=\lim\limits_{\lambda\to 0}\sum\limits_{i=1}^{n}f(\xi_i,\eta_i)\cdot\Delta s_i$ 中的小弧长 Δs_i 用弧长公式表示，从而得到

$$\begin{aligned}\int_L f(x,y)\,\mathrm{d}s&=\lim_{\lambda\to 0}\sum_{i=1}^{n}f(\xi_i,\eta_i)\cdot\Delta s_i\\&=\lim_{\lambda\to 0}\sum_{i=1}^{n}f[\phi(t_i),\psi(t_i)]\sqrt{\phi'^2(t_i)+\psi'^2(t_i)}\,\Delta t_i\\&=\int_\alpha^\beta f[\phi(t),\psi(t)]\sqrt{\phi'^2(t)+\psi'^2(t)}\,\mathrm{d}t.\end{aligned}$$

证明略.

同样，对于空间曲线积分 $\int_\Gamma f(x,y,z)\,\mathrm{d}s$，当空间曲线弧 Γ 由参数方程 $x=\phi(t),y=\psi(t),z=r(t),t\in[\alpha,\beta]$ 表示时，其计算公式为

$$\int_\Gamma f(x,y,z)\,\mathrm{d}s=\int_\alpha^\beta f[\phi(t),\psi(t),r(t)]\sqrt{\phi'^2(t)+\psi'^2(t)+r'^2(t)}\,\mathrm{d}t.$$

需要强调的是，在对弧长的曲线积分的计算公式中，积分弧段 L 是用参数方程表示的，如果问题中给出的 L 的方程不是参数方程的形式，必须首先将其化为参数方程.

如果 L 的方程为 $y=\psi(x),a\leqslant x\leqslant b$，则 L 的参数方程为

$$\begin{cases}x=x,\\ y=\psi(x),\end{cases}\quad(a\leqslant x\leqslant b),$$

从而

$$\int_L f(x,y)\,\mathrm{d}s=\int_a^b f[x,\psi(x)]\sqrt{1+\psi'^2(x)}\,\mathrm{d}x.$$

如果 L 的方程为 $x=\phi(y),c\leqslant y\leqslant d$，则 L 的参数方程为

$$\begin{cases}x=\phi(y),\\ y=y,\end{cases}\quad (c\leqslant y\leqslant d),$$

从而

$$\int_L f(x,y)\,\mathrm{d}s=\int_c^d f[\phi(y),y]\sqrt{1+\phi'^2(y)}\,\mathrm{d}y.$$

综上所述可知，对弧长的曲线积分的计算方法可概括为一句话，即“一代二换三定限，线积分化为定积分算”. 所谓“一代”，即将曲线方程代入被积函数；“二换”即将 $\mathrm{d}s$ 换成曲线的弧微分；“三定限”即将积分弧段换成参数的变化区间，这样就可以将对弧长的曲线积分化成定积分来算. 这里必须注意，此处**定积分的下限一定小于上限**.

例 11-1 计算 $\int_L(x^2+y^2)\,\mathrm{d}s$，其中 L 是 $x^2+y^2=a^2(a>0)$ 的上半圆.

解法 1 L 的参数方程为

$$\begin{cases}x=a\cos t,\\ y=a\sin t,\end{cases}\quad (0\leqslant t\leqslant \pi),$$

所以

$$\int_L(x^2+y^2)\,\mathrm{d}s=\int_0^{\pi}[(a\cos t)^2+(a\sin t)^2]\sqrt{(-a\sin t)^2+(a\cos t)^2}\,\mathrm{d}t$$

$$=\int_0^{\pi}a^3\,\mathrm{d}t=\pi a^3.$$

解法 2 把 L 的方程 $x^2+y^2=a^2(a>0)$ 直接代入曲线积分，有

$$\int_L(x^2+y^2)\,\mathrm{d}s=\int_L a^2\,\mathrm{d}s=a^2\int_L\mathrm{d}s=a^2\cdot L\text{ 的弧长}=\pi a^3.$$

例 11-2 求 $I=\int_L y\,\mathrm{d}s$，其中 L 是 $y^2=4x$ 上从点$(1,2)$到点$(1,-2)$的一段(见图 11-2).

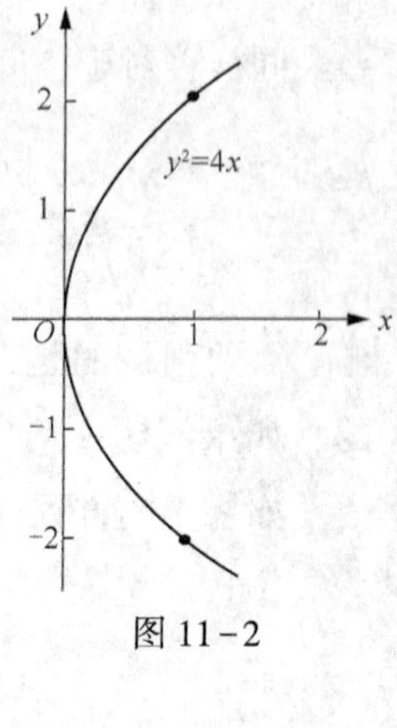

图 11-2

解 L 的参数方程为

$$\begin{cases}x=\dfrac{y^2}{4},\\ y=y,\end{cases}\quad (-2\leqslant y\leqslant 2),$$

所以

$$I=\int_{-2}^{2}y\sqrt{1+\left(\frac{y}{2}\right)^2}\,\mathrm{d}y=0.$$

例 11-3 求 $I=\int_L \sqrt{y}\,\mathrm{d}s$，其中 L 是 $y=x^2$ 上从点 $(0,0)$ 到点 $(1,1)$ 的一段.

解 L 的参数方程为

$$\begin{cases}x=x,\\ y=x^2,\end{cases}\quad (0\leqslant x\leqslant 1),$$

所以

$$I=\int_0^1 \sqrt{x^2}\sqrt{1+(x^2)'^2}\,\mathrm{d}x=\int_0^1 x\sqrt{1+4x^2}\,\mathrm{d}x$$

$$=\left[\frac{1}{12}(1+4x^2)^{\frac{3}{2}}\right]_0^1=\frac{1}{12}(5\sqrt{5}-1).$$

例 11-4 求 $\int_\Gamma xyz\,\mathrm{d}s$，其中 Γ 为螺旋线 $\begin{cases}x=a\cos\theta\\ y=a\sin\theta\\ z=k\theta\end{cases}$ 的一段 $(0\leqslant\theta\leqslant 2\pi)$.

解
$$\int_\Gamma xyz\,\mathrm{d}s=\int_0^{2\pi} a^2\cos\theta\sin\theta\cdot k\theta\sqrt{a^2+k^2}\,\mathrm{d}\theta$$

$$=a^2k\sqrt{a^2+k^2}\int_0^{2\pi}\cos\theta\sin\theta\cdot\theta\,\mathrm{d}\theta$$

$$=-\frac{1}{2}\pi ka^2\sqrt{a^2+k^2}.$$

习题 11.1

1. 求曲线 $\begin{cases}x=a\\ y=at\\ z=\dfrac{1}{2}at^2\end{cases}$ $(0\leqslant t\leqslant 1, a>0)$ 的质量，设其线密度 $\rho=\sqrt{\dfrac{2z}{a}}$.

2. 计算下列对弧长的曲线积分.

(1) $\int_L x\,\mathrm{d}s$，其中 L 是由直线 $y=x$ 和抛物线 $y=x^2$ 所围成区域的整个边界；

(2) $\oint_L (x^2+y^2)^n\,\mathrm{d}s$，其中 L 的方程为 $x^2+y^2=a^2$；

(3) $\oint_L (x+y)\,\mathrm{d}s$，其中 L 是以 $(0,0)$、$(1,0)$、$(0,1)$ 为顶点的三角形的三条边；

(4) $\int_L (x+y)\,\mathrm{d}s$，其中 L 是连接 $(1,0)$ 和 $(0,1)$ 两点的直线段；

(5) $\oint_L \mathrm{e}^{\sqrt{x^2+y^2}}\,\mathrm{d}s$，其中 L 是圆周 $x^2+y^2=1$、直线 $y=x$ 及 y 轴在第一象限内所围成的扇形的整个边界；

(6) $\int_L x^2yz\mathrm{d}s$，其中 L 是折线 $ABCD$，这里 A、B、C、D 依次是 $(0,0,0)$、$(0,0,2)$、$(1,0,2)$、$(1,3,2)$；

(7) $\int_\Gamma \frac{1}{x^2+y^2+z^2}\mathrm{d}s$，其中 Γ 为曲线 $\begin{cases} x=\mathrm{e}^t\cos t \\ y=\mathrm{e}^t\sin t \\ z=\mathrm{e}^t \end{cases}$ 上 t 从 0 变到 2 的这段弧；

(8) $\oint_L (|x|+|y|)\mathrm{d}s$，其中 L 由 $|x|+|y|=1$ 所组成.

§11.2 对面积的曲面积分

11.2.1 对面积的曲面积分的概念与性质

11.1 节介绍了曲线形物质质量的求法. 如果将那里的曲线形物质改为物质曲面(总假定曲面的边界曲线是分段光滑的闭曲线，且曲面有界)，线密度 $\rho(x,y)$ 改为面密度 $\rho(x,y,z)$，那么通过对物质曲面进行分割、近似求和、取极限，可得到物质曲面的质量

$$M=\lim_{\lambda\to 0}\sum_{i=1}^{n}\rho(\xi_i,\eta_i,\zeta_i)\Delta S_i,$$

其中 ΔS_i 代表第 i 个小曲面的面积，(ξ_i,η_i,ζ_i) 是第 i 个小曲面上的任意一点，λ 是所有小曲面直径的最大值. 曲面的直径指曲面上任意两点距离的最大值.

抽去上述和式极限的具体意义，就可得到对面积的曲面积分的定义.

首先给出光滑曲面的定义. 所谓光滑曲面，是指曲面上各点处都有切平面，且当切点在曲面上连续移动时，切平面也连续转动(见图 11-3).

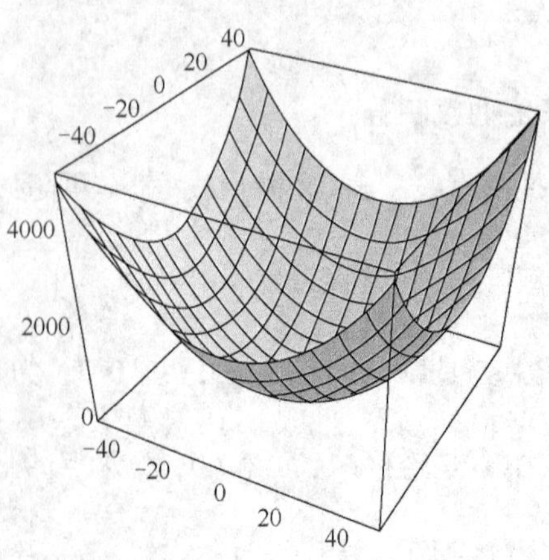

图 11-3

定义 假设曲面 Σ 是光滑的，函数 $f(x,y,z)$ 在 Σ 上有界. 把 Σ 任意分割成 n 个小块 ΔS_i，ΔS_i 也代表第 i 个小块的面积，假设 (ξ_i,η_i,ζ_i) 是 ΔS_i 上任意取定的一点，对乘积 $f(\xi_i,\eta_i,\zeta_i)\Delta S_i(i=1,2,\cdots,n)$ 求和 $\sum\limits_{i=1}^{n} f(\xi_i,\eta_i,\zeta_i)\Delta S_i$. 如果当各小块曲面直径的最大值 $\lambda\to 0$ 时，该和式的极限总存在，则称此极限为 $f(x,y,z)$ 在曲面 Σ 上**对面积的曲面积分**，记为 $\iint\limits_{\Sigma} f(x,y,z)\,\mathrm{d}S$，即

$$\iint\limits_{\Sigma} f(x,y,z)\,\mathrm{d}S = \lim_{\lambda\to 0}\sum_{i=1}^{n} f(\xi_i,\eta_i,\zeta_i)\Delta S_i,$$

其中 Σ 称为**积分曲面**，$f(x,y,z)$ 称为**被积函数**. 对面积的曲面积分也称为**第一类曲面积分**.

当 $f(x,y,z)$ 在光滑曲面 Σ 上连续时，对面积的曲面积分是存在的. 本书中我们总是假定 $f(x,y,z)$ 在 Σ 上是连续的.

如果 Σ 是封闭曲面，则第一类曲面积分记为 $\oiint\limits_{\Sigma} f(x,y,z)\,\mathrm{d}S$.

从定义可以看出，物质曲面的质量

$$M = \iint\limits_{\Sigma} \rho(x,y,z)\,\mathrm{d}S.$$

若 Σ 可分为分片光滑的曲面 Σ_1 及 Σ_2，则

$$\iint\limits_{\Sigma} f(x,y,z)\,\mathrm{d}S = \iint\limits_{\Sigma_1} f(x,y,z)\,\mathrm{d}S + \iint\limits_{\Sigma_2} f(x,y,z)\,\mathrm{d}S.$$

这里的分片光滑的曲面是指由有限个光滑曲面所组成的曲面. 本书中我们总假定曲面是光滑的或分片光滑的.

从定义还可看出，对面积的曲面积分和对弧长的曲线积分具有完全类似的性质，这里不再赘述.

11.2.2 对面积的曲面积分的计算

对弧长的曲线积分可以转化为定积分来计算，与之类似，对面积的曲面积分可以转化为二重积分来计算.

假设积分曲面 Σ 的方程为 $z=z(x,y)$，Σ 在 xOy 面上的投影区域为 D_{xy}，$z=z(x,y)$ 在 D_{xy} 上具有连续的偏导数，则由对面积的曲面积分的定义、曲面的面积公式可以得到

$$\iint\limits_{\Sigma} f(x,y,z)\,\mathrm{d}S = \iint\limits_{D_{xy}} f[x,y,z(x,y)]\sqrt{1+z_x^2+z_y^2}\,\mathrm{d}x\mathrm{d}y.$$

如果积分曲面 Σ 的方程为 $y=y(x,z)$，Σ 在 zOx 面上的投影区域为 D_{zx}，则

$$\iint\limits_{\Sigma} f(x,y,z)\,\mathrm{d}S = \iint\limits_{D_{zx}} f[x,y(x,z),z]\sqrt{1+y_x^2+y_z^2}\,\mathrm{d}z\mathrm{d}x.$$

如果积分曲面Σ的方程为$x=x(y,z)$，Σ在yOz面上的投影区域为D_{yz}，则

$$\iint_{\Sigma} f(x,y,z)\,\mathrm{d}S=\iint_{D_{yz}} f[x(y,z),y,z]\sqrt{1+x_y^2+x_z^2}\,\mathrm{d}y\mathrm{d}z.$$

综上所述，对面积的曲面积分的计算方法可以概括为一句话，即“一代二换三投影，面积分化为重积分算”．所谓“一代”即将曲面方程代入被积函数；“二换”即将 $\mathrm{d}S$ 换为曲面的面积元素；“三投影”即将积分曲面Σ换成相应的投影区域．这样就可以将第一类曲面积分化成二重积分来计算．

例 11－5　设曲面Σ的方程为$z=\sqrt{1-x^2-y^2}$(见图 11－4)，它的密度函数$\rho(x,y,z)=z^2$，求该物质曲面的质量．

解　曲面Σ在xOy面上的投影区域为

$$D_{xy}:\begin{cases}0\leqslant\theta\leqslant 2\pi\\ 0\leqslant r\leqslant 1\end{cases}.$$

根据曲面Σ的方程$z=\sqrt{1-x^2-y^2}$，得

$$z_x=\frac{-x}{\sqrt{1-x^2-y^2}},\ z_y=\frac{-y}{\sqrt{1-x^2-y^2}}.$$

曲面Σ的质量

$$M=\iint_{\Sigma} z^2\,\mathrm{d}S=\iint_{D_{xy}}(1-x^2-y^2)\sqrt{1+z_x^2+z_y^2}\,\mathrm{d}x\mathrm{d}y$$

$$=\iint_{D_{xy}}\sqrt{1-x^2-y^2}\,\mathrm{d}x\mathrm{d}y=\int_0^{2\pi}\mathrm{d}\theta\int_0^1\sqrt{1-r^2}\,r\mathrm{d}r=\frac{2\pi}{3}.$$

例 11－6　求$I=\iint_{\Sigma}(x^2+y^2)\,\mathrm{d}S$，其中$\Sigma$是圆锥面$z=\sqrt{x^2+y^2}$(见图 11－5)及平面$z=1$所围成的区域的整个边界曲面．

解　Σ分为两个部分，Σ_1为$z=\sqrt{x^2+y^2}$，Σ_2为$z=1$．把Σ_1和Σ_2所围成的区域投影到xOy面上，得半径为 1 的圆形闭区域

$$D_{xy}:\begin{cases}0\leqslant\theta\leqslant 2\pi\\ 0\leqslant r\leqslant 1\end{cases}.$$

根据曲面Σ_1的方程$z=\sqrt{x^2+y^2}$，得

$$z_x=\frac{x}{\sqrt{x^2+y^2}},\ z_y=\frac{y}{\sqrt{x^2+y^2}}.$$

从而

$$\iint_{\Sigma_1}(x^2+y^2)\,\mathrm{d}S=\iint_{D_{xy}}(x^2+y^2)\sqrt{1+z_x^2+z_y^2}\,\mathrm{d}x\mathrm{d}y$$

$$=\sqrt{2}\iint_{D_{xy}}(x^2+y^2)\,\mathrm{d}x\mathrm{d}y=\sqrt{2}\int_0^{2\pi}\mathrm{d}\theta\int_0^1 r^2\cdot r\mathrm{d}r=\frac{\sqrt{2}\pi}{2}.$$

同理可得$\iint\limits_{\Sigma_2}(x^2+y^2)\mathrm{d}S=\iint\limits_{D_{xy}}(x^2+y^2)\mathrm{d}x\mathrm{d}y=\int_0^{2\pi}\mathrm{d}\theta\int_0^1 r^2\cdot r\mathrm{d}r=\frac{\pi}{2}$. 于是

$$I=\iint\limits_{\Sigma_1}(x^2+y^2)\mathrm{d}S+\iint\limits_{\Sigma_2}(x^2+y^2)\mathrm{d}S=\frac{(1+\sqrt{2})\pi}{2}.$$

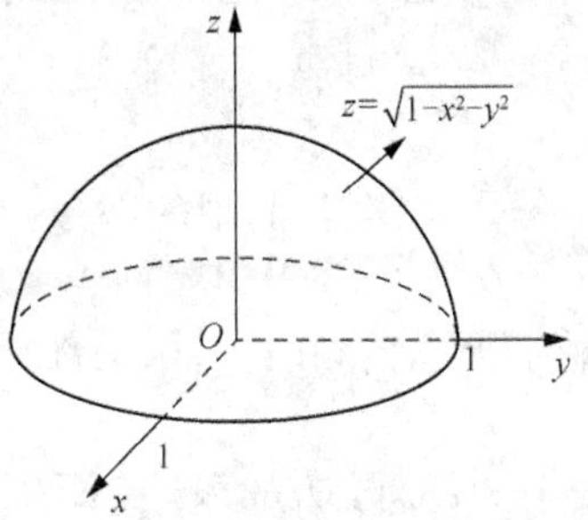

图 11-4

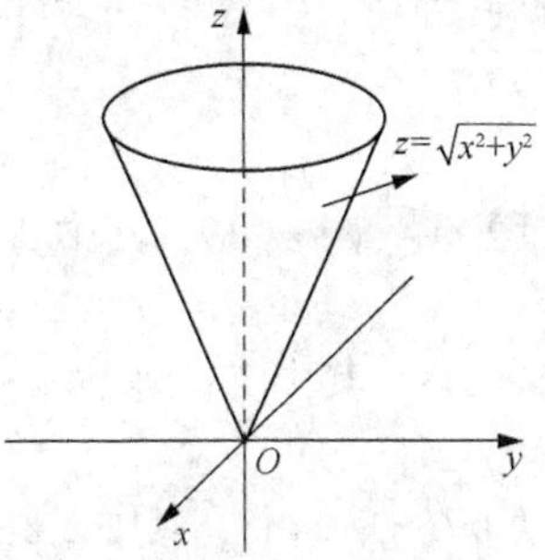

图 11-5

例 11-7 求$I=\oiint\limits_{\Sigma}xyz\mathrm{d}S$，其中$\Sigma$是由平面$x=0$、$y=0$、$z=0$以及$x+y+z=1$所围成的四面体的整个边界曲面(见图 11-6).

解 四面体的边界曲面$x=0$、$y=0$、$z=0$以及$x+y+z=1$分别记为Σ_1、Σ_2、Σ_3和Σ_4，所以

$$I=\iint\limits_{\Sigma_1}xyz\mathrm{d}S+\iint\limits_{\Sigma_2}xyz\mathrm{d}S+\iint\limits_{\Sigma_3}xyz\mathrm{d}S+\iint\limits_{\Sigma_4}xyz\mathrm{d}S.$$

由于在Σ_1、Σ_2和Σ_3上均有$xyz=0$，所以

$$\iint\limits_{\Sigma_1}xyz\mathrm{d}S=\iint\limits_{\Sigma_2}xyz\mathrm{d}S=\iint\limits_{\Sigma_3}xyz\mathrm{d}S=0.$$

Σ_4的方程为$z=1-x-y$，故$z_x=z_y=-1$. 曲面Σ_4在xOy面上的投影区域为

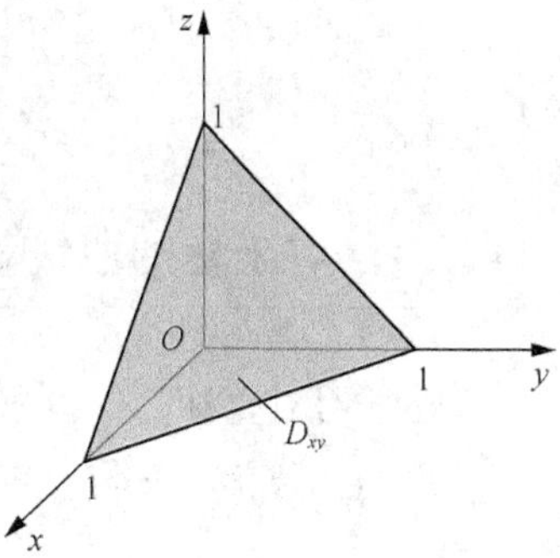

图 11-6

$$D_{xy}:\begin{cases}0\leqslant x\leqslant 1\\0\leqslant y\leqslant 1-x\end{cases}.$$

所以

$$I=\iint\limits_{\Sigma_4}xyz\mathrm{d}S=\iint\limits_{D_{xy}}xy(1-x-y)\sqrt{3}\,\mathrm{d}x\mathrm{d}y=\sqrt{3}\int_0^1\mathrm{d}x\int_0^{1-x}xy(1-x-y)\mathrm{d}y=\frac{\sqrt{3}}{120}.$$

习题 11.2

1. 有一个抛物面壳$z=\frac{1}{2}(x^2+y^2)(0\leqslant z\leqslant 1)$，它的面密度为$\rho(x,y,z)=2z$，求该壳

的质量.

2. 计算下列对面积的曲面积分.

(1) $\iint\limits_{\Sigma}(x+y+z)\mathrm{d}S$，其中 Σ 是曲面 $x^2+y^2+z^2=a^2$ 上 $z\geqslant h(0<h<a)$ 的部分；

(2) $\oiint\limits_{\Sigma}(x^2+y^2+z^2)\mathrm{d}S$，其中 Σ 是圆锥面 $z=\sqrt{x^2+y^2}$ 及平面 $z=1$ 所围成的区域的整个边界曲面；

(3) $\iint\limits_{\Sigma}\left(2x+\frac{4}{3}y+z\right)\mathrm{d}S$，其中 Σ 为平面 $\frac{x}{2}+\frac{y}{3}+\frac{z}{4}=1$ 在第 Ⅰ 卦限的部分；

(4) $\iint\limits_{\Sigma}xyz\mathrm{d}S$，其中 Σ 为平面 $x+y+z=1$ 被各坐标面所截的第 Ⅰ 卦限的部分.

3. 计算 $\iint\limits_{\Sigma}f(x,y,z)\mathrm{d}S$，其中 Σ 是抛物面 $z=1-x^2-y^2$ 在 xOy 面上方的部分，而 $f(x,y,z)=1$.

4. 当 Σ 是 xOy 面内的一个闭区域时，曲面积分 $\iint\limits_{\Sigma}f(x,y,z)\mathrm{d}S$ 与二重积分有什么关系？

§11.3 对坐标的曲线积分

11.3.1 对坐标的曲线积分的概念

在学习对坐标的曲线积分之前，首先看一个和对坐标的曲线积分有关的实际问题.

我们知道常力 $\boldsymbol{F}$ 将质点从点 A 沿直线移动到点 B 所做的功 W 为 $\boldsymbol{F}$ 和向量 $\overrightarrow{AB}$ 的数量积，即

$$W=\boldsymbol{F}\cdot\overrightarrow{AB}.$$

现在的问题是，在 xOy 面内有一个质点受变力 $\boldsymbol{F}(x,y)=P(x,y)\boldsymbol{i}+Q(x,y)\boldsymbol{j}$ 的作用，沿光滑曲线弧 L 从点 A 移动到点 B，其中函数 $P(x,y)$ 和 $Q(x,y)$ 在 L 上连续，问变力 $\boldsymbol{F}(x,y)$ 沿曲线 L 所做的功 W 是多少？

我们还是采用分割、近似求和、取极限的办法求变力沿曲线所做的功. 如图 11-7 所示，先用曲线弧 L 上的点 $M_1(x_1,y_1),M_2(x_2,y_2),\cdots,M_{n-1}(x_{n-1},y_{n-1})$ 将 L 分成 n 个小弧段 $\overset{\frown}{M_0M_1}$，$\overset{\frown}{M_1M_2}$，$\cdots$，$\overset{\frown}{M_{i-1}M_i}$，$\cdots$，$\overset{\frown}{M_{n-1}M_n}$，假设第 i 个小弧段上变力所做的功为 ΔW_i，则

$$W=\sum_{i=1}^{n}\Delta W_i.$$

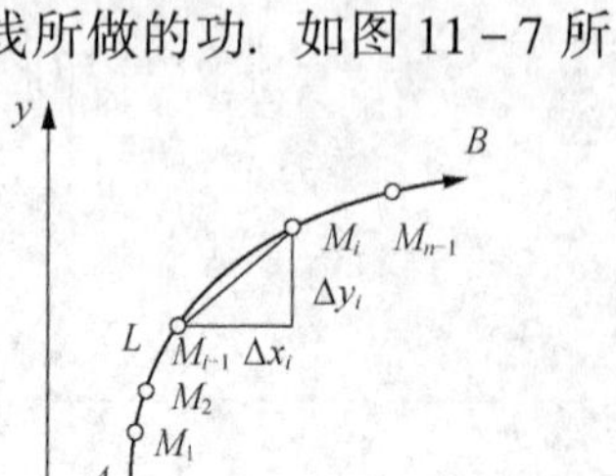

图 11-7

由于 $\overset{\frown}{M_{i-1}M_i}$ 很短且光滑，可用有向线段

$$\overrightarrow{M_{i-1}M_i}=(\Delta x_i)\boldsymbol{i}+(\Delta y_i)\boldsymbol{j}$$

近似代替，其中 $\Delta x_i=x_i-x_{i-1}$，$\Delta y_i=y_i-y_{i-1}$. 而$\overparen{M_{i-1}M_i}$上的力可近似看成恒力，且用$\overparen{M_{i-1}M_i}$上任意取定的一点(ξ_i,η_i)处的力

$$\boldsymbol{F}(\xi_i,\eta_i)=P(\xi_i,\eta_i)\boldsymbol{i}+Q(\xi_i,\eta_i)\boldsymbol{j}$$

近似代替. 这样

$$\Delta W_i\approx\boldsymbol{F}(\xi_i,\eta_i)\cdot\overrightarrow{M_{i-1}M_i},$$

即

$$\Delta W_i\approx P(\xi_i,\eta_i)\Delta x_i+Q(\xi_i,\eta_i)\Delta y_i,$$

因此

$$W\approx\sum_{i=1}^{n}[P(\xi_i,\eta_i)\cdot\Delta x_i+Q(\xi_i,\eta_i)\cdot\Delta y_i].$$

假设 λ 表示 n 个小弧段的最大长度，则

$$W=\lim_{\lambda\to0}\sum_{i=1}^{n}[P(\xi_i,\eta_i)\cdot\Delta x_i+Q(\xi_i,\eta_i)\cdot\Delta y_i].$$

还有很多问题的计算也可以按类似的方法归结为该和式的极限，因此有必要对这类和式的极限下个定义，这就是对坐标的曲线积分.

定义 假设 L 为 xOy 面内从点 A 到点 B 的一条有向光滑曲线弧，函数 $P(x,y)$、$Q(x,y)$ 在 L 上有界. 在 L 上沿 L 的方向任意插入点 $M_1(x_1,y_1),M_2(x_2,y_2),\cdots,M_{n-1}(x_{n-1},y_{n-1})$，把 L 分成 n 个有向小弧段$\overparen{M_{i-1}M_i}(i=1,2,\cdots,n)$，其中 $M_0=A,M_n=B$. 设 $\Delta x_i=x_i-x_{i-1}$，$\Delta y_i=y_i-y_{i-1}$. 点(ξ_i,η_i)为$\overparen{M_{i-1}M_i}$上任意取定的一点，λ 代表所有小弧段长度的最大值.

若极限$\lim\limits_{\lambda\to0}\sum\limits_{i=1}^{n}P(\xi_i,\eta_i)\Delta x_i$ 总存在，则称该极限为 $P(x,y)$ 在有向曲线弧 L 上对坐标 x 的**曲线积分**，记为$\int_L P(x,y)\mathrm{d}x$，即

$$\int_L P(x,y)\mathrm{d}x=\lim_{\lambda\to0}\sum_{i=1}^{n}P(\xi_i,\eta_i)\Delta x_i.$$

同样可以定义 $Q(x,y)$ 在有向曲线弧 L 上对坐标 y 的曲线积分，记为

$$\int_L Q(x,y)\mathrm{d}y=\lim_{\lambda\to0}\sum_{i=1}^{n}Q(\xi_i,\eta_i)\Delta y_i.$$

$P(x,y)$、$Q(x,y)$ 叫作**被积函数**，L 叫作**积分弧段**. 对坐标的曲线积分也称为**第二类曲线积分**.

在实际应用中经常出现两种对坐标的曲线积分的和的形式，如前面所讨论的变力沿曲线所做的功 $W=\int_L P(x,y)\mathrm{d}x+\int_L Q(x,y)\mathrm{d}y$. 为简便起见，将这种和的形式的积分简记为 $\int_L P(x,y)\mathrm{d}x+Q(x,y)\mathrm{d}y$，即

$$\int_L P(x,y)\mathrm{d}x+Q(x,y)\mathrm{d}y=\int_L P(x,y)\mathrm{d}x+\int_L Q(x,y)\mathrm{d}y.$$

上述对坐标的曲线积分可以推广到积分弧段为空间有向曲线弧 Γ 的情况：

$$\int_{\Gamma} P(x,y,z)\,\mathrm{d}x = \lim_{\lambda \to 0} \sum_{i=1}^{n} P(\xi_i,\eta_i,\zeta_i)\Delta x_i,$$

$$\int_{\Gamma} Q(x,y,z)\,\mathrm{d}y = \lim_{\lambda \to 0} \sum_{i=1}^{n} Q(\xi_i,\eta_i,\zeta_i)\Delta y_i,$$

$$\int_{\Gamma} R(x,y,z)\,\mathrm{d}z = \lim_{\lambda \to 0} \sum_{i=1}^{n} R(\xi_i,\eta_i,\zeta_i)\Delta z_i.$$

同样，$\int_{\Gamma} P(x,y,z)\,\mathrm{d}x + \int_{\Gamma} Q(x,y,z)\,\mathrm{d}y + \int_{\Gamma} R(x,y,z)\,\mathrm{d}z$ 简记为

$$\int_{\Gamma} P(x,y,z)\,\mathrm{d}x + Q(x,y,z)\,\mathrm{d}y + R(x,y,z)\,\mathrm{d}z,$$

即

$$\begin{aligned}&\int_{\Gamma} P(x,y,z)\,\mathrm{d}x + Q(x,y,z)\,\mathrm{d}y + R(x,y,z)\,\mathrm{d}z\\ =&\int_{\Gamma} P(x,y,z)\,\mathrm{d}x + \int_{\Gamma} Q(x,y,z)\,\mathrm{d}y + \int_{\Gamma} R(x,y,z)\,\mathrm{d}z.\end{aligned}$$

11.3.2 对坐标的曲线积分的性质

假设 P 代表 $P(x,y)$，Q 代表 $Q(x,y)$，根据对坐标的曲线积分的定义，可以得到对坐标的曲线积分的以下性质.

性质 1 设 α、β 为常数，则

$$\int_L (\alpha P_1 + \beta P_2)\,\mathrm{d}x = \alpha\int_L P_1\,\mathrm{d}x + \beta\int_L P_2\,\mathrm{d}x,$$

$$\int_L (\alpha Q_1 + \beta Q_2)\,\mathrm{d}y = \alpha\int_L Q_1\,\mathrm{d}y + \beta\int_L Q_2\,\mathrm{d}y.$$

性质 2 若有向曲线弧 L 可分成两段光滑的有向曲线弧 L_1 和 L_2，则

$$\int_L P\mathrm{d}x + Q\mathrm{d}y = \int_{L_1} P\mathrm{d}x + Q\mathrm{d}y + \int_{L_2} P\mathrm{d}x + Q\mathrm{d}y.$$

性质 3 设 L 是有向曲线弧，$-L$ 是与 L 方向相反的有向曲线弧，则

$$\int_{-L} P(x,y)\,\mathrm{d}x + Q(x,y)\,\mathrm{d}y = -\int_L P(x,y)\,\mathrm{d}x + Q(x,y)\,\mathrm{d}y.$$

这是因为把 L 分成 n 个有向曲线弧 $\widehat{M_{i-1}M_i}\,(i=1,2,\cdots,n)$ 后，$\Delta x_i = x_i - x_{i-1}$. 相应地，把 $-L$ 分成 n 个有向曲线弧 $\widehat{M_iM_{i-1}}\,(i=1,2,\cdots,n)$，这时 $\Delta x_i = x_{i-1} - x_i$，与前面的 Δx_i 恰好差一个负号.

本节性质 3 表明，**对坐标的曲线积分与积分弧段的方向有关**，这是第二类曲线积分与第一类曲线积分的主要区别.

11.3.3 对坐标的曲线积分的计算

定理 设 $P(x,y)$、$Q(x,y)$ 在有向曲线弧 L 上有定义且连续，L 的参数方程为

$$\begin{cases} x=\phi(t) \\ y=\psi(t) \end{cases}.$$

当参数 t 单调地由 α 变到 β 时，点 $M(x,y)$ 从 L 的起点 A 沿 L 运动到终点 B，$\phi(t)$，$\psi(t)$ 在以 α 及 β 为端点的闭区间上具有一阶连续导数，且 $\phi'^2(t)+\psi'^2(t)\neq 0$，则曲线积分 $\int_L P(x,y)\mathrm{d}x+Q(x,y)\mathrm{d}y$ 存在，且

$$\begin{aligned}&\int_L P(x,y)\mathrm{d}x+Q(x,y)\mathrm{d}y \\ &=\int_\alpha^\beta \{P[\phi(t),\psi(t)]\phi'(t)+Q[\phi(t),\psi(t)]\psi'(t)\}\mathrm{d}t.\end{aligned} \tag{11-1}$$

证明略.

如果 L 由方程 $y=y(x)$ 或 $x=x(y)$ 给出，可以看作参数方程的特殊情形. 例如，L 由方程 $y=y(x)$ 给出时，公式(11-1) 成为

$$\int_L P\mathrm{d}x+Q\mathrm{d}y=\int_a^b \{P[x,y(x)]+Q[x,y(x)]y'(x)\}\mathrm{d}x,$$

这里下限 a 对应 L 的起点，上限 b 对应 L 的终点.

公式(11-1) 可以推广到积分弧段为空间有向曲线弧 Γ 的情况. 假设空间有向曲线弧 Γ 由参数方程 $\begin{cases} x=\phi(t) \\ y=\psi(t) \\ z=\omega(t) \end{cases}$ 表示，起点对应参数 $t=\alpha$，终点对应参数 $t=\beta$，则

$$\begin{aligned}&\int_\Gamma P\mathrm{d}x+Q\mathrm{d}y+R\mathrm{d}z \\ &=\int_\alpha^\beta \{P[\phi(t),\psi(t),\omega(t)]\phi'(t)+Q[\phi(t),\psi(t),\omega(t)]\psi'(t) \\ &\quad +R[\phi(t),\psi(t),\omega(t)]\omega'(t)\}\mathrm{d}t.\end{aligned}$$

综上所述，对坐标的曲线积分的计算方法也可以概括为一句话，即“一代二换三定限，线积分化为定积分算”. 这里的“一代”还是将曲线方程代入被积函数；“二换”是将 $\mathrm{d}x$、$\mathrm{d}y$、$\mathrm{d}z$ 换成 x、y、z 的微分；“三定限”是将积分弧段 L(或 Γ) 换成参数的变化范围. 这样就可以将对坐标的曲线积分化为定积分来计算.

这里需要注意，由于第二类曲线积分与积分弧段的方向有关，所以这里的定限原则是将积分弧段 L(或 Γ) 换成参数的变化范围，而不是变化区间，即化成的定积分的积分**下限 α 对应于 L(或 Γ) 的起点，上限 β 对应于 L (或 Γ) 的终点**，因此 α **不一定小于** β.

例 11-8 求$\int_L xy\mathrm{d}x$，其中L为抛物线$y^2=x$上从$A(1,-1)$到$B(1,1)$的一段弧(见图11-8).

解法1 将所给积分化为对x的定积分来计算. 由于$y=\pm\sqrt{x}$不是单值函数，所以要把L分为AO和OB两部分. 在AO上，$y=-\sqrt{x}$，x从1变到0；在OB上，$y=\sqrt{x}$，x从0变到1，因此

$$\int_L xy\mathrm{d}x=\int_{AO}xy\mathrm{d}x+\int_{OB}xy\mathrm{d}x$$

$$=\int_1^0 x(-\sqrt{x})\mathrm{d}x+\int_0^1 x\sqrt{x}\mathrm{d}x$$

$$=2\int_0^1 x^{\frac{3}{2}}\mathrm{d}x=\frac{4}{5}.$$

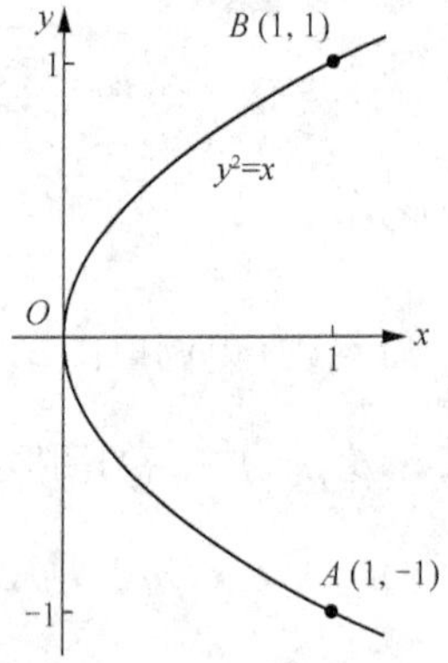

图 11-8

解法2 将所给积分化为对y的定积分来计算，现在$x=y^2$，y从-1变到1，因此

$$\int_L xy\mathrm{d}x=\int_{-1}^1 y^2y(y^2)'\mathrm{d}y=2\int_{-1}^1 y^4\mathrm{d}y=\frac{4}{5}.$$

例 11-9 计算$I=\int_L y^2\mathrm{d}x$，其中L为

(1) 半径为a、圆心为坐标原点、按逆时针方向绕行的上半圆周；

(2) 从点$A(a,0)$沿x轴到点$B(-a,0)$的直线段(见图11-9).

解 (1)L是参数方程

$$x=a\cos\theta,y=a\sin\theta$$

当参数θ从0变到π的曲线弧，因此

$$I=\int_0^\pi a^2\sin^2\theta(-a\sin\theta)\mathrm{d}\theta=a^3\int_0^\pi(1-\cos^2\theta)\mathrm{d}(\cos\theta)$$

$$=a^3\left[\cos\theta-\frac{\cos^3\theta}{3}\right]_0^\pi=-\frac{4}{3}a^3.$$

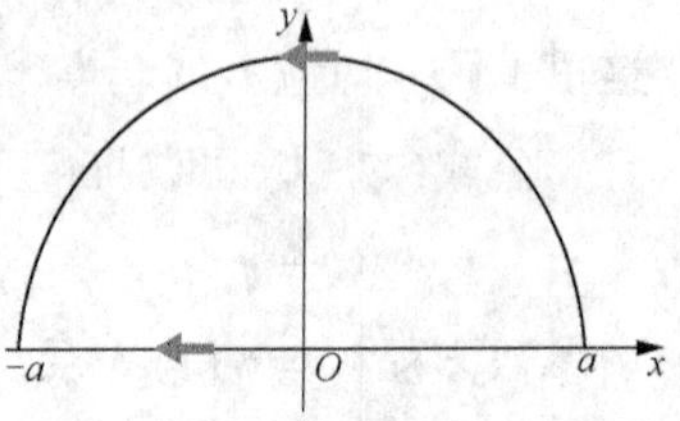

图 11-9

(2)L的方程为$y=0$，x从a变到$-a$，所以

$$I=\int_a^{-a}0\mathrm{d}x=0.$$

从例11-9可以看出，虽然两个曲线积分的被积函数相同，起点和终点也相同，但沿不同路径得出的积分值并不相等.

例 11-10 求$I=\int_L 2xy\mathrm{d}x+x^2\mathrm{d}y$，其中$L$为

(1) 抛物线$y=x^2$上从$O(0,0)$到$B(1,1)$的一段弧；

(2) 抛物线$x=y^2$上从$O(0,0)$到$B(1,1)$的一段弧；

(3) 有向折线OAB，这里O、A、B依次是$(0,0)$、$(1,0)$、$(1,1)$(见图11-10).

解 (1) 将所给积分化为对x的定积分来计算，现在$y=x^2$，x从0变到1，因此

$$I=\int_0^1(2x\cdot x^2+x^2\cdot 2x)\mathrm{d}x=4\int_0^1 x^3\mathrm{d}x=1.$$

(2) 将所给积分化为对 y 的定积分来计算，现在 $x=y^2$，y 从 0 变到 1，因此

$$I=\int_0^1(2y^2\cdot y\cdot 2y+y^4)\,\mathrm{d}y=5\int_0^1 y^4\mathrm{d}x=1.$$

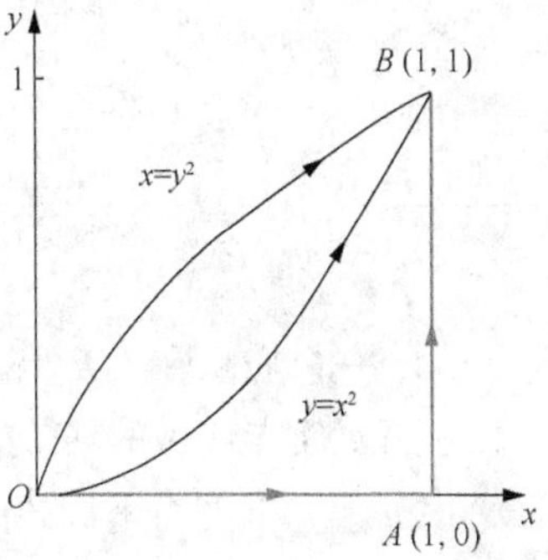

图 11-10

(3) $I=\int_{OA}2xy\mathrm{d}x+x^2\mathrm{d}y+\int_{AB}2xy\mathrm{d}x+x^2\mathrm{d}y.$

在 OA 上，$y=0$，x 从 0 变到 1，所以

$$\int_{OA}2xy\mathrm{d}x+x^2\mathrm{d}y=\int_0^1(2x\cdot 0+x^2\cdot 0)\,\mathrm{d}x=0.$$

在 AB 上，$x=1$，y 从 0 变到 1，所以

$$\int_{AB}2xy\mathrm{d}x+x^2\mathrm{d}y=\int_0^1(2y\cdot 0+1)\,\mathrm{d}y=1.$$

从而

$$\int_L 2xy\mathrm{d}x+x^2\mathrm{d}y=0+1=1.$$

从例 11-10 可以看出，沿不同路径，曲线积分的值可以相等.

例 11-11 求 $I=\int_\Gamma x^3\mathrm{d}x+3zy^2\mathrm{d}y-x^2y\mathrm{d}z$，其中 Γ 是从点 $A(3,2,1)$ 到点 $B(0,0,0)$ 的直线段.

解 从点 $A(3,2,1)$ 到点 $B(0,0,0)$ 的直线段 AB 的方程为

$$\frac{x}{3}=\frac{y}{2}=\frac{z}{1},$$

化为参数方程为

$$x=3t,\ y=2t,\ z=t,\ t\text{ 从 1 变到 0}.$$

所以

$$I=\int_1^0[(3t)^3\cdot 3+3t(2t)^2\cdot 2-(3t)^2\cdot 2t]\,\mathrm{d}t=87\int_1^0 t^3\mathrm{d}t=-\frac{87}{4}.$$

例 11-12 假设一个质点在 $M(x,y)$ 处受到力 $\boldsymbol{F}$ 的作用，$\boldsymbol{F}$ 的大小与 M 到坐标原点 O 的距离成正比，$\boldsymbol{F}$ 的方向恒指向坐标原点，此质点由点 $A(a,0)$ 沿椭圆 $\frac{x^2}{a^2}+\frac{y^2}{b^2}=1$ 按逆时针方向移动到点 $B(0,b)$，求力 $\boldsymbol{F}$ 所做的功 W.

解 因为 $\overrightarrow{OM}=x\boldsymbol{i}+y\boldsymbol{j}$，以题意可设 $\boldsymbol{F}=-k(x\boldsymbol{i}+y\boldsymbol{j})$，其中 $k>0$. 又 L 可表示为

$$\begin{cases}x=a\cos t,\\ y=b\sin t,\end{cases}\ \text{起点 } t=0,\ \text{终点 } t=\frac{\pi}{2},$$

因此

$$\begin{aligned}W&=\int_{\overset{\frown}{AB}}(-kx)\,\mathrm{d}x+(-ky)\,\mathrm{d}y\\&=-k\int_0^{\frac{\pi}{2}}(-a^2\cos t\sin t+b^2\sin t\cos t)\,\mathrm{d}t\\&=k(a^2-b^2)\int_0^{\frac{\pi}{2}}\sin t\cos t\mathrm{d}t\\&=\frac{k}{2}(a^2-b^2).\end{aligned}$$

习题 11.3

1. 一个质点在力 $\boldsymbol{F}=x\boldsymbol{i}+y\boldsymbol{j}$ 的作用下，沿抛物线 $y=x^2$ 从点 $O(0,0)$ 移动到点 $B(1,1)$，求力 $\boldsymbol{F}$ 对质点所做的功 W.

2. 计算下列对坐标的曲线积分.

(1) $\int_{\Gamma} x\mathrm{d}x+y\mathrm{d}y-z\mathrm{d}z$，其中 Γ 是从点 $A(1,0,-3)$ 到点 $B(6,4,8)$ 的直线段；

(2) $\int_L x\mathrm{d}y+y\mathrm{d}x$，其中 L 是从点 $O(0,0)$ 到点 $A(2,1)$ 的直线段；

(3) $\int_L (x^2+y^2)\mathrm{d}x+(x^2-y^2)\mathrm{d}y$，其中 L 是从点 $O(0,0)$ 到点 $A(1,1)$ 再到点 $B(2,0)$ 的有向折线 OAB；

(4) $\oint_L \dfrac{(x+y)\mathrm{d}x-(x-y)\mathrm{d}y}{x^2+y^2}$，其中 L 为按逆时针方向绕行的圆周 $x^2+y^2=a^2$；

(5) $\int_L \sqrt{x}\,\mathrm{d}x$，其中 L 为曲线 $x=y^2$ 上从 $(0,0)$ 到 $(1,1)$ 的一段；

(6) $\int_L (x+y)\mathrm{d}x+(x-y)\mathrm{d}y$，其中 L 为折线 $y=1-|1-x|$ 上从 $(0,0)$ 到 $(2,0)$ 的一段；

3. 假设 L 是 xOy 面内直线 $y=a$ 上的一段，证明 $\int_L f(x,y)\mathrm{d}y=0$.

4. 假设 L 是 xOy 面内 x 轴上从 $(a,0)$ 到 $(b,0)$ 的一段直线，证明：

$$\int_L f(x,y)\mathrm{d}x=\int_a^b f(x,0)\mathrm{d}x.$$

5. 设 z 轴与重力方向一致，求质量为 m 的质点从位置 (x_1,y_1,z_1) 沿直线移动到位置 (x_2,y_2,z_2) 时重力所做的功.

§11.4 格林公式及其应用

11.4.1 格林公式及其简单应用

一个平面闭区域 D 有边界，设其边界为闭曲线 L，那么 D 上某函数的二重积分与边界 L 上某函数的对坐标的曲线积分之间是否有某种关系呢？回答是肯定的，格林公式给出的就是这种关系.

现在先介绍平面单连通区域的概念. 设 D 为平面区域，若 D 内任一闭曲线所围的部分

都属于 D，则称 D 为平面**单连通区域**，否则称之为**复连通区域**．通俗地说，平面单连通区域就是不含有“洞”(包括点“洞”)的区域，复连通区域是含有“洞”(包括点“洞”)的区域．例如，平面上的圆形区域 $\{(x,y)\mid x^2+y^2<1\}$、上半平面 $\{(x,y)\mid y>0\}$ 都是单连通区域，圆环形区域 $\{(x,y)\mid 0<x^2+y^2<2\}$、$\{(x,y)\mid 1<x^2+y^2<4\}$ 都是复连通区域．

对平面区域 D 的边界曲线 L，我们规定正向如下：当观察者沿边界 L 的这个方向行走时，区域 D 内在观察者近处的那一部分总在观察者的左边．例如，D 是边界曲线 L 及 l 所围成的复连通区域(见图 11－11)，作为 D 的边界，L 的正向是逆时针方向，而 l 的正向是顺时针方向．

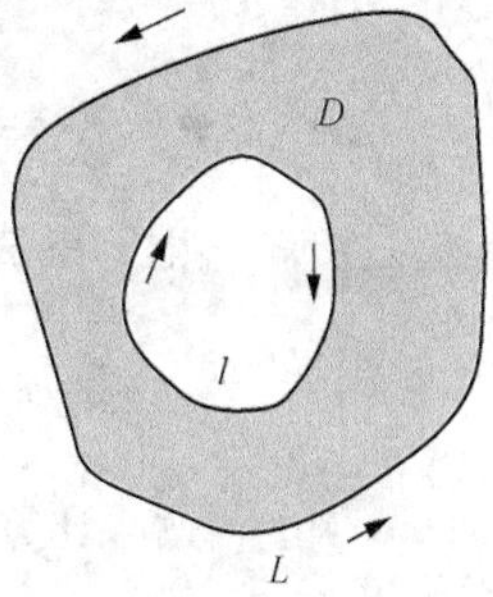

图 11－11

定理 1　设闭区域 D 由分段光滑的曲线 L 围成，函数 $P(x,y)$ 及 $Q(x,y)$ 在 D 上具有一阶连续偏导数，则有

$$\iint_D\left(\frac{\partial Q}{\partial x}-\frac{\partial P}{\partial y}\right)\mathrm{d}x\mathrm{d}y=\oint_{L^+}P\mathrm{d}x+Q\mathrm{d}y,\qquad(11-2)$$

其中 L^+ 是 D 的正向边界曲线．

公式(11－2)叫作**格林公式**，证明略．

格林公式的结论也可以写成

$$\oint_{L^+}P\mathrm{d}x+Q\mathrm{d}y=\iint_D\left(\frac{\partial Q}{\partial x}-\frac{\partial P}{\partial y}\right)\mathrm{d}x\mathrm{d}y.$$

因此，我们可以利用曲线积分计算二重积分，也可以利用二重积分计算曲线积分．另外，如果 L^- 代表 D 的负向边界曲线，则

$$\oint_{L^-}P\mathrm{d}x+Q\mathrm{d}y=-\iint_D\left(\frac{\partial Q}{\partial x}-\frac{\partial P}{\partial y}\right)\mathrm{d}x\mathrm{d}y.$$

由格林公式，我们可以得到利用曲线积分计算平面曲线围成的平面图形面积的公式．在格林公式中如果 $P=-y$，$Q=x$，则公式(11－2)成为

$$2\iint_D\mathrm{d}x\mathrm{d}y=\oint_{L^+}x\mathrm{d}y-y\mathrm{d}x,$$

从而区域 D 的面积

$$A=\iint_D\mathrm{d}x\mathrm{d}y=\frac{1}{2}\oint_{L^+}x\mathrm{d}y-y\mathrm{d}x.\qquad(11-3)$$

例 11－13　求椭圆 $x=a\cos t,y=b\sin t$ 所围图形的面积 A.

解　由公式(11－3)，有

$$\begin{aligned}A&=\frac{1}{2}\oint_{L^+}x\mathrm{d}y-y\mathrm{d}x\\&=\frac{1}{2}\int_0^{2\pi}(ab\cos^2t+ab\sin^2t)\mathrm{d}t\\&=\frac{1}{2}ab\int_0^{2\pi}\mathrm{d}t=\pi ab.\end{aligned}$$

注意 在$\frac{\partial Q}{\partial x}-\frac{\partial P}{\partial y}$比较简单的情况下，利用格林公式可以简化第二类曲线积分的计算.

例 11－14 计算$\oint_L x^2y\mathrm{d}x-y^2x\mathrm{d}y$，其中$L$沿圆周$x^2+y^2=a^2$顺时针方向转一周.

解 $P=x^2y,Q=-y^2x$，而$\frac{\partial Q}{\partial x}-\frac{\partial P}{\partial y}=-(x^2+y^2)$，且$\frac{\partial Q}{\partial x}$、$\frac{\partial P}{\partial y}$在$xOy$面上处处连续，$L$的方向是负向，记$L$围成的区域为$D$，则由格林公式可得

$$\oint_L x^2y\mathrm{d}x-y^2x\mathrm{d}y=-\iint_D(-x^2-y^2)\mathrm{d}x\mathrm{d}y=\int_0^{2\pi}\mathrm{d}\theta\int_0^a r^2\cdot r\mathrm{d}r=\frac{1}{2}\pi a^4.$$

例 11－15 计算$\iint_D \mathrm{e}^{-y^2}\mathrm{d}x\mathrm{d}y$，其中$D$是以$O(0,0)$、$A(1,1)$、$B(0,1)$为顶点的三角形闭区域(见图 11－12).

解 令$P=0$，$Q=x\mathrm{e}^{-y^2}$，则

$$\frac{\partial Q}{\partial x}-\frac{\partial P}{\partial y}=\mathrm{e}^{-y^2}.$$

因此，由格林公式可得

$$\iint_D \mathrm{e}^{-y^2}\mathrm{d}x\mathrm{d}y=\int_{OA+AB+BO}x\mathrm{e}^{-y^2}\mathrm{d}y$$

$$=\int_{OA}x\mathrm{e}^{-y^2}\mathrm{d}y=\int_0^1 x\mathrm{e}^{-x^2}\mathrm{d}x=\frac{1}{2}(1-\mathrm{e}^{-1}).$$

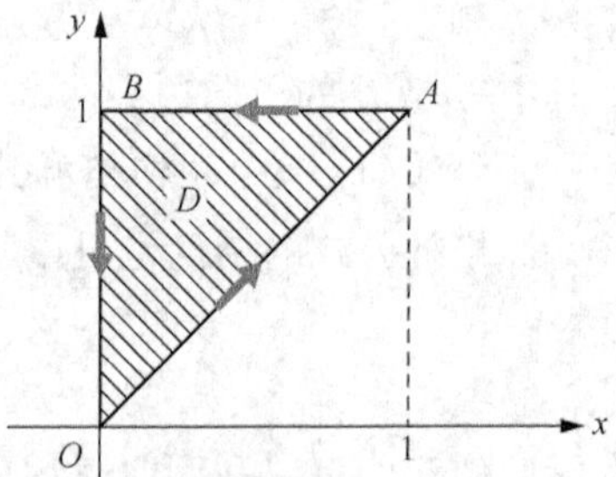

图 11－12

例 11－16 计算$I=\oint_L\frac{x\mathrm{d}y-y\mathrm{d}x}{x^2+y^2}$，其中$L$是$x^2+y^2=a^2$的逆时针方向.

解 L的参数方程为$\begin{cases}x=a\cos t\\y=a\sin t\end{cases}$，起点对应$t=0$，终点对应$t=2\pi$，则

$$I=\int_0^{2\pi}\frac{a^2\cos^2t+a^2\sin^2t}{a^2\cos^2t+a^2\sin^2t}\mathrm{d}t=\int_0^{2\pi}\mathrm{d}t=2\pi.$$

因为被积函数$P=\frac{-y}{x^2+y^2}$和$Q=\frac{x}{x^2+y^2}$在L围成的闭区域D内点$(0,0)$处没有一阶连续的偏导数，所以不能使用格林公式计算I，如果直接使用，例 11－16 就会得到$I=0$的错误结果.

如果例 11－16 中L是任意一条无重点、分段光滑且不经过坐标原点的连续闭曲线，那么例 11－16 应该怎么解答呢？请读者自己尝试.

11.4.2 平面曲线积分与路径无关的条件

在力学中，研究所谓势场，就是研究场力所做的功与路径无关的情形. 在什么条件下

场力所做的功与路径无关？这个问题在数学上对应的是曲线积分与路径无关的条件．为了研究这个问题，先要明确什么叫作曲线积分$\int_L P\mathrm{d}x+Q\mathrm{d}y$与路径无关．

设 G 是一个区域，$P(x,y)$ 以及 $Q(x,y)$ 在区域 G 内具有一阶连续偏导数．如果对于 G 内任意指定的两个点 A、B 以及 G 内从点 A 到点 B 的任意两条曲线 L_1、L_2（见图 11-13），等式

$$\int_{L_1} P\mathrm{d}x+Q\mathrm{d}y=\int_{L_2} P\mathrm{d}x+Q\mathrm{d}y$$

恒成立，就说曲线积分$\int_L P\mathrm{d}x+Q\mathrm{d}y$ 在 G 内**与路径无关**，否则便说**与路径有关**．

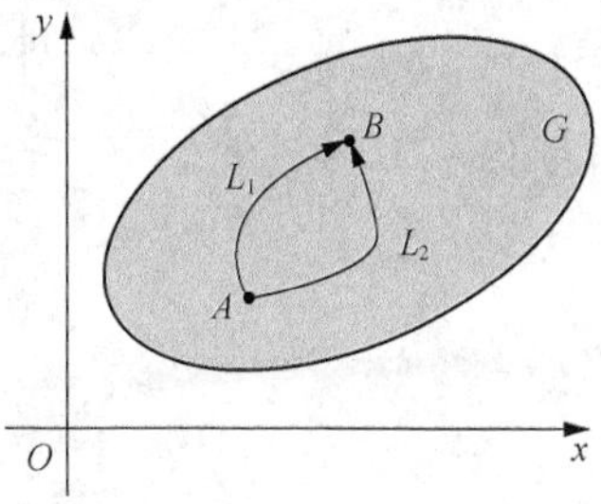

图 11-13

下面给出平面曲线积分与路径无关的条件．

定理 2　设区域 D 是一个单连通区域，函数 $P(x,y)$ 和 $Q(x,y)$ 在 D 内具有一阶连续偏导数，则以下四个条件等价．

(1) 在 D 内每一点处有$\frac{\partial P}{\partial y}=\frac{\partial Q}{\partial x}$．

(2) 对 D 中任一条按段光滑的闭曲线 L，有

$$\oint_L P\mathrm{d}x+Q\mathrm{d}y=0.$$

(3) 对 D 中任一按段光滑曲线弧 L，曲线积分$\int_L P\mathrm{d}x+Q\mathrm{d}y$ 与路径无关，只与 L 的起点与终点有关．

(4) $P\mathrm{d}x+Q\mathrm{d}y$ 是 D 内某一函数 $u(x,y)$ 的全微分，即在 D 内有

$$\mathrm{d}u(x,y)=P\mathrm{d}x+Q\mathrm{d}y.$$

在本节定理 2 中，所谓等价，是指以其中任一条为条件，可以推出另外几条，表示为

$$(1)\rightarrow(2)\rightarrow(3)\rightarrow(4)\rightarrow(1).$$

使用(1) 中的$\frac{\partial P}{\partial y}=\frac{\partial Q}{\partial x}$可以方便地判断曲线积分是否与路径无关．例如，11.3 节例 11-10 中的曲线积分$\int_L 2xy\mathrm{d}x+x^2\mathrm{d}y$ 满足$\frac{\partial P}{\partial y}=2x=\frac{\partial Q}{\partial x}$，所以该曲线积分与路径无关，从而该例中的积分沿三条不同的积分弧段的积分值都相同．

下面给出(1) → (2) → (3) 的证明，其他证明略．

证　(1) → (2)．因为在 D 内$\frac{\partial P}{\partial y}=\frac{\partial Q}{\partial x}$，所以对 D 内任一有向闭曲线 L 及其所围区域 D_1，由格林公式有

$$\oint_{L^+} P\mathrm{d}x+Q\mathrm{d}y=\iint_{D_1}\left(\frac{\partial Q}{\partial x}-\frac{\partial P}{\partial y}\right)\mathrm{d}x\mathrm{d}y=0,$$

其中 L^+ 是 L 的正向，从而$\oint_L P\mathrm{d}x+Q\mathrm{d}y=0$．

(2) → (3). 假设 L_1 和 L_2 都是 D 内的起点 A 至终点 B 的按段光滑曲线弧，令 $L = L_1 - L_2$，则 L 是封闭曲线. 由(2) 可知$\oint_L P\mathrm{d}x + Q\mathrm{d}y = 0$，而

$$\oint_L P\mathrm{d}x + Q\mathrm{d}y = \int_{L_1} P\mathrm{d}x + Q\mathrm{d}y - \int_{L_2} P\mathrm{d}x + Q\mathrm{d}y,$$

所以

$$\int_{L_1} P\mathrm{d}x + Q\mathrm{d}y - \int_{L_2} P\mathrm{d}x + Q\mathrm{d}y = 0,$$

即

$$\int_{L_1} P\mathrm{d}x + Q\mathrm{d}y = \int_{L_2} P\mathrm{d}x + Q\mathrm{d}y.$$

证毕.

如果曲线积分$\int_L P\mathrm{d}x + Q\mathrm{d}y$ 与路径无关，且 $L = \widehat{AB}$，则可将曲线积分$\int_L P\mathrm{d}x + Q\mathrm{d}y$ 简记为

$$\int_{(x_0,y_0)}^{(x_1,y_1)} P\mathrm{d}x + Q\mathrm{d}y, \tag{11-4}$$

即

$$\int_L P\mathrm{d}x + Q\mathrm{d}y = \int_{(x_0,y_0)}^{(x_1,y_1)} P\mathrm{d}x + Q\mathrm{d}y,$$

其中(x_0, y_0) 和(x_1, y_1) 分别是点 A 和点 B 的坐标. 这时可以选择平行于坐标轴的直线段连成的折线 ACB 或 AEB 作为积分路线(见图 11-14)，当然要假定这些折线完全位于 D 内.

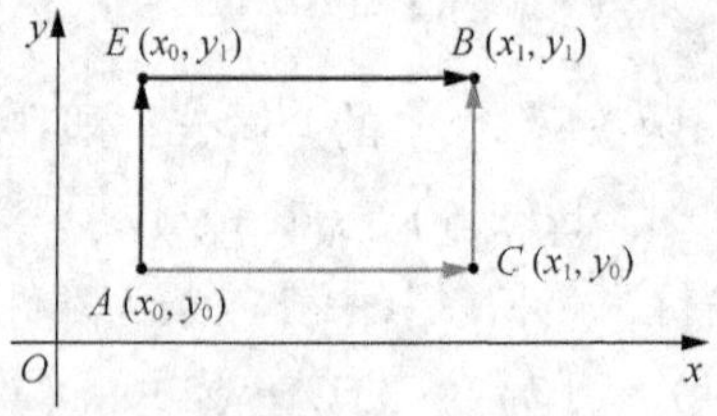

图 11-14

若在式(11-4) 中取 ACB 为积分路线，则

$$\int_{(x_0,y_0)}^{(x_1,y_1)} P\mathrm{d}x + Q\mathrm{d}y = \int_{x_0}^{x_1} P(x, y_0)\,\mathrm{d}x + \int_{y_0}^{y_1} Q(x_1, y)\,\mathrm{d}y.$$

若在式(11-4) 中取 AEB 为积分路线，则

$$\int_{(x_0,y_0)}^{(x_1,y_1)} P\mathrm{d}x + Q\mathrm{d}y = \int_{y_0}^{y_1} Q(x_0, y)\,\mathrm{d}y + \int_{x_0}^{x_1} P(x, y_1)\,\mathrm{d}x.$$

根据本节定理 2，如果函数 $P(x,y)$ 和 $Q(x,y)$ 在单连通区域 D 内具有一阶连续偏导数，且满足条件$\dfrac{\partial P}{\partial y} = \dfrac{\partial Q}{\partial x}$，那么 $P\mathrm{d}x + Q\mathrm{d}y$ 是 D 内某个函数 $u(x,y)$ 的全微分，且可以证明这个函数可用如下公式计算：

$$u(x,y) = \int_{(x_0,y_0)}^{(x,y)} P(x,y)\,\mathrm{d}x + Q(x,y)\,\mathrm{d}y,$$

其中$(x_0,y_0),(x,y)\in D$，且(x_0,y_0)为D内某固定点，根据具体情况经常会取$(0,0)$、$(1,0)$等.

例 11-17 计算$I=\int_L(1+xe^{2y})\mathrm{d}x+(x^2e^{2y}-y)\mathrm{d}y$，其中$L$为$(x-2)^2+y^2=4$的上半圆周，起点是$O(0,0)$，终点是$A(4,0)$.

解 设$P=1+xe^{2y}$，$Q=x^2e^{2y}-y$，由于$\frac{\partial P}{\partial y}=2xe^{2y}=\frac{\partial Q}{\partial x}$，所以该积分与路径无关. 这时可以不用原来的路径计算，例如，取有向线段OA计算，有

$$I=\int_{OA}(1+xe^{2y})\mathrm{d}x+(x^2e^{2y}-y)\mathrm{d}y$$

$$=\int_0^4(1+x)\mathrm{d}x=12.$$

例 11-18 设曲线积分$I=\int_L xy^2\mathrm{d}x+y\phi(x)\mathrm{d}y$与路径无关，其中$\phi$具有连续的导数，且$\phi(0)=0$，计算$\int_{(0,0)}^{(1,1)}xy^2\mathrm{d}x+y\phi(x)\mathrm{d}y$.

解 设$P=xy^2$，$Q=y\phi(x)$，则$\frac{\partial P}{\partial y}=2xy$，$\frac{\partial Q}{\partial x}=y\phi'(x)$. 因为曲线积分$I$与路径无关，所以$\frac{\partial P}{\partial y}=\frac{\partial Q}{\partial x}$，即

$$\phi'(x)=2x.$$

上式两端同时取积分，可得$\phi(x)=x^2+C$. 由$\phi(0)=0$，得$C=0$，于是$\phi(x)=x^2$.

已知曲线积分I与路径无关，故积分路线可选取折线OAB(见图 11-15). OA的参数方程为$\begin{cases}x=x,\\ y=0,\end{cases}$起点对应$x=0$，终点对应$x=1$；$AB$的参数方程为$\begin{cases}x=1,\\ y=y,\end{cases}$起点对应$y=0$，终点对应$y=1$. 所以

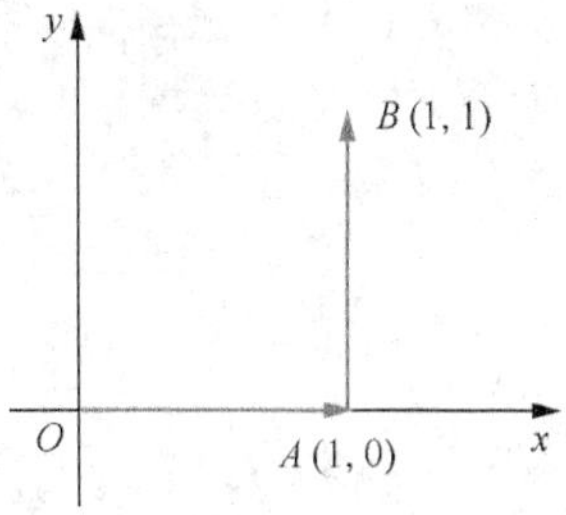

图 11-15

$$I=\int_L xy^2\mathrm{d}x+x^2y\mathrm{d}y$$

$$=\int_{OA}xy^2\mathrm{d}x+x^2y\mathrm{d}y+\int_{AB}xy^2\mathrm{d}x+x^2y\mathrm{d}y$$

$$=\int_0^1 0\mathrm{d}x+\int_0^1 y\mathrm{d}y$$

$$=\frac{1}{2}.$$

例 11-19 验证在整个xOy面内，$(2x+\sin y)\mathrm{d}x+(x\cos y)\mathrm{d}x$是某个函数的全微分，并求出一个这样的函数.

解 现在 $P=2x+\sin y$，$Q=x\cos y$，且

$$\frac{\partial P}{\partial y}=\cos y=\frac{\partial Q}{\partial x}$$

在整个 xOy 面内恒成立，因此在整个 xOy 面内，$(2x+\sin y)\mathrm{d}x+(x\cos y)\mathrm{d}x$ 是某个函数的全微分.

取积分路线如图 11-16 所示，利用类似于例 11-18 的计算方法得

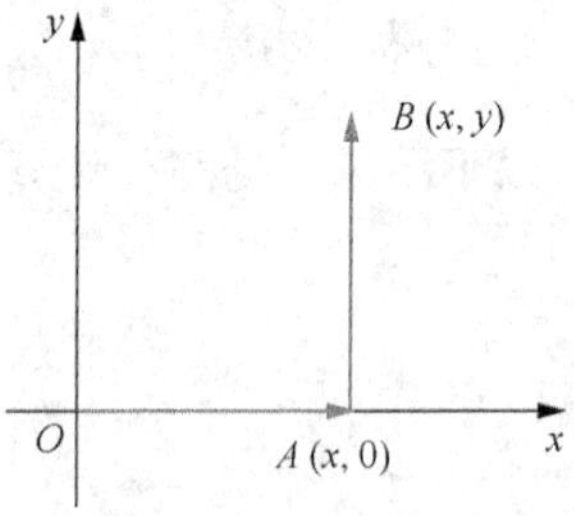

图 11-16

$$\begin{aligned}u(x,y)&=\int_{(0,0)}^{(x,y)}(2x+\sin y)\mathrm{d}x+x\cos y\mathrm{d}y\\&=\int_{OA}(2x+\sin y)\mathrm{d}x+x\cos y\mathrm{d}y+\int_{AB}(2x+\sin y)\mathrm{d}x+x\cos y\mathrm{d}y\\&=\int_0^x 2x\mathrm{d}x+\int_0^y x\cos y\mathrm{d}y\\&=x^2+x\sin y.\end{aligned}$$

习题 11.4

1. 利用格林公式计算下列曲线积分.

(1) $\oint_L x^2y\mathrm{d}x+y\mathrm{d}y$，其中 L 是由曲线 $y^2=x$ 及 $y=x$ 所围成的区域的正向边界；

(2) $\oint_L (x^4+4xy^3)\mathrm{d}x+(6x^2y^2-5y^4)\mathrm{d}y$，其中 L 是曲线 $y=\sin x$ 上从点 $O(0,0)$ 到点 $A\left(\frac{\pi}{2},0\right)$ 的曲线弧；

(3) $\oint_L (2x-y+4)\mathrm{d}x+(5y+3x-6)\mathrm{d}y$，其中 L 是以 $O(0,0)$、$A(3,0)$ 和 $B(3,2)$ 为顶点的三角形正向边界；

(4) $\int_L (2xy^3-y^2\cos x)\mathrm{d}x+(1-2y\sin x+3x^2y^2)\mathrm{d}y$，其中 L 为抛物线 $y^2=\frac{2}{\pi}x$ 上从点 $O(0,0)$ 到点 $A\left(\frac{\pi}{2},1\right)$ 的一段弧.

2. 证明下列曲线积分在整个 xOy 平面内与路径无关，并计算积分值.

(1) $\int_{(1,1)}^{(2,3)}(x+y)\mathrm{d}x+(x-y)\mathrm{d}y$；

(2) $\int_{(1,2)}^{(3,4)}(6xy^2-y^3)\mathrm{d}x+(6x^2y-3xy^2)\mathrm{d}y$；

(3) $\int_{(1,0)}^{(2,1)}(2xy-y^4+3)\mathrm{d}x+(x^2-4xy^3)\mathrm{d}y$.

3. 验证下列 $P\mathrm{d}x+Q\mathrm{d}y$ 在整个 xOy 面内是某个函数 $u(x,y)$ 的全微分，并求出一个这样的 $u(x,y)$.

(1) $(x+2y)\mathrm{d}x+(2x+y)\mathrm{d}y$;

(2) $2xy\mathrm{d}x+x^2\mathrm{d}y$.

§11.5 对坐标的曲面积分及高斯公式

11.5.1 有向曲面

通常的曲面都有两个面，曲面的两个面称为两侧. 例如，封闭的曲面有内侧和外侧，非封闭的曲面有上侧和下侧、前侧和后侧、左侧和右侧. 选定了侧的曲面称为**有向曲面**.

可以通过曲面上法向量的指向来确定曲面的侧. 如果有向曲面上任一点处的法向量与 z 轴正向的夹角 γ 小于等于 90°，则称这样的曲面为**上侧曲面**，另一侧为**下侧曲面**. 同样，如果曲面上任一点处的法向量与 x 轴正向的夹角 α 小于等于 90°，则称这样的曲面为**前侧曲面**，另一侧为**后侧曲面**. 与之类似，可以定义**左侧曲面**和**右侧曲面**.

11.5.2 对坐标的曲面积分的概念

设 Σ 是有向曲面. 在 Σ 上取一小块曲面 ΔS，把 ΔS 投影到 xOy 面上得一投影区域，这个投影区域的面积记为 $(\Delta\sigma)_{xy}$. 假定 ΔS 上各点处的法向量与 z 轴的夹角 γ 的余弦 $\cos\gamma$ 有相同的符号(即 $\cos\gamma$ 都是正的或都是负的). 我们规定 ΔS 在 xOy 面上的**投影** $(\Delta S)_{xy}$ 为

$$(\Delta S)_{xy}=\begin{cases}(\Delta\sigma)_{xy}, & \cos\gamma>0.\\ -(\Delta\sigma)_{xy}, & \cos\gamma<0.\\ 0, & \cos\gamma\equiv 0.\end{cases}$$

其中 $\cos\gamma\equiv 0$ 也就是 $(\Delta\sigma)_{xy}\equiv 0$ 的情形. ΔS 在 xOy 面上的投影 $(\Delta S)_{xy}$ 实际上就是 ΔS 在 xOy 面上的投影区域的面积附以一定的正负号. 与之类似，可以定义 ΔS 在 yOz 面及 zOx 面上的投影 $(\Delta S)_{yz}$ 及 $(\Delta S)_{zx}$.

下面先讨论一个实例，然后引进对坐标的曲面积分的概念.

设稳定流动的不可压缩流体(假定密度为 1) 的速度场由

$$\boldsymbol{v}(x,y,z)=P(x,y,z)\boldsymbol{i}+Q(x,y,z)\boldsymbol{j}+R(x,y,z)\boldsymbol{k}$$

给出，Σ 是速度场中的一个有向曲面，函数 $P(x,y,z)$、$Q(x,y,z)$ 与 $R(x,y,z)$ 都在 Σ 上连续，求在单位时间内流向 Σ 指定侧的流体的质量，即流量 Φ.

如图 11-17 所示，如果流体流过平面上面积为 A 的一个闭区域，且流体在这个闭区域

上各点处的流速为(常向量)$\boldsymbol{v}$，$\boldsymbol{n}$ 为该平面的单位法向量，那么在单位时间内流过这个闭区域的流体组成一个底面积为 A、斜高为$|\boldsymbol{v}|$的斜柱体.

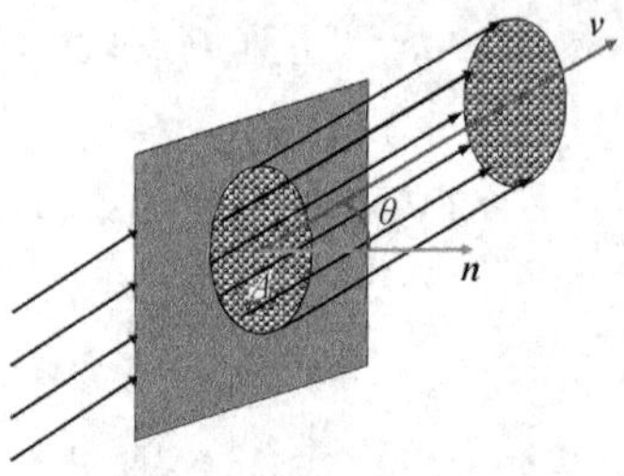

图 11-17

当 $(\widehat{\boldsymbol{v},\boldsymbol{n}})=\theta<\dfrac{\pi}{2}$ 时，这个斜柱体的体积为

$$A|\boldsymbol{v}|\cos\theta = A\boldsymbol{v}\cdot\boldsymbol{n}.$$

这也就是通过闭区域 A 流向 $\boldsymbol{n}$ 所指一侧的流量 Φ.

当 $(\widehat{\boldsymbol{v},\boldsymbol{n}})=\dfrac{\pi}{2}$ 时，显然流体通过闭区域 A 流向 $\boldsymbol{n}$ 所指一侧的流量 Φ 为0，而 $A\boldsymbol{v}\cdot\boldsymbol{n}=0$，故 $\Phi=A\boldsymbol{v}\cdot\boldsymbol{n}=0$.

当 $(\widehat{\boldsymbol{v},\boldsymbol{n}})>\dfrac{\pi}{2}$ 时，$A\boldsymbol{v}\cdot\boldsymbol{n}<0$，这时我们仍把 $A\boldsymbol{v}\cdot\boldsymbol{n}$ 称为流体通过闭区域 A 流向 $\boldsymbol{n}$ 所指一侧的流量，它表示流体通过闭区域 A 实际上流向 $-\boldsymbol{n}$ 所指一侧，且流向 $-\boldsymbol{n}$ 所指一侧的流量为 $-A\boldsymbol{v}\cdot\boldsymbol{n}$. 因此，不论 $(\widehat{\boldsymbol{v},\boldsymbol{n}})$ 为何值，流体通过闭区域 A 流向 $\boldsymbol{n}$ 所指一侧的流量 Φ 均为 $A\boldsymbol{v}\cdot\boldsymbol{n}$.

由于现在我们考虑的不是平面闭区域而是一个曲面，流速 $\boldsymbol{v}$ 也不是常向量，因此所求流量不能直接用上述方法计算. 然而本书在引出各类积分概念的实例中一再使用过的方法，也可用来解决目前的问题.

把曲面 Σ 分成 n 小块 ΔS_i(ΔS_i 同时也代表第 i 小块曲面的面积). 在 Σ 是光滑的和 $\boldsymbol{v}$ 是连续的前提下，只要 ΔS_i 的直径很小，我们就可以用 ΔS_i 上任一点 (ξ_i,η_i,ζ_i) 处的流速

$$\boldsymbol{v}_i=\boldsymbol{v}(\xi_i,\eta_i,\zeta_i)=P(\xi_i,\eta_i,\zeta_i)\boldsymbol{i}+Q(\xi_i,\eta_i,\zeta_i)\boldsymbol{j}+R(\xi_i,\eta_i,\zeta_i)\boldsymbol{k}$$

代替 ΔS_i 上其他各点处的流速，以该点 (ξ_i,η_i,ζ_i) 处曲面 Σ 的单位法向量 $\boldsymbol{n}_i=\cos\alpha_i\boldsymbol{i}+\cos\beta_i\boldsymbol{j}+\cos\gamma_i\boldsymbol{k}$ 代替 ΔS_i 上其他各点处的单位法向量(见图11-18)，从而得到通过 ΔS_i 流向指定侧的流量的近似值为 $\boldsymbol{v}_i\cdot\boldsymbol{n}_i\Delta S_i(i=1,2,\cdots,n)$. 于是，通过 Σ 流向指定侧的流量

$$\begin{aligned}\Phi &\approx \sum_{i=1}^{n}\boldsymbol{v}_i\cdot\boldsymbol{n}_i\Delta S_i\\ &=\sum_{i=1}^{n}[P(\xi_i,\eta_i,\zeta_i)\cos\alpha_i+Q(\xi_i,\eta_i,\zeta_i)\cos\beta_i+R(\xi_i,\eta_i,\zeta_i)\cos\gamma_i]\Delta S_i,\end{aligned}$$

但

$$\cos\alpha_i\cdot\Delta S_i\approx(\Delta S_i)_{yz},\ \cos\beta_i\cdot\Delta S_i\approx(\Delta S_i)_{zx},\ \cos\gamma_i\cdot\Delta S_i\approx(\Delta S_i)_{xy},$$

因此上式可以写成

$$\Phi\approx\sum_{i=1}^{n}[P(\xi_i,\eta_i,\zeta_i)(\Delta S_i)_{yz}+Q(\xi_i,\eta_i,\zeta_i)(\Delta S_i)_{zx}+R(\xi_i,\eta_i,\zeta_i)(\Delta S_i)_{xy}].$$

当各小块曲面的直径的最大值 $\lambda\to0$ 时，取上述和的极限，就得到流量 Φ 的精确值. 这样的极限还会在其他问题中遇到. 抽去它们的具体意义，就得到对坐标的曲面积分的概念.

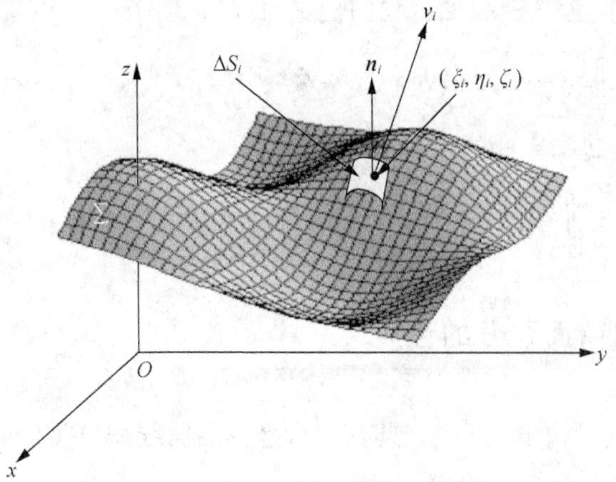

图 11-18

定义 设 Σ 是光滑的有向曲面，函数 $R(x,y,z)$ 在 Σ 上有界. 把 Σ 任意分成 n 块小曲面 ΔS_i（ΔS_i 同时又表示第 i 块小曲面的面积），ΔS_i 在 xOy 面上的投影为 $(\Delta S_i)_{xy}$，(ξ_i,η_i,ζ_i) 是 ΔS_i 上任意取定的一点，对乘积 $R(\xi_i,\eta_i,\zeta_i)(\Delta S_i)_{xy}(i=1,2,\cdots,n)$ 求和 $\sum\limits_{i=1}^{n}R(\xi_i,\eta_i,\zeta_i)(\Delta S_i)_{xy}$，如果当各小块曲面的直径的最大值 $\lambda\to 0$ 时，这个和的极限总存在，且与曲面 Σ 的分法及点 (ξ_i,η_i,ζ_i) 的取法无关，则称此极限为函数 $R(x,y,z)$ 在有向曲面 Σ 上**对坐标 x、y 的曲面积分**，记作 $\iint\limits_{\Sigma}R(x,y,z)\mathrm{d}x\mathrm{d}y$，即

$$\iint\limits_{\Sigma}R(x,y,z)\mathrm{d}x\mathrm{d}y=\lim_{\lambda\to 0}\sum_{i=1}^{n}R(\xi_i,\eta_i,\zeta_i)(\Delta S_i)_{xy},$$

其中 $R(x,y,z)$ 叫作**被积函数**，Σ 叫作**积分曲面**.

与之类似，可定义函数 $P(x,y,z)$ 在有向曲面 Σ 上对坐标 y、z 的曲面积分 $\iint\limits_{\Sigma}P(x,y,z)\mathrm{d}y\mathrm{d}z$ 及函数 $Q(x,y,z)$ 在有向曲面 Σ 上对坐标 z、x 的曲面积分 $\iint\limits_{\Sigma}Q(x,y,z)\mathrm{d}z\mathrm{d}x$，分别为

$$\iint\limits_{\Sigma}P(x,y,z)\mathrm{d}y\mathrm{d}z=\lim_{\lambda\to 0}\sum_{i=1}^{n}P(\xi_i,\eta_i,\zeta_i)(\Delta S_i)_{yz},$$

$$\iint\limits_{\Sigma}Q(x,y,z)\mathrm{d}z\mathrm{d}x=\lim_{\lambda\to 0}\sum_{i=1}^{n}Q(\xi_i,\eta_i,\zeta_i)(\Delta S_i)_{zx}.$$

以上三个曲面积分也称为**第二类曲面积分**.

当 $P(x,y,z)$、$Q(x,y,z)$ 与 $R(x,y,z)$ 在有向光滑曲面 Σ 上连续时，对坐标的曲面积分是存在的. 本书中总假定 P、Q 与 R 在 Σ 上连续.

在应用上出现较多的是

$$\iint\limits_{\Sigma}P(x,y,z)\mathrm{d}y\mathrm{d}z+\iint\limits_{\Sigma}Q(x,y,z)\mathrm{d}z\mathrm{d}x+\iint\limits_{\Sigma}R(x,y,z)\mathrm{d}x\mathrm{d}y$$

这种合并起来的形式. 为简便起见，我们把它写成

$$\iint_{\Sigma} P(x,y,z)\,\mathrm{d}y\mathrm{d}z+Q(x,y,z)\,\mathrm{d}z\mathrm{d}x+R(x,y,z)\,\mathrm{d}x\mathrm{d}y.$$

例如，上述流向 Σ 指定侧的流量 Φ 可表示为

$$\Phi=\iint_{\Sigma} P(x,y,z)\,\mathrm{d}y\mathrm{d}z+Q(x,y,z)\,\mathrm{d}z\mathrm{d}x+R(x,y,z)\,\mathrm{d}x\mathrm{d}y.$$

11.5.3 对坐标的曲面积分的性质

由定义可知，对坐标的曲面积分具有与对坐标的曲线积分类似的一些性质.

性质 1 如果把 Σ 分成 Σ_1 和 Σ_2，那么

$$\iint_{\Sigma} P\mathrm{d}y\mathrm{d}z+Q\mathrm{d}z\mathrm{d}x+R\mathrm{d}x\mathrm{d}y$$

$$=\iint_{\Sigma_1} P\mathrm{d}y\mathrm{d}z+Q\mathrm{d}z\mathrm{d}x+R\mathrm{d}x\mathrm{d}y+\iint_{\Sigma_2} P\mathrm{d}y\mathrm{d}z+Q\mathrm{d}z\mathrm{d}x+R\mathrm{d}x\mathrm{d}y.$$

性质 2 设 Σ 是有向曲面，$-\Sigma$ 表示与 Σ 取相反侧的有向曲面，则

$$\iint_{-\Sigma} P(x,y,z)\,\mathrm{d}y\mathrm{d}z=-\iint_{\Sigma} P(x,y,z)\,\mathrm{d}y\mathrm{d}z,$$

$$\iint_{-\Sigma} Q(x,y,z)\,\mathrm{d}z\mathrm{d}x=-\iint_{\Sigma} Q(x,y,z)\,\mathrm{d}z\mathrm{d}x,$$

$$\iint_{-\Sigma} R(x,y,z)\,\mathrm{d}x\mathrm{d}y=-\iint_{\Sigma} R(x,y,z)\,\mathrm{d}x\mathrm{d}y.$$

本节性质 2 表明，**对坐标的曲面积分与曲面的侧有关**，这是第二类曲面积分与第一类曲面积分的主要区别.

11.5.4 对坐标的曲面积分的计算

设积分曲面 Σ 是由方程 $z=z(x,y)$ 给出的曲面上侧，Σ 在 xOy 面上的投影区域为 D_{xy}，函数 $z=z(x,y)$ 在 D_{xy} 上具有一阶连续偏导数，被积函数 $R(x,y,z)$ 在 Σ 上连续.

按对坐标的曲面积分的定义，有

$$\iint_{\Sigma} R(x,y,z)\,\mathrm{d}x\mathrm{d}y=\lim_{\lambda\to 0}\sum_{i=1}^{n} R(\xi_i,\eta_i,\zeta_i)(\Delta S_i)_{xy}.$$

因为 Σ 取上侧，所以 $\cos\gamma>0$，所以

$$(\Delta S_i)_{xy}=(\Delta\sigma_i)_{xy}.$$

又因 (ξ_i,η_i,ζ_i) 是 Σ 上的一点，故 $\zeta_i=z(\xi_i,\eta_i)$. 从而有

$$\sum_{i=1}^{n} R(\xi_i,\eta_i,\zeta_i)(\Delta S_i)_{xy}=\sum_{i=1}^{n} R[\xi_i,\eta_i,z(\xi_i,\eta_i)](\Delta\sigma_i)_{xy}.$$

令各小块曲面的直径的最大值 $\lambda \to 0$，取上式两端的极限，得到

$$\iint\limits_{\Sigma} R(x,y,z)\,\mathrm{d}x\mathrm{d}y = \iint\limits_{D_{xy}} R[x,y,z(x,y)]\,\mathrm{d}x\mathrm{d}y. \tag{11-5}$$

这就是把对坐标的曲面积分化为二重积分的公式. 公式(11-5)表明，计算曲面积分 $\iint\limits_{\Sigma} R(x,y,z)\mathrm{d}x\mathrm{d}y$ 时，只需将其中的变量 z 换为表示 Σ 的函数 $z(x,y)$，然后在 Σ 的投影区域 D_{xy} 上计算二重积分即可.

必须注意，公式(11-5)的曲面积分是取在曲面 Σ 上侧的，如果曲面积分取在 Σ 的下侧，这时 $\cos\gamma < 0$，那么

$$(\Delta S_i)_{xy} = -(\Delta\sigma_i)_{xy},$$

从而有

$$\iint\limits_{\Sigma} R(x,y,z)\,\mathrm{d}x\mathrm{d}y = -\iint\limits_{D_{xy}} R[x,y,z(x,y)]\,\mathrm{d}x\mathrm{d}y.$$

与之类似，如果 Σ 由 $x = x(y,z)$ 给出，那么有

$$\iint\limits_{\Sigma} P(x,y,z)\,\mathrm{d}y\mathrm{d}z = \pm\iint\limits_{D_{yz}} P[x(y,z),\ y,\ z]\,\mathrm{d}y\mathrm{d}z. \tag{11-6}$$

公式(11-6)右端的符号这样决定：积分曲面 Σ 是由方程 $x = x(y,z)$ 所给出的曲面前侧，即 $\cos\alpha > 0$，应取正号；反之，Σ 取后侧，即 $\cos\alpha < 0$，应取负号.

如果 Σ 由 $y = y(z,x)$ 给出，那么有

$$\iint\limits_{\Sigma} Q(x,y,z)\,\mathrm{d}z\mathrm{d}x = \pm\iint\limits_{D_{zx}} Q[x,y(z,x),z]\,\mathrm{d}z\mathrm{d}x.$$

等式右端的符号这样决定：积分曲面 Σ 是由方程 $y = y(z,x)$ 所给出的曲面右侧，即 $\cos\beta > 0$，应取正号；反之，Σ 取左侧，即 $\cos\beta < 0$，应取负号.

例 11-20 计算 $I = \iint\limits_{\Sigma}(x+2y+3z)\,\mathrm{d}x\mathrm{d}y$，其中 Σ 是平面 $x+y+z=1$ 在第 Ⅰ 卦限的上侧(见图 11-19).

解 因为计算的是对坐标 x、y 的曲面积分，所以将曲面 Σ 的方程写为 $z = 1-x-y$，并找出 Σ 在 xOy 面上的投影区域 D_{xy}，注意到 Σ 取上侧，所以

$$\begin{aligned} I &= \iint\limits_{D_{xy}} [x+2y+3(1-x-y)]\,\mathrm{d}x\mathrm{d}y \\ &= \int_0^1 \mathrm{d}x\int_0^{1-x}(3-2x-y)\,\mathrm{d}y \\ &= \int_0^1\left(\frac{5}{2}-4x+\frac{3}{2}x^2\right)\mathrm{d}x \\ &= 1. \end{aligned}$$

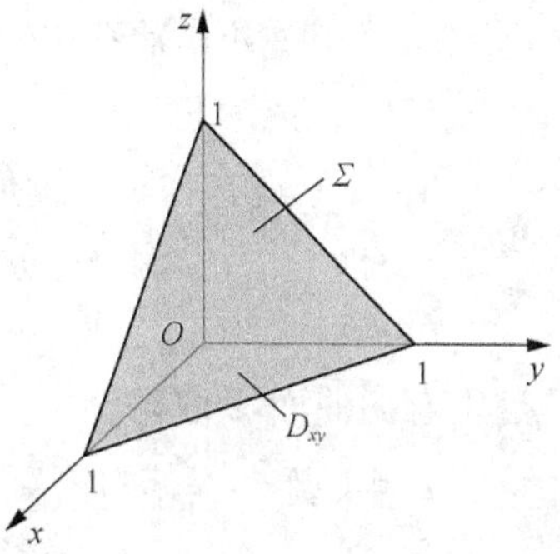

图 11-19

例 11-21 计算 $I=\iint\limits_{\Sigma}x^2\mathrm{d}y\mathrm{d}z+y^2\mathrm{d}z\mathrm{d}x+z^2\mathrm{d}x\mathrm{d}y$，其中 Σ 是长方体 Ω 的整个表面的外侧，$\Omega=\{(x,y,z)\mid 0\leqslant x\leqslant a,0\leqslant y\leqslant b,0\leqslant z\leqslant c\}$.

解 把有向曲面 Σ 分成以下 6 部分.

Σ_1：$z=c(0\leqslant x\leqslant a,0\leqslant y\leqslant b)$ 的上侧.

Σ_2：$z=0(0\leqslant x\leqslant a,0\leqslant y\leqslant b)$ 的下侧.

Σ_3：$y=b(0\leqslant x\leqslant a,0\leqslant z\leqslant c)$ 的右侧.

Σ_4：$y=0(0\leqslant x\leqslant a,0\leqslant z\leqslant c)$ 的左侧.

Σ_5：$x=a(0\leqslant y\leqslant b,0\leqslant z\leqslant c)$ 的前侧.

Σ_6：$x=0(0\leqslant y\leqslant b,0\leqslant z\leqslant c)$ 的后侧.

除 Σ_5、Σ_6 外，其余 4 块曲面在 yOz 面上的投影面积为 0，因此

$$\iint\limits_{\Sigma}x^2\mathrm{d}y\mathrm{d}z=\iint\limits_{\Sigma_5}x^2\mathrm{d}y\mathrm{d}z+\iint\limits_{\Sigma_6}x^2\mathrm{d}y\mathrm{d}z.$$

应用公式(11-6) 有

$$\iint\limits_{\Sigma}x^2\mathrm{d}y\mathrm{d}z=\iint\limits_{D_{yz}}a^2\mathrm{d}y\mathrm{d}z-\iint\limits_{D_{yz}}0\mathrm{d}y\mathrm{d}z=a^2bc.$$

与之类似，可得

$$\iint\limits_{\Sigma}y^2\mathrm{d}z\mathrm{d}x=b^2ac,\quad \iint\limits_{\Sigma}z^2\mathrm{d}x\mathrm{d}y=c^2ab.$$

于是所求曲面积分

$$I=a^2bc+b^2ac+c^2ab=(a+b+c)abc.$$

11.5.5 高斯公式

格林公式反映了平面有界闭区域上的二重积分和其边界 L 上的对坐标的曲线积分之间的关系. 相应地，空间的有界闭区域 Ω 上的三重积分与其边界曲面 Σ 上的对坐标的曲面积分之间也有一种非常密切的关系. 高斯公式给出了二者之间的关系.

定理 设空间闭区域 Ω 由分片光滑的闭曲面 Σ 围成，函数 $P(x,y,z)$、$Q(x,y,z)$、$R(x,y,z)$ 在 Ω 上具有一阶连续偏导数，则

$$\iiint\limits_{\Omega}\left(\frac{\partial P}{\partial x}+\frac{\partial Q}{\partial y}+\frac{\partial R}{\partial z}\right)\mathrm{d}v=\oiint\limits_{\Sigma}P\mathrm{d}y\mathrm{d}z+Q\mathrm{d}z\mathrm{d}x+R\mathrm{d}x\mathrm{d}y,\tag{11-7}$$

这里有向曲面 Σ 取外侧.

公式(11-7) 称为**高斯公式**. 在上述定理中，如果 Σ 取内侧，则公式(11-7) 成为

$$-\iiint\limits_{\Omega}\left(\frac{\partial P}{\partial x}+\frac{\partial Q}{\partial y}+\frac{\partial R}{\partial z}\right)\mathrm{d}v=\oiint\limits_{\Sigma}P\mathrm{d}y\mathrm{d}z+Q\mathrm{d}z\mathrm{d}x+R\mathrm{d}x\mathrm{d}y.$$

根据高斯公式(11-7) 可知，某些曲面积分的计算可以转化为对三重积分的计算，同

样，某些三重积分的计算也可以转化为对坐标的曲面积分来计算，从而达到简化计算的目的. 当$\frac{\partial P}{\partial x}+\frac{\partial Q}{\partial y}+\frac{\partial R}{\partial z}$比较简单时，常常利用高斯公式简化第二类曲面积分的计算.

例 11-22 利用高斯公式计算例 11-21 中的曲面积分 $I=\iint\limits_{\Sigma}x^2\mathrm{d}y\mathrm{d}z+y^2\mathrm{d}z\mathrm{d}x+z^2\mathrm{d}x\mathrm{d}y$.

解 在 I 的表达式中，$P=x^2$，$Q=y^2$，$R=z^2$，由高斯公式可知

$$\begin{aligned}I&=\iiint\limits_{\Omega}\left(\frac{\partial P}{\partial x}+\frac{\partial Q}{\partial y}+\frac{\partial R}{\partial z}\right)\mathrm{d}v\\&=2\iiint\limits_{\Omega}(x+y+z)\mathrm{d}v\\&=2\int_0^a\mathrm{d}x\int_0^b\mathrm{d}y\int_0^c(x+y+z)\mathrm{d}z\\&=2\int_0^a\mathrm{d}x\int_0^b\left[c(x+y)+\frac{c^2}{2}\right]\mathrm{d}y\\&=2\int_0^a\left(bcx+\frac{b^2c}{2}+\frac{bc^2}{2}\right)\mathrm{d}x\\&=abc(a+b+c).\end{aligned}$$

例 11-23 计算曲面积分 $I=\oiint\limits_{\Sigma}(x+1)\mathrm{d}y\mathrm{d}z+y\mathrm{d}z\mathrm{d}x+\mathrm{d}x\mathrm{d}y$，其中 Σ 是三个坐标面与平面 $x+y+z=1$ 所围成的四面体的内侧.

解 $P=x+1$，$Q=y$，$R=1$，由高斯公式可知

$$I=-\iiint\limits_{\Omega}\left(\frac{\partial P}{\partial x}+\frac{\partial Q}{\partial y}+\frac{\partial R}{\partial z}\right)\mathrm{d}v=-2\iiint\limits_{\Omega}\mathrm{d}v=-2V,$$

其中 V 是四面体的体积，故

$$I=-2\times\frac{1}{3}\times\frac{1}{2}=-\frac{1}{3}.$$

例 11-24 计算曲面积分

$$I=\iint\limits_{\Sigma}(8y+1)x\mathrm{d}y\mathrm{d}z+2(1-y^2)\mathrm{d}z\mathrm{d}x-4yz\mathrm{d}x\mathrm{d}y,$$

其中 Σ 是由曲线$\begin{cases}z=\sqrt{y-1}\\x=0\end{cases}$$(1\leqslant y\leqslant 3)$ 绕 y 轴旋转一周所成的曲面，它的法向量与 y 轴正向的夹角恒大于$\frac{\pi}{2}$.

解 曲线$\begin{cases}z=\sqrt{y-1}\\x=0\end{cases}$$(1\leqslant y\leqslant 3)$ 绕 y 轴旋转一周所成的曲面(见图 11-20) 的方程为

$$y-1=z^2+x^2.$$

因为曲面 Σ 不是封闭曲面，所以不能直接利用高斯公式. 若设 Σ^* 为 $y=3(x^2+z^2\leqslant 2)$ 的

右侧，则 Σ 与 Σ^* 一起构成一个封闭曲面，记它们围成的空间闭区域为 Ω，利用高斯公式，便得

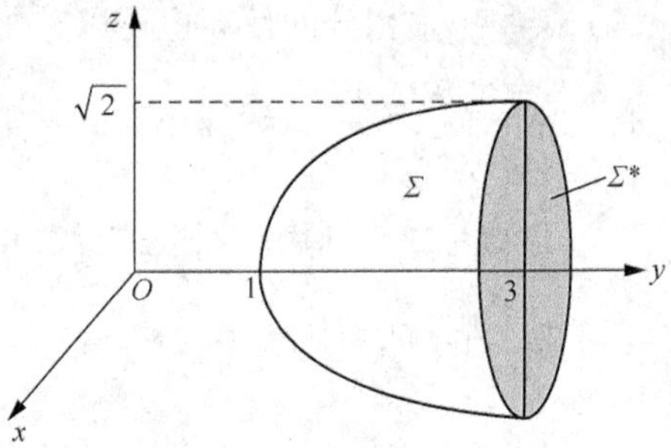

图 11-20

$$\iint_{\Sigma+\Sigma^*}(8y+1)x\mathrm{d}y\mathrm{d}z+2(1-y^2)\mathrm{d}z\mathrm{d}x-4yz\mathrm{d}x\mathrm{d}y$$

$$=\iiint_{\Omega}(8y+1-4y-4y)\mathrm{d}v=\iiint_{\Omega}\mathrm{d}v$$

$$=\iint_{D_{xz}}\mathrm{d}x\mathrm{d}z\int_{1+z^2+x^2}^{3}\mathrm{d}y=\int_0^{2\pi}\mathrm{d}\theta\int_0^{\sqrt{2}}\rho\mathrm{d}\rho\int_{1+\rho^2}^{3}\mathrm{d}y$$

$$=2\pi\int_0^{\sqrt{2}}(2\rho-\rho^3)\mathrm{d}\rho=2\pi.$$

其中 $D_{xz}=\{(x,z)\mid x^2+z^2\leqslant 2\}$. 而

$$\iint_{\Sigma^*}(8y+1)x\mathrm{d}y\mathrm{d}z+2(1-y^2)\mathrm{d}z\mathrm{d}x-4yz\mathrm{d}x\mathrm{d}y$$

$$=2\iint_{\Sigma^*}(1-y^2)\mathrm{d}z\mathrm{d}x=2\iint_{D_{xz}}(1-3^2)\mathrm{d}z\mathrm{d}x=-32\pi.$$

因此

$$I=\iint_{\Sigma+\Sigma^*}(8y+1)x\mathrm{d}y\mathrm{d}z+2(1-y)^2\mathrm{d}z\mathrm{d}x-4yz\mathrm{d}x\mathrm{d}y-$$

$$\iint_{\Sigma^*}(8y+1)x\mathrm{d}y\mathrm{d}z+2(1-y^2)\mathrm{d}z\mathrm{d}x-4yz\mathrm{d}x\mathrm{d}y$$

$$=2\pi-(-32\pi)=34\pi.$$

习题 11.5

1. 计算下列对坐标的曲面积分.

(1) $\iint_{\Sigma}x^2y^2z\mathrm{d}x\mathrm{d}y$，其中 Σ 是球面 $x^2+y^2+z^2=a^2(a>0)$ 的上半部分的上侧；

(2) $\oiint_{\Sigma}xz\mathrm{d}x\mathrm{d}y+xy\mathrm{d}y\mathrm{d}z+yz\mathrm{d}z\mathrm{d}x$，其中 Σ 是三坐标面与平面 $x+y+z=1$ 所围成的空间区域的整个边界曲面的外侧；

(3) $\iint_{\Sigma}x\mathrm{d}y\mathrm{d}z+y\mathrm{d}z\mathrm{d}x+z\mathrm{d}x\mathrm{d}y$，其中 Σ 是柱面 $x^2+y^2=1$ 被平面 $z=0$ 及 $z=3$ 所截得的第 I 卦限内的部分的前侧；

(4) $\iint_{\Sigma}(1-z)\mathrm{d}x\mathrm{d}y$，其中 Σ 为半球面 $z=\sqrt{1-x^2-y^2}$ 的上侧.

2. 利用高斯公式计算下列对坐标的曲面积分.

(1) $\oiint\limits_{\Sigma}(x-y)\mathrm{d}y\mathrm{d}z+(y-z)\mathrm{d}z\mathrm{d}x+(z-x)\mathrm{d}x\mathrm{d}y$，其中 Σ 是球面 $x^2+y^2+z^2=a^2$ 的外侧；

(2) $\oiint\limits_{\Sigma}x^2z\mathrm{d}x\mathrm{d}y+y^2x\mathrm{d}y\mathrm{d}z+z^2y\mathrm{d}z\mathrm{d}x$，其中 Σ 是球面 $x^2+y^2+z^2=a^2$ 的外侧；

(3) $\oiint\limits_{\Sigma}x\mathrm{d}y\mathrm{d}z+y\mathrm{d}z\mathrm{d}x+z\mathrm{d}x\mathrm{d}y$，其中 Σ 是闭区域 $\Omega=\{(x,y,z)\mid 0\leqslant x\leqslant 1,0\leqslant y\leqslant 2,|z|\leqslant 1\}$ 的整个边界的外侧；

(4) $\oiint\limits_{\Sigma}z^2\mathrm{d}y\mathrm{d}z+y\mathrm{d}z\mathrm{d}x+z\mathrm{d}x\mathrm{d}y$，其中 Σ 为曲面 $z=\sqrt{x^2+y^2}$，$0\leqslant z\leqslant 4$ 的外侧.

复习题 11

A 类

1. 假设 L 的方程为 $x^2+y^2=a^2$，则 $\oint_L(x^2+y^2)\mathrm{d}s$ 等于(　　).

A. $2\pi a^2$　　B. $2\pi a^3$　　C. πa^2　　D. πa^3

2. 假设 L 是封闭曲线 $\dfrac{x^2}{3}+\dfrac{y^2}{4}=1$，其周长为 b，则 $\oint_L(x+y+1)\mathrm{d}s$ 等于(　　).

A. $2\sqrt{3}\pi b$　　B. $4\sqrt{3}\pi b$　　C. b　　D. πb

3. 假设函数 $P(x,y)$、$Q(x,y)$ 在单连通区域 D 上具有一阶连续偏导数，则曲线积分 $\int_L P\mathrm{d}x+Q\mathrm{d}y$ 在 D 内与路径无关的充要条件是(　　).

A. $\dfrac{\partial P}{\partial y}=-\dfrac{\partial Q}{\partial x}$　　B. $\dfrac{\partial Q}{\partial y}=-\dfrac{\partial P}{\partial x}$　　C. $\dfrac{\partial P}{\partial y}=\dfrac{\partial Q}{\partial x}$　　D. $\dfrac{\partial Q}{\partial y}=\dfrac{\partial P}{\partial x}$

4. 假设 L 为取正向的圆周 $x^2+y^2=4$，则曲线积分 $\oint_L(xy-2y)\mathrm{d}x+\left(\dfrac{1}{2}x^2+y\right)\mathrm{d}y$ 的值是(　　).

A. -8π　　B. -4π　　C. 4π　　D. 8π

5. 设 Σ 为球面 $x^2+y^2+z^2=a^2$，则曲面积分 $\iint\limits_{\Sigma}(x^2+y^2+z^2)^2\mathrm{d}S$ 等于(　　).

A. $4\pi a^2$　　B. $4\pi a^3$　　C. $4\pi a^5$　　D. $4\pi a^6$

6. 设 Σ 为球面 $x^2+y^2+z^2=1$ 的外侧在 $x\geqslant 0,y\geqslant 0,z\leqslant 0$ 区域内的部分，Σ 在 xOy 面上的投影区域为 D，则曲面积分 $\iint\limits_{\Sigma}f(z)\mathrm{d}x\mathrm{d}y$ 化成的二重积分为(　　).

A. $-\iint\limits_{D}f(-\sqrt{1-x^2-y^2})\mathrm{d}x\mathrm{d}y$　　B. $-\iint\limits_{D}f(\sqrt{1-x^2-y^2})\mathrm{d}x\mathrm{d}y$

C. $\iint\limits_D f(-\sqrt{1-x^2-y^2})\,dxdy$　　D. $\iint\limits_D f(\sqrt{1-x^2-y^2})\,dxdy$

7. 假设空间闭区域 $\Omega=\{(x,y,z)\mid -1\leqslant x\leqslant 1,-1\leqslant y\leqslant 1,-1\leqslant z\leqslant 1\}$，$\Sigma$ 是 Ω 的整个边界曲面的外侧，用高斯公式计算 $\iint\limits_{\Sigma} x\,dydz-y\,dzdx+z\,dxdy$ 可得(　　).

A. 1　　B. 4　　C. 8　　D. 24

8. 假设曲线 L 的方程为 $x^2+y^2=4$，则 $\dfrac{1}{\pi}\int_L (x^2+y^2)^{2010}\,ds$ 等于（　　）.

A. 4^{2010}　　B. 4^{2011}　　C. 4^{2009}　　D. 4^{2008}

9. 证明曲线积分

$$\int_{(0,0)}^{(\pi,\pi)}(e^y+\sin x)\,dx+(xe^y-\cos y)\,dy$$

在整个 xOy 面内与路径无关，并计算积分的值.

10. 利用高斯公式计算曲面积分 $\iint\limits_{\Sigma} x\,dydz+y\,dzdx+z\,dxdy$，其中 Σ 为坐标面及 $x=a,y=a$，$z=a$ 围成的立体表面的外侧.

11. 利用高斯公式计算曲面积分 $\iint\limits_{\Sigma}(y-z)x\,dydz+(x-y)\,dxdy$，其中 Σ 是柱面 $x^2+y^2=1$ 及平面 $z=0$ 和平面 $z=3$ 所围成的空间闭区域 Ω 的整个边界曲面的外侧.

12. 计算 $\iint\limits_{\Sigma}(x^2+y^2)\,dxdy$，其中 Σ 是 $z=\dfrac{1}{2}(x^2+y^2)$ 介于平面 $z=0$ 和平面 $z=2$ 之间的部分的下侧.

13. 如果曲线 L 关于 x 轴对称，$f(x,y)$ 为 L 上的连续函数，L' 为 L 位于 x 轴某一侧的部分，证明：

$$\int_L f(x,y)\,ds=\begin{cases}2\int_{L'}f(x,y)\,ds, & f(x,-y)=f(x,y).\\ 0, & f(x,-y)=-f(x,y).\end{cases}$$

14. 如果曲线 L 关于 y 轴对称，$f(x,y)$ 为 L 上的连续函数，L' 为 L 位于 y 轴某一侧的部分，证明：

$$\int_L f(x,y)\,ds=\begin{cases}2\int_{L'}f(x,y)\,ds, & f(-x,y)=f(x,y).\\ 0, & f(-x,y)=-f(x,y).\end{cases}$$

15. 计算 $\oint_L(x+y^3)\,ds$，其中闭曲线 L 的方程为 $x^2+y^2=4$.

16. 假设 L 为椭圆 $\dfrac{x^2}{4}+\dfrac{y^2}{3}=1$，其周长为 a，计算 $\oint_L(2xy+3x^2+4y^2)\,ds$.

17. 计算 $\int_{\overset{\frown}{AOB}}(12x+e^y)\,dx-(\cos y-xe^y)\,dy$，其中 $\overset{\frown}{AOB}$ 为由点 $A(-1,1)$ 沿曲线 $y=x^2$ 到点 $O(0,0)$，再沿 $y=0$ 到点 $B(2,0)$ 的路径.

B 类

1. 利用格林公式计算$\int_L (x^2-y)\mathrm{d}x-(x+\sin^2 y)\mathrm{d}y$，$L$ 是上半圆周 $y=\sqrt{2x-x^2}$ 上从点 $(0,0)$ 到点 $(1,1)$ 的一段弧.

2. 力 $\boldsymbol{F}=(x^2+y^2)^m(y\boldsymbol{i}-x\boldsymbol{j})$ 构成力场 $(y>0)$，若已知质点在此力场中运动时所做的功与路径无关，求 m 的值.

3. 计算$\oint_L \dfrac{x\mathrm{d}y-y\mathrm{d}x}{x^2+y^2}$，其中 L 是一条无重点、分段光滑且不经过坐标原点的连续闭曲线，L 的方向为逆时针方向.

4. 计算$\iint\limits_{\Sigma} \dfrac{\mathrm{d}S}{z}$，其中 Σ 是球面 $x^2+y^2+z^2=a^2$ 被平面 $z=h(0<h<a)$ 截出的顶部.

5. 设 Σ 为锥面 $z=\sqrt{x^2+y^2}$ 被平面 $z=1$ 所截部分，求$\iint\limits_{\Sigma} z\mathrm{d}S$.

6. 计算曲面积分$\iint\limits_{\Sigma} xyz\mathrm{d}x\mathrm{d}y$，其中 Σ 是球面 $x^2+y^2+z^2=1$ 外侧在 $x\geqslant 0, y\geqslant 0$，$z\geqslant 0$ 区域内的部分.

7. 用高斯公式计算$\oiint\limits_{\Sigma}(x+y^2)\mathrm{d}y\mathrm{d}z+(z^2-2y)\mathrm{d}z\mathrm{d}x+(3z-x^2)\mathrm{d}x\mathrm{d}y$，其中 Σ 为由$\dfrac{x}{2}+\dfrac{y}{3}+\dfrac{z}{4}=1$ 与三个坐标面所围成的四面体表面的外侧.

8. 假设曲线积分$\int_L F(x,y)(y\mathrm{d}x+x\mathrm{d}y)$ 与积分路径无关，且方程 $F(x,y)=0$ 确定的隐函数 $y=f(x)$ 的图形过点 $(1,2)$，其中 $F(x,y)$ 可微，求 $y=f(x)$.

9. 假设 $f(u)$ 具有连续的导函数，求证曲线积分

$$\int_L \frac{1+y^2f(xy)}{y}\mathrm{d}x+\frac{x}{y^2}[y^2f(xy)-1]\mathrm{d}y$$

与路径无关，其中 L 为上半平面内任一条曲线，并计算由点$\left(3,\dfrac{2}{3}\right)$沿曲线 L 到点 $(1,2)$ 时该曲线积分的值.

10. 设函数 $Q(x,y)$ 在 xOy 平面上具有一阶连续的偏导数，曲线积分$\int_L 2xy\mathrm{d}x+Q(x,y)\mathrm{d}y$ 与路径无关，并且对任意 t 恒有

$$\int_{(0,0)}^{(t,1)} 2xy\mathrm{d}x+Q(x,y)\mathrm{d}y=\int_{(0,0)}^{(1,t)} 2xy\mathrm{d}x+Q(x,y)\mathrm{d}y,$$

求 $Q(x,y)$.

无穷级数 第12章

无穷级数与微分、积分一样，是微积分的一个重要组成部分，它是表示函数、研究函数的性质以及进行数值计算的一种工具，是微积分在理论研究和实际应用中的一个强有力的数学工具. 无穷级数在近似计算、数值逼近、函数的展开与数值计算、解微分方程等方面都有着重要的作用. 研究无穷级数及其和，可以说是研究数列及其极限的另一种方式，而且表现出巨大的优越性. 本章首先讲解无穷级数的基本概念和性质，然后讨论数项级数、幂级数、函数展开成幂级数以及傅里叶级数.

§12.1 常数项级数的概念与性质

12.1.1 常数项级数的概念

人们认识事物在数量方面的特性，往往有一个由近似到精确的过程. 在这种认识过程中，我们会遇到由有限个数量相加到无穷多个数量相加的问题.《庄子 · 天下篇》写道："一尺之棰，日取其半，万世不竭". 把每天截下那一部分长度加起来即为

$$\frac{1}{2}+\frac{1}{4}+\frac{1}{8}+\cdots+\frac{1}{2^n}+\cdots,$$

这就是"无限个数相加" 的一个例子. 从直观上可以知道，和是 1.

又如，计算半径为 R 的圆的面积 S，做法如下.

作圆的内接正六边形，算出这个六边形的面积 u_1，它是圆面积 S 的一个粗糙的近似值. 为了比较准确地计算出 S，我们以这个正六边形的每一边为底分别作一个顶点在圆周上的等腰三角形(见图 12-1)，算出这六个等腰三角形的面积之和 u_2，那么 u_1+u_2(即内接正十二边形的面积) 就是 S 的一个较好的近似值. 同样，在这正十二边形的每一边上分别作一个顶点在圆周上的等腰三角形，算出这十二个等腰三角形的面积之和 u_3，那么 $u_1+u_2+u_3$(即内接正二十四边形的面积) 就是 S 的一个更好的近似值. 如此继续下去，内接正 3×2^n 边形的面积逐步逼近圆面积：

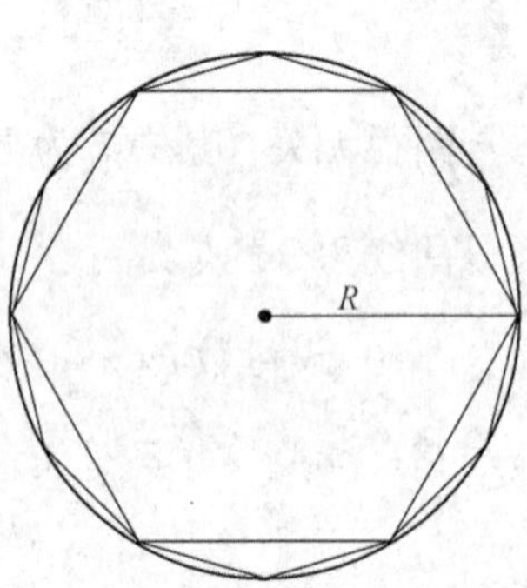

图 12-1

$$S\approx u_1, S\approx u_1+u_2, S\approx u_1+u_2+u_3, \cdots, S\approx u_1+u_2+\cdots+u_n.$$

如果内接正多边形的边数无限增多，即 n 无限增大，则 $u_1+u_2+u_3+\cdots+u_n$ 的极限就是所

要求的圆面积 S. 和式中的项数无限增多，于是出现了无穷多个数依次相加的数学式子. 这种有一定顺序的无穷多个数的和，就是**无穷级数**.

定义 1 给定一个数列

$$u_1, u_2, \cdots, u_n, \cdots,$$

则由这个数列构成的表达式

$$u_1 + u_2 + \cdots + u_n + \cdots$$

称为常数项**无穷级数**，简称常数项**级数**，简记为 $\sum\limits_{n=1}^{\infty} u_n$，即

$$\sum_{n=1}^{\infty} u_n = u_1 + u_2 + \cdots + u_n + \cdots. \tag{12-1}$$

级数(12-1) 中每一个数称为该常数项级数的一个**项**，例如，u_1 称为第 1 项，u_2 称为第 2 项. 其中第 n 项 u_n 称为级数(12-1) 的**通项或一般项**.

级数(12-1) 前 n 项的和

$$S_n = u_1 + u_2 + \cdots + u_n = \sum_{i=1}^{n} u_i \tag{12-2}$$

称为级数的**部分和**. 当 n 依次取 $1,2,3,\cdots$ 时，部分和可以构成一个新的数列

$$S_1, S_2, \cdots, S_n, \cdots$$

其中

$$S_1 = u_1, S_2 = u_1 + u_2, S_3 = u_1 + u_2 + u_3, \cdots,$$

$$S_n = u_1 + u_2 + \cdots + u_n = \sum_{i=1}^{n} u_i, \cdots$$

称为**部分和数列**. 我们可以根据部分和数列$\{S_n\}$是否收敛，来判断级数 $\sum\limits_{n=1}^{\infty} u_n$ 的收敛或发散.

定义 2 当 $n \to \infty$ 时，如果数列$\{S_n\}$的极限存在且收敛于 S(S 是有限常数)，即

$$\lim_{n\to\infty} S_n = S,$$

则称级数(12-1) **收敛**，S 称为级数(12-1) 的**和**，即

$$S = \sum_{n=1}^{\infty} u_n = u_1 + u_2 + \cdots + u_n + \cdots. \tag{12-3}$$

当 $n \to \infty$ 时，如果数列$\{S_n\}$的极限不存在，则称级数(12-1) **发散**.

当级数收敛时，其和 S 与部分和 S_n 的差

$$r_n = S - S_n = u_{n+1} + u_{n+2} + \cdots \tag{12-4}$$

称为级数的**余项**.

由于 $\lim\limits_{n\to\infty} r_n = \lim\limits_{n\to\infty}(S - S_n) = S - \lim\limits_{n\to\infty} S_n = S - S = 0$，因此当 n 较大时，用部分和 S_n 代替和 S，所产生的误差为 $|\boldsymbol{r}_n|$.

例 12-1 讨论级数 $\sum_{n=1}^{\infty}\frac{1}{n(n+1)}$ 的敛散性.

解 显然，级数的部分和为

$$
\begin{aligned}
S_n &= \sum_{k=1}^{n}\frac{1}{k(k+1)} \\
&= \frac{1}{1\cdot 2}+\frac{1}{2\cdot 3}+\cdots+\frac{1}{n\cdot(n+1)} \\
&= \left(1-\frac{1}{2}\right)+\left(\frac{1}{2}-\frac{1}{3}\right)+\cdots+\left(\frac{1}{n}-\frac{1}{n+1}\right) \\
&= 1-\frac{1}{n+1},
\end{aligned}
$$

从而有

$$\lim_{n\to\infty}S_n=\lim_{n\to\infty}\left(1-\frac{1}{n+1}\right)=1,$$

因此级数 $\sum_{n=1}^{\infty}\frac{1}{n(n+1)}$ 收敛，且和为 1.

例 12-2 讨论级数 $\sum_{n=1}^{\infty}\ln\left(1+\frac{1}{n}\right)$ 的敛散性.

解 由于通项 $u_n=\ln\left(1+\frac{1}{n}\right)=\ln(n+1)-\ln n$，因此部分和为

$$
\begin{aligned}
S_n &= \sum_{k=1}^{n}\ln\left(1+\frac{1}{k}\right) \\
&= (\ln 2-\ln 1)+(\ln 3-\ln 2)+\cdots+[\ln(n+1)-\ln n] \\
&= \ln(n+1),
\end{aligned}
$$

从而有

$$\lim_{n\to\infty}S_n=\lim_{n\to\infty}\ln(n+1)=+\infty,$$

所以级数 $\sum_{n=1}^{\infty}\ln\left(1+\frac{1}{n}\right)$ 发散.

由于级数(12-1)的收敛和发散(简称**敛散性**)是由它的部分和数列$\{S_n\}$来确定的，因此也可以把级数(12-1)作为数列$\{S_n\}$的另外一种表现形式. 反之，任给一个数列$\{a_n\}$，如果把它看作某一常数项级数的部分和数列，则这个级数就是

$$\sum_{n=1}^{\infty}u_n=a_1+(a_2-a_1)+\cdots+(a_n-a_{n-1})+\cdots. \tag{12-5}$$

这时数列$\{a_n\}$与级数(12-5)具有相同的敛散性，且当$\{a_n\}$收敛时，其极限值就是级数(12-5)的和.

例 12-3 有**几何级数**(也称为**等比级数**)

$$\sum_{n=1}^{\infty}aq^{n-1}=a+aq+aq^2+\cdots+aq^{n-1}+\cdots(a\neq 0,\ q\text{ 为公比}).$$

证明：当$|q|<1$时，级数收敛；当$|q|\geqslant 1$时，级数发散.

证 ① 当$|q|\neq 1$时，部分和

$$S_n = a+aq+aq^2+\cdots+aq^{n-1} = \frac{a(1-q^n)}{1-q}.$$

若$|q|<1$，则

$$\lim_{n\to\infty}S_n = \lim_{n\to\infty}\left(\frac{a}{1-q}-\frac{aq^n}{1-q}\right) = \lim_{n\to\infty}\frac{a}{1-q}-\lim_{n\to\infty}\frac{aq^n}{1-q}$$
$$= \lim_{n\to\infty}\frac{a}{1-q}-\frac{a}{1-q}\lim_{n\to\infty}q^n = \frac{a}{1-q},$$

这时级数收敛，其和为$\dfrac{a}{1-q}$.

若$|q|>1$，则

$$\lim_{n\to\infty}S_n = \lim_{n\to\infty}\left(\frac{a}{1-q}-\frac{aq^n}{1-q}\right) = \lim_{n\to\infty}\frac{a}{1-q}-\frac{a}{1-q}\lim_{n\to\infty}q^n = \infty,$$

这时级数发散.

② 当$q=1$时，$S_n=na$，从而$\lim\limits_{n\to\infty}S_n=\lim\limits_{n\to\infty}na=\infty$，这时级数发散.

③ 当$q=-1$时，级数成为

$$a-a+a-a+\cdots+a-a+\cdots,$$
$$S_n=\begin{cases}0, & n\text{ 为偶数}\\ a, & n\text{ 为奇数}\end{cases},$$

从而$\lim\limits_{n\to\infty}S_n$不存在，这时级数发散.

综上所述，几何级数(等比级数)$\sum\limits_{n=1}^{\infty}aq^{n-1}=a+aq+aq^2+\cdots+aq^{n-1}+\cdots$当$|q|<1$时，级数收敛，当$|q|\geqslant 1$时，级数发散.

例 12-4 讨论级数$\sum\limits_{n=1}^{\infty}\dfrac{1}{2^{n-1}}$的敛散性.

解 因为级数

$$\sum_{n=1}^{\infty}\frac{1}{2^{n-1}} = 1+\frac{1}{2}+\frac{1}{4}+\frac{1}{8}+\cdots+\frac{1}{2^{n-1}}+\cdots$$

是等比级数，且$q=\dfrac{1}{2}$，满足$|q|=\dfrac{1}{2}<1$，所以该级数收敛，其和为

$$S=\frac{a}{1-q}=\frac{1}{1-\frac{1}{2}}=\frac{2}{3}.$$

例 12-5 证明调和级数(发散的无穷级数)

$$\sum_{n=1}^{\infty}\frac{1}{n}=1+\frac{1}{2}+\frac{1}{3}+\cdots+\frac{1}{n}+\cdots$$

发散.

证 因为 $y=\ln x$ 在 $[n,n+1]$ 上连续，在区间 $(n,n+1)$ 内可导，由拉格朗日中值定理，得

$$\ln(n+1)-\ln n=\frac{1}{\xi},\ \xi\in(n,n+1),$$

所以 $\frac{1}{n}>\frac{1}{\xi}$，即 $\frac{1}{n}>\ln(n+1)-\ln n$. 因此

$$\begin{aligned}S_n&=1+\frac{1}{2}+\frac{1}{3}+\cdots+\frac{1}{n}\\&>(\ln 2-\ln 1)+(\ln 3-\ln 2)+\cdots+(\ln(n+1)-\ln n)\\&=\ln(n+1),\end{aligned}$$

于是 $\lim\limits_{n\to\infty}S_n=\infty$，故该调和级数发散.

12.1.2 收敛级数的基本性质

根据无穷级数收敛、发散以及求和的概念，可以得出收敛级数的几个基本性质.

性质 1 如果级数

$$\sum_{n=1}^{\infty}u_n=u_1+u_2+\cdots+u_n+\cdots$$

收敛，且和为 S，则它的每一项都乘以一个常数 k 后，所得的级数

$$\sum_{n=1}^{\infty}ku_n=ku_1+ku_2+\cdots+ku_n+\cdots$$

也收敛，且其和为 kS.

证 设级数

$$\sum_{n=1}^{\infty}u_n=u_1+u_2+\cdots+u_n+\cdots$$

的第 n 次部分和

$$S_n=u_1+u_2+\cdots+u_n$$

则 $\lim\limits_{n\to\infty}S_n=S$.

设级数

$$\sum_{n=1}^{\infty}ku_n=ku_1+ku_2+\cdots+ku_n+\cdots$$

的第 n 次部分和

$$K_n=ku_1+ku_2+\cdots+ku_n=k(u_1+u_2+\cdots+u_n)=kS_n,$$

则

$$\lim_{n\to\infty}K_n=\lim_{n\to\infty}kS_n=k\lim_{n\to\infty}S_n=kS.$$

故

$$\sum_{n=1}^{\infty} ku_n = kS = k\sum_{n=1}^{\infty} u_n.$$

可见，当 $k \neq 0$ 时，如果 $\lim\limits_{n\to\infty} S_n$ 不存在，则 $\lim\limits_{n\to\infty} K_n$ 也不存在，所以有结论：级数的每一项都乘以一个不为 0 的常数 k 后，其敛散性不变.

例 12-6 讨论级数

$$\sum_{n-1}^{\infty} \frac{5}{n} = 5+\frac{5}{2}+\frac{5}{3}+\frac{5}{4}+\cdots+\frac{5}{n}+\cdots$$

的敛散性.

解 因为调和级数 $\sum\limits_{n-1}^{\infty} \frac{1}{n}$ 发散，所以由本节性质 1，各项都乘以 5，即级数

$$\sum_{n-1}^{\infty} \frac{5}{n} = 5+\frac{5}{2}+\frac{5}{3}+\frac{5}{4}+\cdots+\frac{5}{n}+\cdots$$

也发散.

性质 2 如果级数

$$\sum_{n=1}^{\infty} u_n = u_1+u_2+\cdots+u_n+\cdots$$

与级数

$$\sum_{n=1}^{\infty} v_n = v_1+v_2+\cdots+v_n+\cdots$$

都收敛，且和分别为 S 和 σ，则级数

$$\sum_{n=1}^{\infty} (u_n \pm v_n) = (u_1 \pm v_1)+(u_2 \pm v_2)+\cdots+(u_n \pm v_n)+\cdots$$

也收敛，且和为 $S \pm \sigma$.

证 设

$$S_n = u_1+u_2+\cdots+u_n,$$

则 $\lim\limits_{n\to\infty} S_n = S.$

$$\sigma_n = v_1+v_2+\cdots+v_n,$$

则 $\lim\limits_{n\to\infty} \sigma_n = \sigma.$

又

$$\begin{aligned} M_n &= (u_1 \pm v_1)+(u_2 \pm v_2)+\cdots+(u_n \pm v_n) \\ &= (u_1+u_2+\cdots+u_n) \pm (v_1+v_2+\cdots+v_n) \\ &= S_n \pm \sigma_n, \end{aligned}$$

因此

$$\lim_{n\to\infty} M_n = \lim_{n\to\infty} (S_n \pm \sigma_n) = \lim_{n\to\infty} S_n \pm \lim_{n\to\infty} \sigma_n = S \pm \sigma.$$

所以

$$\sum_{n=1}^{\infty} (u_n \pm v_n) = S \pm \sigma = \sum_{n=1}^{\infty} u_n \pm \sum_{n=1}^{\infty} v_n.$$

本节性质 2 也可以表述为：**两个收敛级数可以逐项相加与逐项相减.**

例 12-7 讨论级数

$$\left(\frac{1}{2}+\frac{1}{3}\right)+\left(\frac{1}{4}+\frac{1}{9}\right)+\left(\frac{1}{8}+\frac{1}{27}\right)+\cdots$$

的敛散性.

解 因为级数

$$\frac{1}{2}+\frac{1}{4}+\frac{1}{8}+\cdots+\frac{1}{2^n}+\cdots$$

是公比 $q=\frac{1}{2}$ 的等比级数，满足 $|q|<1$，所以收敛.

又

$$\frac{1}{3}+\frac{1}{9}+\frac{1}{27}+\cdots+\frac{1}{3^n}+\cdots$$

是公比 $q=\frac{1}{3}$ 的等比级数，满足 $|q|<1$，所以收敛.

故由本节性质 2 知，所求级数 $\left(\frac{1}{2}+\frac{1}{3}\right)+\left(\frac{1}{4}+\frac{1}{9}\right)+\left(\frac{1}{8}+\frac{1}{27}\right)+\cdots$ 收敛.

性质 3 在级数中去掉、加上或改变有限项，不会改变级数的敛散性.

证 这里只证明“改变级数前面的有限项，不会改变级数的敛散性”，其他两种情况类似可证.

设级数

$$\sum_{n=1}^{\infty}u_n=u_1+u_2+\cdots+u_k+u_{k+1}+\cdots+u_n+\cdots, \tag{12-6}$$

改变它的前 k 项，得到一个新级数

$$v_1+v_2+\cdots+v_k+u_{k+1}+\cdots+u_n+\cdots. \tag{12-7}$$

设级数(12-6) 的前 n 项和为 A_n，则

$$A_n=u_1+u_2+\cdots+u_k+u_{k+1}+\cdots+u_n.$$

又设 $u_1+u_2+\cdots+u_k=a$，则

$$A_n=a+u_{k+1}+\cdots+u_n.$$

设级数(12-7) 的前 n 项和为 B_n，则

$$B_n=v_1+v_2+\cdots+v_k+u_{k+1}+\cdots+u_n.$$

又设 $v_1+v_2+\cdots+v_k=b$，则

$$B_n=b+u_{k+1}+\cdots+u_n=b+A_n-a,$$

$$\lim_{n\to\infty}B_n=\lim_{n\to\infty}A_n-a+b.$$

因为 $\lim\limits_{n\to\infty}B_n$ 与 $\lim\limits_{n\to\infty}A_n$ 同时存在或同时不存在，所以级数(12-6) 与级数(12-7) 同时收敛或同时发散.

例 12－8 讨论级数

$$\frac{1}{2}+\frac{1}{3}+\cdots+\frac{1}{n+1}+\cdots$$

和级数

$$5+\frac{1}{2}+\frac{1}{4}+\frac{1}{8}+\cdots+\frac{1}{2^n}+\cdots$$

的敛散性.

解 因为调和级数$\sum\limits_{n-1}^{\infty}\frac{1}{n}$发散，所以，在前面去掉一项，所得级数

$$\frac{1}{2}+\frac{1}{3}+\cdots+\frac{1}{n+1}+\cdots$$

也发散.

又$\frac{1}{2}+\frac{1}{4}+\frac{1}{8}+\cdots+\frac{1}{2^n}+\cdots$是公比$q=\frac{1}{2}$的等比级数，满足$|q|<1$，所以收敛. 在前面增加一项，所得级数$5+\frac{1}{2}+\frac{1}{4}+\frac{1}{8}+\cdots+\frac{1}{2^n}+\cdots$也收敛.

性质 4 如果一个级数收敛，则加括号后所成的级数也收敛，且和不变.

证 设级数$\sum\limits_{n=1}^{\infty}u_n=S$，其前$n$项部分和为$S_n$. 对此级数的项任意加括号后，所得级数为$(u_1+\cdots+u_{n_1})+(u_{n_1+1}+\cdots+u_{n_2})+\cdots+(u_{n_{k-1}+1}+\cdots+u_{n_k})+\cdots$，设它的前$k$项和为$A_k$，即

$$A_1=(u_1+\cdots+u_{n_1})=S_{n_1},$$

$$A_2=(u_1+\cdots+u_{n_1})+(u_{n_1+1}+\cdots+u_{n_2})=S_{n_2},$$

$$\cdots$$

$$A_k=(u_1+\cdots+u_{n_1})+(u_{n_1+1}+\cdots+u_{n_2})+\cdots+(u_{n_{k-1}+1}+\cdots+u_{n_k})=S_{n_k},$$

$$\cdots$$

易见，数列$\{A_k\}$是数列$\{S_n\}$的子数列，因为数列$\{S_n\}$收敛，所以数列$\{A_k\}$也收敛，且$\lim\limits_{k\to\infty}A_k=\lim\limits_{n\to\infty}S_n$.

即如果一个级数收敛，则加括号后所成的级数也收敛，且和不变.

注意

(1) 该命题的逆否命题也成立，即加括号后的级数发散，则原级数也发散.

(2) 该命题的逆命题不成立，即加括号后的级数收敛，原级数不一定收敛.

(3) 该逆命题的逆否命题当然也不成立，即如果级数发散，加括号后所成的级数不一定发散.

例如，级数$1-1+1-1+1-1+\cdots$，它的部分和数列$1,0,1,0,1,0,\cdots$发散，所以这个级数发散.

加括号后的级数$(1-1)+(1-1)+(1-1)+\cdots$，它的部分和数列$0,0,0,0,0,0,\cdots$收敛，所以这个级数收敛.

由于级数$\sum_{n=1}^{\infty} u_n$的收敛性是由部分和数列极限$\lim_{n \to \infty} S_n$定义的，而级数的部分和S_n与一般项u_n有着重要的关系$u_n = S_n - S_{n-1}$，因此我们有以下结论.

性质5(级数收敛的必要条件) 若级数$\sum_{n=1}^{\infty} u_n$收敛，则它的一般项u_n趋于0，即$\lim_{n \to \infty} u_n = 0$.

证 因为级数$\sum_{n=1}^{\infty} u_n$收敛，所以部分和数列极限$\lim_{n \to \infty} S_n = S$存在.

从而

$$\lim_{n \to \infty} u_n = \lim_{n \to \infty} S_n - \lim_{n \to \infty} S_{n-1} = S - S = 0.$$

注意

(1) 它的逆否命题是：若$\lim_{n \to \infty} u_n \neq 0$，则级数$\sum_{n=1}^{\infty} u_n$发散.

(2) 它的逆命题不成立，即若$\lim_{n \to \infty} u_n = 0$，则级数$\sum_{n=1}^{\infty} u_n$不一定收敛.

例如，调和级数

$$\sum_{n=1}^{\infty} \frac{1}{n} = 1 + \frac{1}{2} + \frac{1}{3} + \cdots + \frac{1}{n} + \cdots,$$

虽然$\lim_{n \to \infty} u_n = \lim_{n \to \infty} \frac{1}{n} = 0$，但是它发散.

例 12-9 讨论级数

$$0.001 + \sqrt{0.001} + \sqrt[3]{0.001} + \sqrt[4]{0.001} + \cdots + \sqrt[n]{0.001} + \cdots$$

的敛散性.

解 因为$u_n = 0.001^{\frac{1}{n}}$，且$\lim_{n \to \infty} u_n = \lim_{n \to \infty} 0.001^{\frac{1}{n}} = 1 \neq 0$，所以，该级数发散.

例 12-10 假设政府通过了一项削减100亿元税收的法案，若每个获得这笔额外收入的人将其中的88%用于消费，并把剩余的12%存起来，消费金额的60%将成为消费提供者的收入，试估计削减税收带来的经济活动总收益.

解 削减税收后，人们额外增加100亿元的收入，其中将有100×0.88亿元用于消费，而用于消费的100×0.88亿元，会让消费提供者获得额外收入100×0.88×0.6亿元，这100×0.88×0.6亿元的88%又被用于消费，因此又增加了$100 \times 0.88^2 \times 0.6$亿元的消费……如此下去，削减税收所产生的新消费总和可以由下列级数给出：

$$100 \times 0.88 + 100 \times 0.88^2 \times 0.6 + 100 \times 0.88^3 \times 0.6^2 + \cdots + 100 \times 0.88^n \times 0.6^{n-1} + \cdots,$$

即

$$88 + 88 \times 0.528 + 88 \times 0.528^2 + \cdots + 88 \times 0.528^{n-1} + \cdots.$$

这是一个首项为88，公比为0.528的等比级数，其和为$\frac{88}{1-0.528} \approx 186.44$，即削减100亿元的税收后，将产生附加消费约186.44亿元(经济学上称为乘子效应).

12.1.3 柯西审敛原理

基于级数和数列的关系，怎样判定一个级数的收敛性呢？我们有下述柯西审敛原理.

定理(柯西审敛原理) 级数$\sum_{n=1}^{\infty} u_n$收敛的充分必要条件为：对于任意给定的正数ε，总存在正整数N，使得当$n>N$时，对于任意的正整数p，都有

$$|u_{n+1}+u_{n+2}+\cdots+u_{n+p}|<\varepsilon.$$

证 设级数$\sum_{n=1}^{\infty} u_n$的部分和为S_n，因为

$$|u_{n+1}+u_{n+2}+\cdots+u_{n+p}|<|S_{n+p}-S_n|,$$

所以数列$\{S_n\}$收敛，即得本定理.

例 12-11 利用柯西审敛原理判定级数$\sum_{n=1}^{\infty} \frac{1}{n^2}$的敛散性.

解 因为对任意的正整数p，有

$$\begin{aligned}
&|u_{n+1}+u_{n+2}+\cdots+u_{n+p}|\\
&=\frac{1}{(n+1)^2}+\frac{1}{(n+2)^2}+\cdots+\frac{1}{(n+p)^2}\\
&<\frac{1}{n(n+1)}+\frac{1}{(n+1)(n+2)}+\cdots+\frac{1}{(n+p-1)(n+p)}\\
&=\left(\frac{1}{n}-\frac{1}{n+1}\right)+\left(\frac{1}{n+1}-\frac{1}{n+2}\right)+\cdots+\left(\frac{1}{n+p-1}-\frac{1}{n+p}\right)\\
&=\frac{1}{n}-\frac{1}{n+p}\\
&<\frac{1}{n},
\end{aligned}$$

即对于任意给定的正数ε，取正整数$N\geqslant\frac{1}{\varepsilon}$，当$n>N$时，对于任意的正整数$p$，都有

$$|u_{n+1}+u_{n+2}+\cdots+u_{n+p}|<\varepsilon$$

成立. 按照柯西审敛原理，级数$\sum_{n=1}^{\infty} \frac{1}{n^2}$收敛.

习题 12.1

1. 写出下列级数的一般项.

(1) $1+\frac{1}{3}+\frac{1}{5}+\frac{1}{7}+\cdots$;

(2) $\frac{2}{1}-\frac{3}{2}+\frac{4}{3}-\frac{5}{4}+\frac{6}{5}-\frac{7}{6}+\cdots$;

(3) $\frac{x^2}{3}-\frac{x^3}{5}+\frac{x^4}{7}-\frac{x^5}{9}+\cdots$;

(4) $\frac{2}{2}x+\frac{2^2}{5}x^2+\frac{2^3}{10}x^3+\frac{2^4}{17}x^4+\cdots$.

2. 用定义判别下列级数的敛散性.

(1) $\sum\limits_{n=1}^{\infty}\frac{1}{n(n+1)}$;

(2) $\sum\limits_{n=1}^{\infty}(\sqrt{n+1}-\sqrt{n})$;

(3) $\sum\limits_{n=1}^{\infty}\frac{2}{3^n}$;

(4) $\sum\limits_{n=1}^{\infty}\ln\left(1+\frac{1}{n}\right)$.

3. 判别下列级数的敛散性.

(1) $\sum\limits_{n=1}^{\infty}(-1)^{n-1}\frac{5^n}{7^n}$;

(2) $\sum\limits_{n=1}^{\infty}\frac{2n-1}{2n}$;

(3) $\sum\limits_{n=1}^{\infty}\frac{5}{2n}$;

(4) $\sum\limits_{n=1}^{\infty}\left(\frac{5}{8^n}+\frac{1}{3^n}\right)$;

(5) $3+\sqrt{3}+\sqrt[3]{3}+\sqrt[4]{3}+\cdots+\sqrt[n]{3}+\cdots$;

(6) $\sum\limits_{n=1}^{\infty}\left(\frac{1}{2^n}+\frac{1}{10n}\right)$;

(7) $\sum\limits_{n=1}^{\infty}\frac{1}{\left(1+\frac{1}{n}\right)^n}$;

(8) $\sum\limits_{n=1}^{\infty}\cos\frac{\pi}{n}$.

4. 求级数 $\sum\limits_{n=1}^{\infty}\frac{1}{n(n+1)(n+2)}$ 的和.

5. 设级数的前 n 项和为 $S_n=\frac{1}{n+1}+\cdots+\frac{1}{n+n}$，求级数的一般项 u_n 及和 S.

6. 设 S_n 为级数 $\sum\limits_{n=1}^{\infty}u_n$ 的部分和数列.

(1) 写出 S_{2n} 和 S_{2n+1} 的关系；

(2) 写出 S_{2n}、S_{2n+1} 与 S_n 的关系；

(3) 已知 $\lim\limits_{n\to\infty}S_{2n}=S$ 且 $\lim\limits_{n\to\infty}u_n=0$，证明：级数 $\sum\limits_{n=1}^{\infty}u_n$ 收敛.

7. 一个收敛级数与一个发散级数逐项相加所组成的级数一定发散；两个发散级数逐项相加所组成的级数可能收敛. 这两种说法正确吗？为什么？

8. 已知级数 $\sum\limits_{n=1}^{\infty}\frac{\pi^{2n}}{(2n)!}$ 收敛，求 $\lim\limits_{n\to\infty}\frac{\pi^{2n}}{(2n)!}$.

9. 已知级数 $\sum\limits_{n=1}^{\infty}(-1)^n a_n=2$，$\sum\limits_{n=1}^{\infty}a_{2n-1}=5$，求级数 $\sum\limits_{n=1}^{\infty}a_n$ 的和.

10. 利用柯西审敛原理判别下列级数的敛散性.

(1) $\sum\limits_{n=1}^{\infty}\frac{(-1)^{n+1}}{n}$;

(2) $\sum\limits_{n=0}^{\infty}\frac{1}{\sqrt{n+n^2}}$.

§12.2 正项级数

12.2.1 正项级数的概念

一般的常数项级数，它的各项可以是正数、负数、0. 如果常数项级数的各项符号都相同，则称它为**同号级数**. 现在我们先讨论各项都是正数或 0 的级数，这种级数称为**正项级数**. 如果级数的各项都是负数，则它乘以-1 后就得到一个正项级数. 正项级数特别重要，以后我们将看到许多级数的收敛问题可以归结为正项级数的收敛问题.

定义 如果级数

$$\sum_{n=1}^{\infty} u_n = u_1 + u_2 + \cdots + u_n + \cdots \tag{12-8}$$

满足条件 $u_n \geqslant 0 (n=1,2,3,\cdots)$，则称级数 $\sum\limits_{n=1}^{\infty} u_n$ 为**正项级数**.

因为正项级数的一般项 $u_n \geqslant 0$，所以正项级数的部分和数列$\{S_n\}$是单调增加数列，即

$$S_1 \leqslant S_2 \leqslant S_3 \leqslant \cdots \leqslant S_{n-1} \leqslant S_n \leqslant \cdots$$

由单调有界数列的极限准则知，单调增加数列有上界，则它收敛，否则发散. 反之，如果正项级数(12-8) 收敛于和 S，即 $\lim\limits_{n\to\infty} S_n = S$，根据收敛数列的有界性可知，数列$\{S_n\}$是有界的. 于是，有如下重要结论.

定理 1 (1) 正项级数 $\sum\limits_{n=1}^{\infty} u_n$ 收敛的**充分必要**条件是它的部分和数列$\{S_n\}$有界.

(2) 正项级数 $\sum\limits_{n=1}^{\infty} u_n$ 发散的**充分必要**条件是 $\lim\limits_{n\to\infty} S_n = \infty$.

例 12-12 讨论级数 $\sum\limits_{n=1}^{\infty} \dfrac{1}{2^n + 3^n}$ 的敛散性.

解 显然级数 $\sum\limits_{n=1}^{\infty} \dfrac{1}{2^n + 3^n}$ 是正项级数，由于

$$S_n = \sum_{k=1}^{n} \frac{1}{2^k + 3^k} < \sum_{k=1}^{n} \frac{1}{2^k} = \frac{1}{2} \cdot \frac{1 - \dfrac{1}{2^n}}{1 - \dfrac{1}{2}} = 1 - \frac{1}{2^n} < 1, \quad n = 1,2,3,\cdots,$$

因此由本节定理 1 知级数 $\sum\limits_{n=1}^{\infty} \dfrac{1}{2^n + 3^n}$ 收敛.

例 12-13 讨论 p 级数(超调和级数)

$$\sum_{n=1}^{\infty} \frac{1}{n^p} = 1 + \frac{1}{2^p} + \frac{1}{3^p} + \cdots + \frac{1}{n^p} + \cdots$$

的敛散性.

解 显然 p 级数为正项级数.

当 $p\leqslant 1$ 时，$\frac{1}{n^p}\geqslant\frac{1}{n}$，即

$$S_n=1+\frac{1}{2^p}+\frac{1}{3^p}+\cdots+\frac{1}{n^p}\geqslant 1+\frac{1}{2}+\frac{1}{3}+\cdots+\frac{1}{n}.$$

又因为调和级数 $\sum\limits_{n=1}^{\infty}\frac{1}{n}=1+\frac{1}{2}+\frac{1}{3}+\cdots+\frac{1}{n}+\cdots$ 是正项级数且发散，于是

$$\lim_{n\to\infty}\left(1+\frac{1}{2}+\frac{1}{3}+\cdots+\frac{1}{n}\right)=\infty,$$

从而 $\lim\limits_{n\to\infty}S_n=\infty$. 故当 $p\leqslant 1$ 时，p 级数发散.

当 $p>1$ 时，因为当 $k-1\leqslant x\leqslant k$ 时，有 $\frac{1}{k^p}\leqslant\frac{1}{x^p}$，所以

$$\frac{1}{k^p}=\int_{k-1}^{k}\frac{1}{k^p}\mathrm{d}x\leqslant\int_{k-1}^{k}\frac{1}{x^p}\mathrm{d}x,\ (k=2,3,\cdots),$$

从而 p 级数的部分和

$$\begin{aligned}S_n&=1+\sum_{k=2}^{n}\frac{1}{k^p}\leqslant 1+\sum_{k=2}^{n}\int_{k-1}^{k}\frac{1}{x^p}\mathrm{d}x=1+\int_{1}^{n}\frac{1}{x^p}\mathrm{d}x\\&=1+\frac{1}{p-1}\left(1-\frac{1}{n^{p-1}}\right)<1+\frac{1}{p-1},\ (k=2,3,\cdots).\end{aligned}$$

这表明数列 $\{S_n\}$ 有界，所以由本节定理 1 知 p 级数收敛.

综上，当 $p\leqslant 1$ 时，p 级数发散；当 $p>1$ 时，p 级数收敛.

12.2.2 正项级数审敛法

由正项级数敛散性的充分必要条件可以推出一系列判别正项级数敛散性的方法.

1. 比较审敛法

定理 2(比较审敛法) 如果级数 $\sum\limits_{n=1}^{\infty}u_n$ 与 $\sum\limits_{n=1}^{\infty}v_n$ 都是正项级数，且 $u_n\leqslant v_n(n=1,2,\cdots)$，那么

(1) 若级数 $\sum\limits_{n=1}^{\infty}v_n$ 收敛，则级数 $\sum\limits_{n=1}^{\infty}u_n$ 收敛；

(2) 若级数 $\sum\limits_{n=1}^{\infty}u_n$ 发散. 则级数 $\sum\limits_{n=1}^{\infty}v_n$ 发散.

证 设级数 $\sum\limits_{n=1}^{\infty}u_n$ 和 $\sum\limits_{n=1}^{\infty}v_n$ 的部分和分别是 A_n、B_n，即

$$A_n=u_1+u_2+\cdots+u_n,$$
$$B_n=v_1+v_2+\cdots+v_n,$$

因为 $u_n \leqslant v_n$，所以 $A_n \leqslant B_n$.

(1) 若级数 $\sum_{n=1}^{\infty} v_n$ 收敛，则它的部分和数列 $\{B_n\}$ 有界，从而级数 $\sum_{n=1}^{\infty} u_n$ 的部分和数列 $\{A_n\}$ 有界，于是级数 $\sum_{n=1}^{\infty} u_n$ 收敛.

(2) 若级数 $\sum_{n=1}^{\infty} u_n$ 发散，用反证法，设级数 $\sum_{n=1}^{\infty} v_n$ 收敛，由(1)得级数 $\sum_{n=1}^{\infty} u_n$ 收敛，与条件矛盾，故若级数 $\sum_{n=1}^{\infty} u_n$ 发散，则级数 $\sum_{n=1}^{\infty} v_n$ 发散.

本节定理 2 要求两个正项级数的每一组对应项之间都满足一种大小关系，由级数的每一项都乘以一个不为 0 的常数或级数去掉前面的有限项不会改变级数的敛散性，可得到下面的结论.

推论　如果级数 $\sum_{n=1}^{\infty} u_n$ 与 $\sum_{n=1}^{\infty} v_n$ 都是正项级数，且 $u_n \leqslant k v_n$(从某一项起)，那么

(1) 若级数 $\sum_{n=1}^{\infty} v_n$ 收敛，则级数 $\sum_{n=1}^{\infty} u_n$ 收敛;

(2) 若级数 $\sum_{n=1}^{\infty} u_n$ 发散. 则级数 $\sum_{n=1}^{\infty} v_n$ 发散.

根据比较原则，可以利用已知收敛或者发散的级数作为比较对象来判别其他级数的敛散性. 最常用作基准级数的是等比级数和 p 级数.

例 12－14　讨论下列级数的敛散性.

(1) $\sum_{n=1}^{\infty} \frac{1}{n^n} = 1 + \frac{1}{2^2} + \frac{1}{3^3} + \cdots + \frac{1}{n^n} + \cdots$;

(2) $\sum_{n=1}^{\infty} \frac{1}{(n+1)^2} = \frac{1}{2^2} + \frac{1}{3^2} + \cdots + \frac{1}{(n+1)^2} + \cdots$;

(3) $\sum_{n=1}^{\infty} \frac{1}{\sqrt{n(n+1)}}$;

(4) $\sum_{n=1}^{\infty} \frac{2n+1}{(n+1)^2(n+2)^2}$.

解　(1) 因为 $\frac{1}{n^n} \leqslant \frac{1}{2^n}(n \geqslant 2)$，且级数 $\sum_{n=1}^{\infty} \frac{1}{2^n} = 1 + \frac{1}{2^2} + \frac{1}{2^3} + \cdots + \frac{1}{2^n} + \cdots$ 是公比 $q = \frac{1}{2}$ 的等比级数，即级数 $\sum_{n=1}^{\infty} \frac{1}{2^n}$ 收敛，故级数 $\sum_{n=1}^{\infty} \frac{1}{n^n}$ 收敛.

(2) 因为 $\frac{1}{(n+1)^2} \leqslant \frac{1}{n^2}$，又因为 $\sum_{n=1}^{\infty} \frac{1}{n^2}$ 收敛(是 $p=2$ 的 p 级数)，所以 $\sum_{n=1}^{\infty} \frac{1}{(n+1)^2}$ 收敛.

(3) 因为 $\frac{1}{\sqrt{n(n+1)}} > \frac{1}{n+1}$，级数 $\sum_{n=1}^{\infty} \frac{1}{n+1}$ 发散，所以级数 $\sum_{n=1}^{\infty} \frac{1}{\sqrt{n(n+1)}}$ 发散.

(4) 因为

$$\frac{2n+1}{(n+1)^2(n+2)^2}<\frac{2n+2}{(n+1)^2(n+2)^2}<\frac{2}{(n+1)^3}<\frac{2}{n^3},$$

级数 $\sum_{n=1}^{\infty}\frac{1}{n^3}$ 收敛，所以，级数 $\sum_{n=1}^{\infty}\frac{2n+1}{(n+1)^2(n+2)^2}$ 收敛.

为了应用上的方便，下面给出比较审敛法的极限形式.

定理 3（比较审敛法的极限形式） 如果级数 $\sum_{n=1}^{\infty}u_n$ 与 $\sum_{n=1}^{\infty}v_n$ 都是正项级数，且 $\lim_{n\to\infty}\frac{u_n}{v_n}=l$，则

(1) 当 $0<l<\infty$ 时，$\sum_{n=1}^{\infty}u_n$ 与 $\sum_{n=1}^{\infty}v_n$ 有相同的敛散性；

(2) 当 $l=0$ 时，若 $\sum_{n=1}^{\infty}v_n$ 收敛，则 $\sum_{n=1}^{\infty}u_n$ 收敛，若 $\sum_{n=1}^{\infty}u_n$ 发散，则 $\sum_{n=1}^{\infty}v_n$ 发散；

(3) 当 $l=\infty$ 时，若 $\sum_{n=1}^{\infty}u_n$ 收敛，则 $\sum_{n=1}^{\infty}v_n$ 收敛，若 $\sum_{n=1}^{\infty}v_n$ 发散，则 $\sum_{n=1}^{\infty}u_n$ 发散.

证 (1) 当 $0<l<\infty$ 时，由 $\lim_{n\to\infty}\frac{u_n}{v_n}=l$，对于 $\varepsilon=\frac{l}{2}$，存在正整数 N，当 $n>N$ 时，有 $\left|\frac{u_n}{v_n}-l\right|<\varepsilon=\frac{l}{2}$，即 $\frac{l}{2}<\frac{u_n}{v_n}<\frac{3l}{2}$，所以 $\frac{l}{2}v_n<u_n<\frac{3l}{2}v_n$，由比较审敛法的推论知 $\sum_{n=1}^{\infty}u_n$ 与 $\sum_{n=1}^{\infty}v_n$ 有相同的敛散性.

(2) 当 $l=0$ 时，对于 $\varepsilon=1$，存在正整数 N，当 $n>N$ 时，有 $\left|\frac{u_n}{v_n}\right|<\varepsilon=1$，即 $u_n<v_n$，由比较审敛法知：若 $\sum_{n=1}^{\infty}v_n$ 收敛，则 $\sum_{n=1}^{\infty}u_n$ 收敛；若 $\sum_{n=1}^{\infty}u_n$ 发散，则 $\sum_{n=1}^{\infty}v_n$ 发散.

(3) 当 $l=\infty$ 时，由 $\lim_{n\to\infty}\frac{u_n}{v_n}=\infty$，有 $\lim_{n\to\infty}\frac{v_n}{u_n}=0$，则由(2)可知结论成立.

例 12-15 讨论下列级数的敛散性.

(1) $\sum_{n=1}^{\infty}\ln\left(1+\frac{1}{n^2}\right)$； (2) $\sum_{n=1}^{\infty}\frac{n+1}{n^2+5n+2}$； (3) $\sum_{n=1}^{\infty}\frac{1}{2^n-n}$； (4) $\sum_{n=1}^{\infty}\frac{\ln n}{n^{\frac{5}{4}}}$.

解 (1) 因为

$$\lim_{n\to\infty}\frac{\ln\left(1+\frac{1}{n^2}\right)}{\frac{1}{n^2}}=\lim_{n\to\infty}\ln\left(1+\frac{1}{n^2}\right)^{n^2}=\ln\lim_{n\to\infty}\left(1+\frac{1}{n^2}\right)^{n^2}=\ln e=1,$$

且级数 $\sum_{n=1}^{\infty}\frac{1}{n^2}$ 收敛（是 $p=2$ 的 p 级数），所以，级数 $\sum_{n=1}^{\infty}\ln\left(1+\frac{1}{n^2}\right)$ 收敛.

(2) 因为

$$\lim_{n\to\infty}\frac{\dfrac{n+1}{n^2+5n+2}}{\dfrac{1}{n}}=\lim_{n\to\infty}\frac{n^2+n}{n^2+5n+2}=1,$$

且级数 $\sum\limits_{n=1}^{\infty}\dfrac{1}{n}$ 发散，所以，级数 $\sum\limits_{n=1}^{\infty}\dfrac{n+1}{n^2+5n+2}$ 发散.

(3) 因为

$$\lim_{n\to\infty}\frac{\dfrac{1}{2^n-n}}{\dfrac{1}{2^n}}=\lim_{n\to\infty}\frac{2^n}{2^n-n}=1,$$

且级数 $\sum\limits_{n=1}^{\infty}\dfrac{1}{2^n}$ 收敛，所以级数 $\sum\limits_{n=1}^{\infty}\dfrac{1}{2^n-n}$ 收敛.

(4) 因为

$$\lim_{n\to\infty}\frac{\dfrac{\ln n}{n^{\frac{5}{4}}}}{\dfrac{1}{n^{\frac{9}{8}}}}=\lim_{n\to\infty}\frac{\ln n}{n^{\frac{1}{8}}}=0,$$

且级数 $\sum\limits_{n=1}^{\infty}\dfrac{1}{n^{\frac{9}{8}}}$ 收敛，所以级数 $\sum\limits_{n=1}^{\infty}\dfrac{\ln n}{n^{\frac{5}{4}}}$ 收敛.

使用比较审敛法或其极限形式，都需要找一个已知级数来进行比较，这多少有些困难. 将所给正项级数与等比级数比较，我们可以得到在应用上比较方便的比值审敛法和根值审敛法. 这两种方法利用级数自身特点进行判断，使用起来相对方便.

2. 比值审敛法

定理 4(比值审敛法) 如果级数 $\sum\limits_{n=1}^{\infty}u_n$ 是正项级数，且 $\lim\limits_{n\to\infty}\dfrac{u_{n+1}}{u_n}=\rho$，那么

(1) 当 $\rho<1$ 时，级数收敛；

(2) 当 $\rho>1$(或 $\rho=\infty$) 时，级数发散；

(3) 当 $\rho=1$ 时，级数可能收敛也可能发散，即本判别法失效.

证 当 ρ 为有限数时，对任意的 $\varepsilon>0$，存在正整数 N，当 $n>N$ 时，有 $\left|\dfrac{u_{n+1}}{u_n}-\rho\right|<\varepsilon$，即

$$\rho-\varepsilon<\frac{u_{n+1}}{u_n}<\rho+\varepsilon.$$

(1) 当 $\rho<1$ 时，取 $0<\varepsilon<1-\rho$，则 $\rho+\varepsilon<1$，记 $r=\rho+\varepsilon<1$，则当 $n>N$ 时，由上述不

等式有$\frac{u_{n+1}}{u_n}<\rho+\varepsilon=r$. 因此

$$\begin{gathered}u_{N+2}<ru_{N+1},\\ u_{N+3}<ru_{N+2}<r^2u_{N+1},\\ u_{N+4}<ru_{N+3}<r^3u_{N+1},\\ \cdots\\ u_{N+m}<ru_{N+m-1}<r^2u_{N+m-2}<\cdots<r^{m-1}u_{N+1},\\ \cdots\end{gathered}$$

而级数$\sum\limits_{n=1}^{\infty}r^{m-1}u_{N+1}$收敛(公比为$r$的几何级数且$|r|<1$)，由比较审敛法，知级数$\sum\limits_{n=1}^{\infty}u_{N+m}=\sum\limits_{n=N+1}^{\infty}u_n$收敛，由12.1节性质3，得级数$\sum\limits_{n=1}^{\infty}u_n$收敛.

(2) 当$\rho>1$时，取$0<\varepsilon<\rho-1$，使$r=\rho-\varepsilon>1$，则当$n>N$时，$\frac{u_{n+1}}{u_n}>r$，即$u_{n+1}>ru_n>u_n$，即当$n>N$时，级数$\sum\limits_{n=1}^{\infty}u_n$的一般项逐渐增大，从而$\lim\limits_{n\to\infty}u_n\neq0$，由12.1节性质5，得级数$\sum\limits_{n=1}^{\infty}u_n$发散.

当$\rho=\infty$时，$\lim\limits_{n\to\infty}\frac{u_{n+1}}{u_n}=\infty$. 取$M>1$，存在正整数$N$，当$n>N$时，有$\frac{u_{n+1}}{u_n}>M>1$，即$u_{n+1}>u_n$，即当$n>N$时，级数$\sum\limits_{n=1}^{\infty}u_n$的一般项逐渐增大，从而$\lim\limits_{n\to\infty}u_n\neq0$，由12.1节性质5，得级数$\sum\limits_{n=1}^{\infty}u_n$发散.

(3) 当$\rho=1$时，本判别法失效.

例如，对于级数$\sum\limits_{n=1}^{\infty}\frac{1}{n}$，有

$$\lim_{n\to\infty}\frac{u_{n+1}}{u_n}=\lim_{n\to\infty}\frac{\frac{1}{n+1}}{\frac{1}{n}}=\lim_{n\to\infty}\frac{n}{n+1}=1,$$

对于级数$\sum\limits_{n=1}^{\infty}\frac{1}{n^2}$，有

$$\lim_{n\to\infty}\frac{u_{n+1}}{u_n}=\lim_{n\to\infty}\frac{\frac{1}{(n+1)^2}}{\frac{1}{n^2}}=\lim_{n\to\infty}\frac{n^2}{(n+1)^2}=1,$$

而级数$\sum\limits_{n=1}^{\infty}\frac{1}{n}$发散(调和级数)，级数$\sum\limits_{n=1}^{\infty}\frac{1}{n^2}$收敛($p$级数). 因此，在$\rho=1$时就要用其他审敛法进行判断.

例 12－16 讨论下列级数的敛散性.

(1) $\sum_{n=1}^{\infty}\frac{1}{n!}$；　(2) $\sum_{n=1}^{\infty}\frac{2^n}{n^{50}}$；　(3) $\sum_{n=1}^{\infty}\frac{3n-2}{2^n}$；

(4) $\sum_{n=1}^{\infty}\frac{a^n n!}{n^n}(a>0)$；　(5) $\sum_{n=1}^{\infty}\frac{n\cos^2\frac{n}{3}\pi}{2^n}$.

解 (1) 因为

$$\lim_{n\to\infty}\frac{u_{n+1}}{u_n}=\lim_{n\to\infty}\frac{\frac{1}{(n+1)!}}{\frac{1}{n!}}=\lim_{n\to\infty}\frac{1}{n+1}=0<1,$$

所以级数 $\sum_{n=1}^{\infty}\frac{1}{n!}$ 收敛.

(2) 因为

$$\lim_{n\to\infty}\frac{u_{n+1}}{u_n}=\lim_{n\to\infty}\frac{\frac{2^{n+1}}{(n+1)^{50}}}{\frac{2^n}{n^{50}}}=2\lim_{n\to\infty}\left(\frac{n}{n+1}\right)^{50}=2>1,$$

所以级数 $\sum_{n=1}^{\infty}\frac{2^n}{n^{50}}$ 发散.

(3) 因为

$$\lim_{n\to\infty}\frac{u_{n+1}}{u_n}=\lim_{n\to\infty}\frac{\frac{3(n+1)-2}{2^{n+1}}}{\frac{3n-2}{2^n}}=\frac{1}{2}\lim_{n\to\infty}\frac{3n+1}{3n-2}=\frac{1}{2}<1,$$

所以级数 $\sum_{n=1}^{\infty}\frac{3n-2}{2^n}$ 收敛.

(4) 因为

$$\lim_{n\to\infty}\frac{u_{n+1}}{u_n}=\lim_{n\to\infty}\frac{\frac{a^{n+1}(n+1)!}{(n+1)^{n+1}}}{\frac{a^n n!}{n^n}}=a\lim_{n\to\infty}\left(\frac{n}{n+1}\right)^n=a\lim_{n\to\infty}\frac{1}{\left(1+\frac{1}{n}\right)^n}=\frac{a}{\mathrm{e}},$$

所以：当 $a<\mathrm{e}$ 时，$\lim_{n\to\infty}\frac{u_{n+1}}{u_n}=\frac{a}{\mathrm{e}}<1$，级数收敛；当 $a>\mathrm{e}$ 时，$\lim_{n\to\infty}\frac{u_{n+1}}{u_n}=\frac{a}{\mathrm{e}}>1$，级数发散；当 $a=\mathrm{e}$ 时，$\lim_{n\to\infty}\frac{u_{n+1}}{u_n}=\frac{a}{\mathrm{e}}=1$，判别法失效，但由于 $\left(1+\frac{1}{n}\right)^n$ 是随 n 的增大而单调趋于 e 的，即 $\left(1+\frac{1}{n}\right)^n<\mathrm{e}$，故 $\frac{u_{n+1}}{u_n}>1$，从而级数的一般项是单调增加的，即 $\lim_{n\to\infty}u_n\neq 0$，因此级

数发散.

故当 $a<\mathrm{e}$ 时级数收敛，当 $a\geqslant\mathrm{e}$ 时级数发散.

(5) 因为$\cos^2\frac{n}{3}\pi\leqslant 1$，所以$\frac{n\cos^2\frac{n}{3}\pi}{2^n}\leqslant\frac{n}{2^n}$. 对于级数$\sum\limits_{n=1}^{\infty}\frac{n}{2^n}$，由于

$$\lim_{n\to\infty}\frac{u_{n+1}}{u_n}=\lim_{n\to\infty}\frac{\frac{n+1}{2^{n+1}}}{\frac{n}{2^n}}=\lim_{n\to\infty}\frac{n+1}{2n}=\frac{1}{2}<1,$$

根据比值审敛法，知级数$\sum\limits_{n=1}^{\infty}\frac{n}{2^n}$收敛，再据比较审敛法，级数$\sum\limits_{n=1}^{\infty}\frac{n\cos^2\frac{n}{3}\pi}{2^n}$收敛.

3. 根值审敛法

定理 5(根值审敛法) 如果级数$\sum\limits_{n=1}^{\infty}u_n$是正项级数，且$\lim\limits_{n\to\infty}\sqrt[n]{u_n}=\rho$，那么

(1) 当$\rho<1$时，级数收敛；

(2) 当$\rho>1$(或$\rho=+\infty$)时，级数发散；

(3) 当$\rho=1$时，级数可能收敛也可能发散，即本判别法失效.

证 当ρ为有限数时，对任意的$\varepsilon>0$，存在正整数N，当$n>N$时，有$\left|\sqrt[n]{u_n}-\rho\right|<\varepsilon$，即

$$\rho-\varepsilon<\sqrt[n]{u_n}<\rho+\varepsilon.$$

(1) 当$\rho<1$时，取$0<\varepsilon<1-\rho$，令$r=\rho+\varepsilon<1$，则当$n>N$时，$\sqrt[n]{u_n}<r$，即

$$u_n<r^n.$$

因为级数$\sum\limits_{n=1}^{\infty}r^n$收敛，所以由比较审敛法，知级数$\sum\limits_{n=1}^{\infty}u_n$收敛.

(2) 当$\rho>1$时，取$0<\varepsilon<\rho-1$，使$r=\rho-\varepsilon>1$，则当$n>N$时，$\sqrt[n]{u_n}>r$，即

$$u_n>r^n.$$

即当$n>N$时，级数$\sum\limits_{n=1}^{\infty}u_n$的一般项逐渐增大，从而$\lim\limits_{n\to\infty}u_n\neq 0$，由12.1节性质5，得级数$\sum\limits_{n=1}^{\infty}u_n$发散.

(3) 当$\rho=1$时，本判别法失效.

例如，对于级数$\sum\limits_{n=1}^{\infty}\frac{1}{n}$，有

$$\lim_{n\to\infty}\sqrt[n]{u_n}=\lim_{n\to\infty}\sqrt[n]{\frac{1}{n}}=\lim_{x\to\infty}\left(\frac{1}{x}\right)^{\frac{1}{x}}=\lim_{x\to\infty}\mathrm{e}^{\ln\left(\frac{1}{x}\right)^{\frac{1}{x}}}=\mathrm{e}^{\lim\limits_{x\to\infty}\frac{1}{x}\ln\left(\frac{1}{x}\right)}=\mathrm{e}^{\lim\limits_{x\to\infty}\frac{\ln\left(\frac{1}{x}\right)}{x}}=\mathrm{e}^{\lim\limits_{x\to\infty}x\left(-\frac{1}{x^2}\right)}=1,$$

对于级数$\sum\limits_{n=1}^{\infty}\frac{1}{n^2}$，有

$$\lim_{n\to\infty}\sqrt[n]{u_n}=\lim_{n\to\infty}\sqrt[n]{\frac{1}{n^2}}=\lim_{x\to\infty}\left(\frac{1}{x^2}\right)^{\frac{1}{x}}=\lim_{x\to\infty}e^{\ln\left(\frac{1}{x^2}\right)\frac{1}{x}}=e^{\lim\limits_{x\to\infty}\frac{2}{x}\ln\left(\frac{1}{x}\right)}=e^{2\lim\limits_{x\to\infty}\frac{\ln\left(\frac{1}{x}\right)}{x}}=e^{2\lim\limits_{x\to\infty}x\left(-\frac{1}{x^2}\right)}=1,$$

而级数$\sum\limits_{n=1}^{\infty}\frac{1}{n}$发散(调和级数)，级数$\sum\limits_{n=1}^{\infty}\frac{1}{n^2}$收敛($p$ 级数). 因此，在$\rho=1$时就要用其他审敛法进行判断.

例 12-17 讨论下列级数的敛散性.

(1) $\sum\limits_{n=1}^{\infty}\frac{1}{n^n}$； (2) $\sum\limits_{n=1}^{\infty}\left(\frac{n}{2n+1}\right)^n$； (3) $\sum\limits_{n=1}^{\infty}\frac{2+(-1)^n}{3^n}$； (4) $\sum\limits_{n=1}^{\infty}2^{-n-(-1)^n}$.

解 (1) 因为

$$\lim_{n\to\infty}\sqrt[n]{u_n}=\lim_{n\to\infty}\sqrt[n]{\frac{1}{n^n}}=\lim_{n\to\infty}\frac{1}{n}=0<1,$$

所以，级数$\sum\limits_{n=1}^{\infty}\frac{1}{n^n}$收敛.

(2) 因为

$$\lim_{n\to\infty}\sqrt[n]{u_n}=\lim_{n\to\infty}\sqrt[n]{\left(\frac{n}{2n+1}\right)^n}=\lim_{n\to\infty}\frac{n}{2n+1}=\frac{1}{2}<1,$$

所以，级数$\sum\limits_{n=1}^{\infty}\left(\frac{n}{2n+1}\right)^n$收敛.

(3) 因为

$$\lim_{n\to\infty}\sqrt[n]{u_n}=\lim_{n\to\infty}\sqrt[n]{\frac{2+(-1)^n}{3^n}}=\frac{1}{3}<1,$$

所以，级数$\sum\limits_{n=1}^{\infty}\frac{2+(-1)^n}{3^n}$收敛.

(4) 因为

$$\lim_{n\to\infty}\sqrt[n]{u_n}=\lim_{n\to\infty}\sqrt[n]{2^{-n-(-1)^n}}=\lim_{n\to\infty}2^{\frac{-n-(-1)^n}{n}}=\frac{1}{2}<1,$$

所以，级数$\sum\limits_{n=1}^{\infty}2^{-n-(-1)^n}$收敛.

例 12-18 讨论级数$\sum\limits_{n=1}^{\infty}\frac{5}{n(3n+4)}$的敛散性.

解 因为

$$\lim_{n\to\infty}\frac{u_{n+1}}{u_n}=\lim_{n\to\infty}\frac{\frac{5}{(n+1)[3(n+1)+4]}}{\frac{5}{n(3n+4)}}=\lim_{n\to\infty}\frac{n(3n+4)}{(n+1)(3n+7)}=1,$$

所以比值审敛法失效，必须用其他的方法来判断该级数的敛散性. 由于

$$\lim_{n\to\infty}\frac{\dfrac{5}{n(3n+4)}}{\dfrac{1}{n^2}}=\lim_{n\to\infty}\frac{5n^2}{n(3n+4)}=\frac{5}{3},$$

而级数 $\sum\limits_{n=1}^{\infty}\dfrac{1}{n^2}$ 收敛，故由比较审敛法知级数 $\sum\limits_{n=1}^{\infty}\dfrac{5}{n(3n+4)}$ 收敛.

习题 12.2

1. 用比较审敛法或其极限形式判别下列级数的敛散性.

(1) $\sum\limits_{n=1}^{\infty}\dfrac{1}{2n-1}$;　(2) $\sum\limits_{n=1}^{\infty}\dfrac{1}{n^2+1}$;

(3) $\sum\limits_{n=1}^{\infty}\dfrac{n+1}{n^2+3}$;　(4) $\sum\limits_{n=1}^{\infty}\dfrac{1}{\ln(n+1)}$;

(5) $\sum\limits_{n=1}^{\infty}\dfrac{1}{n\sqrt{n+1}}$;　(6) $\sum\limits_{n=1}^{\infty}\ln\left(1+\dfrac{1}{n}\right)$;

(7) $\sum\limits_{n=1}^{\infty}\dfrac{n^{n-1}}{(n+1)^{n+1}}$;　(8) $\sum\limits_{n=1}^{\infty}\dfrac{1}{1+a^n}(a>0)$.

2. 用比值审敛法判别下列级数的敛散性.

(1) $\sum\limits_{n=1}^{\infty}\dfrac{(n!)^2}{(2n)!}$;　(2) $\sum\limits_{n=1}^{\infty}\dfrac{2n-1}{2^n}$;

(3) $\sum\limits_{n=1}^{\infty}\dfrac{5^n}{n\cdot 2^n}$;　(4) $\sum\limits_{n=1}^{\infty}\dfrac{2^n}{n(n+1)}$.

3. 用根值审敛法判别下列级数的敛散性.

(1) $\sum\limits_{n=1}^{\infty}\left(\dfrac{n}{5n+1}\right)^n$;　(2) $\sum\limits_{n=1}^{\infty}\dfrac{2^n}{n(n+1)}$;

(3) $\sum\limits_{n=1}^{\infty}\dfrac{1}{[\ln(n+1)]^n}$;　(4) $\sum\limits_{n=1}^{\infty}\left(\dfrac{n}{5n+1}\right)^{2n-1}$.

4. 用适当的方法判别下列级数的敛散性.

(1) $\sum\limits_{n=1}^{\infty}n\left(\dfrac{3}{4}\right)^n$;　(2) $\sum\limits_{n=1}^{\infty}\dfrac{n^4}{n!}$;

(3) $\sum\limits_{n=1}^{\infty}\dfrac{n+1}{n(n+3)}$;　(4) $\sum\limits_{n=1}^{\infty}2^n\sin\dfrac{\pi}{3^n}$;

(5) $\sum\limits_{n=1}^{\infty}\sqrt{\dfrac{n+1}{n}}$;　(6) $\sum\limits_{n=1}^{\infty}\left(\dfrac{n}{n+1}\right)^{n^2}$;

(7) $\sum_{n=1}^{\infty}\frac{\ln n}{n^2}$;　　(8) $\sum_{n=1}^{\infty}\frac{1}{\sqrt{n}\ln n}$.

5. 判定级数 $\sum_{n=1}^{\infty}\left(\frac{b}{a_n}\right)^n$ 的敛散性，其中 $\lim_{n\to\infty}a_n=a$，且 a、a_n、b 均为正数.

6. 设正项级数 $\sum_{n=1}^{\infty}u_n$ 收敛，证明级数 $\sum_{n=1}^{\infty}u_n^2$ 也收敛.

§12.3 任意项级数

前面我们讨论了正项级数敛散性的判别方法，本节我们将进一步讨论任意项级数敛散性的判别方法. 这里的“任意项级数”是指级数的各项不受限制，即可以是正数、负数、0. 本节讲解某些特殊任意项级数敛散性的判别方法，先介绍一种特殊的级数 —— 交错级数，再讨论任意项级数敛散性的判别方法.

12.3.1 交错级数

定义 1 若 $u_n>0(n=1,2,\cdots)$，则级数

$$\sum_{n=1}^{\infty}(-1)^{n-1}u_n=u_1-u_2+u_3-u_4+\cdots+(-1)^{n-1}u_n+\cdots \tag{12-9}$$

或

$$\sum_{n=1}^{\infty}(-1)^{n}u_n=-u_1+u_2-u_3+u_4+\cdots+(-1)^{n}u_n+\cdots$$

称为**交错级数**.

我们一般按照级数(12-9)的形式来研究交错级数.

定理 1(莱布尼茨判别法) 若交错级数 $\sum_{n=1}^{\infty}(-1)^{n-1}u_n$ 满足条件:

(1) 数列$\{u_n\}$单调递减，即 $u_n\geqslant u_{n+1}(n=1,2,3\cdots)$;

(2) $\lim_{n\to\infty}u_n=0$.

则交错级数收敛，其和 $S\leqslant u_1$，且其余项 r_n 的绝对值 $|r_n|\leqslant u_{n+1}$.

证 设交错级数的部分和为 S_n，把它的前 $2n$ 项和表示成下面两种形式:

$$S_{2n}=(u_1-u_2)+(u_3-u_4)+\cdots+(u_{2n-1}-u_{2n})$$

或

$$S_{2n}=u_1-(u_2-u_3)-(u_4-u_5)-\cdots-(u_{2n-2}-u_{2n-1})-u_{2n}.$$

因为 $u_n\geqslant u_{n+1}(n=1,2,\cdots)$，所以两式中，所有括号内的差都非负. 由第一种形式知，数列$\{S_n\}$是单调增加的，由第二种形式知，$S_{2n}\leqslant u_1$，即数列$\{S_n\}$有界，由单调有界数列必

有极限的准则，可得

$$\lim_{n\to\infty} S_{2n} = S \leqslant u_1.$$

再由 $S_{2n+1} = S_{2n} + u_{2n+1}$ 及条件 $\lim\limits_{n\to\infty} u_n = 0$ 得

$$\lim_{n\to\infty} S_{2n+1} = \lim_{n\to\infty} S_{2n} + \lim_{n\to\infty} u_{2n+1} = S + 0 = S,$$

所以 $\lim\limits_{n\to\infty} S_n = S$，于是交错级数 $\sum\limits_{n=1}^{\infty} (-1)^{n-1} u_n$ 收敛.

不难看出，误差

$$|r_n| = u_{n+1} - u_{n+2} + u_{n+3} - u_{n+4} + \cdots$$

也是一个交错级数，并且满足收敛条件，所以其和小于等于级数的第一项，即 $|r_n| \leqslant u_{n+1}$.

对下列交错级数应用莱布尼茨判别法，容易判断出它们都是收敛的.

$$\sum_{n=1}^{\infty} (-1)^{n-1} \frac{1}{n} = 1 - \frac{1}{2} + \frac{1}{3} - \cdots + (-1)^{n-1} \frac{1}{n} + \cdots;$$

$$\sum_{n=1}^{\infty} (-1)^{n-1} \frac{1}{(2n-1)!} = 1 - \frac{1}{3!} + \frac{1}{5!} - \cdots + (-1)^{n-1} \frac{1}{(2n-1)!} \cdots.$$

例 12－19 讨论级数

$$\sum_{n=1}^{\infty} (-1)^{n-1} \frac{1}{\sqrt{n}}$$

的敛散性.

解 因为 $u_n = \frac{1}{\sqrt{n}} > \frac{1}{\sqrt{n+1}} = u_{n+1}$，且 $\lim\limits_{n\to\infty} u_n = \lim\limits_{n\to\infty} \frac{1}{\sqrt{n}} = 0$，所以，由莱布尼茨判别法知，级数 $\sum\limits_{n=1}^{\infty} (-1)^{n-1} \frac{1}{\sqrt{n}}$ 收敛，且和 $S < 1$.

例 12－20 讨论级数

$$\sum_{n=1}^{\infty} (-1)^{n-1} \frac{n}{10^n}$$

的敛散性.

解 因为 $\frac{u_{n+1}}{u_n} = \frac{\frac{n+1}{10^{n+1}}}{\frac{n}{10^n}} = \frac{n+1}{10n} < 1$，所以 $u_n \geqslant u_{n+1} (n = 1, 2, \cdots)$. 又由于

$$\lim_{x\to\infty} \frac{x}{10^x} = \lim_{x\to\infty} \frac{1}{10^x \ln 10} = 0,$$

因此 $\lim\limits_{n\to\infty} u_n = \lim\limits_{n\to\infty} \frac{n}{10^n} = 0$. 所以，由莱布尼茨判别法知，级数 $\sum\limits_{n=1}^{\infty} (-1)^{n-1} \frac{n}{10^n}$ 收敛.

例 12－21 讨论级数

$$\sum_{n=1}^{\infty} (-1)^{n-1} \frac{2n-1}{n^2}$$

的敛散性.

解 (1) $\lim\limits_{n\to\infty}u_n=\lim\limits_{n\to\infty}\dfrac{2n-1}{n^2}=0.$

(2) 设$f(x)=\dfrac{2x-1}{x^2}$，则$f'(x)=\dfrac{2(1-x)}{x^3}$，当$x\geqslant1$时，$f'(x)\leqslant0$，所以在$(1,\infty)$上，$f(x)$单调减少，于是$f(n)>f(n+1)$，即$u_n\geqslant u_{n+1}(n=1,2,\cdots)$. 故由莱布尼茨判别法知，级数$\sum\limits_{n=1}^{\infty}(-1)^{n-1}\dfrac{2n-1}{n^2}$收敛，且和$S<1$.

12.3.2 绝对收敛与条件收敛

现在我们来讨论一般项级数

$$\sum_{n=1}^{\infty}u_n=u_1+u_2+\cdots+u_n+\cdots,$$

它的各项为任意实数.

定义 2 假设级数$\sum\limits_{n=1}^{\infty}u_n=u_1+u_2+\cdots+u_n+\cdots$是任意项级数，即其中$u_n$可以是正数、负数、0. 对这个级数的各项取绝对值后，得到下面的正项级数

$$\sum_{n=1}^{\infty}|u_n|=|u_1|+|u_2|+\cdots+|u_n|+\cdots,$$

称为级数$\sum\limits_{n=1}^{\infty}u_n$的**绝对值级数**.

定理 2 如果任意项级数的绝对值级数$\sum\limits_{n=1}^{\infty}|u_n|$收敛，则任意项级数$\sum\limits_{n=1}^{\infty}u_n$收敛.

证 因为$0\leqslant u_n+|u_n|\leqslant2|u_n|$，且由$\sum\limits_{n=1}^{\infty}|u_n|$收敛可知级数$\sum\limits_{n=1}^{\infty}2|u_n|$收敛，故由比较审敛法知级数$\sum\limits_{n=1}^{\infty}(u_n+|u_n|)$收敛，又$\sum\limits_{n=1}^{\infty}u_n=\sum\limits_{n=1}^{\infty}[(u_n+|u_n|)-|u_n|]$，所以，级数$\sum\limits_{n=1}^{\infty}u_n$收敛.

这样，我们就可以把部分任意项级数的敛散性判别问题转化为对正项级数进行敛散性的判别.

定义 3 设$\sum\limits_{n=1}^{\infty}u_n$为任意项级数，则

(1) 如果级数$\sum\limits_{n=1}^{\infty}|u_n|$收敛，则级数$\sum\limits_{n=1}^{\infty}u_n$一定收敛，则称级数$\sum\limits_{n=1}^{\infty}u_n$**绝对收敛**；

(2) 如果级数$\sum\limits_{n=1}^{\infty}|u_n|$发散，且原级数收敛，则称级数$\sum\limits_{n=1}^{\infty}u_n$**条件收敛**.

注意 判别一个非正项级数$\sum_{n=1}^{\infty} u_n$的敛散性可按以下的步骤进行.

(1) 首先判断$\lim_{n\to\infty} u_n$是否为0，如果$\lim_{n\to\infty} u_n \neq 0$，则级数$\sum_{n=1}^{\infty} u_n$发散，如果$\lim_{n\to\infty} u_n = 0$，进入(2).

(2) 判断$\sum_{n=1}^{\infty} |u_n|$是否收敛，此时可用正项级数的各种审敛法判定，如果级数$\sum_{n=1}^{\infty} |u_n|$收敛，则级数$\sum_{n=1}^{\infty} u_n$绝对收敛，否则进入(3).

(3) 利用收敛级数的基本性质以及莱布尼茨判别法判定级数$\sum_{n=1}^{\infty} u_n$条件收敛，否则称级数$\sum_{n=1}^{\infty} u_n$发散.

例 12-22 证明级数$\sum_{n=1}^{\infty} \frac{\sin n}{n^2}$绝对收敛.

证 因为$|u_n| = \left|\frac{\sin n}{n^2}\right| \leqslant \frac{1}{n^2}$，且$\sum_{n=1}^{\infty} \frac{1}{n^2}$收敛($p=2$的$p$级数)，根据比较审敛法，$\sum_{n=1}^{\infty} \left|\frac{\sin n}{n^2}\right|$收敛，于是$\sum_{n=1}^{\infty} \frac{\sin n}{n^2}$绝对收敛.

例 12-23 讨论级数

$$\sum_{n=1}^{\infty} (-1)^{n-1} \frac{1}{n}$$

的敛散性.

解 显然，交错级数$\sum_{n=1}^{\infty} (-1)^{n-1} \frac{1}{n}$收敛，而级数$\sum_{n=1}^{\infty} \frac{1}{n}$发散，所以$\sum_{n=1}^{\infty} (-1)^{n-1} \frac{1}{n}$条件收敛.

例 12-24 讨论级数

$$\sum_{n=1}^{\infty} (-1)^n \frac{2^n}{n^{10}}$$

的敛散性.

解 因为

$$\lim_{n\to\infty} \frac{|u_{n+1}|}{|u_n|} = \lim_{n\to\infty} \frac{2^{n+1}}{(n+1)^{10}} \cdot \frac{n^{10}}{2^n} = 2\lim_{n\to\infty}\left[\frac{n}{n+1}\right]^{10} = 2 > 1,$$

由比值审敛法，$\sum_{n=1}^{\infty} \left|(-1)^n \frac{2^n}{n^{10}}\right|$发散，从而$\sum_{n=1}^{\infty} (-1)^n \frac{2^n}{n^{10}}$非绝对收敛.

又因为$\lim_{n\to\infty} \frac{|u_{n+1}|}{|u_n|} = 2 > 1$，所以当$n$充分大时，$|u_{n+1}| > |u_n|$，故$\lim_{n\to\infty} u_n \neq 0$，从而$\sum_{n=1}^{\infty} (-1)^n \frac{2^n}{n^{10}}$发散.

例 12-25 讨论级数

$$\sum_{n=1}^{\infty}(-1)^n\frac{1}{2^n}\left(1+\frac{1}{n}\right)^{n^2}$$

的敛散性.

解 因为

$$\lim_{n\to\infty}\sqrt[n]{|u_n|}=\lim_{n\to\infty}\frac{1}{2}\left(1+\frac{1}{n}\right)^n=\frac{1}{2}\mathrm{e}>1,$$

所以$\lim\limits_{n\to\infty}u_n\neq 0$，故$\sum\limits_{n=1}^{\infty}(-1)^n\frac{1}{2^n}\left(1+\frac{1}{n}\right)^{n^2}$发散.

12.3.3 绝对收敛级数的性质

绝对收敛级数有许多性质是条件收敛级数所不具备的，下面只给出结论，证明略.

性质 1 如果级数$\sum\limits_{n=1}^{\infty}u_n$绝对收敛，则可以随意改变级数项的次序，改变次序后的新级数依然绝对收敛，并且和不变.

性质 2 如果级数$\sum\limits_{n=1}^{\infty}u_n$条件收敛，则可以通过改变级数项的次序，使改变次序后的项构成新级数$\sum\limits_{n=1}^{\infty}u'_n$并收敛到预先给定的任意常数.

定义 4 级数$\sum\limits_{n=1}^{\infty}u_n$与$\sum\limits_{n=1}^{\infty}v_n$的**柯西乘积**$\left(\sum\limits_{n=1}^{\infty}u_n\right)\cdot\left(\sum\limits_{n=1}^{\infty}v_n\right)=\sum\limits_{n=1}^{\infty}\sum\limits_{k=1}^{n}u_k\cdot v_{n-k}$.

性质 3 如果级数$\sum\limits_{n=1}^{\infty}u_n$和$\sum\limits_{n=1}^{\infty}v_n$都绝对收敛，它们的和分别为$S$和$\sigma$，则

$$\left(\sum_{n=1}^{\infty}u_n\right)\cdot\left(\sum_{n=1}^{\infty}v_n\right)=\sum_{n=1}^{\infty}\sum_{k=1}^{n}u_k\cdot v_{n-k}=S\cdot\sigma.$$

习题 12.3

1. 讨论下列级数的敛散性，若收敛，说明是条件收敛还是绝对收敛.

(1) $\sum\limits_{n=1}^{\infty}(-1)^{n-1}\frac{1}{\sqrt{n}}$；

(2) $\sum\limits_{n=1}^{\infty}(-1)^n\frac{1}{(2n+1)^2}$；

(3) $\sum\limits_{n=1}^{\infty}\frac{\sin na}{(n+1)^2}$；

(4) $\sum\limits_{n=1}^{\infty}(-1)^{n-1}\sin\frac{1}{n^2}$；

(5) $\sum\limits_{n=1}^{\infty}(-1)^{n+1}\frac{1}{\ln(n+1)}$；

(6) $\sum\limits_{n=1}^{\infty}r^n\cos(n\pi)\ (0<r<1)$.

2. 讨论级数$\sum_{n=1}^{\infty}(-1)^n\frac{1}{na^n}(a>0)$的敛散性，若收敛，说明是条件收敛还是绝对收敛.

3. 讨论级数$\sum_{n=1}^{\infty}(-1)^n\frac{1}{n^p}$的敛散性，若收敛，说明是条件收敛还是绝对收敛.

4. 已知级数$\sum_{n=1}^{\infty}u_n^2$收敛，证明级数$\sum_{n=1}^{\infty}\frac{u_n}{n}$绝对收敛.

5. 讨论级数$\sum_{n=1}^{\infty}\sin(\pi\sqrt{n^2+1})$的敛散性，若收敛，说明是条件收敛还是绝对收敛.

§12.4 幂级数

当常数项级数中的常数项被函数替代时，常数项级数就变成了函数项级数. 应用最广泛的函数项级数是幂级数，本节从函数项级数出发，主要讨论幂级数的概念与性质.

12.4.1 函数项级数的概念

定义1 如果给定一个定义在区间I上的函数列

$$u_1(x),u_2(x),\cdots,u_n(x),\cdots$$

则

$$\sum_{n=1}^{\infty}u_n(x)=u_1(x)+u_2(x)+\cdots+u_n(x)+\cdots \tag{12-10}$$

称为定义在区间I上的**函数项无穷级数**，简称**函数项级数**. $S_n(x)=\sum_{k=1}^{n}u_k(x)(x\in I,n=1,2,3,\cdots)$称为函数项级数(12-10)的**部分和函数序列**.

对于每一个确定的值$x_0\in I$，函数项级数(12-10)成为常数项级数

$$\sum_{n=1}^{\infty}u_n(x_0)=u_1(x_0)+u_2(x_0)+\cdots+u_n(x_0)+\cdots. \tag{12-11}$$

级数(12-11)可能收敛也可能发散. 如果级数(12-11)收敛，我们称点x_0是函数项级数(12-10)的**收敛点**；如果级数(12-11)发散，我们称点x_0是函数项级数(12-10)的**发散点**. 函数项级数(12-10)的所有收敛点的全体称为它的**收敛域**，所有发散点的全体称为它的**发散域**.

对应于收敛域内的任意一个数x，函数项级数成为一个收敛的常数项级数，因而有一确定的和S. 这样，在收敛域上，函数项级数的和是x的函数$S(x)$. 通常称$S(x)$为函数项级数的**和函数**，这个函数的定义域就是级数的收敛域，并写成

$$S(x)=u_1(x)+u_2(x)+\cdots+u_n(x)+\cdots.$$

把函数项级数(12-10)的前 n 项的部分和记作 $S_n(x)$，则在收敛域上有

$$\lim_{n\to\infty}S_n(x)=S(x).$$

$r_n(x)=S(x)-S_n(x)$ 称为函数项级数的余项(只有 x 在收敛域上 $r_n(x)$ 才有意义)，于是有 $\lim\limits_{n\to\infty}r_n(x)=0$.

例 12-26 讨论几何级数 $\sum\limits_{n=1}^{\infty}x^{n-1}=1+x+x^2+\cdots+x^{n-1}+\cdots$ 的敛散性.

解 由几何级数的敛散性知，当 $|x|\geqslant 1$ 时，级数发散.

当 $|x|<1$ 时，级数收敛，此时其部分和函数序列为 $S_n(x)=\dfrac{1-x^n}{1-x}$，从而

$$S(x)=\lim_{n\to\infty}S_n(x)=\lim_{n\to\infty}\frac{1-x^n}{1-x}=\frac{1}{1-x}.$$

因此，几何级数 $\sum\limits_{n=1}^{\infty}x^{n-1}=1+x+x^2+\cdots+x^{n-1}+\cdots$ 在 $(-1,1)$ 上收敛于和函数 $S(x)=\dfrac{1}{1-x}$，即

$$\sum_{n=1}^{\infty}x^{n-1}=1+x+x^2+\cdots+x^{n-1}+\cdots=\frac{1}{1-x},\ x\in(-1,1).$$

例 12-27 讨论函数项级数 $\sum\limits_{n=1}^{\infty}(x^n-x^{n-1})$ 的敛散性，并求级数 $\sum\limits_{n=1}^{\infty}(x^n-x^{n-1})$ 在收敛域上的和函数 $S(x)$.

解 因为级数 $\sum\limits_{n=1}^{\infty}(x^n-x^{n-1})$ 的部分和函数序列为

$$S_n(x)=(x-1)+(x^2-x)+(x^3-x^2)+\cdots+(x^n-x^{n-1})=x^n-1,$$

所以

$$S(x)=\lim_{n\to\infty}S_n(x)=\lim_{n\to\infty}(x^n-1)=\begin{cases}0, & x=1,\\ -1, & -1<x<1,\\ \text{不存在}, & \text{其他}.\end{cases}$$

故函数项级数 $\sum\limits_{n=1}^{\infty}(x^n-x^{n-1})$ 的收敛域为 $(-1,1]$，在收敛域上的和函数为

$$S(x)=\begin{cases}0, & x=1,\\ -1, & -1<x<1.\end{cases}$$

12.4.2 幂级数及其收敛性

函数项级数中简单而常见的一类级数就是各项都是幂函数的函数项级数.

定义 2 形如

$$\sum_{n=0}^{\infty}a_n(x-x_0)^n=a_0+a_1(x-x_0)+a_2(x-x_0)^2+\cdots+a_n(x-x_0)^n+\cdots \tag{12-12}$$

的函数项级数 $\sum\limits_{n=0}^{\infty}a_n(x-x_0)^n$ 称为**关于 $x-x_0$ 的幂级数**，简称**幂级数**，其中常数 $a_0,a_1,a_2,\cdots$,

$a_n,\cdots$ 称为幂级数的**系数**.

当 $x_0=0$ 时，式(12-12) 变为

$$\sum_{n=0}^{\infty}a_nx^n=a_0+a_1x+a_2x^2+\cdots+a_nx^n+\cdots, \tag{12-13}$$

称为**关于 x 的幂级数**.

关于$x-x_0$的幂级数 $\sum\limits_{n=0}^{\infty}a_n(x-x_0)^n$ 与关于x的幂级数 $\sum\limits_{n=0}^{\infty}a_nx^n$ 可以通过坐标平移相互转化，形式上 $\sum\limits_{n=0}^{\infty}a_nx^n$ 比 $\sum\limits_{n=0}^{\infty}a_n(x-x_0)^n$ 简单. 因此，本书下面的讨论中主要以关于x的幂级数 $\sum\limits_{n=0}^{\infty}a_nx^n$ 作为讨论对象，获得的结论可以通过坐标平移适用于关于 $x-x_0$ 的幂级数 $\sum\limits_{n=0}^{\infty}a_n(x-x_0)^n$.

我们先来讨论幂级数 $\sum\limits_{n=0}^{\infty}a_nx^n$ 的收敛域问题.

考虑级数

$$1+x+x^2+\cdots+x^{n-1}+\cdots$$

的收敛性，由例 12-3 可知，当$|x|<1$时，级数收敛，其和为$\dfrac{1}{1-x}$；当$|x|\geqslant 1$时，级数发散. 因此，这个幂级数的收敛域为区间$(-1,1)$.

可以看出，这个幂级数的收敛域为一个区间. 事实上，这个结论对于一般的幂级数也成立. 关于幂级数的收敛域，我们有下面的定理.

定理 1(阿贝尔定理) (1) 如果级数 $\sum\limits_{n=0}^{\infty}a_nx^n$ 当 $x=x_0(x_0\neq 0)$ 时收敛，则对于满足不等式$|x|<|x_0|$的一切 x，级数 $\sum\limits_{n=0}^{\infty}a_nx^n$ 绝对收敛；

(2) 如果级数 $\sum\limits_{n=0}^{\infty}a_nx^n$ 当 $x=x_0$ 时发散，则对于满足不等式$|x|>|x_0|$的一切 x，级数 $\sum\limits_{n=0}^{\infty}a_nx^n$ 发散.

证 (1) 设 x_0 是幂级数 $\sum\limits_{n=0}^{\infty}a_nx^n$ 的收敛点，即级数 $\sum\limits_{n=0}^{\infty}a_nx_0^n$ 收敛. 根据级数收敛的必要条件，有$\lim\limits_{n\to\infty}a_nx_0^n=0$，于是存在常数 M，使得$|a_nx_0^n|\leqslant M(n=0,1,2,\cdots)$.

因为

$$|a_nx^n|=\left|a_nx_0^n\cdot\frac{x^n}{x_0^n}\right|=|a_nx_0^n|\left|\frac{x^n}{x_0^n}\right|\leqslant M\left|\frac{x}{x_0}\right|^n,$$

当$\left|\dfrac{x}{x_0}\right|<1$时，等比级数 $\sum\limits_{n=0}^{\infty}M\left|\dfrac{x}{x_0}\right|^n$ 收敛，由比较审敛法，级数 $\sum\limits_{n=0}^{\infty}|a_nx^n|$收敛，即级数

$\sum_{n=0}^{\infty} a_n x^n$ 绝对收敛.

(2) 可用反证法证明. 设当 $x = x_0$ 时，幂级数 $\sum_{n=0}^{\infty} a_n x^n$ 发散，而有一点 x_1(满足 $|x_1| > |x_0|$) 使级数收敛，则根据(1)，级数当 $x = x_0$ 时应收敛，这与假设矛盾. 定理得证.

由本节定理 1 可知：如果幂级数在 $x = x_0$ 处收敛，则对于开区间$(-|x_0|, |x_0|)$ 内的任何 x，幂级数都收敛；如果幂级数在 $x = x_0$ 处发散，则对于闭区间$[-|x_0|, |x_0|]$ 外的任何 x，幂级数都发散.

设已知幂级数在数轴上既有收敛点(不仅是坐标原点) 也有发散点. 从坐标原点沿数轴向右方走，最初只遇到收敛点，然后就只遇到发散点. 这两部分的分界点可能是收敛点也可能是发散点. 从坐标原点沿数轴向左方走情形也是如此. 这两个分界点 k、k' 在坐标原点的两侧，且由本节定理 1 可以证明它们关于坐标原点对称.

推论 如果幂级数 $\sum_{n=0}^{\infty} a_n x^n$ 不是仅在 $x = 0$ 一点上收敛，也不是在整个数轴上都收敛，则必有一个确定的正数 R，使得

(1) 当 $|x| < R$ 时，幂级数绝对收敛；

(2) 当 $|x| > R$ 时，幂级数发散；

(3) 当 $x = R$ 及 $x = -R$ 时. 幂级数可能收敛也可能发散.

定义 3 如果存在正数 $R(0 < R < \infty)$，使得幂级数 $\sum_{n=0}^{\infty} a_n x^n$ 在$(-R,R)$ 内绝对收敛，在$[-R,R]$ 外发散，则称正数 R 为幂级数 $\sum_{n=0}^{\infty} a_n x^n$ 的**收敛半径**，开区间$(-R,R)$ 叫作幂级数的**收敛区间**，再由幂级数在 $x = R$ 及 $x = -R$ 处的收敛性就可以决定它的**收敛域**是

$$(-R,R),(-R,R],[-R,R),[-R,R]$$

四个区间之一.

如果幂级数只在 $x = 0$ 处收敛，这时收敛域只有一点 $x = 0$，但为了方便起见，我们规定这时收敛半径 $R = 0$；如果幂级数对一切 x 都收敛，则规定收敛半径 $R = \infty$. 这时收敛域是$(-\infty, \infty)$.

关于幂级数的收敛半径的求法，有下面的定理.

定理 2 设幂级数 $\sum_{n=0}^{\infty} a_n x^n$ 的所有系数 $a_n \neq 0$，如果 $\lim_{n\to\infty}\left|\frac{a_{n+1}}{a_n}\right| = \rho$，则

(1) 当 $\rho \neq 0$ 时，该幂级数的收敛半径 $R = \frac{1}{\rho}$；

(2) 当 $\rho = 0$ 时，该幂级数的收敛半径 $R = \infty$；

(3) 当 $\rho = \infty$ 时，该幂级数的收敛半径 $R = 0$.

证 (1) 对级数 $\sum_{n=0}^{\infty} |a_n x^n|$ 应用比值审敛法，得

$$\lim_{n\to\infty}\frac{u_{n+1}}{u_n}=\lim_{n\to\infty}\left|\frac{a_{n+1}x^{n+1}}{a_nx^n}\right|=\lim_{n\to\infty}\frac{|a_{n+1}|}{|a_n|}|x|=\rho|x|.$$

如果$\lim\limits_{n\to\infty}\left|\frac{a_{n+1}}{a_n}\right|=\rho(\rho\neq 0)$存在，则当$\rho|x|<1$，即$|x|<\frac{1}{\rho}$时，$\sum\limits_{n=0}^{\infty}|a_nx^n|$收敛，从而$\sum\limits_{n=0}^{\infty}a_nx^n$绝对收敛；当$\rho|x|>1$，即$|x|>\frac{1}{\rho}$时，$\sum\limits_{n=0}^{\infty}|a_nx^n|$发散，从而$\sum\limits_{n=0}^{\infty}a_nx^n$发散. 于是收敛半径$R=\frac{1}{\rho}$.

(2) 对级数$\sum\limits_{n=0}^{\infty}|a_nx^n|$应用比值审敛法，得

$$\lim_{n\to\infty}\frac{u_{n+1}}{u_n}=\lim_{n\to\infty}\left|\frac{a_{n+1}x^{n+1}}{a_nx^n}\right|=\lim_{n\to\infty}\frac{|a_{n+1}|}{|a_n|}|x|=\rho|x|.$$

如果$\lim\limits_{n\to\infty}\left|\frac{a_{n+1}}{a_n}\right|=\rho=0$，则

$$\lim_{n\to\infty}\frac{u_{n+1}}{u_n}=\lim_{n\to\infty}\left|\frac{a_{n+1}x^{n+1}}{a_nx^n}\right|=\lim_{n\to\infty}\frac{|a_{n+1}|}{|a_n|}|x|=\rho|x|=0<1,$$

$x\in(-\infty,\infty)$时，级数$\sum\limits_{n=0}^{\infty}|a_nx^n|$收敛，于是级数$\sum\limits_{n=0}^{\infty}a_nx^n$绝对收敛，所以收敛半径$R=\infty$.

(3) 对级数$\sum\limits_{n=0}^{\infty}|a_nx^n|$应用比值审敛法，得

$$\lim_{n\to\infty}\frac{u_{n+1}}{u_n}=\lim_{n\to\infty}\left|\frac{a_{n+1}x^{n+1}}{a_nx^n}\right|=\lim_{n\to\infty}\frac{|a_{n+1}|}{|a_n|}|x|=\rho|x|.$$

如果$\lim\limits_{n\to\infty}\left|\frac{a_{n+1}}{a_n}\right|=\rho=\infty$，则

$$\lim_{n\to\infty}\frac{u_{n+1}}{u_n}=\lim_{n\to\infty}\left|\frac{a_{n+1}x^{n+1}}{a_nx^n}\right|=\lim_{n\to\infty}\frac{|a_{n+1}|}{|a_n|}|x|=\rho|x|=\infty>1,$$

则对于任何非0的x，级数$\sum\limits_{n=0}^{\infty}a_nx^n$必发散，否则由本节定理1知将有点$x\neq 0$使级数$\sum\limits_{n=0}^{\infty}|a_nx^n|$收敛，所以收敛半径$R=0$.

注意

(1) 本节定理2中设幂级数$\sum\limits_{n=1}^{\infty}a_nx^n$的所有系数$a_n\neq 0$，这时，幂级数的各项是依幂次连续的，不缺项；如果幂级数有缺项(如缺少奇数次幂)，则应直接利用比值审敛法或根值审敛法，本节定理2中结论失效.

(2) 根据幂级数系数的形式，有时也可用根值审敛法来求收敛半径，此时

$$\lim_{n\to\infty}\sqrt[n]{|a_n|}=\rho.$$

一般来说，求幂级数 $\sum_{n=1}^{\infty} a_n x^n$ 的收敛域的基本步骤如下.

(1) 求出收敛半径.

(2) 判断常数项级数 $\sum_{n=0}^{\infty} a_n R^n$ 和 $\sum_{n=0}^{\infty} a_n(-R)^n$ 的收敛性.

(3) 写出幂级数 $\sum_{n=0}^{\infty} a_n x^n$ 的收敛域.

例 12-28 求幂级数

$$\sum_{n=1}^{\infty}(-1)^n \frac{x^n}{n} = x - \frac{1}{2}x^2 + \frac{1}{3}x^3 - \cdots + (-1)^n \frac{x^n}{n} + \cdots$$

的收敛半径与收敛域.

解 因为

$$\rho = \lim_{n\to\infty}\left|\frac{a_{n+1}}{a_n}\right| = \lim_{n\to\infty}\frac{\frac{1}{n+1}}{\frac{1}{n}} = 1,$$

所以，收敛半径 $R = \frac{1}{\rho} = 1$.

当 $x=1$ 时，级数 $\sum_{n=1}^{\infty}(-1)^n\frac{x^n}{n} = \sum_{n=1}^{\infty}(-1)^n\frac{1}{n}$，由前面的讨论可知它收敛. 当 $x=-1$ 时，级数 $\sum_{n=1}^{\infty}(-1)^n\frac{x^n}{n} = \sum_{n=1}^{\infty}\frac{1}{n}$ 为调和级数，是发散的. 因此，收敛域是 $(-1,1]$.

例 12-29 求幂级数

$$\sum_{n=1}^{\infty}\frac{x^n}{n!} = x + \frac{1}{2!}x^2 + \frac{1}{3!}x^3 + \cdots + \frac{x^n}{n!} + \cdots$$

的收敛半径与收敛域.

解 因为

$$\rho = \lim_{n\to\infty}\left|\frac{a_{n+1}}{a_n}\right| = \lim_{n\to\infty}\frac{\frac{1}{(n+1)!}}{\frac{1}{n!}} = \lim_{n\to\infty}\frac{1}{n+1} = 0,$$

所以，收敛半径 $R = \frac{1}{\rho} = \infty$. 因此，收敛域是 $(-\infty,\infty)$.

例 12-30 求幂级数

$$\sum_{n=1}^{\infty} n!\ x^n = x + 2!\ x^2 + 3!\ x^3 + \cdots + n!\ x^n + \cdots$$

的收敛半径与收敛域.

解 因为

$$\rho = \lim_{n\to\infty}\left|\frac{a_{n+1}}{a_n}\right| = \lim_{n\to\infty}\frac{(n+1)!}{n!} = \lim_{n\to\infty}(n+1) = \infty,$$

所以，收敛半径 $R=\dfrac{1}{\rho}=0$. 因此，该级数仅在 $x=0$ 收敛.

例 12-31 求幂级数

$$\sum_{n=1}^{\infty}(-nx)^n=-x+(-2x)^2+(-3x)^3+\cdots+(-nx)^n+\cdots$$

的收敛半径与收敛域.

解 因为

$$\rho=\lim_{n\to\infty}\sqrt[n]{|a_n|}=\lim_{n\to\infty}\sqrt[n]{|(-n)^n|}=\lim_{n\to\infty}n=\infty,$$

所以，收敛半径 $R=\dfrac{1}{\rho}=0$. 因此，该级数仅在 $x=0$ 收敛.

例 12-32 求幂级数

$$\sum_{n=1}^{\infty}\frac{x^{2n}}{2^n}=\frac{x^2}{2}+\frac{x^4}{2^2}+\cdots+\frac{x^{2n}}{2^n}+\cdots$$

的收敛半径与收敛域.

解 因为 $\sum\limits_{n=1}^{\infty}a_nx^n=\sum\limits_{n=1}^{\infty}\dfrac{x^{2n}}{2^n}$ 的 $a_{2n+1}=0$，级数缺少奇次幂的项，此时本节定理2不能直接应用.

由比值审敛法，得

$$\lim_{n\to\infty}\left|\frac{u_{n+1}}{u_n}\right|=\lim_{n\to\infty}\left|\frac{\dfrac{x^{2(n+1)}}{2^{n+1}}}{\dfrac{x^{2n}}{2^n}}\right|=\frac{1}{2}x^2.$$

当 $\dfrac{1}{2}x^2<1$，即 $|x|<\sqrt{2}$ 时，级数 $\sum\limits_{n=1}^{\infty}\left|\dfrac{x^{2n}}{2^n}\right|$ 收敛，级数 $\sum\limits_{n=1}^{\infty}\dfrac{x^{2n}}{2^n}$ 绝对收敛.

当 $\dfrac{1}{2}x^2>1$，即 $|x|>\sqrt{2}$ 时，级数 $\sum\limits_{n=1}^{\infty}\dfrac{x^{2n}}{2^n}$ 发散.

于是，收敛半径 $R=\sqrt{2}$.

当 $x=\pm\sqrt{2}$ 时，级数为 $1+1+1+\cdots$，此时的 $\lim\limits_{n\to\infty}u_n=\lim\limits_{n\to\infty}1=1\neq0$，所以级数发散. 故收敛域为 $(-\sqrt{2},\sqrt{2})$.

例 12-33 求幂级数

$$\sum_{n=1}^{\infty}\frac{(x-1)^n}{2^n\cdot n}=\frac{x-1}{2}+\frac{(x-1)^2}{2^2\cdot 2}+\cdots+\frac{(x-1)^n}{2^n\cdot n}+\cdots$$

的收敛半径与收敛域.

解 令 $t=x-1$，则级数 $\sum\limits_{n=1}^{\infty}\dfrac{(x-1)^n}{2^n\cdot n}=\sum\limits_{n=1}^{\infty}\dfrac{t^n}{2^n\cdot n}$. 下面先考虑 $\sum\limits_{n=1}^{\infty}\dfrac{t^n}{2^n\cdot n}$ 的收敛半径，因为

$$\rho=\lim_{n\to\infty}\left|\frac{a_{n+1}}{a_n}\right|=\lim_{n\to\infty}\frac{2^n\cdot n}{2^{n+1}(n+1)}=\frac{1}{2},$$

所以 $R=2$，收敛区间 $(-2,2)$.

当 $t=2$ 时，级数 $\sum_{n=1}^{\infty}\frac{t^n}{2^n\cdot n}=\sum_{n=1}^{\infty}\frac{1}{n}$ 发散.

当 $t=-2$ 时，级数 $\sum_{n=1}^{\infty}\frac{t^n}{2^n\cdot n}=\sum_{n=1}^{\infty}(-1)^n\frac{1}{n}$ 收敛.

所以，收敛域为 $-2\leqslant t<2$，即 $-2\leqslant x-1<2$，于是 $-1\leqslant x<3$，故级数 $\sum_{n=1}^{\infty}\frac{(x-1)^n}{2^n\cdot n}$ 的收敛域是 $[-1,3)$.

12.4.3 幂级数的运算

1. 幂级数的四则运算

设幂级数 $\sum_{n=0}^{\infty}a_nx^n$ 和 $\sum_{n=0}^{\infty}b_nx^n$ 的收敛半径分别为 R_1 和 R_2，令 $R=\min\{R_1,R_2\}$.

(1) **加法**：$\sum_{n=0}^{\infty}a_nx^n+\sum_{n=0}^{\infty}b_nx^n=\sum_{n=0}^{\infty}(a_n\pm b_n)x^n$，$x\in(-R,R)$.

(2) **减法**：$\sum_{n=0}^{\infty}a_nx^n-\sum_{n=0}^{\infty}b_nx^n=\sum_{n=0}^{\infty}(a_n-b_n)x^n$，$x\in(-R,R)$.

(3) **乘法**：$(\sum_{n=0}^{\infty}a_nx^n)\cdot(\sum_{n=0}^{\infty}b_nx^n)=\sum_{n=0}^{\infty}c_nx^n$，其中 $c_n=a_0b_n+a_1b_{n-1}+\cdots+a_nb_0$，$x\in(-R,R)$.

(4) **除法**：

$$\frac{\sum_{n=0}^{\infty}a_nx^n}{\sum_{n=0}^{\infty}b_nx^n}=\frac{a_0+a_1x+a_2x^2+\cdots+a_nx^n+\cdots}{b_0+b_1x+b_2x^2+\cdots+b_nx^n+\cdots}=\sum_{n=0}^{\infty}c_nx^n,$$

其中 c_n 可由待定系数法计算. 假设 $b_0\neq 0$，则利用乘法 $\sum_{n=0}^{\infty}a_nx^n=(\sum_{n=0}^{\infty}b_nx^n)\cdot(\sum_{n=0}^{\infty}c_nx^n)$，比较等式两边的系数有

$$a_0=b_0c_0,$$
$$a_1=b_0c_1+b_1c_0,$$
$$a_2=b_0c_2+b_1c_1+b_2c_0,$$
$$\cdots$$

由这些方程就可以顺序求出 $c_0,c_1,c_2,\cdots c_n,\cdots$.

相除后所得的幂级数的收敛区间可能比原来两个幂级数的收敛区间小得多，这里我们不再一一讨论.

例如，当$\sum_{n=0}^{\infty} a_n x^n = 1$和$\sum_{n=0}^{\infty} b_n x^n = 1-x$时，$\dfrac{\sum_{n=0}^{\infty} a_n x^n}{\sum_{n=0}^{\infty} b_n x^n} = \dfrac{1}{1-x} = \sum_{n=0}^{\infty} x^n$的收敛半径为1，而$\sum_{n=0}^{\infty} a_n x^n = 1$和$\sum_{n=0}^{\infty} b_n x^n = 1-x$的收敛半径都为$\infty$.

例 12-34 求幂级数

$$\sum_{n=1}^{\infty}\left[\frac{(-1)^n}{n}+\frac{1}{2^n}\right]x^n$$

的收敛半径与收敛域.

解 对于级数$\sum_{n=1}^{\infty}(-1)^n\dfrac{x^n}{n}$，由例12-28可知它的收敛域是$(-1,1]$.

对于级数$\sum_{n=1}^{\infty}\dfrac{x^n}{2^n}$，有

$$\rho=\lim_{n\to\infty}\left|\frac{a_{n+1}}{a_n}\right|=\lim_{n\to\infty}\frac{\frac{1}{2^{n+1}}}{\frac{1}{2^n}}=\frac{1}{2},$$

所以，收敛半径$R=\dfrac{1}{\rho}=2$.

当$x=\pm 2$时，$\lim_{n\to\infty}u_n\neq 0$，所以级数$\sum_{n=1}^{\infty}\dfrac{x^n}{2^n}$发散. 因此，级数$\sum_{n=1}^{\infty}\dfrac{x^n}{2^n}$的收敛域是$(-2,2)$.

因为$(-1,1]\cap(-2,2)=(-1,1]$，所以，级数$\sum_{n=1}^{\infty}\left[\dfrac{(-1)^n}{n}+\dfrac{1}{2^n}\right]x^n$的收敛域是$(-1,1]$.

2. 幂级数的分析运算

幂级数的分析运算是指与极限相关的连续性、可导性与可积性.

定理 3 设幂级数$\sum_{n=0}^{\infty} a_n x^n$的收敛半径为$R$，则

(1) 幂级数的和函数$S(x)$在其收敛域上连续，如果幂级数$\sum_{n=0}^{\infty} a_n x^n$在收敛区间端点处收敛，则$S(x)$在收敛区间端点处单侧连续；

(2) 幂级数的和函数$S(x)$在其收敛域上可积，**逐项积分公式**为

$$\int_0^x S(x)\,\mathrm{d}x=\int_0^x\sum_{n=0}^{\infty}a_n x^n\,\mathrm{d}x=\sum_{n=0}^{\infty}\int_0^x a_n x^n\,\mathrm{d}x=\sum_{n=0}^{\infty}\frac{a_n}{n+1}x^{n+1},\qquad(12-14)$$

且逐项积分后得到的幂级数和原级数有相同的收敛半径；

(3) 幂级数的和函数$S(x)$在其收敛区间内可导，**逐项求导公式**为

$$S'(x) = \left(\sum_{n=0}^{\infty} a_n x^n\right)' = \sum_{n=0}^{\infty} (a_n x^n)' = \sum_{n=1}^{\infty} n a_n x^{n-1}, \tag{12-15}$$

且逐项求导后得到的幂级数和原级数有相同的收敛半径.

本节定理 3 常用来求幂级数的和函数. 另外，等比级数的和函数

$$\sum_{n=0}^{\infty} x^n = 1 + x + x^2 + \cdots + x^n + \cdots = \frac{1}{1-x},\ x \in (-1,1)$$

是幂级数求和函数时的重要结论，由它可得

$$\sum_{n=1}^{\infty} x^n = x + x^2 + \cdots + x^n + \cdots = \frac{x}{1-x},\ x \in (-1,1),$$

$$\sum_{n=0}^{\infty} x^{2n} = 1 + x^2 + x^4 + \cdots + x^{2n} + \cdots = \frac{1}{1-x^2},\ x \in (-1,1),$$

$$\sum_{n=0}^{\infty} (-x)^n = 1 - x + x^2 - x^3 + \cdots + (-x)^n + \cdots = \frac{1}{1+x},\ x \in (-1,1).$$

例 12-35 求幂级数 $\sum_{n=1}^{\infty} n x^{n-1}$ 的和函数.

解 因为

$$R = \lim_{n\to\infty}\left|\frac{a_n}{a_{n+1}}\right| = \lim_{n\to\infty}\frac{\frac{1}{n}}{\frac{1}{n+1}} = 1,$$

所以所求级数的收敛半径 $R=1$. 又因为当 $x=1$ 时，级数 $\sum_{n=1}^{\infty} n x^{n-1} = \sum_{n=1}^{\infty} n$，$\lim_{n\to\infty} u_n = \lim_{n\to\infty} n = \infty \neq 0$，级数发散，当 $x=-1$ 时，级数 $\sum_{n=1}^{\infty} n x^{n-1} = \sum_{n=1}^{\infty} (-1)^{n-1} n$，$\{S_n\}$ 的极限不存在，级数发散，所以，所求级数 $\sum_{n=1}^{\infty} n x^{n-1}$ 的收敛域是 $(-1,1)$.

当 $|x|<1$ 时，$\sum_{n=1}^{\infty} n x^{n-1}$ 绝对收敛，记和函数为 $S(x)$，则

$$\int_0^x S(t)\,dt = \sum_{n=0}^{\infty}\int_0^x n t^{n-1}\,dt = \sum_{n=0}^{\infty} x^n = \frac{x}{1-x},$$

所以

$$S(x) = \left(\int_0^x S(t)\,dt\right)' = \left(\frac{x}{1-x}\right)' = \frac{1}{(1-x)^2},\ x \in (-1,1),$$

或

$$S(x) = \sum_{n=1}^{\infty} n x^{n-1} = \sum_{n=1}^{\infty} (x^n)' = \left(\sum_{n=1}^{\infty} x^n\right)' = \left(\frac{x}{1-x}\right)' = \frac{1}{(1-x)^2},\ x \in (-1,1).$$

例 12-36 求幂级数$\sum_{n=0}^{\infty}\frac{x^n}{n+1}$的和函数.

解 因为级数$\sum_{n=0}^{\infty}\frac{x^n}{n+1}$的收敛半径$R=1$，且当$x=1$时，级数$\sum_{n=0}^{\infty}\frac{x^n}{n+1}=\sum_{n=0}^{\infty}\frac{1}{n+1}$，这时级数发散，当$x=-1$时，级数$\sum_{n=0}^{\infty}\frac{x^n}{n+1}=\sum_{n=0}^{\infty}\frac{(-1)^n}{n+1}$，这时级数收敛，所以，所求级数$\sum_{n=1}^{\infty}\frac{x^n}{n}$的收敛域是$[-1,1)$. 从而

$$S(x)=\sum_{n=0}^{\infty}\frac{x^n}{n+1},$$

于是

$$xS(x)=\sum_{n=0}^{\infty}\frac{x^{n+1}}{n+1}.$$

因此，利用逐项求导，可得

$$[xS(x)]'=\sum_{n=0}^{\infty}\left(\frac{x^{n+1}}{n+1}\right)'=\sum_{n=0}^{\infty}x^n=\frac{1}{1-x}.$$

对上式从 0 到 x 积分，可得

$$xS(x)=\int_0^x\frac{1}{1-x}\mathrm{d}x=-\ln(1-x),$$

所以，当$x\neq0$时，有$S(x)=-\frac{1}{x}\ln(1-x)$，$x\in[-1,0)\cup(0,1)$. 而$x=0$时，有$S(0)=1$. 故

$$S(x)=\begin{cases}-\frac{1}{x}\ln(1-x), & x\in[-1,0)\cup(0,1),\\ 1, & x=0.\end{cases}$$

例 12-37 求幂级数$\sum_{n=1}^{\infty}nx^n$的和函数.

解 因为级数$\sum_{n=1}^{\infty}nx^n$的收敛半径$R=1$，又因为当$x=1$时，级数$\sum_{n=1}^{\infty}nx^n=\sum_{n=1}^{\infty}n$，$\lim\limits_{n\to\infty}u_n=\lim\limits_{n\to\infty}n=\infty\neq0$，级数发散，当$x=-1$时，级数$\sum_{n=1}^{\infty}nx^n=\sum_{n=1}^{\infty}(-1)^n n$，$\{S_n\}$的极限不存在，级数发散，所以，所求级数$\sum_{n=1}^{\infty}nx^n$的收敛域是$(-1,1)$. 从而有

$$\sum_{n=1}^{\infty}nx^n=x\sum_{n=1}^{\infty}nx^{n-1}=x\sum_{n=1}^{\infty}(x^n)'=x(\sum_{n=1}^{\infty}x^n)'=x\left(\frac{x}{1-x}\right)'=\frac{x}{(1-x)^2},\ x\in(-1,1).$$

例 12-38 求幂级数$\sum_{n=1}^{\infty}n^2x^{n-1}$的和函数，并求$\sum_{n=1}^{\infty}n^2\left(\frac{1}{2}\right)^{n-1}$的和.

解 因为级数$\sum_{n=1}^{\infty}n^2x^{n-1}$的收敛半径$R=1$，又因为当$x=1$时，级数$\sum_{n=1}^{\infty}n^2x^{n-1}=\sum_{n=1}^{\infty}n^2$，

$\lim\limits_{n\to\infty}u_n=\lim\limits_{n\to\infty}n^2=\infty\neq 0$，级数发散，当 $x=-1$ 时，级数 $\sum\limits_{n=1}^{\infty}n^2x^{n-1}=\sum\limits_{n=1}^{\infty}(-1)^{n-1}n^2$，$\{S_n\}$ 的极限不存在，级数发散，所以，所求级数 $\sum\limits_{n=1}^{\infty}n^2x^{n-1}$ 的收敛域是$(-1,1)$. 从而有

$$\begin{aligned}S(x)&=\sum_{n=1}^{\infty}n^2x^{n-1}=\sum_{n=1}^{\infty}[(n+1)-1]nx^{n-1}\\&=\sum_{n=1}^{\infty}n(n+1)x^{n-1}-\sum_{n=1}^{\infty}nx^{n-1}=(\sum_{n=1}^{\infty}x^{n+1})''-(\sum_{n=1}^{\infty}x^{n})'\\&=\left(\frac{x}{1-x}\right)''-\left(\frac{x}{1-x}\right)'=\frac{2}{(1-x)^3}-\frac{1}{(1-x)^2}\\&=\frac{1+x}{(1-x)^3},\ x\in(-1,1).\end{aligned}$$

于是

$$\sum_{n=1}^{\infty}n^2\left(\frac{1}{2}\right)^{n-1}=S\left(\frac{1}{2}\right)=\frac{1+\frac{1}{2}}{\left(1-\frac{1}{2}\right)^3}=12.$$

习题 12.4

1. 求下列幂级数的收敛半径、收敛区间及收敛域.

(1) $\sum\limits_{n=1}^{\infty}(-1)^{n-1}\dfrac{x^n}{n^2}$；　(2) $\sum\limits_{n=1}^{\infty}\dfrac{(x-2)^n}{n^2}$；

(3) $\sum\limits_{n=1}^{\infty}\dfrac{x^n}{n\cdot 3^n}$；　(4) $\sum\limits_{n=1}^{\infty}(-1)^n\dfrac{x^{2n+1}}{2n+1}$；

(5) $\sum\limits_{n=1}^{\infty}(2n-1)!\cdot(x+1)^n$；　(6) $\sum\limits_{n=1}^{\infty}\dfrac{1}{n^3\cdot 2^n}x^n$；

(7) $\sum\limits_{n=1}^{\infty}\dfrac{(x-5)^n}{\sqrt{n}}$；　(8) $\sum\limits_{n=1}^{\infty}\dfrac{2n-1}{2^n}x^{2n-2}$.

2. 求下列幂级数的和函数.

(1) $\sum\limits_{n=1}^{\infty}(-1)^{n-1}\dfrac{x^n}{n}$；　(2) $\sum\limits_{n=1}^{\infty}\dfrac{x^{n+1}}{n(n+1)}$；

(3) $\sum\limits_{n=1}^{\infty}nx^{n+1}$；　(4) $\sum\limits_{n=1}^{\infty}\dfrac{x^{2n-1}}{2n-1}$.

3. 求幂级数 $1+\sum\limits_{n=1}^{\infty}(-1)^n\dfrac{x^{2n}}{2n}$ 的和函数 $s(x)$，以及和函数 $s(x)$ 的极值.

4. 求幂级数 $\sum_{n=0}^{\infty}\frac{x^{2n+1}}{2n+1}$ 的和函数 $s(x)$ 及常数项级数 $\sum_{n=0}^{\infty}\frac{1}{(2n+1)\cdot 3^n}$ 的和.

5. 求极限 $\lim_{n\to\infty}\left(\frac{1}{a}+\frac{2}{a^2}+\cdots+\frac{n}{a^n}\right)$，其中 $a>1$.

§12.5 函数的幂级数展开

前面讨论了幂级数的收敛域及其和函数，但在许多应用中. 我们遇到的却是相反的问题：对给定函数 $f(x)$，需要考虑是否能在某个区间内将其表示成幂级数. 即能否找到一个幂级数，它在某区间内收敛，且其和恰好就是给定的函数 $f(x)$. 如果这样的幂级数存在，则称函数 $f(x)$ 在该区间内能**展开成幂级数**. 将函数用幂级数的形式表示，会给函数的研究及计算带来许多方便.

12.5.1 泰勒级数

1. 泰勒公式

在一元微分学中，我们学习过可微分的概念和拉格朗日中值定理. 在引入记号 $0!=1$、$(x-x_0)^0=1$、$f^{(0)}(x)=f(x)$ 的前提下，函数 $f(x)$ 在 $x=x_0$ 处可微分可表示为

$$f(x)=\frac{f^{(0)}(x_0)}{0!}(x-x_0)^0+\frac{f^{(1)}(x_0)}{1!}(x-x_0)^1+o((x-x_0)^1),$$

拉格朗日中值定理在 x 与 x_0 构成的区间上可表示为

$$f(x)=\frac{f^{(0)}(x_0)}{0!}(x-x_0)^0+\frac{f^{(1)}(\xi)}{1!}(x-x_0)^1,$$

其中 ξ 是介于 x_0 与 x 之间的某个值. 当函数 $f(x)$ 在 $x=x_0$ 处有更高阶的导数时，上述结论均可以推广为泰勒公式.

泰勒公式 1(带皮亚诺余项的泰勒公式) 如果函数 $f(x)$ 在 $x=x_0$ 处有 n 阶导数，则当 $x\to x_0$ 时，有

$$f(x)=f(x_0)+f'(x_0)(x-x_0)+\frac{f''(x_0)}{2!}(x-x_0)^2+\cdots+\frac{f^{(n)}(x_0)}{n!}(x-x_0)^n+R_n(x),$$

其中 $R_n(x)=o((x-x_0)^n)$，称为 $f(x)$ 在 $x=x_0$ 处 n 阶泰勒公式的皮亚诺余项，而

$$f(x)=\sum_{k=0}^{n}\frac{f^{(k)}(x_0)}{k!}(x-x_0)^k+o((x-x_0)^n)$$

称为 $f(x)$ 在 $x=x_0$ 处带皮亚诺余项的泰勒公式.

带皮亚诺余项的泰勒公式可用于 $x\to x_0$ 时函数 $f(x)$ 性状的讨论与极限的计算.

泰勒公式 2(带拉格朗日余项的泰勒公式) 如果函数 $f(x)$ 在 $U(x_0)$ 处有 $n+1$ 阶导数，则当 $x\in U(x_0)$ 时，有

$$f(x)=f(x_0)+f'(x_0)(x-x_0)+\frac{f''(x_0)}{2!}(x-x_0)^2+\cdots+\frac{f^{(n)}(x_0)}{n!}(x-x_0)^n+R_n(x),$$

其中 $R_n(x)=\frac{f^{(n+1)}(\xi)}{(n+1)!}(x-x_0)^{n+1}$，称为 $f(x)$ 在 $x=x_0$ 处 n 阶泰勒公式的拉格朗日余项，这里 ξ 是介于 x_0 与 x 之间的某个值. 而

$$f(x)=\sum_{k=0}^{n}\frac{f^{(k)}(x_0)}{k!}(x-x_0)^k+\frac{f^{(n+1)}(\xi)}{(n+1)!}(x-x_0)^{n+1}$$

为 $f(x)$ 在 $x=x_0$ 处带拉格朗日余项的 n 阶泰勒公式.

带拉格朗日余项的泰勒公式主要用于讨论函数 $f(x)$ 在 x_0 附近的性状与函数 $f(x)$ 的取值大小.

2. 泰勒级数

如果函数 $f(x)$ 在 x_0 的某个领域内可以表示成关于 $x-x_0$ 的幂级数，即

$$f(x)=a_0+a_1(x-x_0)+a_2(x-x_0)^2+\cdots+a_n(x-x_0)^n+\cdots$$

那么由 12.4 节定理 3 知，它的和函数在收敛半径内存在任意阶导数，因此在收敛半径内有

$$f'(x)=a_1+2a_2(x-x_0)+3a_3(x-x_0)^2+\cdots+na_n(x-x_0)^{n-1}+\cdots,$$

$$f''(x)=2a_2+3\cdot 2a_3(x-x_0)+\cdots+n(n-1)a_n(x-x_0)^{n-2}+\cdots,$$

$$\cdots$$

$$f^{(n)}(x)=n\cdot(n-1)\cdot\cdots\cdot 2\cdot 1a_n+(n+1)\cdot n\cdot(n-1)\cdot\cdots\cdot 2a_{n+1}(x-x_0)+\cdots,$$

$$\cdots$$

用 $x=x_0$ 代入得

$$f(x_0)=a_0,f'(x_0)=a_1,f'(x_0)=2!\ a_2,\cdots,f^{(n)}(x_0)=n!\ a_n,\cdots,$$

即

$$a_n=\frac{f^{(n)}(x_0)}{n!},\ n=0,1,2,\cdots.$$

于是，如果函数 $f(x)$ 在 x_0 的某个领域内可以表示成关于 $x-x_0$ 的幂级数，则可以得到幂级数的系数为 $a_n=\frac{f^{(n)}(x_0)}{n!}$，$n=0,1,2,\cdots$.

如果函数 $f(x)$ 在 x_0 处有任意阶导数，那么可以得到幂级数

$$f(x_0)+f'(x_0)(x-x_0)+\frac{f''(x_0)}{2!}(x-x_0)^2+\cdots+\frac{f^{(n)}(x_0)}{n!}(x-x_0)^n+\cdots,$$

称为函数 $f(x)$ 在 $x-x_0$ 的**泰勒级数**，记为

$$f(x)\sim f(x_0)+f'(x_0)(x-x_0)+\frac{f''(x_0)}{2!}(x-x_0)^2+\cdots+\frac{f^{(n)}(x_0)}{n!}(x-x_0)^n+\cdots.$$

特别指出，当 $x_0=0$ 时，

$$f(x)\sim f(0)+f'(0)x+\frac{f''(0)}{2!}x^2+\cdots+\frac{f^{(n)}(0)}{n!}x^n+\cdots$$

称为函数 $f(x)$ 的**麦克劳林级数**.

从上面的讨论可以知道，只要函数 $f(x)$ 在 x_0 处有任意阶导数，则函数 $f(x)$ 在 $x=x_0$ 的泰勒级数一定存在，但是由此生成的泰勒级数 $\sum_{n=0}^{\infty}\frac{f^{(n)}(x_0)}{n!}(x-x_0)^n$ 是否能在一定的区域内收敛到 $f(x)$，就成为我们必须面对的首要问题.

定理 如果函数 $f(x)$ 在 x_0 的某个领域 $U(x_0)$ 内有任意阶导数，则函数 $f(x)$ 的泰勒级数 $\sum_{n=0}^{\infty}\frac{f^{(n)}(x_0)}{n!}(x-x_0)^n$ 在 $U(x_0)$ 内收敛到 $f(x)$ 的充要条件是函数 $f(x)$ 的泰勒公式中的余项 $R_n(x)$ 在 $U(x_0)$ 内，且 $\lim\limits_{n\to\infty}R_n(x)=\lim\limits_{n\to\infty}\frac{f^{(n+1)}(\xi)}{(n+1)!}(x-x_0)^{n+1}=0$.

证 因为函数 $f(x)$ 在 x_0 的某个领域 $U(x_0)$ 内有任意阶导数，由泰勒公式，对于任意的 n 都有

$$f(x)=\sum_{k=0}^{n}\frac{f^{(k)}(x_0)}{k!}(x-x_0)^k+R_n(x),\ x\in U(x_0).$$

因此，

$$f(x)=\lim_{n\to\infty}\left[\sum_{k=0}^{n}\frac{f^{(k)}(x_0)}{k!}(x-x_0)^k+R_n(x)\right]$$

存在. 所以由极限的性质知

$$f(x)=\lim_{n\to\infty}\sum_{k=0}^{n}\frac{f^{(k)}(x_0)}{k!}(x-x_0)^k=\sum_{k=0}^{\infty}\frac{f^{(k)}(x_0)}{k!}(x-x_0)^k,\ x\in U(x_0)$$

的充分必要条件是 $\lim\limits_{n\to\infty}R_n(x)=0,\ x\in U(x_0)$.

推论 如果函数 $f(x)$ 在 x_0 的某个领域 $U(x_0)$ 内有任意阶导数，并且存在常数 M，使得 $|f^{(n)}(x_0)|\leqslant M^n$(或者 $|f^{(n)}(x)|\leqslant M$)，$x\in U(x_0)$，$n=0,1,2,\cdots$，则

$$f(x)=\sum_{n=0}^{\infty}\frac{f^{(n)}(x_0)}{n!}(x-x_0)^n,\ x\in U(x_0).$$

证 因为

$$|R_n(x)|=\frac{1}{(n+1)!}|f^{(n+1)}(\xi)||x-x_0|^{n+1}\leqslant\frac{M^{n+1}}{(n+1)!}|x-x_0|^{n+1},\ n=1,2,3,\cdots,$$

而幂级数 $\sum_{n=0}^{\infty}\frac{M^{n+1}}{(n+1)!}(x-x_0)^{n+1}$ 的收敛半径 $R=\infty$，由级数收敛的必要条件可知当 $n\to\infty$ 时，$\frac{M^{n+1}}{(n+1)!}|x-x_0|^{n+1}\to 0$，$x\in(-\infty,\infty)$，即

$$\lim_{n\to\infty}\left|\frac{M^{n+1}}{(n+1)!}(x-x_0)^{n+1}\right|=\lim_{n\to\infty}\frac{M^{n+1}}{(n+1)!}|(x-x_0)^{n+1}|=0,\ x\in(-\infty,\infty).$$

于是，$\lim\limits_{n\to\infty}|R_n(x)|=0$. 所以结论成立.

12.5.2 函数的幂级数展开

将函数展开成幂级数通常有两种方法：直接展开法和间接展开法. 直接展开法为函数的幂级数展开提供了必要的准备；间接展开法在直接展开法的基础上，使函数的幂级数展开成为一种可行的基本计算.

1. 直接展开法

将函数 $f(x)$ 在 $x=x_0$ 直接展开成幂级数，可以按照下列步骤进行.

(1) 求出函数 $f(x)$ 在 $x=x_0$ 的各阶导数 $f^{(n)}(x_0)$，$n=0,1,2,3,\cdots$. 如果某阶导数不存在，就停止进行，函数不能展开成幂级数.

(2) 写出函数在 $x=x_0$ 处的级数 $\sum\limits_{n=0}^{\infty}\frac{f^{(n)}(x_0)}{n!}(x-x_0)^n$，并求出收敛半径 R.

(3) 考察在 $|x-x_0|<R$ 时，余项 $R_n(x)$ 的极限

$$\lim_{n\to\infty}R_n(x)=\lim_{n\to\infty}\frac{f^{(n+1)}(\xi)}{(n+1)!}(x-x_0)^{n+1}$$

是否为 0.

(4) 如果余项的极限是 0，则在 $|x-x_0|<R$ 时，函数可以展开成幂级数，写出展开式

$$f(x)=\sum_{n=0}^{\infty}\frac{f^{(n)}(x_0)}{n!}(x-x_0)^n.$$

例 12-39 把函数 $f(x)=\mathrm{e}^x$ 展开成 x 的幂级数(麦克劳林级数).

解 由 $f^{(n)}(x)=\mathrm{e}^x$，得 $f^{(n)}(0)=\mathrm{e}^0=1$，级数为

$$\sum_{n=0}^{\infty}\frac{f^{(n)}(0)}{n!}x^n=f(0)+f'(0)x+\frac{f''(0)}{2!}x^2+\cdots+\frac{f^{(n)}(0)}{n!}x^n+\cdots,$$

即

$$\sum_{n=0}^{\infty}\frac{1}{n!}x^n=1+x+\frac{1}{2!}x^2+\cdots+\frac{1}{n!}x^n+\cdots.$$

该级数收敛半径 $R=\infty$，且

$$|R_n(x)|=\left|\frac{f^{(n+1)}(\xi)}{(n+1)!}x^{n+1}\right|=\left|\frac{\mathrm{e}^{\xi}}{(n+1)!}x^{n+1}\right|<\mathrm{e}^{|x|}\cdot\frac{|x|^{n+1}}{(n+1)!},$$

即

$$-\mathrm{e}^{|x|}\cdot\frac{|x|^{n+1}}{(n+1)!}<R_n(x)<\mathrm{e}^{|x|}\cdot\frac{|x|^{n+1}}{(n+1)!}.$$

对级数 $\sum\limits_{n=0}^{\infty}\mathrm{e}^{|x|}\cdot\frac{|x|^{n+1}}{(n+1)!}$ 来说，因为

$$\lim_{n\to\infty}\left|\frac{u_{n+1}}{u_n}\right|=\lim_{n\to\infty}\frac{\mathrm{e}^{|x|}\cdot\frac{|x|^{n+2}}{(n+2)!}}{\mathrm{e}^{|x|}\cdot\frac{|x|^{n+1}}{(n+1)!}}=\lim_{n\to\infty}\frac{|x|}{n+2}=0<1,$$

所以级数收敛，由收敛级数性质知

$$\lim_{n\to\infty}u_n=\lim_{n\to\infty}e^{|x|}\cdot\frac{|x|^{n+1}}{(n+1)!}=0,$$

从而$\lim\limits_{n\to\infty}R_n(x)=0$，于是

$$f(x)=e^x=\sum_{n=0}^{\infty}\frac{1}{n!}x^n=1+x+\frac{1}{2!}x^2+\cdots+\frac{1}{n!}x^n+\cdots,\ x\in(-\infty,\infty).$$

例 12-40 把函数$f(x)=\sin x$展开成x的幂级数(麦克劳林级数).

解 由$f^{(n)}(x)=\sin\left(x+\dfrac{n}{2}\pi\right)$，得

$f(0)=0,f'(0)=1,f''(0)=0,f'''(0)=-1,\cdots,f^{(2k)}(0)=0,f^{(2k+1)}(0)=(-1)^k$，
级数为

$$\sum_{n=0}^{\infty}\frac{f^{(n)}(0)}{n!}x^n=f(0)+f'(0)x+\frac{f''(0)}{2!}x^2+\cdots+\frac{f^{(n)}(0)}{n!}x^n+\cdots,$$

即

$$\sum_{n=0}^{\infty}(-1)^n\frac{x^{2n+1}}{(2n+1)!}=x-\frac{x^3}{3!}+\frac{x^5}{5!}+\cdots+(-1)^n\frac{x^{2n+1}}{(2n+1)!}+\cdots.$$

该级数收敛半径$R=\infty$，且

$$|R_n(x)|=\left|\frac{f^{(n+1)}(\xi)}{(n+1)!}x^{n+1}\right|=\left|\frac{\sin\left[\xi+\frac{(n+1)\pi}{2}\right]}{(n+1)!}x^{n+1}\right|<\frac{|x|^{n+1}}{(n+1)!},$$

即

$$-\frac{|x|^{n+1}}{(n+1)!}<R_n(x)<\frac{|x|^{n+1}}{(n+1)!}.$$

对级数$\sum\limits_{n=0}^{\infty}\dfrac{|x|^{n+1}}{(n+1)!}$来说，因为

$$\lim_{n\to\infty}\left|\frac{u_{n+1}}{u_n}\right|=\lim_{n\to\infty}\frac{\dfrac{|x|^{n+2}}{(n+2)!}}{\dfrac{|x|^{n+1}}{(n+1)!}}=\lim_{n\to\infty}\frac{|x|}{n+2}=0<1,$$

所以$\sum\limits_{n=0}^{\infty}\dfrac{|x|^{n+1}}{(n+1)!}$收敛，由性质知

$$\lim_{n\to\infty}u_n=\lim_{n\to\infty}\frac{|x|^{n+1}}{(n+1)!}=0,$$

从而$\lim\limits_{n\to\infty}R_n(x)=0$，于是

$$f(x)=\sin x=\sum_{n=0}^{\infty}(-1)^n\frac{x^{2n+1}}{(2n+1)!}$$

$$=x-\frac{x^3}{3!}+\frac{x^5}{5!}+\cdots+(-1)^n\frac{x^{2n+1}}{(2n+1)!}+\cdots,\ x\in(-\infty,\infty).$$

例 12－41 将函数 $f(x)=(1+x)^m$ 展开成 x 的幂级数，其中 m 为任意常数.

解 函数 $f(x)$ 的各阶导数为

$$f'(x)=m(1+x)^{m-1},$$
$$f''(x)=m(m-1)(1+x)^{m-2},$$
$$\cdots$$
$$f^{(n)}(x)=m(m-1)(m-2)\cdots(m-n+1)(1+x)^{m-n},$$
$$\cdots$$

所以，$f(0)=1, f'(0)=m, f''(0)=m(m-1),\cdots$

$f^{(n)}(0)=m(m-1)(m-2)\cdots(m-n+1)$,

$\cdots$

于是得级数

$$1+mx+\frac{m(m-1)}{2!}x^2+\cdots+\frac{m(m-1)(m-2)\cdots(m-n+1)}{n!}x^n+\cdots.$$

该级数相邻两项的系数之比的绝对值 $\left|\frac{a_{n+1}}{a_n}\right|=\left|\frac{m-n}{n+1}\right|\to 1(n\to\infty)$，因此，对于任意常数 m，该级数在 $(-1,1)$ 内收敛.

为了避免直接研究余项，该级数在开区间 $(-1,1)$ 内收敛到函数 $F(x)$：

$$F(x)=1+mx+\frac{m(m-1)}{2!}x^2+\cdots+\frac{m(m-1)(m-2)\cdots(m-n+1)}{n!}x^n+\cdots.$$

我们来证明 $F(x)=(1+x)^m$，$x\in(-1,1)$.

逐项求导，得

$$F'(x)=m\left[1+\frac{m-1}{1}x+\cdots+\frac{(m-1)(m-2)\cdots(m-n+1)}{(n-1)!}x^{n-1}+\cdots\right].$$

两边各乘以 $(1+x)$ 并把含有 $x^n(n=1,2,3,\cdots)$ 的两项合起来. 根据恒等式

$$\frac{(m-1)(m-2)\cdots(m-n+1)}{(n-1)!}+\frac{(m-1)(m-2)\cdots(m-n)}{n!}$$
$$=\frac{m(m-1)(m-2)\cdots(m-n+1)}{n!}(n=1,2,3,\cdots),$$

有

$$(1+x)F'(x)=m\left[1+mx+\frac{m(m-1)}{2!}x^2+\cdots+\frac{m(m-1)(m-2)\cdots(m-n+1)}{n!}x^n+\cdots\right]$$
$$=mF(x),\ (-1<x<1).$$

现在令 $\varphi(x)=\frac{F(x)}{(1+x)^m}$，于是 $\varphi(0)=F(0)=1$，且

$$\varphi'(x)=\frac{(1+x)^mF'(x)-m(1+x)^{m-1}F(x)}{(1+x)^{2m}}$$
$$=\frac{(1+x)^{m-1}[(1+x)F'(x)-mF(x)]}{(1+x)^{2m}}=0,$$

所以 $\varphi(x)=c$(常数). 但是 $\varphi(0)=1$，从而 $\varphi(x)=1$，即

$$F(x)=(1+x)^m.$$

因此在区间 $(-1,1)$ 内，有展开式

$$(1+x)^m=1+mx+\frac{m(m-1)}{2!}x^2+\cdots+\frac{m(m-1)(m-2)\cdots(m-n+1)}{n!}x^n+\cdots,\ x\in(-1,1).$$

上面的公式叫作**二项展开式**. 特别指出，当 m 为正整数时，级数为 x 的 m 次多项式就是代数学中的二项式定理.

在区间端点 $x=\pm 1$ 处，展开式能否成立与 m 的取值有关. 可以证明：

(1) 当 $m\leqslant -1$ 时，收敛域是 $(-1,1)$；

(2) 当 $-1<m\leqslant 0$ 时，收敛域是 $(-1,1]$；

(3) 当 $m>0$ 时，收敛域是 $[-1,1]$.

特别指出：

当 $m=\frac{1}{2}$ 时，可得 $\sqrt{1+x}=1+\frac{1}{2}x-\frac{1}{2\cdot 4}x^2+\frac{1\cdot 3}{2\cdot 4\cdot 6}x^3+\cdots,\ x\in[-1,1]$；

当 $m=-\frac{1}{2}$ 时，可得 $\frac{1}{\sqrt{1+x}}=1-\frac{1}{2}x+\frac{1\cdot 3}{2\cdot 4}x^2-\frac{1\cdot 3\cdot 5}{2\cdot 4\cdot 6}x^3+\cdots,\ x\in(-1,1]$.

2. 间接展开法

幂级数的间接展开法是利用已知的幂级数展开式，通过函数的恒等变形以及幂级数的运算获得所需函数的幂级数展开.

例 12-42 把函数 $f(x)=\cos x$ 展开成 x 的幂级数(麦克劳林级数).

解 对

$$\sin x=\sum_{n=0}^{\infty}(-1)^n\frac{x^{2n+1}}{(2n+1)!}=x-\frac{x^3}{3!}+\frac{x^5}{5!}+\cdots+(-1)^n\frac{x^{2n+1}}{(2n+1)!}+\cdots$$

逐项求导，得

$$\cos x=\sum_{n=0}^{\infty}(-1)^n\frac{x^{2n}}{(2n)!}=1-\frac{x^2}{2!}+\frac{x^4}{4!}+\cdots+(-1)^n\frac{x^{2n}}{(2n)!}+\cdots,\ x\in(-\infty,\infty).$$

例 12-43 把函数 $f(x)=\ln(1+x)$ 展开成 x 的幂级数(麦克劳林级数).

解 因为 $f'(x)=\frac{1}{1+x}$，且 $\frac{1}{1+x}=1-x+x^2-x^3+\cdots+(-x)^n+\cdots,\ x\in(-1,1)$，

两边逐项积分，得

$$\ln(1+x)=x-\frac{x^2}{2}+\frac{x^3}{3}-\cdots+(-1)^n\frac{x^{n+1}}{n+1}+\cdots,\ x\in(-1,1].$$

常用的麦克劳林展开式：

$$\frac{1}{1-x}=\sum_{n=0}^{\infty}x^n=1+x+x^2+\cdots+x^n+\cdots,\ x\in(-1,1);$$

$$\frac{1}{1+x}=\sum_{n=0}^{\infty}(-x)^n=1-x+x^2-x^3+\cdots+(-x)^n+\cdots,\ x\in(-1,1);$$

$$\frac{x}{1-x}=\sum_{n=1}^{\infty}x^n=x+x^2+\cdots+x^n+\cdots,\ x\in(-1,1);$$

$$\frac{1}{1-x^2}=\sum_{n=0}^{\infty}x^{2n}=1+x^2+x^4+\cdots+x^{2n}+\cdots,\ x\in(-1,1);$$

$$e^x=\sum_{n=0}^{\infty}\frac{1}{n!}x^n=1+x+\frac{1}{2!}x^2+\cdots+\frac{1}{n!}x^n+\cdots,\ x\in(-\infty,\infty);$$

$$\sin x=\sum_{n=0}^{\infty}(-1)^n\frac{x^{2n+1}}{(2n+1)!}=x-\frac{x^3}{3!}+\frac{x^5}{5!}+\cdots+(-1)^n\frac{x^{2n+1}}{(2n+1)!}+\cdots,\ x\in(-\infty,\infty);$$

$$\cos x=\sum_{n=0}^{\infty}(-1)^n\frac{x^{2n}}{(2n)!}=1-\frac{x^2}{2!}+\frac{x^4}{4!}+\cdots+(-1)^n\frac{x^{2n}}{(2n)!}+\cdots,\ x\in(-\infty,\infty);$$

$$\ln(1+x)=x-\frac{x^2}{2}+\frac{x^3}{3}-\cdots+(-1)^n\frac{x^{n+1}}{n+1}+\cdots,\ x\in(-1,1];$$

$$(1+x)^m=1+mx+\frac{m(m-1)}{2}x^2+\cdots+\frac{m(m-1)\cdots(m-n+1)}{n!}x^n+\cdots,\ x\in(-1,1),\ m\in(-\infty,\infty).$$

例 12-44 把函数 $f(x)=\frac{1}{3-x}$ 展开成 x 的幂级数(麦克劳林级数).

解 因为

$$\frac{1}{1-x}=1+x+x^2+x^3+\cdots+x^n+\cdots,\ x\in(-1,1),$$

所以

$$\frac{1}{1-\frac{x}{3}}=1+\frac{x}{3}+\left(\frac{x}{3}\right)^2+\left(\frac{x}{3}\right)^3+\cdots+\left(\frac{x}{3}\right)^n+\cdots=\sum_{n=0}^{\infty}\left(\frac{x}{3}\right)^n,\ -1<\frac{x}{3}<1,$$

故

$$f(x)=\frac{1}{3-x}=\frac{1}{3\left(1-\frac{x}{3}\right)}=\frac{1}{3}\sum_{n=0}^{\infty}\left(\frac{x}{3}\right)^n,\ -3<x<3.$$

例 12-45 把函数 $f(x)=\frac{1}{3-x}$ 展开成 $x-1$ 的幂级数(麦克劳林级数).

解 因为 $\frac{1}{1-x}=\sum_{n=0}^{\infty}x^n=1+x+x^2+x^3+\cdots+x^n+\cdots,\ x\in(-1,1)$,

所以

$$f(x)=\frac{1}{3-x}=\frac{1}{2-(x-1)}=\frac{1}{2}\cdot\frac{1}{1-\frac{x-1}{2}}=\frac{1}{2}\sum_{n=0}^{\infty}\left(\frac{x-1}{2}\right)^n$$

$$=\frac{1}{2}\left[1+\frac{x-1}{2}+\left(\frac{x-1}{2}\right)^2+\cdots+\left(\frac{x-1}{2}\right)^n+\cdots\right],$$

其中 $-1<\frac{x-1}{2}<1$，即$-1<x<3$.

例 12-46 把函数$f(x)=\frac{1}{x^2+4x+3}$展开成$x-1$的幂级数(麦克劳林级数).

解 因为

$$f(x)=\frac{1}{x^2+4x+3}=\frac{1}{(x+1)(x+3)}=\frac{1}{2(1+x)}-\frac{1}{2(3+x)}$$

$$=\frac{1}{4\left(1+\frac{x-1}{2}\right)}-\frac{1}{8\left(1+\frac{x-1}{4}\right)}$$

$$=\frac{1}{4}\sum_{n=0}^{\infty}(-1)^n\frac{(x-1)^n}{2^n}-\frac{1}{8}\sum_{n=0}^{\infty}(-1)^n\frac{(x-1)^n}{4^n}$$

$$=\sum_{n=0}^{\infty}(-1)^n\left(\frac{1}{2^{n+2}}-\frac{1}{2^{2n+3}}\right)(x-1)^n,$$

其中 $-1<\frac{x-1}{2}<1$，即$-1<x<3$，且$-1<\frac{x-1}{4}<1$，即$-3<x<5$，于是

$$(-1,3)\cap(-3,5)=(-1,3),$$

所以展开式中$x\in(-1,3)$.

例 12-47 把函数$f(x)=\sin x$展开成$x-\frac{\pi}{4}$的幂级数(麦克劳林级数).

解 因为

$$f(x)=\sin x=\sin\left[\frac{\pi}{4}+\left(x-\frac{\pi}{4}\right)\right]=\sin\frac{\pi}{4}\cos\left(x-\frac{\pi}{4}\right)+\cos\frac{\pi}{4}\sin\left(x-\frac{\pi}{4}\right)$$

$$=\frac{1}{\sqrt{2}}\left[\cos\left(x-\frac{\pi}{4}\right)+\sin\left(x-\frac{\pi}{4}\right)\right],$$

又因为

$$\sin\left(x-\frac{\pi}{4}\right)=\sum_{n=0}^{\infty}(-1)^n\frac{\left(x-\frac{\pi}{4}\right)^{2n+1}}{(2n+1)!}$$

$$=\left(x-\frac{\pi}{4}\right)-\frac{\left(x-\frac{\pi}{4}\right)^3}{3!}+\frac{\left(x-\frac{\pi}{4}\right)^5}{5!}+\cdots+(-1)^n\frac{\left(x-\frac{\pi}{4}\right)^{2n+1}}{(2n+1)!}+\cdots,\ x\in(-\infty,\infty),$$

$$\cos\left(x-\frac{\pi}{4}\right)=\sum_{n=0}^{\infty}(-1)^n\frac{\left(x-\frac{\pi}{4}\right)^{2n}}{(2n)!}$$

$$=1-\frac{\left(x-\frac{\pi}{4}\right)^2}{2!}+\frac{\left(x-\frac{\pi}{4}\right)^4}{4!}+\cdots+(-1)^n\frac{\left(x-\frac{\pi}{4}\right)^{2n}}{(2n)!}+\cdots,\ x\in(-\infty,\infty),$$

所以

$$\sin x=\frac{1}{\sqrt{2}}\left[\cos\left(x-\frac{\pi}{4}\right)+\sin\left(x-\frac{\pi}{4}\right)\right]$$

$$=\frac{1}{\sqrt{2}}\left[1+\left(x-\frac{\pi}{4}\right)-\frac{\left(x-\frac{\pi}{4}\right)^2}{2!}-\frac{\left(x-\frac{\pi}{4}\right)^3}{3!}+\frac{\left(x-\frac{\pi}{4}\right)^4}{4!}+\cdots\right],\ x\in(-\infty,\infty).$$

习题 12.5

1. 将下列函数展开成 x 幂级数.

(1) $f(x)=a^x$，($a>0$ 且 $a\neq 1$)；

(2) $f(x)=\cos^2 x$；

(3) $f(x)=e^{-x^2}$；

(4) $f(x)=\ln(10+x)$；

(5) $f(x)=\dfrac{x}{x^2-2x-3}$.

2. 将函数 $f(x)=\arctan x$ 展开成 x 的幂级数.

3. 将函数 $f(x)=\dfrac{1}{2x^2-3x+1}$ 展开成 $x-1$ 的幂级数.

4. 将函数 $f(x)=\ln(3x-x^2)$ 展开成 $x-1$ 的幂级数.

5. 将函数 $f(x)=\dfrac{1}{x^2+3x+2}$ 展开成 $x+4$ 的幂级数.

§12.6 幂级数的应用

12.6.1 函数值的近似计算

级数的一个主要应用就是被利用来进行函数值的计算. 常用的三角函数表、对数表等，都是利用级数计算出来的.

在函数的幂级数展开式中，取前 n 项和作为函数的近似计算公式，余项 R_n 就是所产生的误差，称为截断误差.

例如，由正弦函数的幂级数展开式

$$\sin x=\sum_{n=0}^{\infty}(-1)^n\frac{x^{2n+1}}{(2n+1)!}$$

$$=x-\frac{x^3}{3!}+\frac{x^5}{5!}+\cdots+(-1)^n\frac{x^{2n+1}}{(2n+1)!}+\cdots,\ x\in(-\infty,\infty)$$

可得到以下近似计算公式:

$$\sin x\approx x,\ \sin x\approx x-\frac{x^3}{3!},\ \sin x\approx x-\frac{x^3}{3!}+\frac{x^5}{5!}.$$

取前 n 项和作为函数的近似计算公式,n 越大,误差就越小,

例 12-48 利用 $\sin x\approx x-\frac{x^3}{3!}$,求 sin9 的近似值,并估计误差.

解 利用所给近似公式,可得

$$\sin 9=\sin\frac{\pi}{20}\approx\frac{\pi}{20}-\frac{1}{3!}\left(\frac{\pi}{20}\right)^3,$$

误差

$$r_2=\sum_{n=0}^{\infty}(-1)^n\frac{x^{2n+1}}{(2n+1)!}-\left[x-\frac{x^3}{3!}\right]$$

$$=\frac{x^5}{5!}-\frac{x^7}{7!}+\frac{x^9}{9!}+\cdots+(-1)^n\frac{x^{2n+1}}{(2n+1)!}+\cdots$$

$$=\sum_{n=2}^{\infty}(-1)^n\frac{x^{2n+1}}{(2n+1)!}.$$

根据交错级数的性质,知

$$|r_2|\leqslant\frac{x^5}{5!}=\frac{1}{5!}\left(\frac{\pi}{20}\right)^5<\frac{1}{120}(0.2)^5<\frac{1}{300000}<10^{-5},$$

因此,取 $\frac{\pi}{20}\approx 0.157080$,$\left(\frac{\pi}{20}\right)^3\approx 0.003876$,于是得

$$\sin 9=\sin\frac{\pi}{20}\approx\frac{\pi}{20}-\frac{1}{3!}\left(\frac{\pi}{20}\right)^3\approx 0.157080-\frac{1}{6}\times 0.003876\approx 0.156434,$$

误差不超过 10^{-5}.

例 12-49 计算 $\sqrt[5]{240}$ 的近似值,要求误差不超过 0.0001.

解 由于 $\sqrt[5]{240}=(3^5-3)^{\frac{1}{5}}=3\left(1-\frac{1}{3^4}\right)^{\frac{1}{5}}$,在二项展开式中取 $m=\frac{1}{5}$,$x=-\frac{1}{3^4}$,有

$$\sqrt[5]{240}=3\left(1-\frac{1}{5}\cdot\frac{1}{3^4}-\frac{1\cdot 4}{5^2\cdot 2!}\cdot\frac{1}{3^8}-\frac{1\cdot 4\cdot 9}{5^3\cdot 3!}\cdot\frac{1}{3^{12}}-\frac{1\cdot 4\cdot 9\cdot 14}{5^4\cdot 4!}\cdot\frac{1}{3^{16}}-\cdots\right).$$

如果取前两项的和为 $\sqrt[5]{240}$ 的近似值,其误差为

$$\left|r_2\left(-\frac{1}{3^4}\right)\right|=\sqrt[5]{240}=3\left(\frac{1\cdot 4}{5^2\cdot 2!}\cdot\frac{1}{3^8}+\frac{1\cdot 4\cdot 9}{5^3\cdot 3!}\cdot\frac{1}{3^{12}}+\frac{1\cdot 4\cdot 9\cdot 14}{5^4\cdot 4!}\cdot\frac{1}{3^{16}}+\cdots\right)$$

$$< 3 \cdot \frac{1 \cdot 4}{5^2 \cdot 2!} \cdot \frac{1}{3^8}\left(1+\frac{1}{3^4}+\frac{1}{3^8}+\frac{1}{3^{12}}+\cdots\right)$$

$$= \frac{2}{5^2 \cdot 3^7} \cdot \frac{1}{1-\frac{1}{3^4}} < 10^{-4}.$$

故$\sqrt[5]{240}$ 的误差不超过 0.0001 的近似值为$\sqrt[5]{240} \approx 3\left(1-\frac{1}{405}\right) \approx 2.9926$.

例 12－50 计算 ln2 的近似值(误差不超过 10^{-4}).

解 当 $x \in (-1,1]$ 时，$\ln(1+x) = x-\frac{x^2}{2}+\frac{x^3}{3}-\cdots+(-1)^n\frac{x^{n+1}}{n+1}+\cdots$，令 $x=1$ 可得

$$\ln 2 = 1-\frac{1}{2}+\frac{1}{3}-\cdots+(-1)^{n-1}\frac{1}{n}+\cdots.$$

如果取该级数的前 n 项和作为 ln2 的近似值，其误差为 $|r_n| \leqslant \frac{1}{n+1}$.

为了保证误差不超过 10^{-4}，需要取级数的前 10000 项进行计算. 这样做计算量太大了，我们必须用收敛较快的级数来代替它.

把展开式

$$\ln(1+x) = x-\frac{x^2}{2}+\frac{x^3}{3}-\frac{x^4}{4}+\cdots+(-1)^n\frac{x^{n+1}}{n+1}+\cdots(-1<x\leqslant 1)$$

中的 x 换成$-x$，得

$$\ln(1-x) = -x-\frac{x^2}{2}-\frac{x^3}{3}-\frac{x^4}{4}-\cdots(-1\leqslant x<1).$$

两式相减，得到不含有偶次幂的展开式

$$\ln\frac{1+x}{1-x} = \ln(1+x)-\ln(1-x) = 2\left(x+\frac{1}{3}x^3+\frac{1}{5}x^5+\cdots\right)(-1<x<1).$$

令$\frac{1+x}{1-x}=2$，解出 $x=\frac{1}{3}$. 将 $x=\frac{1}{3}$ 代入最后一个展开式，得

$$\ln 2 = 2\left(\frac{1}{3}+\frac{1}{3}\cdot\frac{1}{3^3}+\frac{1}{5}\cdot\frac{1}{3^5}+\frac{1}{7}\cdot\frac{1}{3^7}+\cdots\right).$$

如果取前 4 项作为 ln2 的近似值，则误差为

$$|r_4| = 2\left(\frac{1}{9}\cdot\frac{1}{3^9}+\frac{1}{11}\cdot\frac{1}{3^{11}}+\frac{1}{13}\cdot\frac{1}{3^{13}}+\cdots\right)$$

$$< \frac{2}{3^{11}}\left[1+\frac{1}{9}+\left(\frac{1}{9}\right)^2+\cdots\right]$$

$$= \frac{2}{3^{11}}\cdot\frac{1}{1-\frac{1}{9}} = \frac{1}{4\cdot 3^9} < \frac{1}{700000}.$$

于是取 $\ln 2 \approx 2\left(\frac{1}{3}+\frac{1}{3}\cdot\frac{1}{3^3}+\frac{1}{5}\cdot\frac{1}{3^5}+\frac{1}{7}\cdot\frac{1}{3^7}\right)$.

同样，考虑到舍入误差，计算时应取五位小数：

$$\frac{1}{3}\approx 0.33333,\ \frac{1}{3}\cdot\frac{1}{3^3}\approx 0.01235,\ \frac{1}{5}\cdot\frac{1}{3^5}\approx 0.00082,\ \frac{1}{7}\cdot\frac{1}{3^7}\approx 0.00007.$$

因此得 $\ln 2 \approx 0.6931$.

12.6.2 定积分的近似计算

许多函数的原函数(如 e^{-x^2}，$\frac{\sin x}{x}$ 等) 不能用初等函数表示，但若被积函数在积分区间上能展开成幂级数，则可以通过展开式的逐项积分，用积分的级数近似计算出定积分的值.

例 12－51 计算 $\int_0^1 \frac{\sin x}{x}dx$ 的近似值，精确到 0.0001.

解 利用 $\sin x=\sum_{n=0}^{\infty}(-1)^n\frac{x^{2n+1}}{(2n+1)!}=x-\frac{x^3}{3!}+\frac{x^5}{5!}+\cdots+(-1)^n\frac{x^{2n+1}}{(2n+1)!}+\cdots$，有

$$\frac{\sin x}{x}=1-\frac{x^2}{3!}+\frac{x^4}{5!}+\cdots+(-1)^n\frac{x^{2n}}{(2n+1)!}+\cdots,$$

所以

$$\int_0^1\frac{\sin x}{x}dx=\int_0^1\left(1-\frac{x^2}{3!}+\frac{x^4}{5!}+\cdots\right)dx=1-\frac{1}{3\cdot 3!}+\frac{1}{5\cdot 5!}-\frac{1}{7\cdot 7!}+\cdots.$$

这是一个满足莱布尼茨判别法条件的交错级数，它的第四项 $u_4=-\frac{1}{7\cdot 7!}<10^{-4}$，于是

$$\int_0^1\frac{\sin x}{x}dx\approx 1-\frac{1}{3\cdot 3!}+\frac{1}{5\cdot 5!}\approx 0.9461.$$

例 12－52 求积分 $\frac{2}{\sqrt{\pi}}\int_0^{\frac{1}{2}}e^{-x^2}dx$ 的近似值(误差不超过 10^{-4}).

解 将 e^x 的幂级数展开式中的 x 换成 $-x^2$，得到被积函数的幂级数展开式

$$\begin{aligned}e^{-x^2}&=1+\frac{(-x^2)}{1!}+\frac{(-x^2)^2}{2!}+\frac{(-x^2)^3}{3!}+\cdots\\&=\sum_{n=0}^{\infty}(-1)^n\frac{x^{2n}}{n!}(-\infty<x<\infty).\end{aligned}$$

于是，根据幂级数在收敛区间内逐项可积，得

$$\begin{aligned}\frac{2}{\sqrt{\pi}}\int_0^{\frac{1}{2}}e^{-x^2}dx&=\frac{2}{\sqrt{\pi}}\int_0^{\frac{1}{2}}\left[\sum_{n=0}^{\infty}(-1)^n\frac{x^{2n}}{n!}\right]dx=\frac{2}{\sqrt{\pi}}\sum_{n=0}^{\infty}\frac{(-1)^n}{n!}\int_0^{\frac{1}{2}}x^{2n}dx\\&=\frac{1}{\sqrt{\pi}}\left(1-\frac{1}{2^2\cdot 3}+\frac{1}{2^4\cdot 5\cdot 2!}-\frac{1}{2^6\cdot 7\cdot 3!}+\cdots\right).\end{aligned}$$

前4项的和作为近似值，其误差为

$$|r_4| \leqslant \frac{1}{\sqrt{\pi}} \frac{1}{2^8 \cdot 9 \cdot 4!} < \frac{1}{90000}.$$

所以

$$\frac{2}{\sqrt{\pi}}\int_0^{\frac{1}{2}} e^{-x^2} dx \approx \frac{1}{\sqrt{\pi}}\left(1 - \frac{1}{2^2 \cdot 3} + \frac{1}{2^4 \cdot 5 \cdot 2!} - \frac{1}{2^6 \cdot 7 \cdot 3!}\right) \approx 0.5205.$$

12.6.3 欧拉公式

设有复数项级数

$$(u_1 + iv_1) + (u_2 + iv_2) + \cdots + (u_n + iv_n) + \cdots,$$

其中 u_n、$v_n (n = 1,2,3,\cdots)$ 为实常数或实函数. 如果实部所成的级数

$$\sum_{n=1}^{\infty} u_n = u_1 + u_2 + \cdots + u_n + \cdots$$

收敛于和 u，并且虚部所成的级数

$$\sum_{n=1}^{\infty} v_n = v_1 + v_2 + \cdots + v_n + \cdots$$

收敛于和 v，则复数项级数收敛且和为 $u + iv$.

如果级数 $\sum\limits_{n=1}^{\infty}(u_n + iv_n)$ 的各项的模所构成的级数

$$\sum_{n=1}^{\infty} \sqrt{u_n^2 + v_n^2} = \sqrt{u_1^2 + v_1^2} + \sqrt{u_2^2 + v_2^2} + \cdots + \sqrt{u_n^2 + v_n^2} + \cdots$$

收敛，则称级数 $\sum\limits_{n=1}^{\infty}(u_n + iv_n)$ 绝对收敛.

考察复数项级数

$$1 + z + \frac{1}{2!}z^2 + \cdots + \frac{1}{n!}z^n + \cdots (z = x + iy),$$

可以证明此级数在复平面上是绝对收敛的. 在 x 轴上它表示指数函数 e^x，在复平面上我们用它来定义复变量指数函数，记为 e^z，即

$$e^z = 1 + z + \frac{1}{2!}z^2 + \cdots + \frac{1}{n!}z^n + \cdots (|z| < \infty).$$

当 $x = 0$ 时，$z = iy$，于是

$$\begin{aligned}
e^{iy} &= 1 + iy + \frac{1}{2!}(iy)^2 + \cdots + \frac{1}{n!}(iy)^n + \cdots \\
&= 1 + iy - \frac{1}{2!}y^2 - i\frac{1}{3!}y^3 + \frac{1}{4!}y^4 + i\frac{1}{5!}y^5 - \cdots \\
&= \left(1 - \frac{1}{2!}y^2 + \frac{1}{4!}y^4 - \cdots\right) + i\left(y - \frac{1}{3!}y^3 + \frac{1}{5!}y^5 - \cdots\right) \\
&= \cos y + i\sin y.
\end{aligned}$$

把 y 定成 x，可得

$$e^{ix}=\cos x+i\sin x,$$

这就是欧拉(Euler) 公式.

由欧拉公式可知，复数 z 可以表示为

$$z=r(\cos\theta+i\sin\theta)=re^{i\theta},$$

其中 $r=|z|$是 z 的模，$\theta=\arg z$ 是 z 的辐角.

因为 $e^{ix}=\cos x+i\sin x$，$e^{-ix}=\cos x-i\sin x$，所以两式相加减可得

$$e^{ix}+e^{-ix}=2\cos x,\ e^{ix}-e^{-ix}=2i\sin x,$$

即

$$\cos x=\frac{1}{2}(e^{ix}+e^{-ix}),\ \sin x=\frac{1}{2i}(e^{ix}-e^{-ix}).$$

这两个式子也叫作欧拉公式. 欧拉公式揭示了三角函数与复变量指数函数之间的一种联系.

复变量指数函数满足加法定理 $e^{z_1+z_2}=e^{z_1}\cdot e^{z_2}$. 特殊情况有

$$e^{x+iy}=e^xe^{iy}=e^x(\cos y+i\sin y).$$

也就是说，复变量指数函数 e^z 在 $z=x+iy$ 处的值是模为 e^x、辐角为 y 的复数.

习题 12.6

1. 利用函数的幂级数展开式求下列各数的近似值.

(1) $\sin 2$(精确到 0.0001)；

(2) $\sqrt[9]{522}$(精确到 0.00001).

2. 利用函数的幂级数展开式求下列各数的近似值.

(1) $\int_0^{\frac{1}{2}}\frac{1}{1+x^4}dx$(精确到 0.001)；

(2) $\int_0^{\frac{1}{2}}\frac{\arctan x}{x}dx$(精确到 0.001).

3. 利用欧拉公式将函数 $e^x\cos x$ 展开成 x 的幂级数.

§12.7 傅里叶级数

在本节中我们将讨论在数学与工程技术中都有重要价值的函数项级数——**三角级数**. 它是由三角函数列组成的级数，一般形式是

$$\frac{1}{2}a_0+\sum_{n=1}^{\infty}(a_n\cos nx+b_n\sin nx),$$

其中系数 a_0、a_n 和 $b_n(n=1,2,\cdots)$ 都是实常数. 由于三角级数的通项是具有周期性的三角函数(正弦函数与余弦函数)，因此，它是研究周期现象的重要数学工具. 本节主要讨论怎样将一个已知的周期函数表示为三角级数的问题，也就是将周期函数展开为傅里叶(Fourier)级数的问题.

12.7.1 三角级数和三角函数系的正交性

科学技术有各种各样的周期现象，凡是周期现象，在数学上都可用周期函数来描述. 最简单的周期函数是正弦函数(或余弦函数)，在物理中就是正弦波或谐波.

$$y=A\sin(\omega x+\varphi),$$

其中 A、ω、φ 分别叫作**振幅**、**频率**、**初位相**，它的周期是 $T=\frac{2\pi}{\omega}$，当 $\omega=1$ 时，$T=2\pi$. 在实际问题中，除了正弦函数外，我们还会遇到非正弦的周期函数. 这一节就讨论如何把周期为 T 的周期函数用一系列周期为 T 的正弦函数组成的级数来表示，这样就可以通过简单的正弦函数来研究复杂的周期函数.

$$1,\cos x,\sin x,\cos 2x,\sin 2x,\cdots,\cos nx,\sin nx,\cdots \tag{12-16}$$

称为**三角函数系**，它在区间 $[-\pi,\pi]$ 上正交. 所谓正交性是指三角函数系(12-16)中任意两个不同的函数的乘积在区间 $[-\pi,\pi]$ 上的积分等于 0，即

$$\int_{-\pi}^{\pi}\cos nx\,dx=0\quad(n=1,2,3\cdots),$$

$$\int_{-\pi}^{\pi}\sin nx\,dx=0\quad(n=1,2,3\cdots),$$

$$\int_{-\pi}^{\pi}\sin kx\cos nx\,dx=0\quad(k,n=1,2,3\cdots),$$

$$\int_{-\pi}^{\pi}\cos kx\cos nx\,dx=0\quad(k,n=1,2,3\cdots,k\neq n),$$

$$\int_{-\pi}^{\pi}\sin kx\sin nx\,dx=0\quad(k,n=1,2,3\cdots,k\neq n).$$

以上等式都可以通过计算定积分来验证. 现对第四式验证如下.

利用三角函数中的积化和差公式

$$\cos kx\cos nx=\frac{1}{2}[\cos(k+n)x+\cos(k-n)x],$$

当 $k\neq n$ 时，有

$$\int_{-\pi}^{\pi}\cos kx\cos nx\,dx=\frac{1}{2}\int_{-\pi}^{\pi}[\cos(k+n)x+\cos(k-n)x]\,dx$$

$$= \frac{1}{2}\left(\frac{\sin(k+n)x}{k+n} + \frac{\sin(k-n)x}{k-n}\right)\Bigg|_{-\pi}^{\pi}$$

$$= 0 \quad (k,n = 1,2,3\cdots,k \neq n).$$

在三角函数系中，两个相同函数的乘积在区间$[-\pi,\pi]$上的积分不等于0，即

$$\int_{-\pi}^{\pi} 1^2 \mathrm{d}x = 2\pi,\ \int_{-\pi}^{\pi} \sin^2 nx\mathrm{d}x = \pi,\ \int_{-\pi}^{\pi} \cos^2 nx\mathrm{d}x = \pi \quad (n = 1,2,3\cdots).$$

12.7.2 函数展开成傅里叶级数

利用三角函数的正交性，求$f(x)$的三角级数展开式的系数.

设$f(x)$是以2π为周期的函数，考虑到周期性，只要在$[-\pi,\pi]$上讨论问题就可以了. 假定$f(x)$在$[-\pi,\pi]$上能展开为三角级数，即

$$f(x) = \frac{a_0}{2} + \sum_{k=1}^{\infty}(a_k\cos kx + b_k\sin kx). \tag{12-17}$$

这里自然要问：系数a_0、a_k和$b_k(k = 1,2,\cdots)$与函数$f(x)$之间存在着怎样的关系？也就是说，如何利用$f(x)$把系数a_0、a_k和$b_k(k = 1,2,\cdots)$表达出来？为此，我们假设式(12-17)右端的级数可以逐项积分.

先求系数a_0，对式(12-17)两端在$[-\pi,\pi]$上积分，得

$$\int_{-\pi}^{\pi} f(x)\mathrm{d}x = \int_{-\pi}^{\pi}\frac{a_0}{2}\mathrm{d}x + \sum_{k=1}^{\infty}\left(a_k\int_{-\pi}^{\pi}\cos kx\mathrm{d}x + b_k\int_{-\pi}^{\pi}\sin kx\mathrm{d}x\right).$$

根据三角函数系(12-16)的正交性，$\int_{-\pi}^{\pi} f(x)\mathrm{d}x = \pi a_0$. 因此，得

$$a_0 = \frac{1}{\pi}\int_{-\pi}^{\pi} f(x)\mathrm{d}x.$$

再求a_n. 式(12-17)两端同乘以$\cos nx(k = 0,1,2,\cdots)$，在$[-\pi,\pi]$上逐项积分，得

$$\int_{-\pi}^{\pi} f(x)\cos nx\mathrm{d}x = \frac{a_0}{2}\int_{-\pi}^{\pi}\cos nx\mathrm{d}x + \sum_{k=1}^{\infty}\left(a_k\int_{-\pi}^{\pi}\cos kx\cos nx\mathrm{d}x + b_k\int_{-\pi}^{\pi}\cos nx\sin kx\mathrm{d}x\right).$$

根据三角函数系(12-16)的正交性，有

$$\int_{-\pi}^{\pi} f(x)\cos nx\mathrm{d}x = a_n\int_{-\pi}^{\pi}\cos^2 nx\mathrm{d}x = \pi a_n,$$

从而有

$$a_n = \frac{1}{\pi}\int_{-\pi}^{\pi} f(x)\cos nx\mathrm{d}x \quad (n = 1,2,\cdots).$$

与之类似，式(12-17)两端同乘以$\sin nx$，并在$[-\pi,\pi]$上逐项积分，得

$$b_n = \frac{1}{\pi}\int_{-\pi}^{\pi} f(x)\sin nx\mathrm{d}x \quad (n = 1,2,\cdots).$$

于是，得系数公式：

$$\left.\begin{aligned} a_n &= \frac{1}{\pi}\int_{-\pi}^{\pi} f(x)\cos nx\,\mathrm{d}x \quad (n = 0,1,2,\cdots) \\ b_n &= \frac{1}{\pi}\int_{-\pi}^{\pi} f(x)\sin nx\,\mathrm{d}x \quad (n = 1,2,\cdots) \end{aligned}\right\} \tag{12-18}$$

如果公式(12-18)中的积分都存在，这时它们定出的系数 $a_0, a_1, b_1, \cdots$ 叫作函数 $f(x)$ 的**傅里叶系数**，系数由公式(12-18)确定的三角级数

$$\frac{a_0}{2} + \sum_{n=1}^{\infty}(a_n\cos nx + b_n\sin nx)$$

称为 $f(x)$ 的**傅里叶级数**.

公式(12-18)是在 $f(x)$ 能展开成三角级数且三角级数一致收敛到 $f(x)$ 的条件下求得的，但实际上从公式本身来说，只要 $f(x)$ 在 $[-\pi,\pi]$ 上可积，就可以由此公式计算出系数 a_n 与 b_n，并唯一地写出 $f(x)$ 的傅里叶级数，即

$$f(x) \backsim \frac{a_0}{2} + \sum_{n=1}^{\infty}(a_n\cos nx + b_n\sin nx).$$

证明了该级数收敛于 $f(x)$ 之后，就可得到

$$f(x) = \frac{a_0}{2} + \sum_{n=1}^{\infty}(a_n\cos nx + b_n\sin nx).$$

一个定义在 $(-\infty, \infty)$ 上、周期为 2π 的函数 $f(x)$，如果它在一个周期上可积，则一定可以写出 $f(x)$ 的傅里叶级数. 然而，函数 $f(x)$ 的傅里叶级数是否一定收敛？如果收敛，它是否一定收敛于函数 $f(x)$？一般说来，这两个问题的答案都不是肯定的. 那么在什么条件下，函数 $f(x)$ 的傅里叶级数不仅收敛而且一定收敛于函数 $f(x)$？也就是说，$f(x)$ 满足什么条件才可以展开成傅里叶级数？

定理（收敛定理，狄利克雷充分条件） 设 $f(x)$ 是周期为 2π 的周期函数，如果它满足

(1) 在一个周期内连续或只有有限个第一类间断点，

(2) 在一个周期内至多只有有限个极值点，

则 $f(x)$ 的傅里叶级数收敛，并且

当 x 是 $f(x)$ 的连续点时，级数收敛于 $f(x)$；

当 x 是 $f(x)$ 的间断点时，级数收敛于 $\frac{1}{2}[f(x^-)+f(x^+)]$.

收敛定理告诉我们：只要函数在 $[-\pi,\pi]$ 上至多有有限个第一类间断点，并且不做无限次振动，函数的傅里叶级数在连续点处就收敛于该点的函数值，在间断点处收敛于该点左极限与右极限的算术平均值. 可见，函数展开成傅里叶级数的条件比展开成幂级数的条件低得多.

例 12-53 设 $f(x)$ 是周期为 2π 的周期函数（见图 12-2），它在 $[-\pi,\pi)$ 上的表达式为

$$f(x) = \begin{cases} -1, & -\pi \leqslant x < 0 \\ 1, & 0 \leqslant x < \pi \end{cases}.$$

将 $f(x)$ 展开为傅里叶级数.

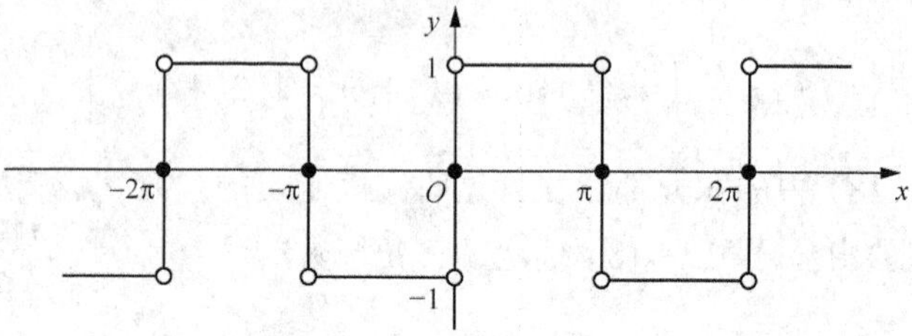

图 12-2

解 所给函数在点 $x=k\pi(k=0,\ \pm1,\ \pm2,\cdots)$ 处不连续，在其他点处连续，从而由收敛定理得：

当 $x=k\pi(k=0,\pm1,\pm2,\cdots)$ 时，级数收敛于

$$\frac{1}{2}[f(x^-)+f(x^+)]=\frac{-1+1}{2}=0;$$

当 $x\neq k\pi(k=0,\pm1,\pm2,\cdots)$ 时，级数收敛于 $f(x)$. 其中傅里叶系数如下：

$$\begin{aligned}a_k&=\frac{1}{\pi}\int_{-\pi}^{\pi}f(x)\cos kx\mathrm{d}x\quad(k=1,2,\cdots)\\&=\frac{1}{\pi}\int_{-\pi}^{0}(-1)\cos kx\mathrm{d}x+\frac{1}{\pi}\int_{0}^{\pi}1\cdot\cos kx\mathrm{d}x\\&=0\quad(k=0,1,2,\cdots);\end{aligned}$$

$$\begin{aligned}b_k&=\frac{1}{\pi}\int_{-\pi}^{\pi}f(x)\sin kx\mathrm{d}x\quad(k=1,2,\cdots)\\&=\frac{1}{\pi}\int_{-\pi}^{0}(-1)\sin kx\mathrm{d}x+\frac{1}{\pi}\int_{0}^{\pi}1\cdot\sin kx\mathrm{d}x\\&=\frac{1}{\pi}\left[\frac{\cos kx}{k}\right]_{-\pi}^{0}+\frac{1}{\pi}\left[-\frac{\cos kx}{k}\right]_{0}^{\pi}\\&=\frac{1}{k\pi}[1-\cos k\pi-\cos k\pi+1]\\&=\frac{2}{k\pi}[1-(-1)^n]\\&=\begin{cases}\dfrac{4}{k\pi}, & k=1,3,5,\cdots\\0, & k=2,4,6,\cdots\end{cases}.\end{aligned}$$

于是有

$$\begin{aligned}f(x)&=\frac{a_0}{2}+\sum_{n=1}^{\infty}(a_k\cos nx+b_k\sin nx)\\&=\frac{4}{\pi}\left[\sin x+\frac{1}{3}\sin 3x+\cdots+\frac{1}{2k-1}\sin(2k-1)x+\cdots\right]\\&\quad(-\infty<x<\infty;\ x\neq0,\ \pm\pi,\ \pm2\pi,\cdots).\end{aligned}$$

如果把例 12-53 中的函数理解为矩形波的波形函数(周期为 $T=2\pi$，振幅为 $E=1$，自变量 x 表示时间)，那么上面所得到的展开式表明：矩形波是由一系列不同频率的正弦波叠加而成的. 这些正弦波的频率依次为基波频率的奇数倍.

注意 如果函数 $f(x)$ 只在 $[-\pi,\pi]$ 上有定义，并且满足收敛定理的条件，那么 $f(x)$ 也可以展开成傅里叶级数. 事实上，我们可在 $[-\pi,\pi)$ 或 $(-\pi,\pi]$ 外补充函数 $f(x)$ 的定义，使它拓广成周期为 2π 的周期函数 $F(x)$，按这种方式拓广函数的定义域的过程称为周期延拓；再将 $F(x)$ 展开成傅里叶级数；最后限制 x 在 $(-\pi,\pi)$ 内，此时 $F(x)\equiv f(x)$，这样便得到 $f(x)$ 的傅里叶级数展开式. 根据收敛定理，该级数在区间端点 $x=\pm\pi$ 处收敛于 $\frac{1}{2}[f(\pi^-)+f(-\pi^+)]$.

例 12-54 设 $f(x)$ 是周期为 2π 的周期函数，它在 $[-\pi,\pi)$ 上的表达式为

$$f(x)=\begin{cases}x, & -\pi\leqslant x<0\\ 0, & 0\leqslant x<\pi\end{cases}.$$

将 $f(x)$ 展开成傅里叶级数.

解 所给函数满足收敛定理的条件，它在点 $x=(2k+1)\pi\ (k=0,\pm1,\pm2,\cdots)$ 处不连续，因此，$f(x)$ 的傅里叶级数在 $x=(2k+1)\pi$ 处收敛于

$$\frac{1}{2}[f(x^-)+f(x^+)]=\frac{1}{2}(0-\pi)=-\frac{\pi}{2},$$

在连续点 $x\ (x\neq(2k+1)\pi)$ 处收敛于 $f(x)$. 和函数的图形如图 12-3 所示.

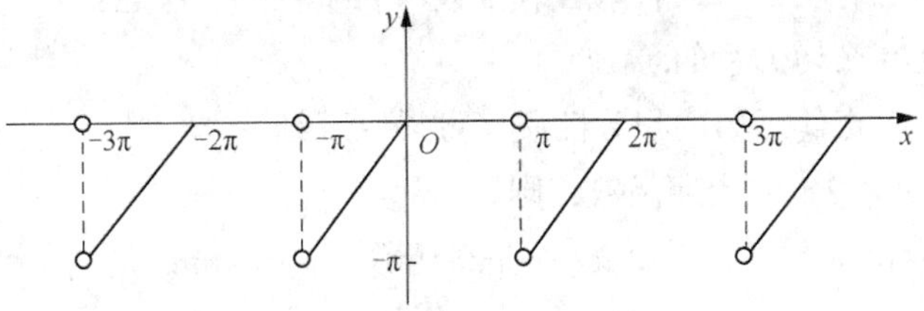

图 12-3

傅里叶系数如下：

$$a_0=\frac{1}{\pi}\int_{-\pi}^{\pi}f(x)\mathrm{d}x=\frac{1}{\pi}\int_{-\pi}^{0}x\mathrm{d}x=-\frac{\pi}{2};$$

$$a_n=\frac{1}{\pi}\int_{-\pi}^{\pi}f(x)\cos nx\mathrm{d}x=\frac{1}{\pi}\int_{-\pi}^{0}x\cos nx\mathrm{d}x$$

$$=\frac{1}{\pi}\left[\frac{x\sin nx}{n}+\frac{\cos nx}{n^2}\right]_{-\pi}^{0}=\frac{1}{n^2\pi}(1-\cos n\pi)$$

$$=\begin{cases}\dfrac{2}{n^2\pi}, & n=1,3,5,\cdots;\\ 0, & n=2,4,6,\cdots;\end{cases}$$

$$
\begin{aligned}
b_n &= \frac{1}{\pi}\int_{-\pi}^{\pi} f(x)\sin nx\mathrm{d}x \\
&= \frac{1}{\pi}\int_{-\pi}^{0} x\sin nx\mathrm{d}x \\
&= \frac{1}{\pi}\left[-\frac{x\cos nx}{n}+\frac{\sin nx}{n^2}\right]_{-\pi}^{0} \\
&= -\frac{\cos n\pi}{n} \\
&= \frac{(-1)^{n+1}}{n}.
\end{aligned}
$$

故 $f(x)$ 的傅里叶级数展开式为

$$
\begin{aligned}
f(x) = &-\frac{\pi}{4}+\left(\frac{2}{\pi}\cos x+\sin x\right)-\frac{1}{2}\sin 2x+\left(\frac{2}{3^2\pi}\cos 3x+\frac{1}{3}\sin 3x\right) \\
&-\frac{1}{4}\sin 4x+\left(\frac{2}{5^2\pi}\cos 5x+\frac{1}{5}\sin 5x\right)-\cdots \\
&(-\infty<x<\infty;\ x\neq\pm\pi,\ \pm 3\pi,\cdots).
\end{aligned}
$$

12.7.3 正弦级数和余弦级数

一般说来，一个函数的傅里叶级数既含有正弦项，又含有余弦项. 但是，也有一些函数的傅里叶级数只含有正弦项或者只含有常数项和余弦项. 这是为什么呢？实际上这是与所给函数的奇偶性有密切关系的.

根据对称区间上奇偶函数的积分性质，可得以下结论.

设 $f(x)$ 是周期为 2π 的周期函数，则

(1) 当 $f(x)$ 为奇函数时，$f(x)\cos nx$ 是奇函数，$f(x)\sin nx$ 是偶函数，其傅里叶系数为

$$a_n = \frac{1}{\pi}\int_{-\pi}^{\pi} f(x)\cos nx\mathrm{d}x = 0,\ (n=0,1,2,\cdots),$$

$$b_n = \frac{1}{\pi}\int_{-\pi}^{\pi} f(x)\sin nx\mathrm{d}x = \frac{2}{\pi}\int_{0}^{\pi} f(x)\sin nx\mathrm{d}x,\ (k=1,2,\cdots),$$

即奇函数的傅里叶级数是只含有正弦项的正弦级数

$$\sum_{n=1}^{\infty} b_n\sin nx;$$

(2) 当 $f(x)$ 为偶函数时，$f(x)\cos nx$ 是偶函数，$f(x)\sin nx$ 是奇函数，其傅里叶系数为

$$a_n = \frac{1}{\pi}\int_{-\pi}^{\pi} f(x)\cos nx\mathrm{d}x = \frac{2}{\pi}\int_{0}^{\pi} f(x)\cos nx\mathrm{d}x,\ (n=0,1,2,\cdots),$$

$$b_n = \frac{1}{\pi}\int_{-\pi}^{\pi} f(x)\sin nx\mathrm{d}x = 0,\ (n=1,2,\cdots),$$

即偶函数的傅里叶级数是只含有余弦项的余弦级数

$$\frac{a_0}{2}+\sum_{n=1}^{\infty}a_n\cos nx.$$

例 12-55 设$f(x)$是周期为2π的周期函数，将函数$f(x)=x(-\pi\leqslant x\leqslant\pi)$展开成傅里叶级数.

解 所给函数满足收敛定理的条件，但做周期延拓的函数$F(x)$在区间端点$x=-\pi, x=\pi$处不连续，故$F(x)$的傅里叶级数在区间$(-\pi,\pi)$内收敛于$f(x)$，在端点处收敛于

$$\frac{1}{2}[f(\pi^-)+f(-\pi^+)]=\frac{(-\pi)+\pi}{2}=0.$$

在连续点x ($x\neq(2k+1)\pi$) 处级数收敛于$f(x)$. 和函数的图形如图 12-4 所示.

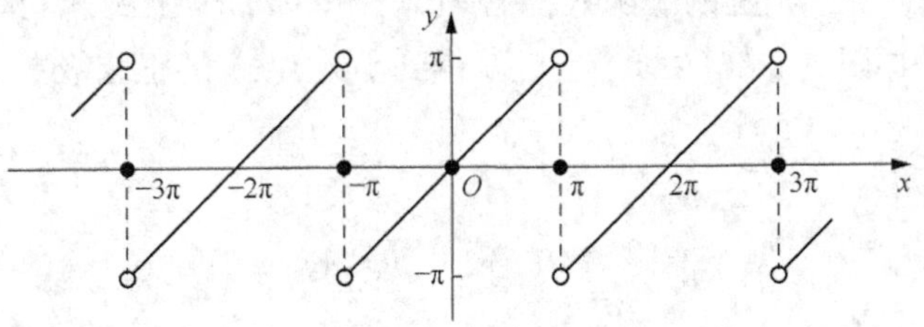

图 12-4

因为$f(x)$是奇函数，所以傅里叶系数

$$a_n=\frac{1}{\pi}\int_{-\pi}^{\pi}f(x)\cos nx\mathrm{d}x=0,\quad (n=0,1,2,\cdots),$$

$$\begin{aligned}b_n&=\frac{1}{\pi}\int_{-\pi}^{\pi}f(x)\sin nx\mathrm{d}x\\&=\frac{2}{\pi}\int_0^{\pi}f(x)\sin nx\mathrm{d}x\\&=\frac{2}{\pi}\int_0^{\pi}x\sin nx\mathrm{d}x\\&=\frac{2}{\pi}\left[-\frac{x\cos nx}{n}+\frac{\sin nx}{n^2}\right]_0^{\pi}\\&=-\frac{2}{n}\cos n\pi\\&=\frac{2}{n}(-1)^{n+1}\quad (n=1,2,\cdots).\end{aligned}$$

于是

$$\begin{aligned}f(x)&=2\left(\sin x-\frac{1}{2}\sin 2x+\frac{1}{3}\sin 3x+\cdots+\frac{(-1)^{n+1}}{n}\sin nx+\cdots\right)\\&=\sum_{n=1}^{\infty}\frac{(-1)^{n+1}}{n}\sin nx\quad (-\infty<x<\infty,\ x\neq\pm\pi,\ \pm 3\pi,\cdots).\end{aligned}$$

在实际应用中，有时还需要把定义在$[0,\pi]$上的函数$f(x)$展开成正弦级数或余弦级数，方法如下.

设函数$f(x)$定义在$[0,\pi]$上，且满足收敛定理的条件，先把$f(x)$的定义延拓到区间$(-\pi,0]$上，得到定义在$(-\pi,\pi]$上的函数$F(x)$，根据实际需要，常采用以下两种延拓方式.

(1) **奇延拓**

令

$$F(x)=\begin{cases}f(x), & 0<x\leqslant\pi,\\ 0, & x=0,\\ -f(-x), & -\pi<x<0,\end{cases}$$

则$F(x)$是定义在$(-\pi,\pi]$上的奇函数，把$F(x)$在$(-\pi,\pi]$上展开成傅里叶级数，所得级数必是正弦级数. 再限制x在$(0,\pi]$上，就得到函数$f(x)$的正弦级数展开式.

(2) **偶延拓**

令

$$F(x)=\begin{cases}f(x), & 0\leqslant x\leqslant\pi,\\ f(-x), & -\pi<x<0,\end{cases}$$

则$F(x)$是定义在$(-\pi,\pi]$上的偶函数，把$F(x)$在$(-\pi,\pi]$上展开成傅里叶级数，所得级数必是余弦级数. 再限制x在$(0,\pi]$上，就得到函数$f(x)$的余弦级数展开式.

例 12-56 将函数$f(x)=x+1(0\leqslant x\leqslant\pi)$分别展开成正弦级数和余弦级数.

解 (1) 对$f(x)$进行奇延拓，如图 12-5 所示.

按照公式可得

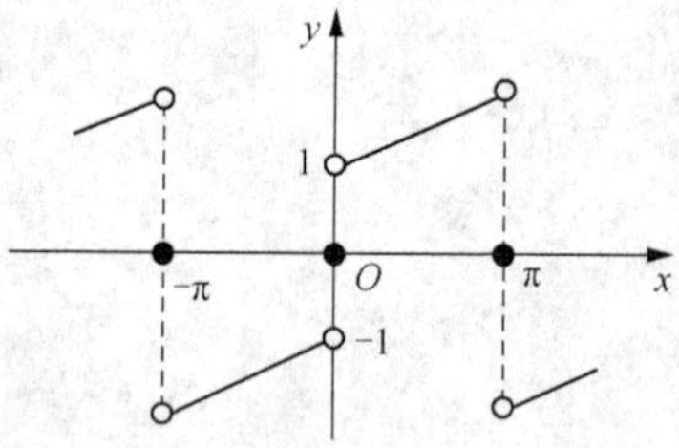

图 12-5

$$\begin{aligned}b_n&=\frac{2}{\pi}\int_0^{\pi}f(x)\sin nx\mathrm{d}x\\&=\frac{2}{\pi}\int_0^{\pi}(x+1)\sin nx\mathrm{d}x\\&=\frac{2}{\pi}\left[-\frac{(x+1)\cos nx}{n}+\frac{\sin nx}{n^2}\right]_0^{\pi}\\&=\frac{2}{\pi}\left[-\frac{(x+1)\cos nx}{n}+\frac{\sin nx}{n^2}\right]_0^{\pi}\\&=\frac{2}{n\pi}[1-(\pi+1)\cos n\pi]\\&=\begin{cases}\dfrac{2}{\pi}\cdot\dfrac{\pi+2}{n}, & n=1,3,5,\cdots\\ -\dfrac{2}{n}, & n=2,4,6,\cdots\end{cases}.\end{aligned}$$

于是

$$f(x)=x+1=\frac{2}{\pi}\left[(\pi+2)\sin x-\frac{\pi}{2}\sin 2x+\frac{1}{3}(\pi+2)\sin 3x-\cdots\right]\ (0<x<\pi).$$

(2) 对 $f(x)$ 进行偶延拓，如图 12-6 所示.

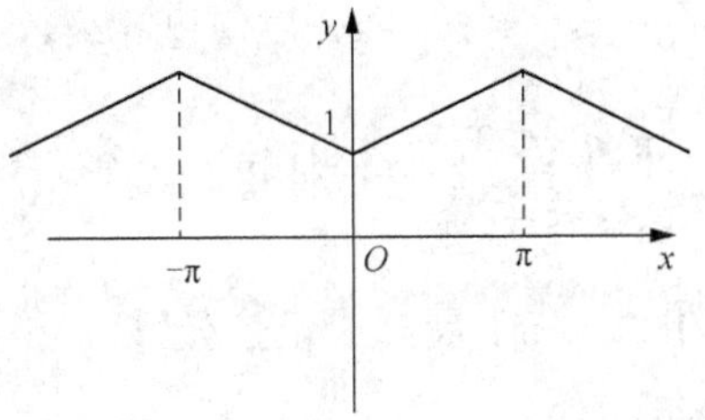

图 12-6

按照公式可得

$$\begin{aligned}a_n&=\frac{1}{\pi}\int_{-\pi}^{\pi}f(x)\cos nx\mathrm{d}x=\frac{2}{\pi}\int_0^{\pi}f(x)\cos nx\mathrm{d}x,\\&=\frac{2}{\pi}\int_0^{\pi}(x+1)\cos nx\mathrm{d}x,\\&=\frac{2}{\pi}\left[\frac{(x+1)\sin nx}{n}+\frac{\cos nx}{n^2}\right]_0^{\pi}\\&=\frac{2}{n^2\pi}(\cos n\pi-1)\\&=\begin{cases}0, & n=2,4,6,\cdots\\-\dfrac{4}{n^2\pi}, & n=1,3,5,\cdots,\end{cases}\end{aligned}$$

$$a_0=\frac{2}{\pi}\int_0^{\pi}f(x)\cos nx\mathrm{d}x=\frac{2}{\pi}\int_0^{\pi}(x+1)\mathrm{d}x=\pi+2,\ (n=0,1,2,\cdots).$$

于是

$$f(x)=x+1=\frac{\pi}{2}+1-\frac{4}{\pi}\left(\cos x+\frac{1}{3^2}\cos 3x+\frac{1}{5^2}\cos 5x+\cdots\right)(0\leqslant x\leqslant\pi).$$

习题 12.7

1. 周期函数 $f(x)$ 的周期为 2π，在 $[-\pi,\pi)$ 上的表达式如下，试将 $f(x)$ 展开成傅里叶级数.

(1) $f(x)=3x^2+1$；

(2) $f(x)=e^{2x}$；

(3) $f(x)=\begin{cases}a, & -\pi<x\leqslant 0\\ b, & 0<x\leqslant\pi\end{cases}$，其中 a、b 为常数.

2. 将函数 $f(x)=|\sin x|(-\pi\leqslant x\leqslant\pi)$ 展开成傅里叶级数.

3. 将函数 $f(x)=\cos\frac{x}{2}(-\pi\leqslant x\leqslant\pi)$ 展开成傅里叶级数.

4. 将函数 $f(x)=\begin{cases}e^x, & -\pi<x\leqslant 0\\ 1, & 0<x\leqslant\pi\end{cases}$ 展开成傅里叶级数.

5. 将函数 $f(x)=\frac{\pi-x}{2}(0\leqslant x\leqslant\pi)$ 展开成正弦级数.

6. 将函数 $f(x)=2x^2(0\leqslant x\leqslant\pi)$ 分别展开成正弦级数和余弦级数.

7. 将函数 $f(x)=\frac{\pi}{4}(0\leqslant x\leqslant\pi)$ 展开成正弦级数，并由此证明：

(1) $1-\frac{1}{3}+\frac{1}{5}-\frac{1}{7}+\cdots=\frac{\pi}{4}$；

(2) $1+\frac{1}{5}-\frac{1}{7}-\frac{1}{11}+\frac{1}{13}+\frac{1}{17}+\cdots=\frac{\pi}{3}$.

8. 设周期函数 $f(x)$ 的周期为 2π，证明：

(1) 如果 $f(x-\pi)=-f(x)$，则 $f(x)$ 的傅里叶系数 $a_0=0$，$a_{2k}=0$，$b_{2k}=0$，$(k=1,2,\cdots)$；

(2) 如果 $f(x-\pi)=f(x)$，则 $f(x)$ 的傅里叶系数 $a_{2k+1}=0$，$b_{2k+1}=0$，$(k=0,1,2,\cdots)$.

§12.8 一般周期函数的傅里叶级数

12.8.1 周期为 $2l$ 的周期函数的傅里叶级数

前面所讨论的周期函数，它们的周期都是 2π，下面介绍周期为 $2r$（r 为任意实数）的周期函数如何展开为傅里叶级数.

定理 设周期为 $2r$（r 为任意实数）的周期函数 $f(x)$ 在区间 $[-r,r]$ 上满足 12.7 节定理 1 的条件，则它的傅里叶级数展开式为

$$f(x)=\frac{a_0}{2}+\sum_{n=1}^{\infty}\left(a_n\cos\frac{n\pi x}{r}+b_n\sin\frac{n\pi x}{r}\right),$$

其中

$$a_n=\frac{1}{r}\int_{-r}^{r}f(x)\cos\frac{n\pi x}{r}\mathrm{d}x\quad(n=0,1,2,\cdots),$$

$$b_n=\frac{1}{r}\int_{-r}^{r}f(x)\sin\frac{n\pi x}{r}\mathrm{d}x\quad(n=1,2,3,\cdots).$$

如果$f(x)$为奇函数，则

$$f(x)=\sum_{n=1}^{\infty}b_n\sin\frac{n\pi x}{r},$$

其中

$$b_n=\frac{2}{r}\int_0^r f(x)\sin\frac{n\pi x}{r}\mathrm{d}x\quad(n=1,2,3,\cdots).$$

如果$f(x)$为偶函数，则

$$f(x)=\frac{a_0}{2}+\sum_{n=1}^{\infty}a_n\cos\frac{n\pi x}{r},$$

其中

$$a_n=\frac{2}{r}\int_0^r f(x)\cos\frac{n\pi x}{r}\mathrm{d}x\quad(n=0,1,2,\cdots).$$

注意 当x为$f(x)$的间断点时，级数收敛于$\frac{1}{2}[f(x^-)+f(x^+)]$.

证 令$z=\frac{\pi x}{r}$，因为$-r\leqslant x\leqslant r$，所以$-\pi\leqslant z\leqslant\pi$，设$f(x)=f\left(\frac{rz}{\pi}\right)=F(z)$，从而$F(z)$是周期为$2\pi$的周期函数，且在区间$[-\pi,\pi]$上满足本节定理1的条件，则它的傅里叶级数展开式为

$$F(z)=\frac{a_0}{2}+\sum_{n=1}^{\infty}(a_n\cos nz+b_n\sin nz),$$

其中

$$a_k=\frac{1}{\pi}\int_{-\pi}^{\pi}F(z)\cos nz\mathrm{d}z\quad(n=0,1,2,\cdots),$$

$$b_k=\frac{1}{\pi}\int_{-\pi}^{\pi}f(x)\sin nz\mathrm{d}z\quad(n=1,2,3,\cdots).$$

因为$z=\frac{\pi x}{r}$，且$f(x)=f\left(\frac{rz}{\pi}\right)=F(z)$，所以

$$f(x)=\frac{a_0}{2}+\sum_{n=1}^{\infty}\left(a_n\cos\frac{n\pi x}{r}+b_n\sin\frac{n\pi x}{r}\right),$$

其中

$$a_n=\frac{1}{r}\int_{-r}^{r}f(x)\cos\frac{n\pi x}{r}\mathrm{d}x,\ (n=0,1,2,\cdots),$$

$$b_n=\frac{1}{r}\int_{-r}^{r}f(x)\sin\frac{n\pi x}{r}\mathrm{d}x\quad(n=1,2,3,\cdots).$$

与之类似，可证明定理的其余部分.

例 12－57 设$f(x)$是周期为4的周期函数，它在区间$[-2,2)$上的表达式为

$$f(x)=\begin{cases}0, & -2\leqslant x<0\\ h, & 0\leqslant x<2\end{cases},$$

求它的傅里叶级数展开式.

解 $f(x)$ 满足本节定理 1 的条件，且 $r=2$.

$$a_n=\frac{1}{r}\int_{-r}^{r}f(x)\cos\frac{n\pi x}{r}\mathrm{d}x \quad (n\neq 0)$$

$$=\frac{1}{2}\int_{0}^{2}h\cos\frac{n\pi x}{2}\mathrm{d}x$$

$$=\left[\frac{h}{n\pi}\sin\frac{n\pi x}{2}\right]_0^2=0,$$

$$a_0=\frac{1}{2}\int_{-2}^{0}0\mathrm{d}x+\frac{1}{2}\int_{0}^{2}h\mathrm{d}x=h,$$

$$b_n=\frac{1}{r}\int_{-r}^{r}f(x)\sin\frac{n\pi x}{r}\mathrm{d}x \quad (n=1,2,3,\cdots)$$

$$=\frac{1}{2}\int_{0}^{2}h\sin\frac{n\pi x}{2}\mathrm{d}x$$

$$=\left[-\frac{h}{n\pi}\cos\frac{n\pi x}{2}\right]_0^2=\frac{h}{n\pi}(1-\cos n\pi)$$

$$=\begin{cases}\dfrac{2h}{n\pi}, & n=1,3,5,\cdots \\ 0, & n=2,4,6,\cdots\end{cases}.$$

于是

$$f(x)=\frac{a_0}{2}+\sum_{n=1}^{\infty}\left(a_n\cos\frac{n\pi x}{r}+b_n\sin\frac{n\pi x}{r}\right)$$

$$=\frac{h}{2}+\frac{2h}{\pi}\left(\sin\frac{\pi x}{2}+\frac{1}{3}\sin\frac{3\pi x}{2}+\frac{1}{5}\sin\frac{5\pi x}{2}+\cdots\right)$$

$$\left(-\infty<x<\infty,\ x\neq 0,\pm 2,\pm 4,\cdots,\ \text{在 } x=\pm 2,\pm 4,\cdots \text{ 收敛于}\frac{h}{2}\right).$$

12.8.2 傅里叶级数的复数形式

在实际应用中，将傅里叶级数化成复数形式更为简便.

设周期为 $2r$ 的周期函数 $f(x)$ 的傅里叶级数为

$$f(x)=\frac{a_0}{2}+\sum_{n=1}^{\infty}\left(a_n\cos\frac{n\pi x}{r}+b_n\sin\frac{n\pi x}{r}\right),$$

其中

$$a_n=\frac{1}{r}\int_{-r}^{r}f(x)\cos\frac{n\pi x}{r}\mathrm{d}x \quad (k=0,1,2,\cdots),$$

$$b_n=\frac{1}{r}\int_{-r}^{r}f(x)\sin\frac{n\pi x}{r}\mathrm{d}x \quad (k=1,2,3,\cdots).$$

利用欧拉公式，得

$$\cos\frac{n\pi x}{r}=\frac{e^{i\frac{n\pi x}{r}}+e^{-i\frac{n\pi x}{r}}}{2},\ \sin\frac{n\pi x}{r}=\frac{e^{i\frac{n\pi x}{r}}-e^{-i\frac{n\pi x}{r}}}{2}.$$

于是

$$\begin{aligned}f(x)&=\frac{a_0}{2}+\sum_{n=1}^{\infty}\left(a_n\cos\frac{n\pi x}{r}+b_n\sin\frac{n\pi x}{r}\right)\\&=\frac{a_0}{2}+\sum_{n=1}^{\infty}\left[\frac{a_n}{2}(e^{i\frac{n\pi x}{r}}+e^{-i\frac{n\pi x}{r}})-\frac{ib_n}{2}(e^{i\frac{n\pi x}{r}}-e^{-i\frac{n\pi x}{r}})\right]\\&=\frac{a_0}{2}+\sum_{n=1}^{\infty}\left[\frac{a_n-ib_n}{2}e^{i\frac{n\pi x}{r}}+\frac{a_n+ib_n}{2}e^{-i\frac{n\pi x}{r}}\right]\\&=c_0+\sum_{n=1}^{\infty}[c_ne^{i\frac{n\pi x}{r}}+c_{-n}e^{-i\frac{n\pi x}{r}}],\end{aligned}$$

其中

$$c_0=\frac{a_0}{2}=\frac{1}{2r}\int_{-r}^{r}f(x)\,dx,$$

$$c_n=\frac{a_n-ib_n}{2}=\frac{1}{2r}\int_{-r}^{r}f(x)\left(\cos\frac{n\pi x}{r}-i\sin\frac{n\pi x}{r}\right)dx=\frac{1}{2r}\int_{-r}^{r}f(x)e^{-i\frac{n\pi x}{r}}dx\quad(k=1,2,3,\cdots),$$

$$c_{-n}=\frac{a_n+ib_n}{2}=\frac{1}{2r}\int_{-r}^{r}f(x)\left(\cos\frac{n\pi x}{r}+i\sin\frac{n\pi x}{r}\right)dx=\frac{1}{2r}\int_{-r}^{r}f(x)e^{i\frac{n\pi x}{r}}dx\quad(k=1,2,3,\cdots).$$

于是级数可写为

$$\sum_{n=-\infty}^{\infty}c_ke^{i\frac{n\pi x}{r}},$$

其中 $c_n=\frac{1}{2r}\int_{-r}^{r}f(x)e^{-i\frac{n\pi x}{r}}dx\quad(k=0,\pm1,\pm2,\pm3,\cdots)$. 这就是傅里叶级数的复数形式.

例 12-58 设 $f(x)$ 是周期为 2 的周期函数，它在区间 $[-1,1)$ 上的表达式为

$$f(x)=e^{-x},$$

将其展开成复数形式的傅里叶级数.

解 $c_n=\frac{1}{2}\int_{-1}^{1}e^{-x}e^{-in\pi x}dx=\frac{1}{2}\int_{-1}^{1}e^{-(1+in\pi)x}dx$

$$=-\frac{1}{2}\cdot\frac{1-in\pi}{1+n^2\pi^2}[e^{-1}\cos n\pi-e\cos n\pi]=(-1)^n\frac{1-in\pi}{1+n^2\pi^2}\mathrm{sh}1,\ \mathrm{sh}1=\frac{e-e^{-1}}{2}$$

于是

$$f(x)=\sum_{n=-\infty}^{\infty}(-1)^n\frac{1-in\pi}{1+n^2\pi^2}\mathrm{sh}1\cdot e^{in\pi x},\ (x\neq2k+1,k=0,\pm1,\pm2,\cdots)$$

习题 12.8

1. 将各周期函数展开成傅里叶级数，函数在一个周期内的表达式如下.

(1) $f(x)=1-x^2 \quad \left(-\frac{1}{2}\leqslant x<\frac{1}{2}\right)$;

(2) $f(x)=\begin{cases}2x+1, & -3\leqslant x<0\\ 1, & 0\leqslant x<3\end{cases}$.

2. 将函数 $f(x)=x^2(-1\leqslant x\leqslant 1)$ 展开成傅里叶级数.

3. 将函数 $f(x)=|x|\left(-\frac{1}{2}\leqslant x\leqslant\frac{1}{2}\right)$ 展开成傅里叶级数，并求 $\sum_{k=1}^{\infty}\frac{1}{(2k-1)^2}$ 的和.

4. 将函数 $f(x)=x^2(0\leqslant x\leqslant 2)$ 分别展开成正弦级数和余弦级数.

5. 将函数 $M(x)=\begin{cases}\frac{px}{2} & 0\leqslant x<\frac{1}{2}\\ \frac{p(l-x)}{2} & \frac{1}{2}\leqslant x\leqslant l\end{cases}$ 展开成正弦级数.

复习题 12

A 类

1. 填空题.

(1) 对于级数 $\sum_{n=1}^{\infty}u_n$，$\lim_{n\to\infty}u_n=0$ 是 $\sum_{n=1}^{\infty}u_n$ 收敛的 ________ 条件，不是它收敛的 ________ 条件.

(2) 部分和数列 $\{S_n\}$ 有界是正项级数 $\sum_{n=1}^{\infty}u_n$ 收敛的 ________ 条件.

(3) 若级数 $\sum_{n=1}^{\infty}u_n$ 绝对收敛，则级数 $\sum_{n=1}^{\infty}u_n$ 必定 ________，若级数 $\sum_{n=1}^{\infty}u_n$ 条件收敛，则级数 $\sum_{n=1}^{\infty}|u_n|$ 必定 ________.

(4) 幂级数 $\sum_{n=1}^{\infty}\frac{(x+2)^n}{n}$ 的收敛域是 ________，和函数是 ________.

(5) 幂级数 $\sum_{n=0}^{\infty}a_n(x+1)^n$ 在 $x=-3$ 处发散，而在 $x=1$ 处收敛，则它的收敛半径是

________，收敛域是 ________.

(6) 如果函数 $f(x)=\sum\limits_{n=0}^{\infty}a_nx^n, x\in(-R,R)$，则 $\varphi(x)=\frac{f(x)-f(x)}{2}$ 的麦克劳林级数是 ________.

2. 判定下列级数的敛散性.

(1) $\sum\limits_{n=1}^{\infty}\frac{1}{n\sqrt[n]{n}}$；　　(2) $\sum\limits_{n=1}^{\infty}\frac{n\cos^2\frac{n\pi}{6}}{2^n}$；

(3) $\sum\limits_{n=1}^{\infty}\frac{\sqrt{n+1}-\sqrt{n}}{n^{\alpha}}$；　　(4) $\sum\limits_{n=1}^{\infty}\frac{8^n}{n!}$；

(5) $\sum\limits_{n=1}^{\infty}\frac{4^n}{9^n-3^n}$；　　(6) $\sum\limits_{n=1}^{\infty}\left(\frac{3n^2}{n^2+2}\right)^n$.

3. 判别下列级数是否收敛，若收敛，说明是绝对收敛还是条件收敛.

(1) $\sum\limits_{n=1}^{\infty}(-1)^{n-1}\frac{n}{2^n}$；　　(2) $\sum\limits_{n=1}^{\infty}(-1)^{n-1}\frac{2^{n^2}}{n!}$；

(3) $\sum\limits_{n=1}^{\infty}(-1)^{n-1}\left(1-\cos\frac{\pi}{n}\right)$；　　(4) $\sum\limits_{n=2}^{\infty}\sin\left(n\pi+\frac{1}{\ln n}\right)$.

4. 用幂级数求极限 $\lim\limits_{n\to 0}\left(\frac{1}{a}+\frac{2}{a^2}+\frac{3}{a^3}+\cdots+\frac{n}{a^n}\right)$，其中 $a>1$.

5. 已知 $\lim\limits_{n\to\infty}nu_n$ 存在，级数 $\sum\limits_{n=1}^{\infty}n(u_n-u_{n-1})$ 收敛，证明级数 $\sum\limits_{n=1}^{\infty}u_n$ 收敛.

6. 设正项级数 $\{u_n\}$ 单调减少，且 $\sum\limits_{n=1}^{\infty}(-1)^nu_n$ 发散，证明级数 $\sum\limits_{n=1}^{\infty}\left(\frac{1}{u_n+1}\right)^n$ 收敛.

7. 求级数 $\sum\limits_{n=1}^{\infty}\frac{2n-1}{3^n}$ 的和.

8. 求级数 $\sum\limits_{n=1}^{\infty}\frac{n^2}{n!\ 2^n}$ 的和.

9. 用幂级数求极限 $\lim\limits_{x\to 0}\left(\frac{1}{\sin x}-\frac{1}{x}\right)$.

10. 求幂级数 $\sum\limits_{n=1}^{\infty}\frac{x^{4n+1}}{4n+1}$ 的和函数.

11. 将函数 $f(x)=\frac{1}{x^2+3x+2}$ 展开成 $x+4$ 的幂级数.

12. 将函数 $f(x)=\frac{1}{(2-x)^2}$ 展开成 x 的幂级数.

13. 将函数 $f(x)=\frac{1}{(1+x)(1+x^2)(1+x^4)(1+x^8)}$ 展开成 x 的幂级数.

14. 将函数$f(x)=\arctan\dfrac{1+x}{1-x}$展开成 x 的幂级数.

15. 设函数$f(x)$ 的周期为 2π，如果$f(x)$ 在$[-\pi,\pi)$ 上的表达式为

$$f(x)=\begin{cases}0, & -\pi\leqslant x<0\\ e^x, & 0\leqslant x<\pi\end{cases},$$

试将$f(x)$ 展开成傅里叶级数.

16. 将函数

$$f(x)=\begin{cases}1, & 0\leqslant x\leqslant h\\ 0, & h<x\leqslant\pi\end{cases}$$

分别展开成正弦级数和余弦级数.

B 类

1. 填空题.

(1) 设幂级数$\sum\limits_{n=0}^{\infty}a_nx^n$ 的收敛半径为 8，和函数为 $s(x)$，则幂级数$\sum\limits_{n=0}^{\infty}a_nx^{3n+1}$ 的收敛半径是________，和函数为________；幂级数$\sum\limits_{n=0}^{\infty}\dfrac{a_n}{n+1}x^n$ 的收敛半径是________，和函数为________；幂级数$\sum\limits_{n=0}^{\infty}na_nx^n$ 的收敛半径是________，和函数为________.

(2) 幂级数$\sum\limits_{n=1}^{\infty}\left(x^n+\dfrac{1}{2^nx^n}\right)$的收敛域是________，和函数是________.

(3) 设$f(x)=\ln(1+x)$，则$f^{(27)}(0)=$________.

(4) 级数$\sum\limits_{n=1}^{\infty}\dfrac{n+1}{n!}$的和是________.

2. 判定下列级数的敛散性.

(1) $\sum\limits_{n=1}^{\infty}\sin\dfrac{\pi}{2^n}$;

(2) $\sum\limits_{n=1}^{\infty}\dfrac{1}{na+b}(a,b>0)$;

(3) $\sum\limits_{n=1}^{\infty}\ln\left(1+\dfrac{a}{n}\right)(a>0)$;

(4) $\sum\limits_{n=1}^{\infty}\dfrac{1}{\ln n}$;

(5) $\sum\limits_{n=1}^{\infty}\dfrac{1}{\sqrt{1+n}}$;

(6) $\sum\limits_{n=1}^{\infty}\dfrac{1}{(2n+1)(5n-3)}$;

(7) $\sum\limits_{n=1}^{\infty}\dfrac{3^n}{(2n+1)!}$;

(8) $\sum\limits_{n=1}^{\infty}n\tan\dfrac{\pi}{2^n}$;

(9) $\sum\limits_{n=1}^{\infty}\dfrac{\left(\dfrac{n+1}{n}\right)^{n^2}}{2^n}$;

(10) $\sum\limits_{n=1}^{\infty}\dfrac{1}{[\ln(n+1)]^n}$;

(11) $\sum_{n=1}^{\infty}\frac{\sin\frac{\pi}{n}}{n+1}$;　　(12) $\sum_{n=1}^{\infty}\frac{(n!)^2}{(2n)!}$;

(13) $\sum_{n=1}^{\infty}\frac{\ln n}{n^{\frac{4}{3}}}$;　　(14) $\sum_{n=1}^{\infty}\frac{n!}{10^{3n}}$.

3. 判别下列级数是否收敛，若收敛，说明是绝对收敛还是条件收敛.

(1) $\sum_{n=1}^{\infty}\frac{\sin\frac{\pi}{n}}{n^2}$;　　(2) $\sum_{n=1}^{\infty}(-1)^{n-1}\frac{2n}{3n+1}$;

(3) $\sum_{n=1}^{\infty}(-1)^{n-1}\frac{n^2}{4n}$;　　(4) $\sum_{n=2}^{\infty}(-1)^n(\sqrt{n+1}-\sqrt{n})$.

4. 证明：若级数$\sum_{n=1}^{\infty}u_n^2$和收敛$\sum_{n=1}^{\infty}v_n^2$都收敛，则级数$\sum_{n=1}^{\infty}|u_nv_n|$、$\sum_{n=1}^{\infty}(u_n+v_n)^2$、$\sum_{n=1}^{\infty}\frac{|u_n|}{n}$都收敛.

5. 设级数$\sum_{n=1}^{\infty}u_n$收敛，且$\lim\limits_{n\to\infty}\frac{u_n}{v_n}=1$，$\sum_{n=1}^{\infty}v_n$是否收敛?

6. 求幂级数$\sum_{n=1}^{\infty}(-1)^{n-1}\frac{x^{2n+1}}{n(2n-1)}$的收敛域及和函数.

7. 将函数$f(x)=\frac{x}{-x^2+x+2}$展开成x的幂级数.

8. 将函数$f(x)=\frac{1+2x}{5+3x}$展开成x的幂级数.

9. 求幂级数$\sum_{n=1}^{\infty}\frac{n^2}{2^2}$的收敛域及和函数.

10. 将下列函数展开成傅里叶级数.

(1) $f(x)=\arcsin(\sin x)$;

(2) $f(x)=\arcsin(\cos x)$.